樹木的身體語言

The Body Language of Trees

晨星出版

Contents 目錄

愛樹人與樹木溝通的優良教科書

樹木不僅提供綠蔭、景觀、休憩或生產等功能，更是伴隨當地民衆成長的共同記憶與文化資產，同時也是生態平衡與生物多樣性保育重要的一環。現代的都市環境，由於水泥叢林取代了自然森林，市區花草樹木缺乏的結果，加劇了熱島效應和空氣汙染等惡劣環境；因此樹木保護觀念和都市綠化意識逐漸深入人心。

然而，「樹大必有枯枝」，樹木並不是只有帶來好處，隨著樹形逐漸長大或生長過程遭遇各式逆境所造成的缺陷，可能使樹木整株或主幹因颱風或強風等外力而倒下，或枝條斷落而造成人身及財產的危害；因此如何偵測樹木生長情況與結構安全性，做好樹木健康檢查與風險評估，誠爲非常重要的課題。

可是，樹木的年齡往往超過人類，我們對樹木的瞭解其實還相當有限，而且樹木不會講話，所以我們要如何與樹木溝通呢？本書作者 Claus Mattheck 博士及其同事認爲：就如同一個人的面孔記錄著他的過往；同樣的，樹木的各式形狀也鐫刻著其命運的痕跡，以及自我修復的紀錄；亦即樹木會將過去所經歷的事件，全部刻印在自己的身體上呈現；所以樹木不是用嘴巴，而是用樹幹、枝葉、樹根等身體器官在說話，如果我們能夠「看懂」樹木的身體語言，就可瞭解樹木的健康情況或傷老病痛。

由於樹木無法移動，爲了存活，面對逆境必須善於自我修復，修復過程的木材與樹皮的形狀變化，就如一份生物力學報告書；也就是說：樹木面對內部的中空、腐朽、裂縫或外在損傷等結構缺陷，會持續增長木材組織，直到因結構缺陷所引起的局部壓力能被平均分散；這個過程中外顯的訊息，正是透過「樹木的身體語言」表達出來。因此，Claus Mattheck 博士團隊發展出「目視樹木評估法」（Visual Tree Assessment, 簡稱 VTA），用以評估樹木的健康度與危險度。目前 VTA 的概念已經廣爲許多先進國家學術界所接受；甚至也有不少法院認可「VTA 爲科學上具有價值之適當的樹木外觀檢查法」。

本書是作者 Claus Mattheck 博士及其同事二十五年來對樹木研究中所取得的重大發現之總結，也可說是對樹木診斷和樹木生物力學現有知識的總和。因此本書是一本非常經典的樹藝學（樹木栽培學，Arboriculture）教科書；也是「目視樹木評估法（VTA）」的百科全書；而且本書的特點更在於其通俗性，以活潑圖解方式配合文字說明，讓讀者僅需透過簡便思維工具或是與自然做比較，無需使用複雜公式，即可理解很多重要而專業的樹木知識。

最後，感佩譯者陳雅得、楊豐懋兩位先進和一群愛樹同好會的努力，以及感謝晨星出版社的大力支持，終於完成一本重要的樹木經典好書引介給國人！相信本書的出版，將對我國樹木工作者產生很大的啓發和助益，因此特誠摯推薦之。同時也衷心地希望：在不久將來，我們也有依據本地樹種所建立的「台灣樹木的身體語言」！

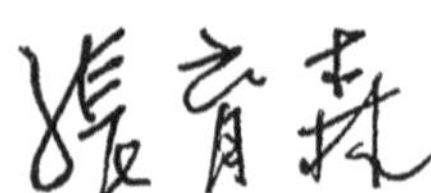

國立台灣大學園藝暨景觀學系教授
社團法人台灣都市林健康美化協會理事長
ISA 國際認證樹藝師、樹木風險評估資格認證 (TRAQ)

展閱「樹與木」的世界

這本書的初萌芽，來自於多年前的一個讀書會。一群愛好樹木的夥伴，成立了讀書會共同研讀相關的英文原著，期望將實務經驗與書本知識做連結，過程中不免有撞牆期，但藉由分享與討論，獲得學習的突破與喜悅。

樹木與木材的關係密不可分，但對木材的理解需要具備木材科學知識，包括木材細胞組織、物理力學、化學成分性質等。在我研修樹藝科學領域時，體會其中有獨特的理念，本書綜合材料、自然、社會科學，甚至哲學等，目的在於藉助各種方式來解決樹木的問題，讀者可以在書中自由探索、享受知識的遨遊。

本書也是我研究生涯中重要的知識來源，解釋很多樹體現象的原因，透過簡要的文字語言與圖像，就像樹木的武俠小說與漫畫，傳達複雜的架構與獨特的觀點。更由於樹木是一種生物＋材料複合性作用，生物具有變動性生長及反應性，材料則涉及支持及力學結構性，生長反應則含括快速、緊縮策略、癒合復原能力等等，這些資訊可作爲樹木醫學的基礎，讀者可在其中細細品味。

爲了瞭解樹木外觀現象與木材內部連結結構特徵，常會將樹體原木解剖，製作許多樹木標本，從中獲得直接的證據及答案。梧桐基金會朱惠芳執行長將多次樹木標本展示活動，命名爲「樹木的內心世界」，泛指由樹木到木材標本這段歷程。本書也探究樹木外觀與內在實體的種種，隨著科技智慧發展導入，不斷有更便捷高效的儀器與技術，例如在診斷樹木外觀過程中採用目視樹木評估法（VTA）、樹木內部的木材使用非破壞性試驗（NDT）來檢測診斷。讀者可透過本書瞭解樹木診斷 =VTA+NDT，對探索樹木研究來說是一大助力。

樹木在生老病死的生長過程中，會將環境中遇到的氣候、病蟲、外力等作用因素，像日記一般記錄在樹體木材中，本書收集樹木生長 DNA 木材印記，讓我們從樹木及木材世界中，瀏覽樹木的本質及反應，可升級樹木知識能力。透過書本的角度及思維，我依舊在樹與木的世界中學習，更樂見並恭喜雅得及伙伴們，將他們對樹木世界的體驗與研究，以中文共享見聞，推薦與大家共勉。

林振榮

林業試驗所森林利用組 研究員兼組長

眞理和心智的自由

野心、貪婪、嫉妒、仇恨、急躁與缺乏耐性，都是追尋眞理的敵人。時間、理性、抗壓、親近大自然，自我約束和樂於助人的心，則是和我們一起邁向眞理的益友。博愛慈善的利他主義也是眞理的好朋友。

追尋眞理是需要透過驗證的。通過驗證，假說才能成爲被認可的知識，所主張的論點才能被稱爲事實。只要是沒有根據的事，不論是出自誰的口中，都要抱持懷疑的態度。對於那些無法被解釋的事物要有警惕心，有理性思考才有可信度。

即使在網路上和其他地方充斥著各式流行的新知，有電腦數據佐證，有公式可證明，有著令人印象深刻的、光鮮亮麗的、高科技的、繽紛炫目的說法，你還是要依循自己的判斷。

相信你的常識告訴你的，這樣你將主宰你所作的決定，並能夠向別人解釋你在做些什麼和爲什麼這樣做，這會使你的心智自由，不必擔心被他人的不實資訊所誤導。

Claus Mattheck，2013 年春

樹形，生命的紀錄

一個人的面孔紀錄著他的行為，同樣的，樹木的形狀也鐫刻著它命運的痕跡，以及自我修復的紀錄。樹木是藉由在身上的結構弱點處增加木材，來管理這種自我修復機制，這方面樹木是箇中高手，為什麼呢？當人體遭受威脅或傷害時，我們可以逃脫或進行防衛，但樹木無法移動，它們生而被動，因此，為了存活，它們必須善於自我修復。

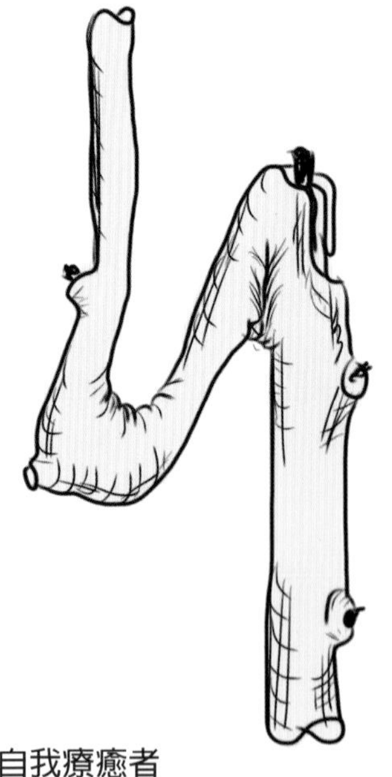

自我療癒者

一棵幾乎破損的樹仍能煥發新生。

攝影者：Tee Swee Ping

即使反覆被折斷仍會存活。

修復用的木材與樹皮的形狀，就如一份生物力學報告，也像這棵樹日記的一頁、一本用木材寫的書。它內部的缺陷、腐朽、裂縫或外在損傷被修復後，用於修復的增生組織透露出它的缺陷，也是樹木身體語言表達出來的警訊，反映出壓力的方向，以及樹木表面承重須平均分配的原則。樹木會持續增長木材，直到因結構缺陷而引起的局部高壓能被平均分散。這個過程中外顯的警訊，可由我們的目視樹木評估法（Visual Tree Assessment Method，簡稱 VTA）來評估。VTA 使用折損標準來評估樹木缺陷，這有助於找出一個對人、對樹都好的處理方案。

VTA 廣泛應用於世界各地，並已成為許多法庭判決的依據。

本書涵蓋了過去 25 年來關鍵的樹木研究成果，以及早期文獻中的重要發現，其中包括我畢生在樹木生物力學領域中的研究。Klaus Bethge 與 Karlheinz Weber 兩位博士是我的研究夥伴，也是本書的共同作者，多年來他們一直對 VTA 方法的持續改良有卓越貢獻。我也要感謝我忠實的支持者、研究生與大學生，他們都參與了這些理論的建構，並以最新的電腦科技與田野調查，完成了最重要的實證工作。有了這些實證工作，那些假設才能成為實際，成為事實。沒有假設就沒有進步，但沒有實證就沒有確切的發現與事實。很多國外的朋友，從日本、澳洲、新加坡、歐洲各地到北美，都將 VTA 的理論應用於他們的研究上，組織許多研討會，並靠著人際溝通來協助推廣 VTA。我的朋友 Mick Boddy 從樹藝諮詢師的角度寫了一篇技術性的回饋評論。謝謝你們！與我們一同進入探索樹木身體語言的奇妙世界吧。這是一種最委婉、但不說謊的語言，請用眼睛去聆聽它。

Claus Mattheck，

於 Karlsruhe Institute of Technology，

2014

VTA 的起源

在一起造成兩人死亡的交通事故中，我斷了一條腿，這件事讓我開始思考植入物的穩定性（鋼釘），且進一步讓我跨進人體骨架生物力學的領域。一棵生長於南法國大西洋沿岸的樹，它奇異的形狀引起了我的興趣，後來成爲了樹木生物力學的「開罐器」。

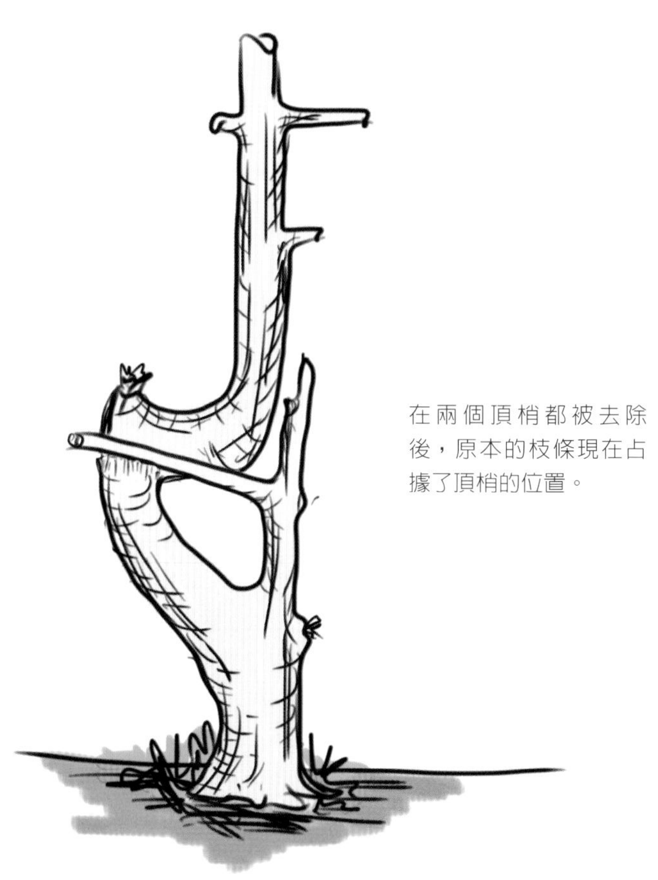

在兩個頂梢都被去除後，原本的枝條現在占據了頂梢的位置。

有趣的是，我們的一份研究經費來自當時仍爲Karlsruhe核子研究中心的Fast Breeder計畫，也就是說核子研究經費支持了樹木研究！

很快地，我們開始藉控制壓力下的熱力膨脹，來模擬樹木在控制壓力下的生長狀況，讓機械零件在電腦程式中像樹一樣「生長」，長出輕盈且高強度的成品。我們一個最佳化產品是Aesculap公司的脊椎用椎弓螺釘，經過最佳化的螺釘其所能夠承受的承重循環試驗次數比未最佳化的螺釘高出二十餘倍。

範式等效應力（v. Mises Stress）

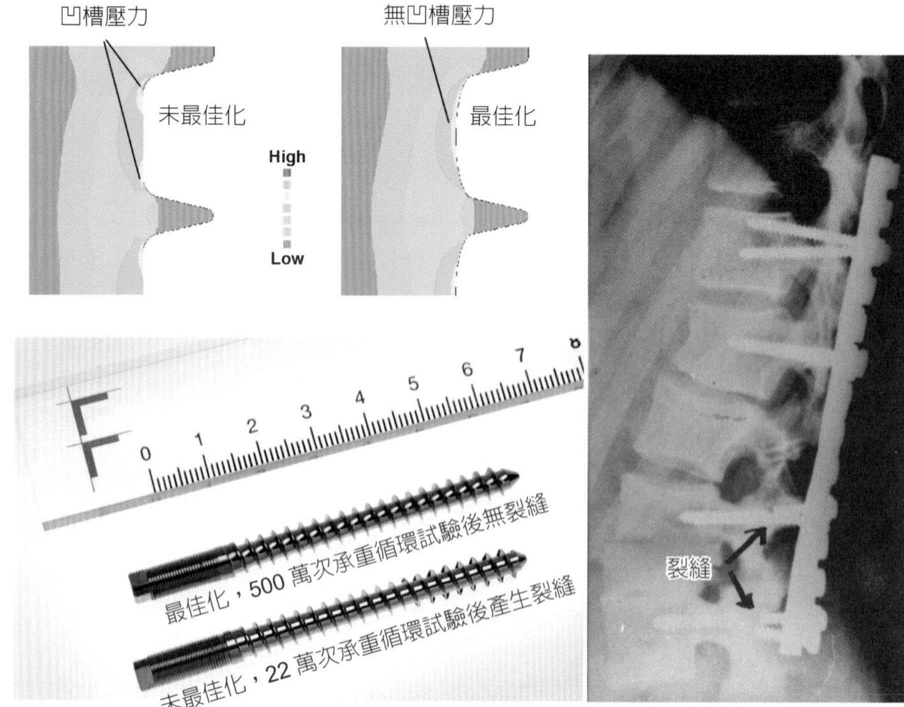

我們對於樹木生物力學的研究方向，主要是受材料技術發展的需求帶動，而向樹木取材。我們初次的成果深深打動了有遠見且勇敢的中心主任，所以我得以一口氣新聘五位人員，很快的，我們的工作團隊便在系上獲得良好的聲譽。歸根究柢，在於樹藝家委託我們發展一套具科學基礎的樹木診斷方法，也就是所謂的目視樹木評估法（VTA）。因爲相信這套方法將被應用於世界各地，所以我們選擇用英文命名。近年來，Hans-Joachim Hotzel 教授和 Ass. Jur. Oliver Wittek 更將 VTA 推上了法律應用層面。同時，德國數個邦政府也將 VTA 列爲官方指定的林務工作項目，國際間有目共睹，德國國內外已有許多法庭的裁決接受這套樹木的生物力學。VTA 綜合許多非數學的通俗力學，與自然界常識有極大關係，尤其是田野研究的觀察。這份注重事實的精神讓 VTA 被世界廣泛接受，因爲無論樹藝家有無相關學歷都能應用這套自然界的理論，並藉此對好奇的民衆證明他們的工作。

用工程師的標準來看，樹木檢查員的任務幾乎不可能完成，因爲以下問題：

1. 你面對的是不知工作應力（operating stress）數據的物件。
2. 你只知物件的剛度（stiffness）和強度（strength）這些結構參數的平均值，這些數值在單棵樹內部以及不同棵樹之間都會有差異。
3. 該物件被夾在地下土壤中不可見，土壤的強度取決於其水分含量和負載，且也隨地點而異。
4. 現在，樹藝師先生，您可以開始評估您無法數據化之「樹木物件」的安全性了，而且得對您的評估負責喔。

法官會銘記這一點，特別是在樹木造成損害的情況下。

總而言之，由於無從得知這些計算時應該擁有的數據，我們也就無法藉由符合力學定律的數學公式來計算與描述，因此僅能靠自然觀察和田野研究，來提供以上這些無數據項目的折損標準。然而，我們可以做一件事：我們可以將自然觀察結果發展爲一套折損標準，並測量樹木缺陷的幾何形狀，然後將折損標準應用於幾何測量結果。樹木的中空有多大？一棵獨立的樹有多長？以及根板的腐朽程度爲何？

爲了回答這些問題，我們使用IML GmbH（Instrumenta Mechanik Labor）研發的木材微阻力鑽孔儀，這台儀器在研究、現場測試、實作中與VTA有著緊密的互動關係，兩者的發展遂得以日漸成熟。我們和開發者、開發商和總經理Erich Hunger有著互信與尊重，進而建立良好的友誼。Erika Koch研討會已成功舉辦了20年，將VTA和樹木生物力學介紹給樹藝師，並提升了專業效益。因爲所有夥伴的研究所帶來之效益替科學家們節省了大量時間。

最後，很重要的一點，感謝我們勇敢的執行委員，在現代重點學科領域中保護了生物力學部門這朵小小蘭花。感謝所有的人，我們現在不只能夠將機械零件最佳化，也能將樹木生物力學一併提升到一個嶄新甚至令人驚嘆的程度。

《源於自然的思考靈感》（Thinking Tools After Nature）這本書（本書作者的另一本著作）創造了對樹木的新理解，卻沒有用到任何數學公式，百科全書中所有部分皆可充分應用在樹木和環境，可說是一大創舉。我們認爲不論在廣義力學或樹木生物力學上，這都是一個深具意義的里程碑。首次讓平時在室內討論激盪的電腦工程師和樹藝師在力學上有了共通語言，在跨領域的通俗力學創建下，樹藝家成了「樹木工程師」。

生長調節因子

有許多生長調節因子，例如 Wilhelm Troll 在他出色的《Allgemeine Botanik》[1] 一書中所列舉部分。在此僅討論以下這些在評估樹木安全裡重要的部分。

向地性 Geotropism

對抗重力的負向地性使樹木的部分結構呈現垂直狀態。大多數情況中，此結果是樹冠的重力中心在樹木根莖上方，有時此現象也稱爲 gravitropism。

頂芽優勢 Apical dominance

頂芽優勢是頂芽具有生長領導地位，它抵消了枝條向地生長的驅動力。

向光性 Phototropism

當一棵樹有意的彎曲或具有單側樹冠時，最常見的原因是「朝著光生長」的向光指令。

趨水性 Hydrotropism

樹木的根部會無法克制地往高溼度土壤的方向生長，就像枝條向光生長一樣。

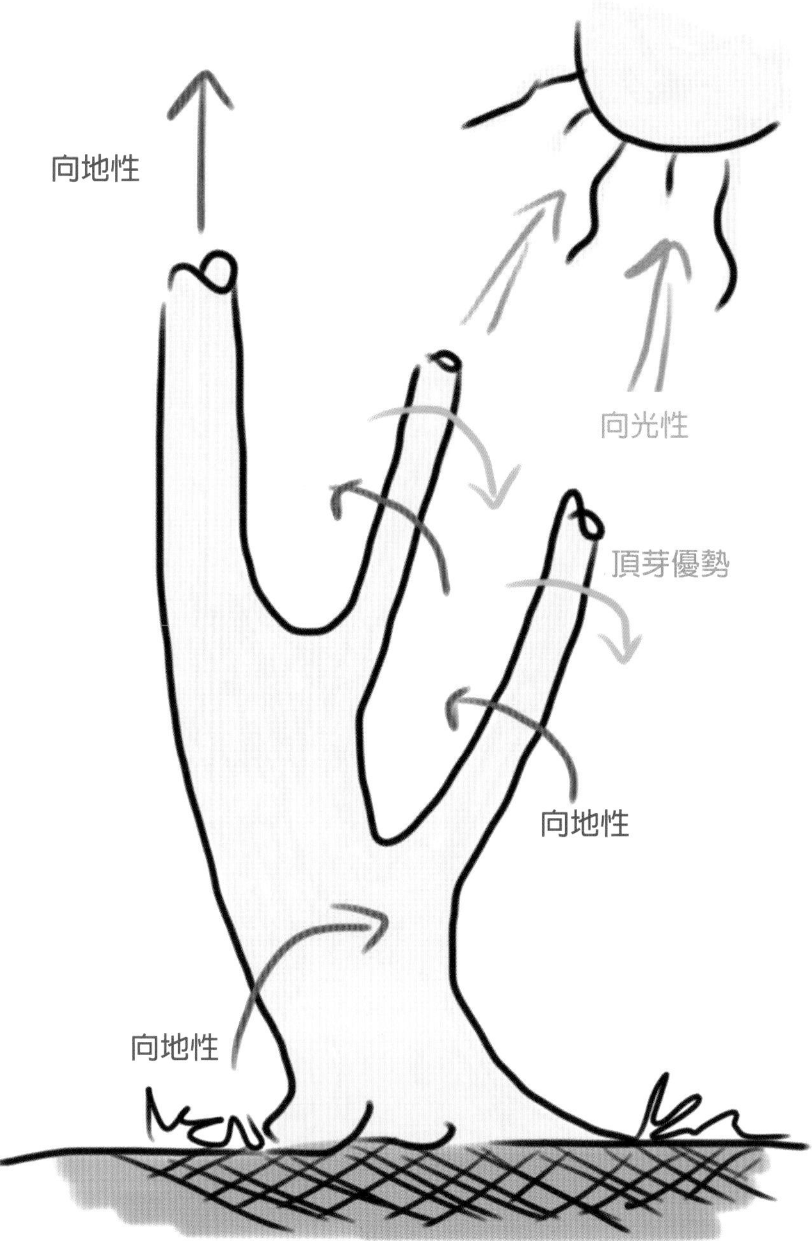

三個主要影響樹形的因子

在植物的一生中，向地性、頂芽優勢和向光性會彼此競爭。一棵樹的樹形顯示出這些生長調節因子彼此協調後的結果，而這樣的協調是好的。若只有單一生長調節因子有作用，產生的樹形多半將使樹無法存活，表示由單一生長調節因子單一作用（dictatorship），像是趨水性（hydrotropism）作用在根 。

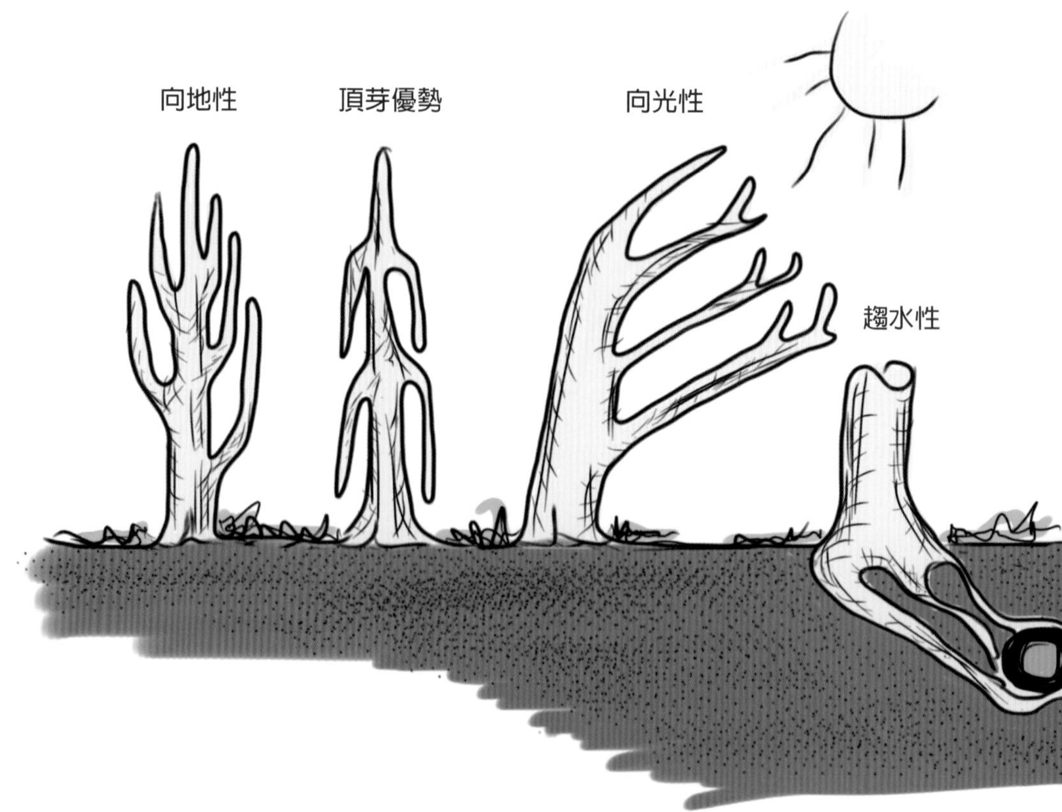

如果只有單一生長調節因子有作用……

這就像在民主國家裡的執政黨和反對黨，不同之處是任期為一棵樹的壽命，這對樹木而言的確是個好處。地面下，趨水性使根往高土壤溼度的方向生長。由於吸收水和光在生物學作用上特別突出，因此趨水性和向光性遠比向地性來的重要（不幸的是，也比力學要來得重要）。為了解力學的影響，想像你在公車站，手臂伸出並掛著一個沉重的旅行袋（向光性），同時（由於趨水性）你的雙腳還必須張開到一種令人無法忍受的角度，就這樣持續站 160 年。看到此景，機械工程師的心都在淌血了。

力學上向光性的代價

向地性生長如何實現？

傾斜的針葉樹於樹幹向地側（下側）形成壓縮材，並縱向延伸生長。此木材通常把樹幹推回直立的生長方向，就像圖中史都西所做的（幫忙支撐推正）[2]。所謂的反應材，即主動修正原傾斜方向至正確生長方向之反應。有些樹木又稱軍刀樹，因爲樹形就像軍刀一樣彎曲。

針葉樹的壓縮材

針葉樹會在樹枝下側產生富含木質素的壓縮材，傾斜樹幹的向地側也會生成。因為這種木材的顏色帶紅，有如鏽色，因而也被稱為紅木（redwood。此處指針葉樹反應材的顏色，跟紅杉無關）。它能縱向擴展，在不違反頂芽優勢和向光性的情況下，藉此迫使部分樹體長回垂直位置。

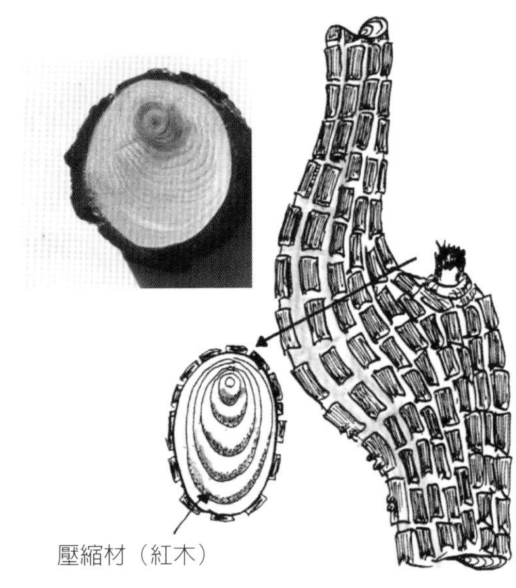

壓縮材（紅木）

闊葉樹的拉拔材？

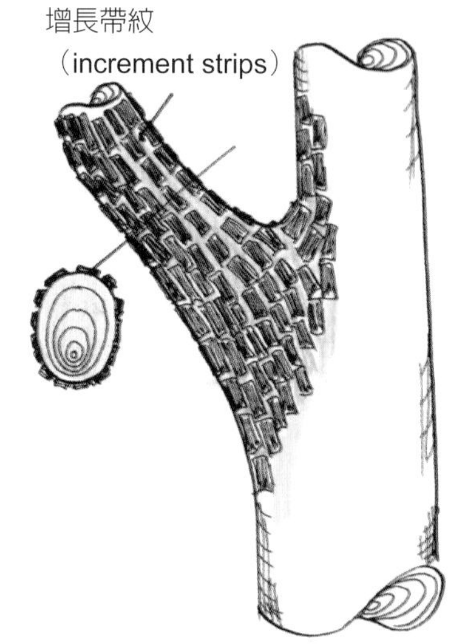

闊葉樹的枝幹藉由收縮具豐富纖維素的上側（背地側）木材細胞，將闊葉樹枝幹拉直，像肌肉收縮般作用於傾斜枝幹的上側。

註：拉拔材的有無可從樹皮龜裂程度來觀察，樹皮裂紋的間距越大，表示該處內部可能有拉拔材。

支撐材是拉拔材的暫時代替品

另一種較少被提及、也能防止枝條下垂的木材類型是「支撐材」。當闊葉樹的長枝條上側之拉拔材開始鬆弛時，於該長枝條下方接近主幹處會形成支撐材。目前我們認爲主幹也會負責形成支撐材，所以支撐材只會在沿著主幹約一米內的距離形成，這是它的獨特之處。支撐材並不收縮或伸張，所以無法修正枝條的生長方向，但因其堅硬不易變形的特性能夠阻止或延緩枝條下垂。支撐材不是反應材！

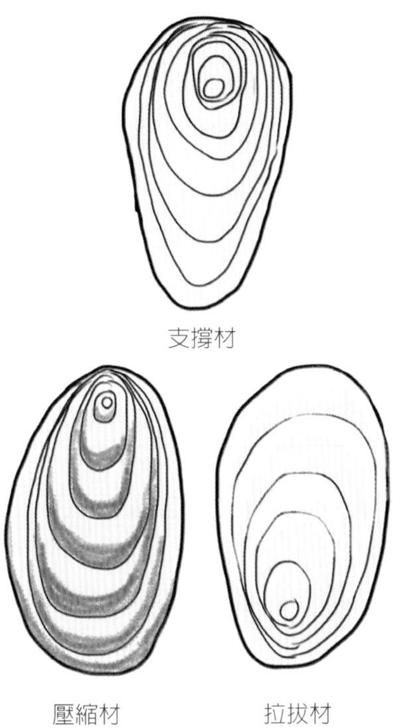

支撐材

壓縮材　拉拔材

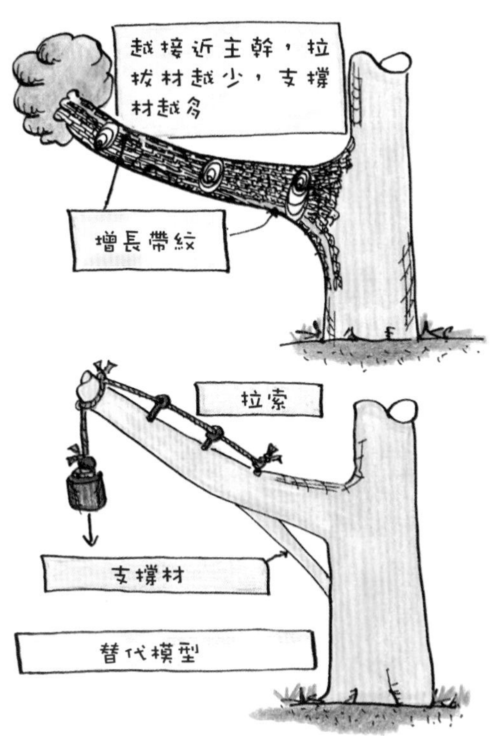

壓縮材
在松樹枝幹向地側（下側）

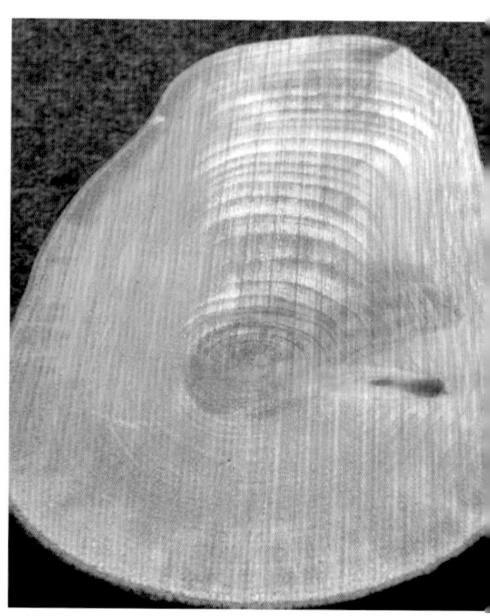

銀色閃亮的是拉拔材
在懸鈴木枝幹背地側（上側）

支撐材
在闊葉樹的枝幹向地側（下側）

是支撐材，而非拉拔材

當分枝末端綠色樹葉叢無法產生足夠的養份以在主幹附近形成可以拉高分枝的拉拔材時，樹幹就必須在分枝的下方產生支撐材，支撐材較硬而且富含木質素，但跟針葉樹的壓縮材不同處在於支撐材無法將分枝推撐回原位，只能消極地延緩該分枝的下垂。支撐材明顯特徵是靠近主幹的分枝下側會有增長帶紋，當支撐材被壓縮出皺褶，就是該修剪的時機了。順帶一提，懸鈴木通常比楊樹更能承受壓縮的皺褶。

反應材的限制

一棵樹可能會因為長得太粗或是力衰，而無法靠拉拔或支撐來保持直立，這種狀況下它的分枝也會感覺到，並開始直直往上長，於是這棵樹逐漸長成豎琴的形狀，直立的分枝就如同一根根豎琴的弦。這些分枝越粗，表示這棵樹呈豎琴狀的時間越久。要小心照顧這種樹，以免這些「豎琴弦」生長得過細 [2]。

傾斜的樹

若是暴風將樹吹得歪斜，這棵樹就危險了。它的樹幹依然通直，因爲尙未有足夠時間反應，以導正自身的重心。多數情況下，樹木迎風側的地面會因根部遭抬高而翹起，若這是很久以前發生的，那麼這棵樹就有足夠時間將自己彎回垂直而長成彎刀狀，這或許需要十年之久，越粗大的樹所需時間越長。在此同時，樹長出新根，地面翹起會逐漸變得不明顯。若樹有長的板根，迎風側還有一根長的拉拔根，那麼它被掀翻的機率將會降到最低 [2]。

生物力學術語

想要如機械設計般評估一棵樹，必須先學習一些機械概念。

力（Force）

張力（拉力）試圖縱向拉伸物件，因此在物件內產生抗拉應力。相反地，壓縮力試圖壓縮物件，但受物件內部的抗壓應力阻擋。

彎曲（Bending）

當力量如槓桿般橫向施加於樹幹上，樹幹將會彎曲。

扭轉（Torsion）

當力橫向施加於側枝時，該側枝僅是被彎曲，而連接這個橫向槓桿側枝的樹幹不僅會彎曲，還會被扭轉。

無法計算！

　　這張圖說明了外力對一不對稱且孤立之樹冠的作用。每棵樹的樹形、冠形、木材類型各異，各部位所受到的吹襲應力也不同，這都是無法用理論計算的情況。

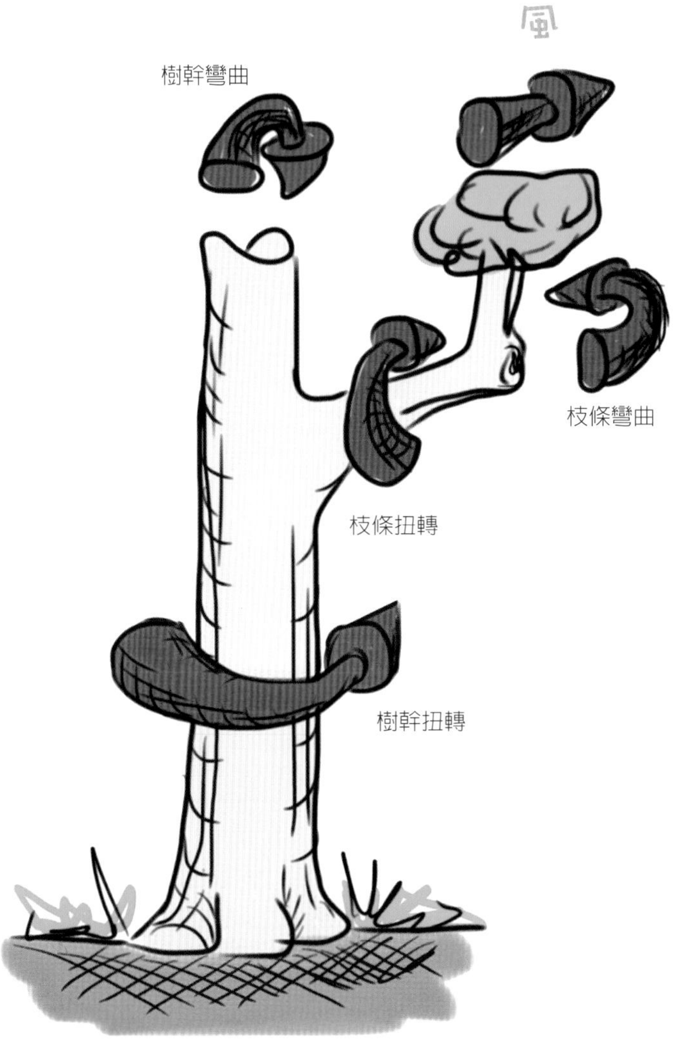

風
樹幹彎曲
枝條彎曲
枝條扭轉
樹幹扭轉

保利力學

由保利熊來示範不同的受力類型 [3]。剪力（右下圖）能防止樹的上半部沿著樹的下半部滑脫 [4]。

影響樹幹的幾種主要應力

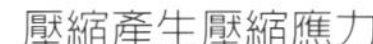

壓縮產生壓縮應力　　彎曲的瞬間產生彎曲應力　　側向力量產生剪力

樹幹受到的應力

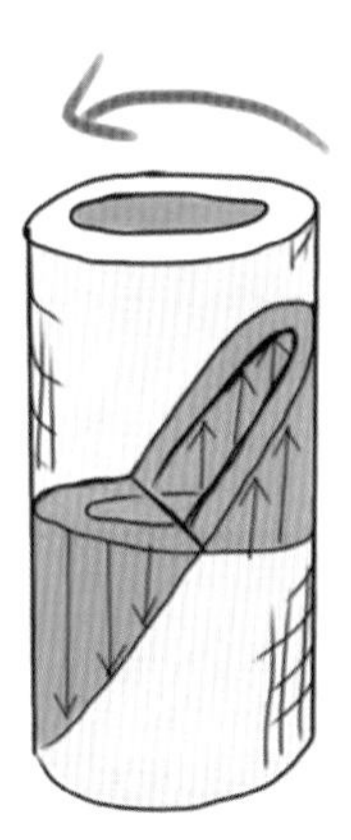

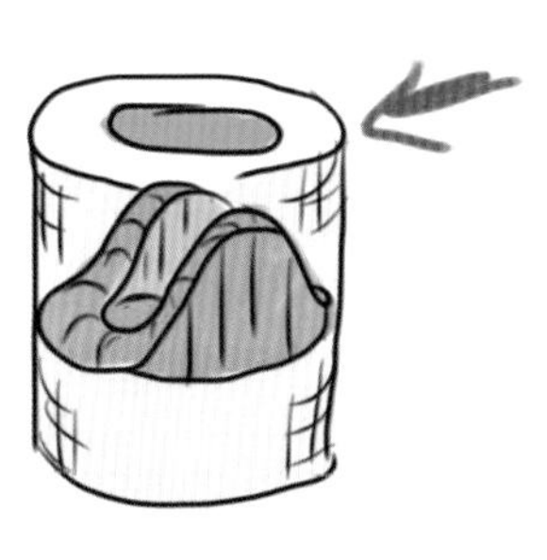

空心樹幹受到之應力分布

思考工具：剪力方形

經過多年以電腦模擬生物生長後，對機械條件有了更深入的了解，這增加了用思考工具來代替電腦化方法的可行性，至少對於簡單的應用來說沒問題。下面將會一一介紹這些思考工具。這些工具代表我們對機械和生物的形態已有更新、更好的理解，同時，也是種簡便的方法，讓所有人不需電腦就可以接觸力學 [4]。

剪力方形的使用方法

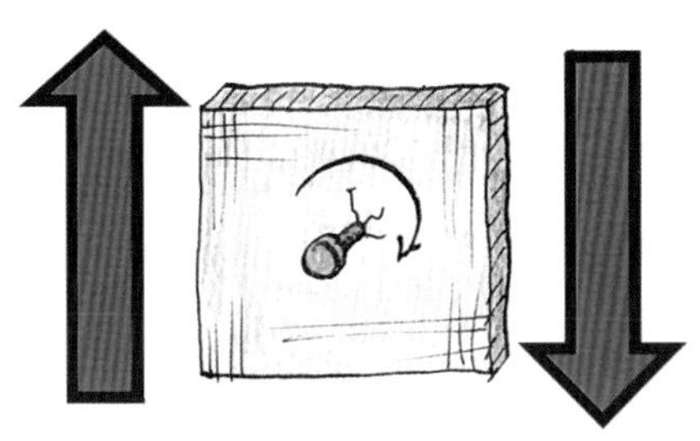

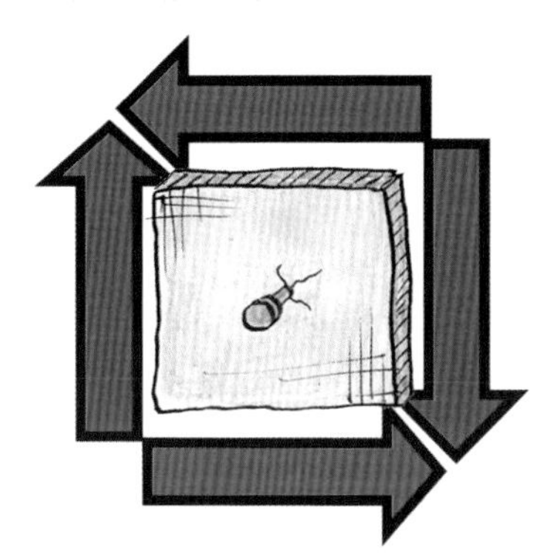

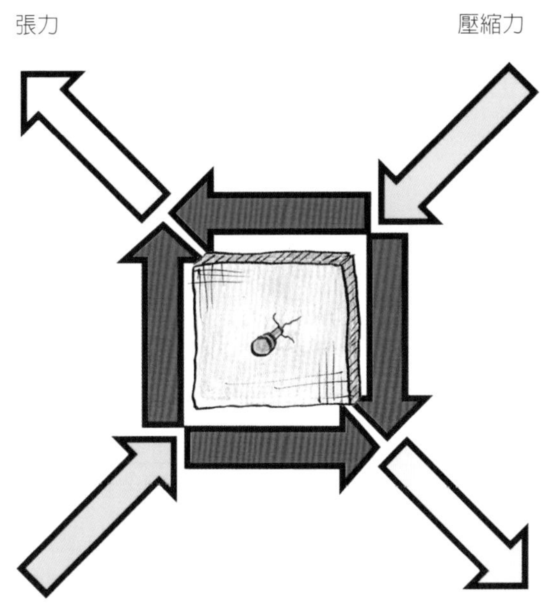

「剪力方形」是基於力學平衡原則的思考工具，不需考慮材料之特性。想像一根釘子釘在一片木板上，使木板保持可以轉動的狀態，若只受到垂直的剪力，則木板將會轉動，但若施以垂直的剪力，卻無法使木板轉動，表示有一個方向相反且強度相同的作用力存在，這種特性稱爲應力張量的對稱性，$\sigma ij = \sigma ji$（指向量的力相同）。當各組剪力結合後（圖中紅色箭頭），最後在四個角落所形成之張力（黃色箭頭）及壓縮力（藍色箭頭）的方向，可用剪力方形推導出來。

自己做個模型來解釋

這兩個模型描繪出剪力方形的用法，以及和剪力、相交的張力、壓縮力之平衡關係。左圖中，繩子穿過四個固定的圓環後被拉伸，其所造成的位移解釋了剪力方形的原則。右圖呈現的概念來自我的兩位研討會參與者（很抱歉我忘了他們的名字）。木方框的兩條對角線用彈簧連接，在受剪力影響致使木方框形變下，一條彈簧被壓縮，另一條則被拉伸。這兩位參與者提出的概念眞是太棒了，感謝他們。剪力方形法做爲一個思考工具，可使許多自然現象的作用變得一目了然。

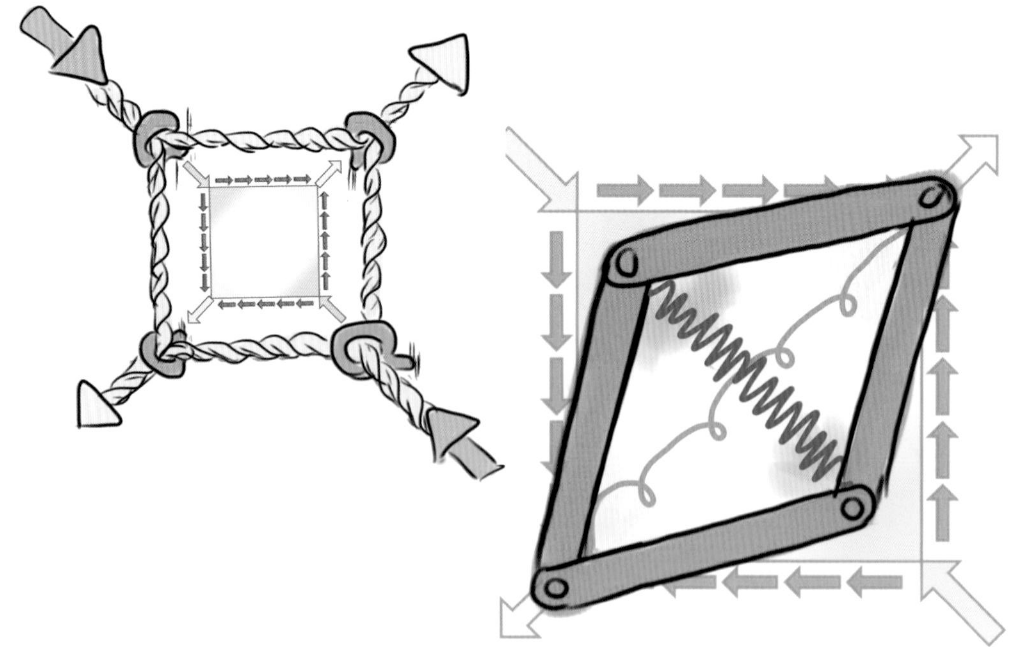

張力與壓縮力下的剪力方形

純粹的縱向張力與壓縮力也能產生剪力，其值約縱向張力或壓縮力的一半。硬質物件受到張力（左圖）會產生剪力而導致頸縮形變（necking）。剪力也使受到壓縮力的木材折損，從右圖可清楚看到這種因剪力而破裂的平面上呈 45° 角的滑移現象 [4]。

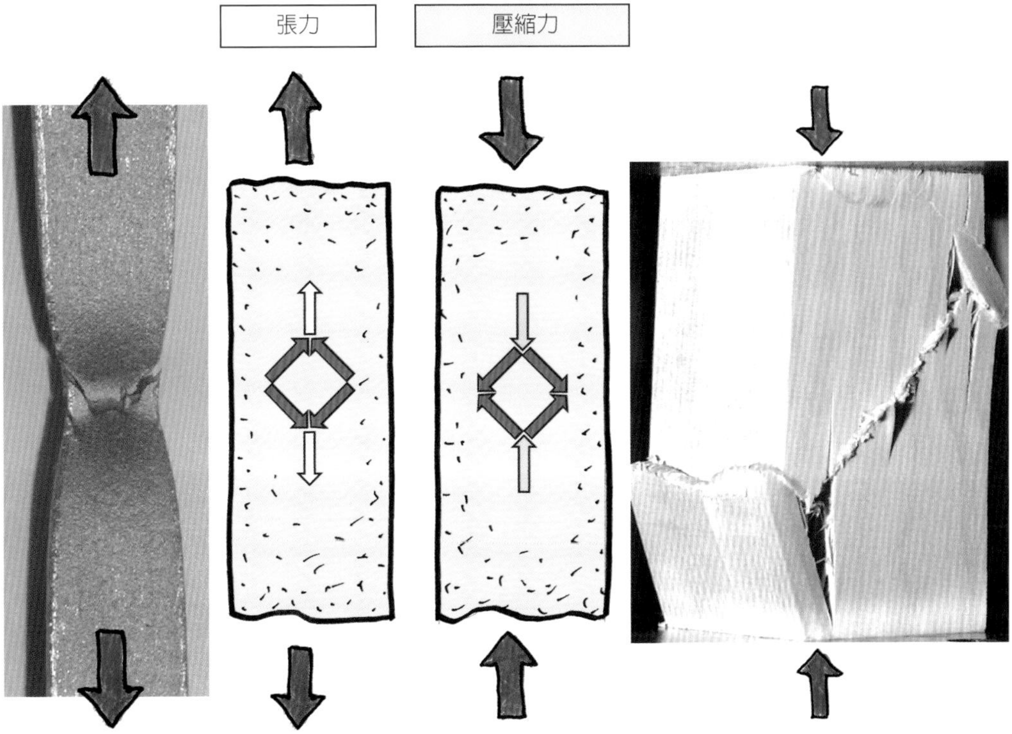

張力

壓縮力

剪力方形及呈 45° 角的剪力破裂

這棵樹生前曾受到垂直的壓縮力形成左圖中的剪力方形。在老枝條旁邊，可沿 45° 角平面觀察到少許滑移破損現象，樹木自己以交叉肋（crossed ribs）的方式修復。顯微照片（右圖）顯示另一棵樹出現同樣情形，唯其滑移規模極小，僅以毫米計（紅色箭頭處）。

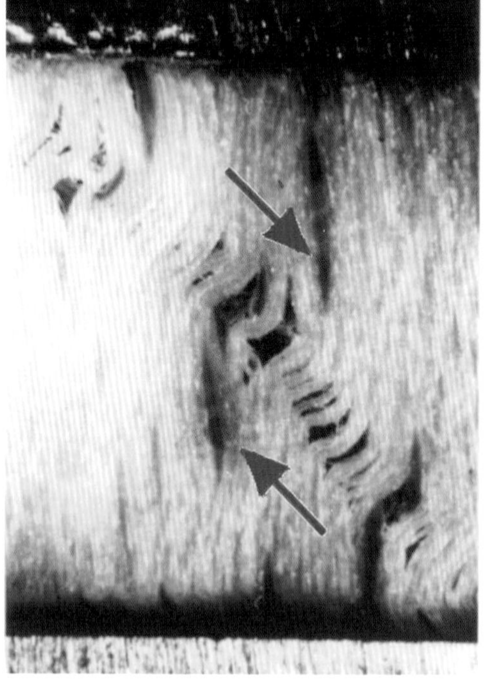

剪力十字與交叉肋

這種用來修復剪力引起之局部破壞的交叉肋（cross rib）並不罕見，它們大都在針葉樹上被觀察到，通常只有樹木死亡、樹皮脫落時才能看見，剪力方形法解釋了這種自然現象。

最極端的交叉肋

另一方面，當作用力與木材纖維呈特定角度時，樺樹軟韌的木材易產生剪力折損，然而這棵堅忍不拔的小樹不想這麼快就放棄（令人敬佩的求生意志）。

攝影者 :Mick Boddy

剪力方形與靜止角

土堆或石堆維持靜止不塌的角度叫「靜止角」（repose angle），它的自身重量會對內部施加垂直壓力，由此縱向壓縮力產生的剪力方形顯示，大於 45° 的靜止角缺乏適當的下端支撐以防沿著 45° 主剪力平面滑動。

這或許是我們從未見過靜止角大於45° 的土堆、石堆之原因。我們可以小心翼翼地堆出一個角度更陡的麵粉堆，但只要輕敲桌面，靜止角又會回到 45° 。

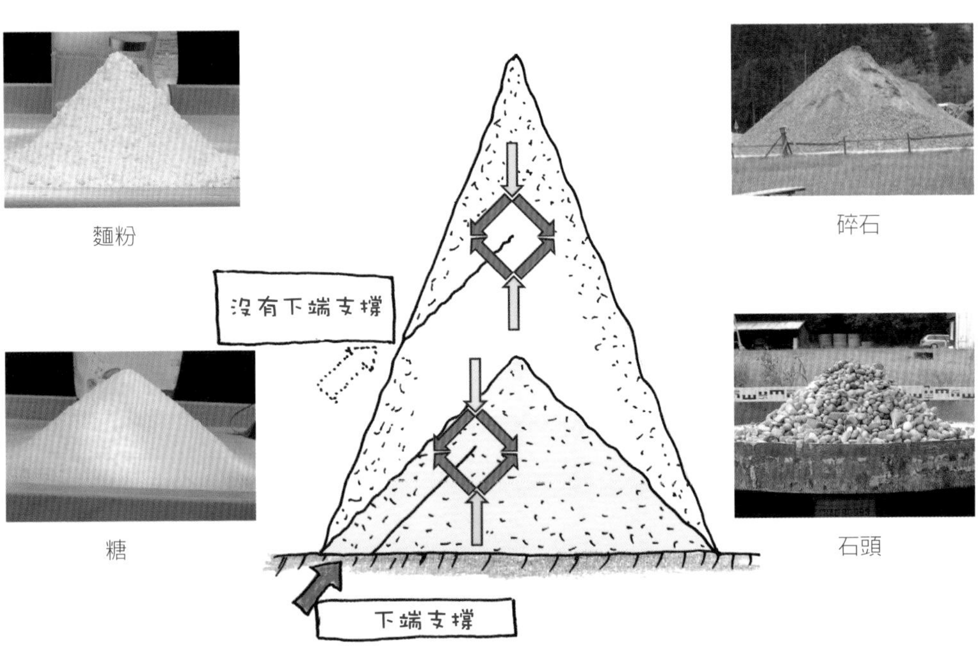

思考工具：張力三角

現在讓我們來看張力三角法。它可以用來減少危險的凹槽應力，也可以清掉組件中無用的角落。

樹木如何克服凹槽應力

一棵樹的樹幹與地面會形成尖銳角度的凹槽，尖角或凹槽通常是有高度應力集中的危險位置。樹幹以根領（root collar）來克服、緩和尖角，大部分情況下，迎風側的根領會更顯著，有著張力三角形的功能，這是以「張力三角形方法」爲基礎的概念，一個全然以圖示的方法，減少尖銳角度凹槽的應力與潛在的斷裂機會。如圖，第一個三角形是對稱地裝在尖角凹槽上 [4]。

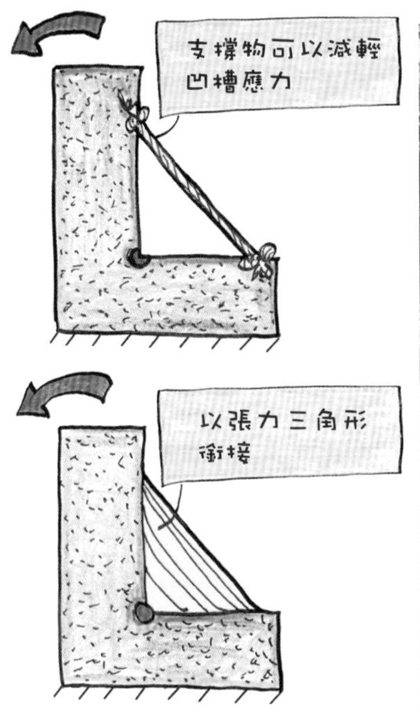

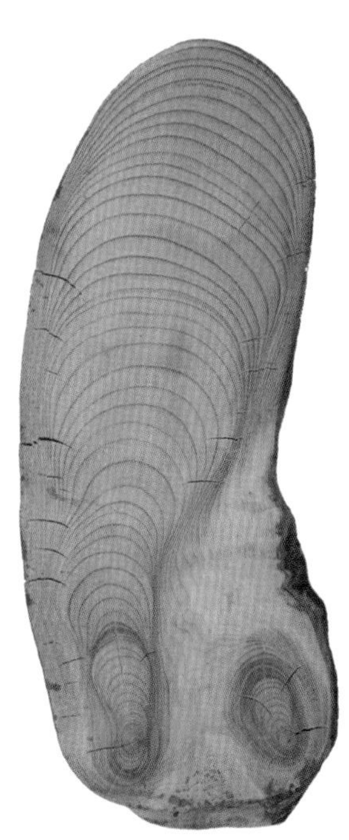

張力三角 — 一個自然界中通用的形狀

從最底下的 45° 角開始，加一個張力三角形到該尖銳凹角上，這會在更上方形成一個角度更大，因而比較不危險的新鈍角（可以用上面 45° 角的頂點爲圓心，底邊半長當半徑，往上畫弧來作下一個三角形，如圖中紅虛線所示）。再次取這個三角形的底邊中點，對稱地往上畫一個三角形，如此不斷重覆，通常畫到第三個三角形就夠了。下一步，將圖上剩餘的鈍角修成圓弧（除了最下面那一個），用圓弧（circular）或切線（tangent）來作都可以。最後，畫出的這條線就是最適合此受力方向的夾角輪廓，可避免危險的應力集中。一個沒有凹角應力集中點的夾角是工程師們的夢想 [4]。

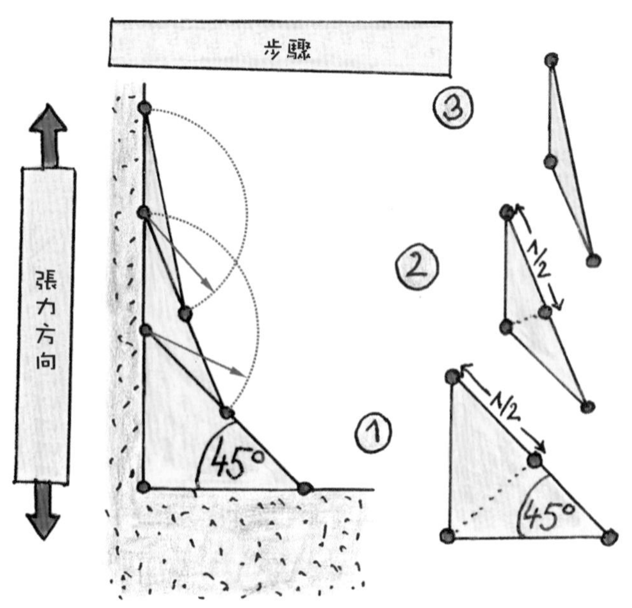

樹木與螺絲的「屁股」

要驗證正確與否，最簡單快速的方法就是觀察大自然，然後從中一遍遍地校正。在張力三角形的概念成功發展後，所有人不管做任何設計都無法忽略這點。螺絲頸部所採取的輪廓外型，就是一個很好的應用實例，同時使用張力三角形概念的各項機械組件也在各個工業領域快速發展 [4]。

樹杈處的張力三角形

這裡必須建立與根領（root collar）的關係。當兩側作用在樹杈處的力相同時，我們從夾角等分線到樹杈處畫一垂直線，用前述產生根領的相同方式，疊上張力三角，最後將邊緣圓滑化。S 點是隨機決定的，若 S 點能向上移動會更好，因爲會有更多結構空間，樹木的持續生長也將推動 S 點向上 [4]。

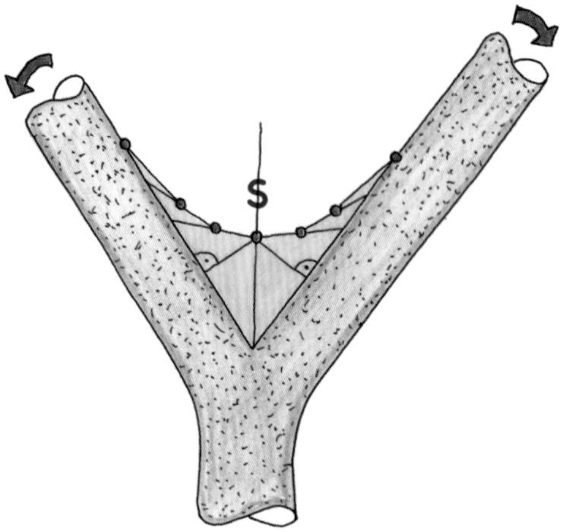

步驟

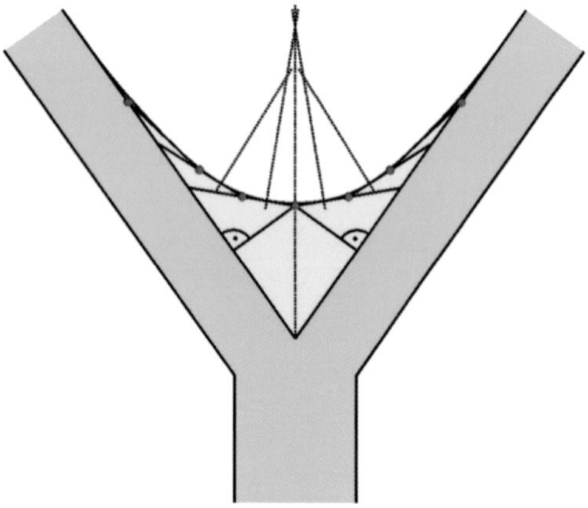

圓滑化

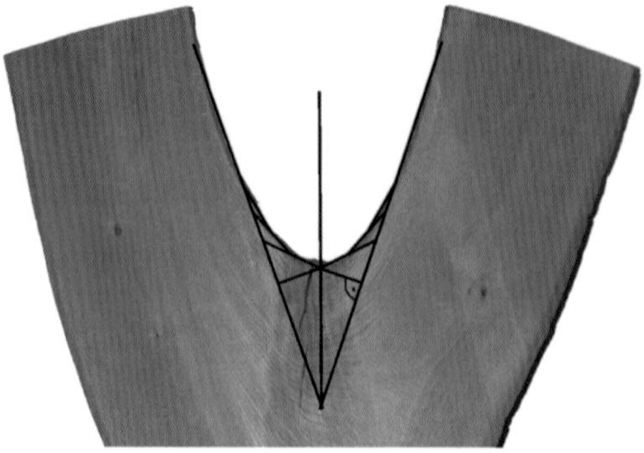

自然界的例子

共同的形狀：各式各樣的一致性

樹木根領的曲線，在樹木、骨頭、白堊岩和土壤中都可以看到。這些物體的材料迥異，但形狀都由萬物共通的應力原則決定，力學原理是「公平」的，這是眾多生物和物質的共同形狀：張力三角或壓縮三角 [4]！

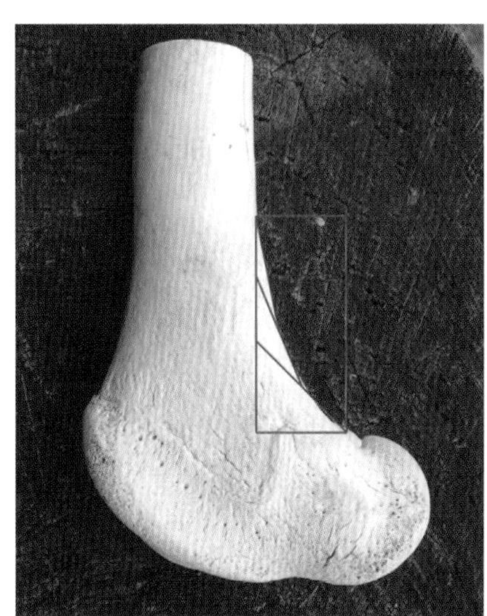

攝影者：Mick Boddy

共同的形狀：各式各樣的一致性

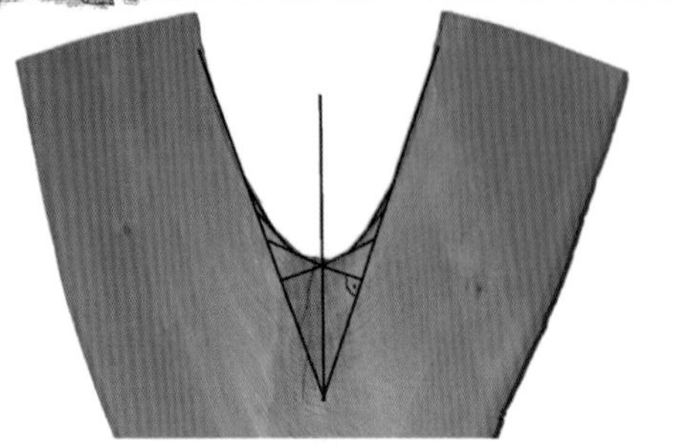

[4]

攝影者：Alexander Wank

攝影者：Winfried Keller

錐形應力法

我們的錐形應力法 [4] 從 2009 年下旬開始，迅速發展成爲有用的思考工具，並很快地被工業界所接受。這點子是在一個巨大彈性平面中，有股力量往前推出一個 90° 的壓縮角錐，同時在其後方拉出一個 90° 的張力角錐，這樣可以推導出一個合理的剪力方形。錐形應力法能用來找出在特定力學環境中高度應力集中的區域，我們可以藉此概略得出最佳設計的藍圖——這在生物力學上當然也同樣適用。

90° 角的鋁箔紙折痕

把一捲鋁箔紙拉過桌邊，用橡膠塞沿相反方向施加局部張力時，可以從最大的摺痕清楚地看到近乎直角的張力圓錐形狀 [4]。

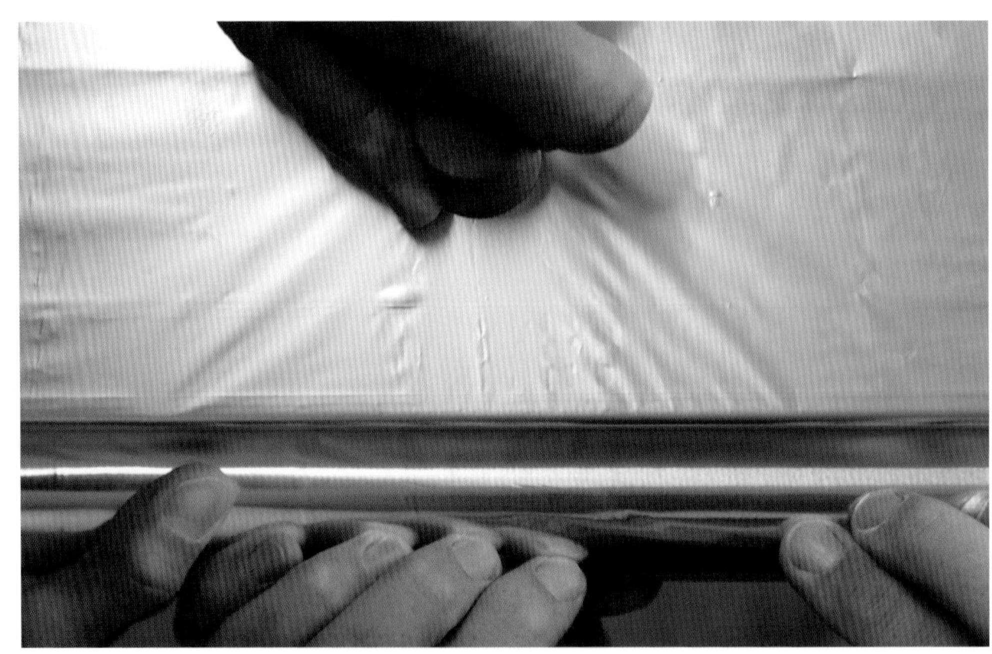

自然中的錐形應力

（第一張圖）樹幹爲樹冠與根盤之分隔物，樹冠層之葉片將其重量向下壓，而富含木質素之抗壓性堅固分枝（向上壓力錐）可支撐承受，與之抗衡。

另一方面，（第二張圖）若無堅固的根部形成向下之壓力錐，樹幹將陷入地底下。（第三張圖）富含纖維素之葉片有抗張力，沿著葉片的主脈形成一連串的張力錐，抵抗來自風的累積應力 [4]。

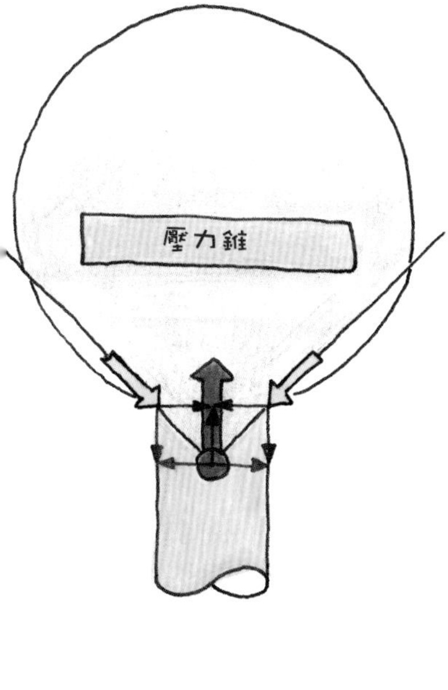

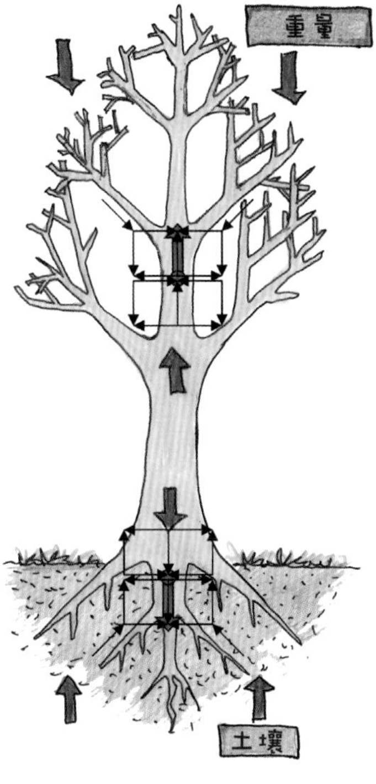

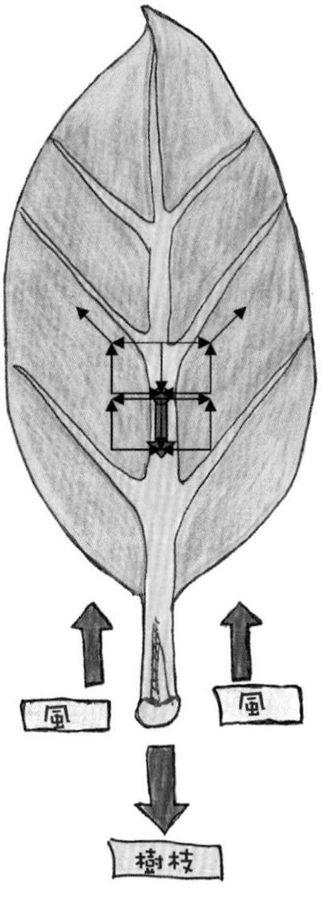

錐形應力法

在應力錐的存在合理化之後，讓我們試著從特定的受力案例找出最有利的物件形狀。此圖示步驟可找出這種形狀。

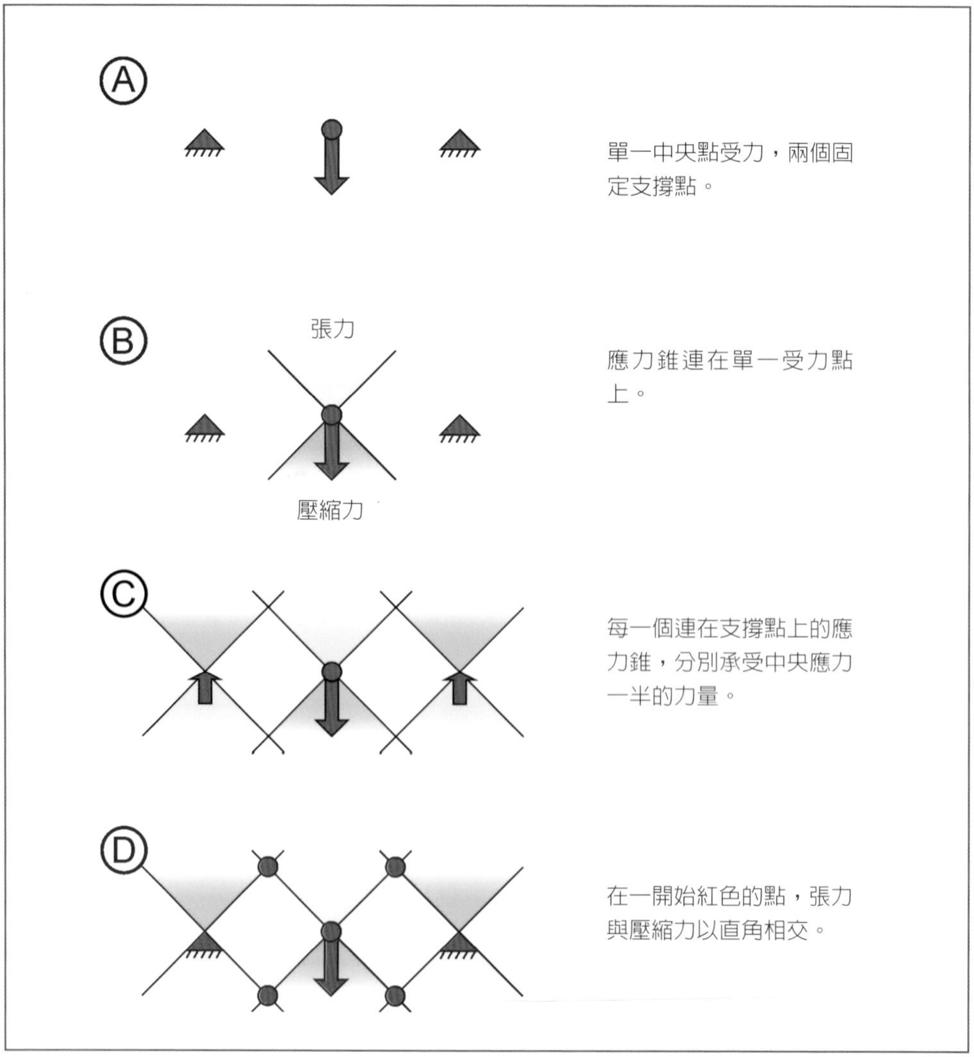

A

單一中央點受力，兩個固定支撐點。

B

張力

壓縮力

應力錐連在單一受力點上。

C

每一個連在支撐點上的應力錐，分別承受中央應力一半的力量。

D

在一開始紅色的點，張力與壓縮力以直角相交。

錐形應力法

用仿生優化法 SKO（Soft Kill Option）可以得到類似的結果，但花費的硬體、軟體與時間卻多出不少。SKO 模擬骨骼中的破骨細胞，消去不受力的區塊 [4]。

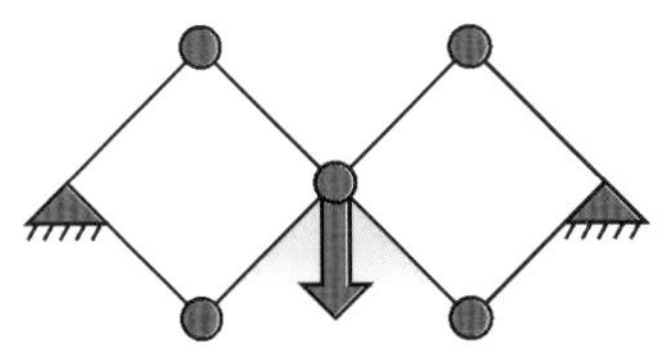

一開始的最高與最低點都必須保持連結。

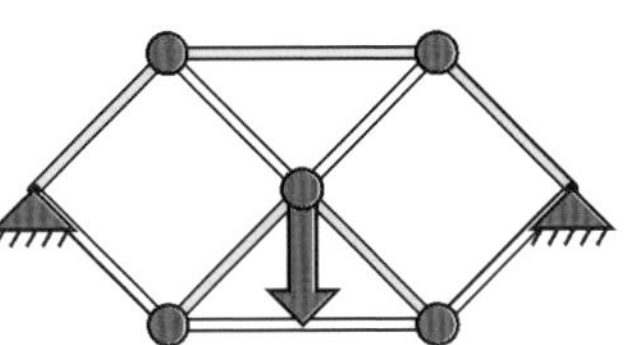

輕量化的結構完成了。

錐形應力法的結果如圖：黃繩代表張力，藍色支柱代表壓縮力。

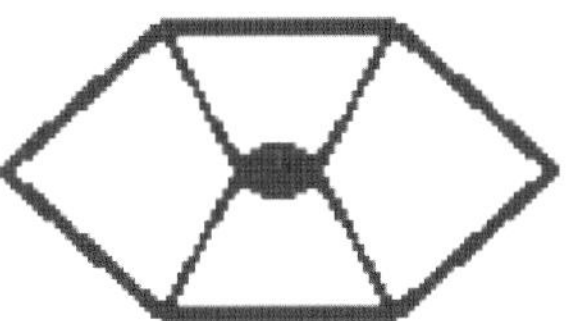

以傳統 SKO 方法計算出來的結果。

剛度與強度

一個物件僅有最佳化的形狀是不夠的，例如樹形，結構的材料本身也需要有足夠剛度以及最重要的強度。先來討論一種材料的剛度與強度，不同的材料具有不同的特性，剛度會抵抗材料的變形，強度則是抵抗斷裂。舉例來說，皮革雖剛度不足，但卻有很高的張力強度；脆餅有足夠的剛度，但強度不足 [5]，些微的彎曲就容易斷裂，因此在計算組成成分完整的強度時，若僅考慮它的剛度或強度都是很大的錯誤。

剛度與強度兼具

剛度不足、強度夠

剛度與強度

即使沒斷裂，一個物件也可能變得無用，也就是說它的強度沒超限。例如，當一棵年輕的樹在大量積雪的荷重下，彎曲到無法恢復，然而實務上，嚴重變形直到折斷的例子是比較容易預測的，因爲在斷裂之前會先有徵兆，與此相反的是形變不大的脆斷 [26]。

簡明木材模型

木材是由填滿木細胞的年輪構成，這樣的細胞可想像為堅硬的木質素煙囪，容易被張力影響但耐壓縮。這個煙囪由纖維素軟管充填，我們可想像為尼龍。射髓像小型的劍刃，呈放射狀延伸（相對於樹幹軸線），它們加強樹的橫向強度。射髓的橫截面為紡錘形，讓木纖維呈最佳偏轉角度。在圓周張力下，可能從射髓尖端處開始出現裂紋，健康的樹會藉其弦向壓縮力來防止這種情況發生。以上用極簡化的方式說明木材結構，這樣的結構使木材成為世上最好的複合纖維 。

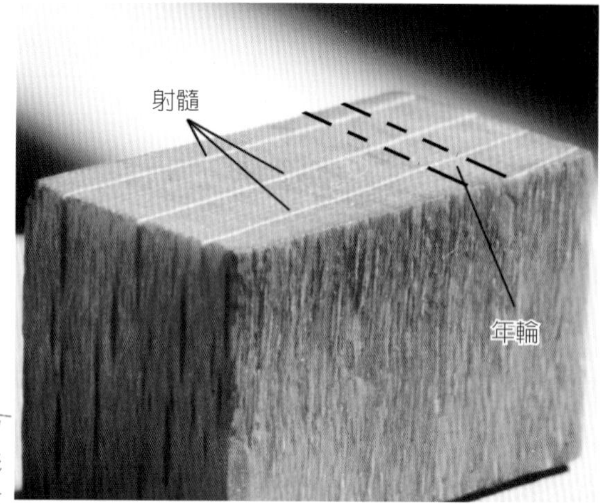

射髓以外的紡錘形

當樹被鑽出一個圓孔（左圖），它會快速地將受傷部位轉變成紡錘形缺口。另一種狀況是當樹幹上有一個紡錘形或者卵石形缺口時，樹木維持此種傷口形狀，閉合傷處後仍保持紡錘形。

褐腐：木材脆化粉碎

在 48 頁的簡明木材模型，可用來說明木材腐朽的破壞原理。有些真菌專門破壞纖維素軟管，這就是所謂的褐腐，最後只留下較硬的木質素煙囪框架。把一塊這樣的木頭扔在地上，會像餅乾或盤子般碎裂。受到褐腐影響的樹木就像塊易碎的餅乾，最後甚至變成像可可粉一般 [2]。

已無纖維素軟管

木質素煙囪

白腐：木質素腐朽導致木材軟化

某些其他眞菌則有相反的作用，只破壞木質素煙囪，留下纖維素軟管完好，此種類型的木材腐朽後又軟又韌。這種腐朽是白腐的一種（選擇性木質素分解），有時候樹木發展出壓縮摺痕，看起來有如滑落的襪子 [2]。

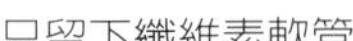

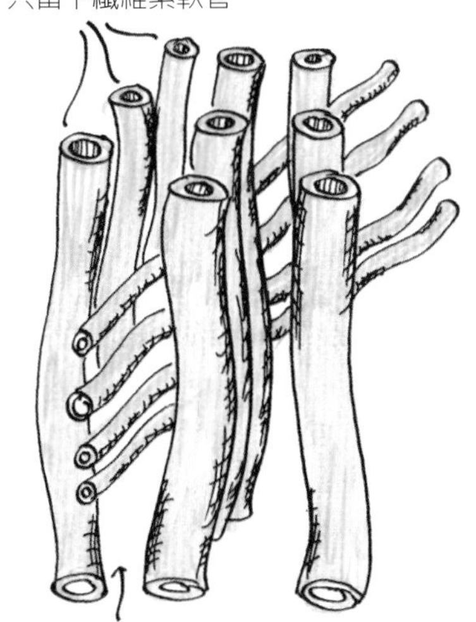

攝影者：Ted Green

射髓是木材的橫向聯索

射髓，可視爲一種聯索，越往外越粗，最終甚至粗到裂開 [6]。它們將年輪往樹幹中心拉緊，增加樹幹的堅硬與穩固程度，也較不易裂開。那些即使遭遇風暴也不易斷裂的樹種，都有又多又粗的射髓，例如倫敦梧桐（London' plane）或橡樹（oak），而射髓較細的樹種，例如楊樹則比較危險，較弱的風都有可能將其折斷 [2]。

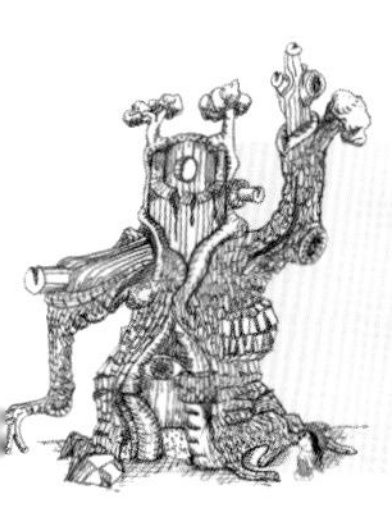

癒傷木中的射髓

不論年輪是否長成圓形，射髓都會與年輪垂直，就像圖中史都西的手掌彼此垂直，甚至在癒傷木將舊傷口周緣蓋起來的地方，年輪會呈現反捲狀，但射髓仍大致與捲起的年輪互相垂直，藉此射髓將癒傷木與樹幹緊拉在一起，形成壓縮罩 [2]。

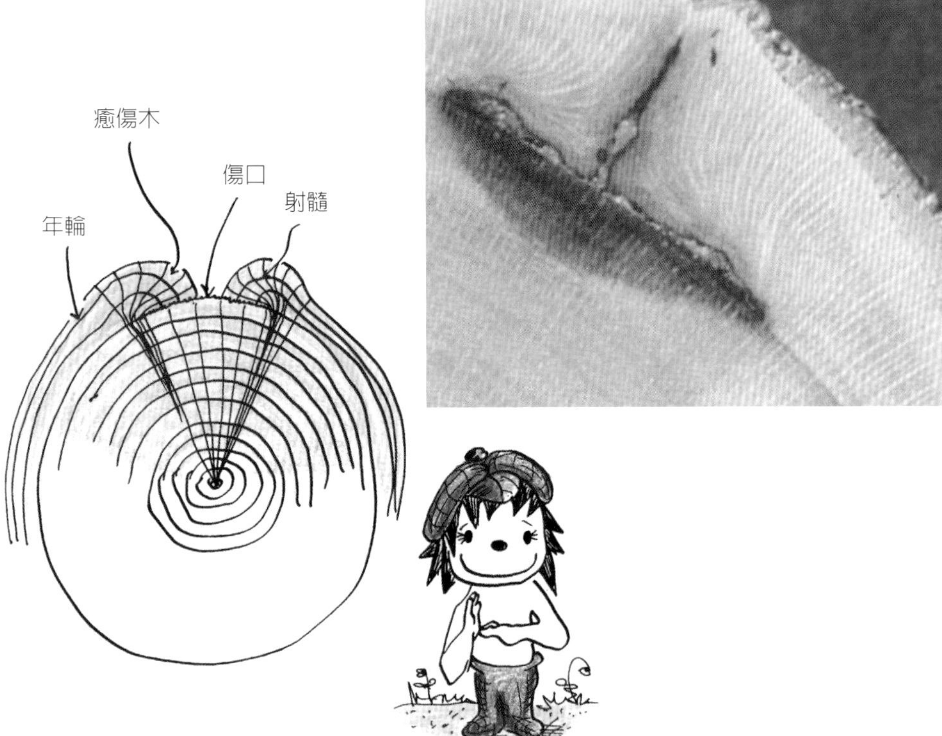

木材平均強度

我們的前同事 Konrad Götz 博士在他的學士和博士論文中，用 IML 的微破壞儀（Fractometer）III 測量木材強度 [7]。這些表格顯示了平均值，不同樹種間有顯著差異，同一棵樹不同方向的各點之間也是如此。

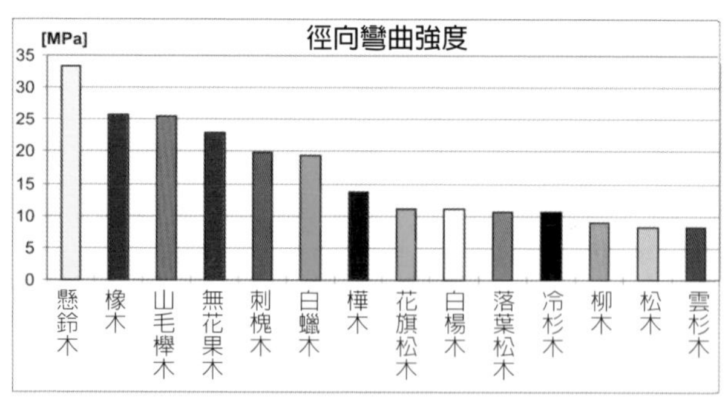

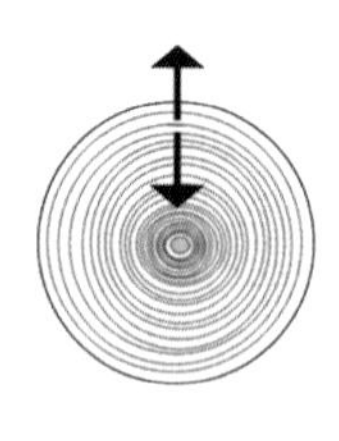

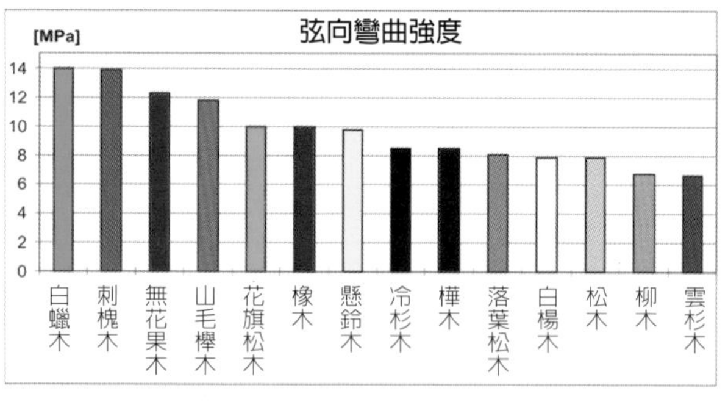

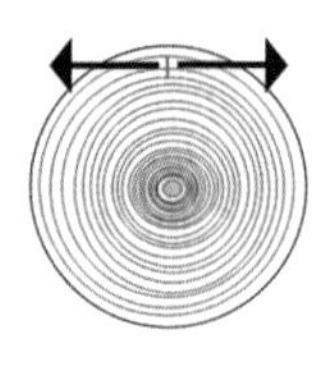

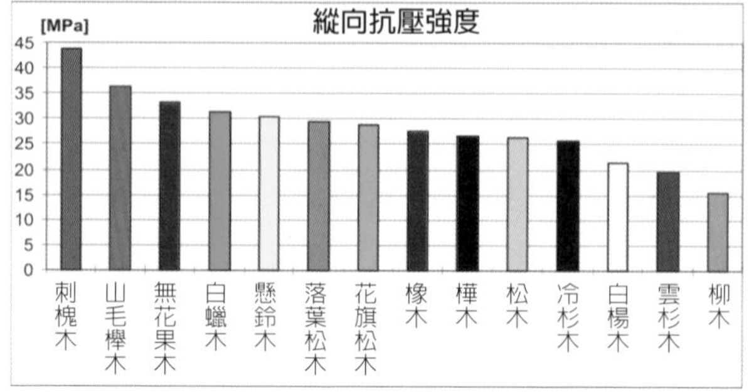

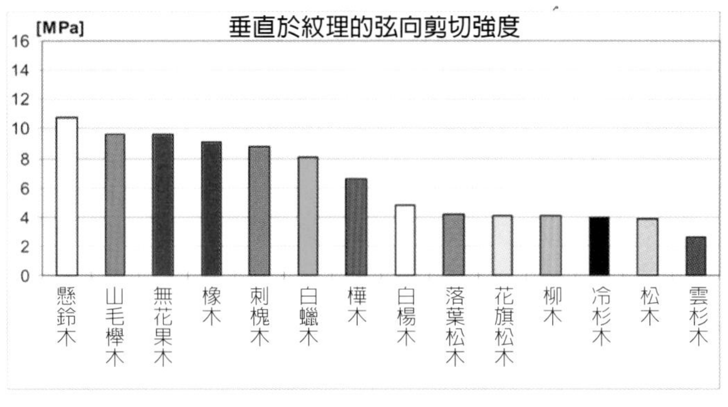
垂直於紋理的弦向剪切強度
[MPa]
16
14
12
10
8
6
4
2
0
懸鈴木
山毛櫸木
無花果木
橡木
刺槐木
白蠟木
樺木
白楊木
落葉松木
花旗松木
柳木
冷杉木
松木
雲杉木

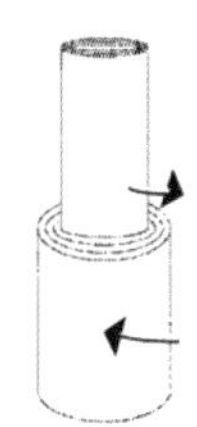

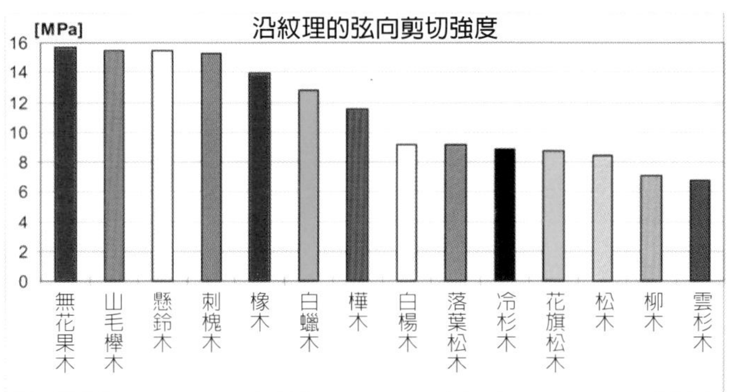
沿紋理的弦向剪切強度
[MPa]
16
14
12
10
8
6
4
2
0
無花果木
山毛櫸木
懸鈴木
刺槐木
橡木
白蠟木
樺木
白楊木
落葉松木
冷杉木
花旗松木
松木
柳木
雲杉木

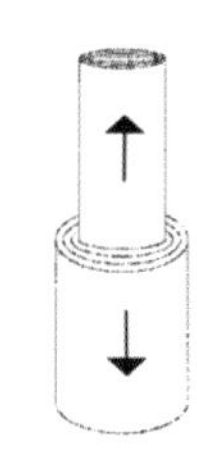

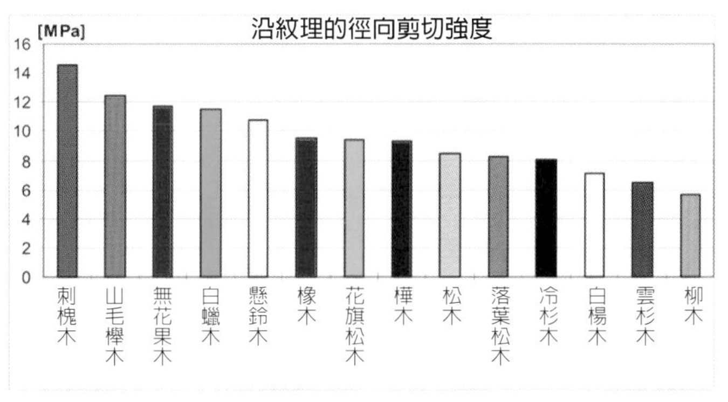
沿紋理的徑向剪切強度
[MPa]
16
14
12
10
8
6
4
2
0
刺槐木
山毛櫸木
無花果木
白蠟木
懸鈴木
橡木
花旗松木
樺木
松木
落葉松木
冷杉木
白楊木
雲杉木
柳木

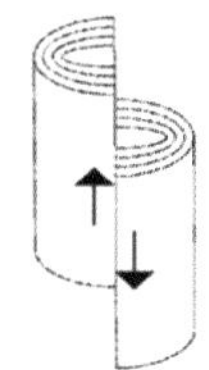

樹木神奇的強度比率

Bethge 博士使用 Götz[7]、Lavers[8] 與林產實驗室 [9] 的資料來評估木材強度（S），並在建立這三方資料之關聯時發現一個有趣現象，除了若干例外，所有種類的木材強度相關性皆如下圖。令人困擾的發現是活樹的木材抗張力是抗壓縮力的 4 倍，樹木纖維容易皺褶變形，但相對較不容易撕裂。在樹的背風面，樹木的斷裂強度僅爲迎風面所能承受之 1 ／ 4，樹木必須想辦法處理生長逆境。樹木會發揮所長，並充分利用殘留應力以應付特殊需求，不受限於上述那些關聯數字，這狀況在很多博士論文裡已有驗證 [10,11,12]。

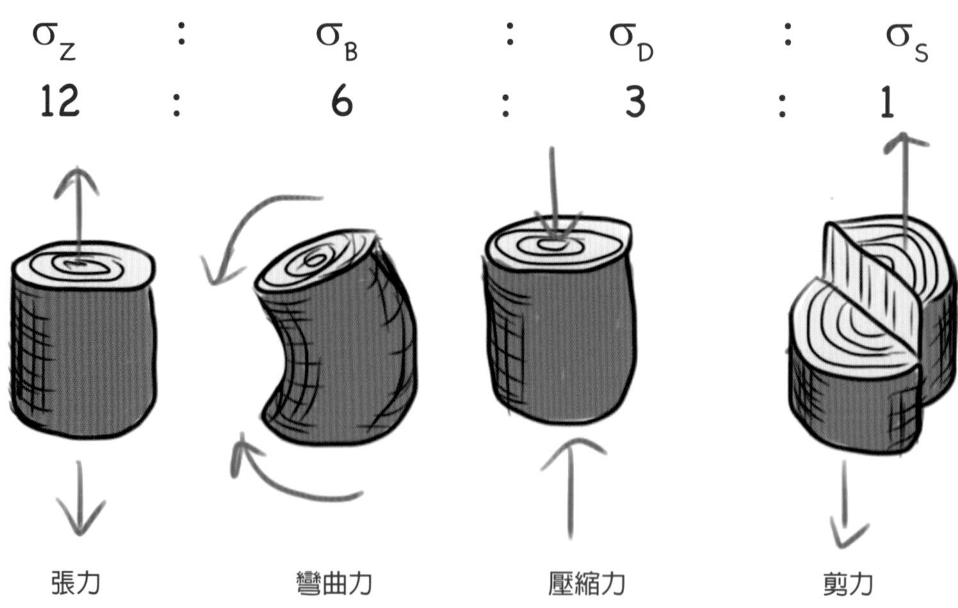

縱向張力的生長應力

比較木材纖維的皺褶變形風險與褲子的壓縮。我們用褲子吊帶的預加張力，來防止褲子下滑、產生擠壓褶痕。樹木藉由發展生長應力，樹幹表面因彎曲而高度負荷，產生表面縱向應力。在木材纖維承受任何壓力之前，風的彎曲力必須先克服這種預加張力（褲子的吊帶）。

壓縮力小而張力大

然而預加張力是有代價的。在迎風面，風產生的彎曲力會疊加在「褲子吊帶」產生的張力上。這是相當安全的，因爲木材抵抗張力的能力比抵抗壓縮力高4倍。理想上，總應力如下：

$$\frac{\text{「褲子吊帶」產生的張力 + 風的彎曲力}}{\text{風的彎曲力 - 「褲子吊帶」產生的張力}} = \frac{4}{1}$$

在這種情況下，樹的迎風面和背風面理論上會同時斷裂，背風面是纖維皺褶變形，迎風面則是纖維撕裂。這是很聰明的設計！

尖端開裂

當樹木遭伐倒時，「褲子吊帶」產生的預加張力無法再轉移至根部，而是沿鋸切方向呈直角偏轉，木材在橫向張力下可能分裂。樹木被伐倒後，會在尖端產生裂紋，以乾裂狀沿著木材射髓裂開。射髓之橫截面呈紡錘形，兩端尖凸，會有像裂縫一樣的作用。在橫截面爲橢圓形的樹木中，尖端之裂紋大多靠近較小直徑的那端，因爲這是張力木材的生長應力槓桿力矩最長處。伐倒後的端裂現象主要發生在落葉樹種，因此伐木最佳時機爲樹木休眠期，此時的生長應力較低。

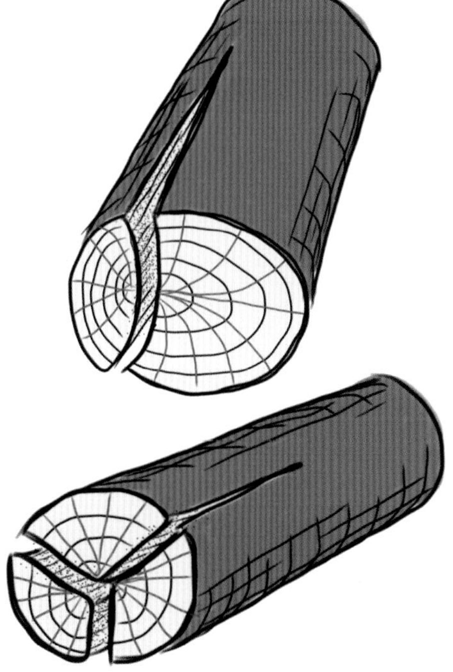

靠伐木技術來彌補

我們測試了一種伐木方法，能幾近完全避免尖端開裂，流程如下：

1. 先切出一個巨大的導向口。
2. 在離導向口一定距離處水平刺切，作爲中間引導樹倒落方向的橋樑。
3. 斜切後樹便開始倒落，斷口會連接上刺切口，接著中間的斷裂橋樑會引導傾倒方向。

這方法鋸出的不是橫截面，而是對角截面。然而，若樹幹與樹頭直接斷離，末端還是會開裂。生長應力需逐步消解。

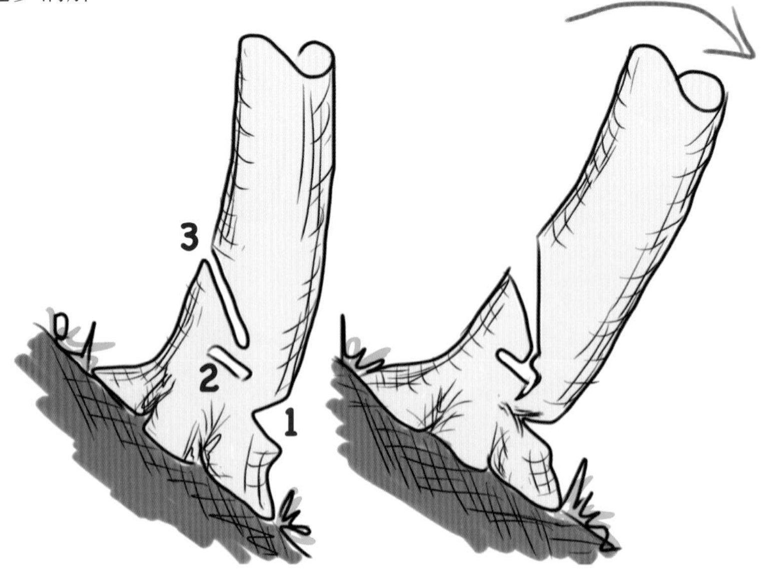

樹幹中軸方向的壓縮力，使木材射髓開裂

木材纖維會被紡錘狀的射髓引導轉向並環繞之，這表示這些轉向纖維已預先彎曲（pre-bent）。預先彎曲的竿子會更容易扭曲。這些「彎曲的膝蓋」常與對角滑移（傾斜 45° 角的剪力破損）一起出現。會讓木材射髓裂開的不只有伐木時樹幹縱向張力產生的直角偏移，縱向的壓縮力也會 [2]。

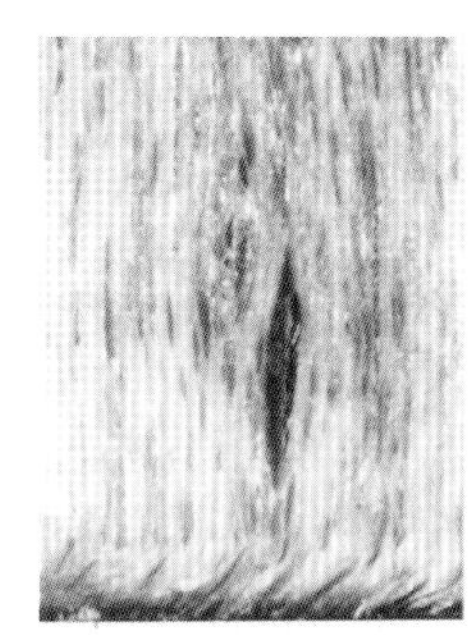

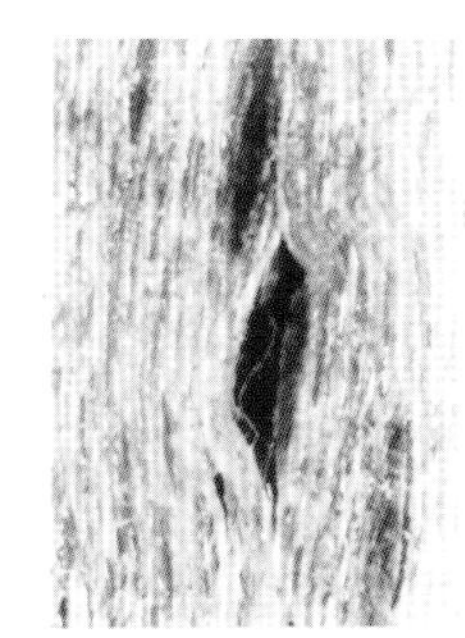

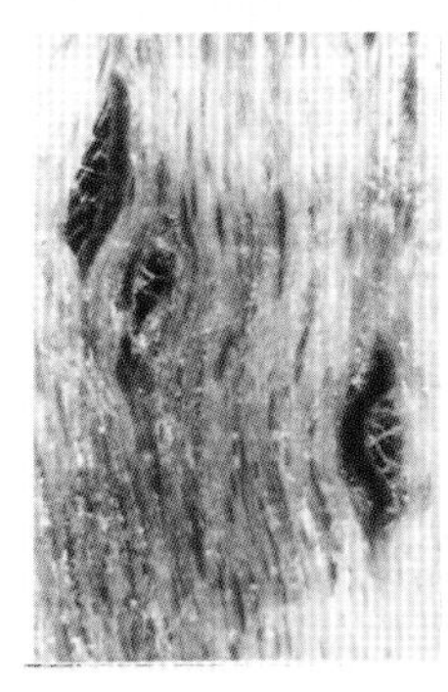

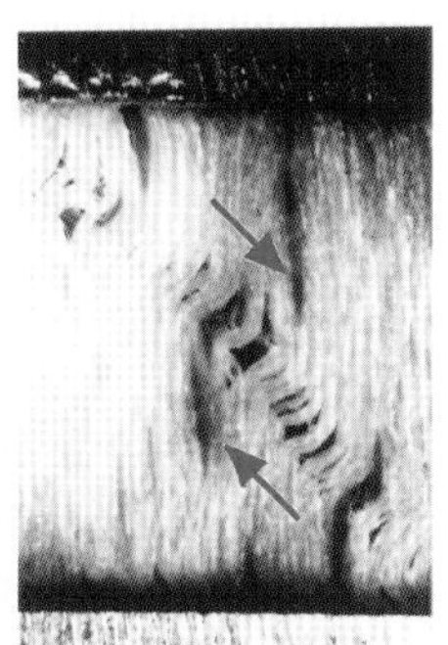

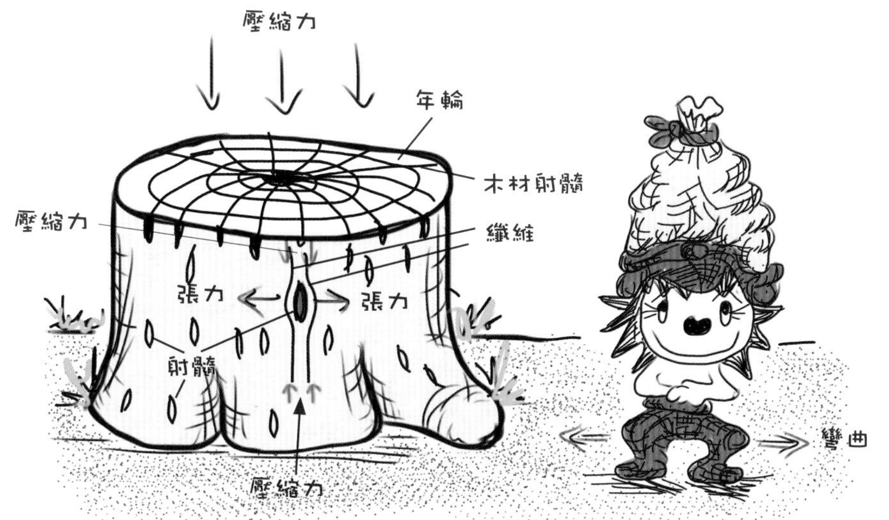

作用在木材射髓上的橫向壓力

樹木處理容易裂開的射髓問題是靠橫向的壓縮力。圖中褲子上紡錘狀的破洞代表放大很多倍的射髓，其上下兩端可能持續裂開。樹木藉由沿年輪方向產生的壓縮力來抵抗之，意即從紡錘狀的射髓之側面施壓，也就是插圖中勒緊皮帶的作用。樹體的肥大生長過程中，在樹表圓周產生預加壓縮力，活樹才會有生長應力，而木材則具有乾燥應力。

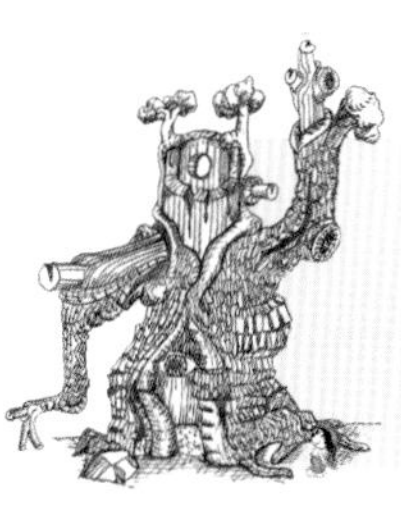

生長應力：只須鼓起

生長應力眞是樹木的朋友、伐木者的敵人，原因爲何？讓我們來看一個簡化的模型，想像樹幹表面上有一行垂直排列的細胞（左圖），當細胞內部的壓力升高時，它們將呈現圓球形。此外，細胞壁由於木質素結合而膨脹（資料來源：與 Freiburg 的 Siegfried Fink 教授之個人交流），因此，它們縱向縮短、橫向變寬，這產生了前不久所講到的縱向張力（褲子吊帶）和橫向壓縮力（皮帶）。其他所有樹幹內的生長應力僅是爲達到力學平衡而引起，樹幹表面的膨脹過程是動力的來源，參見 [43]。

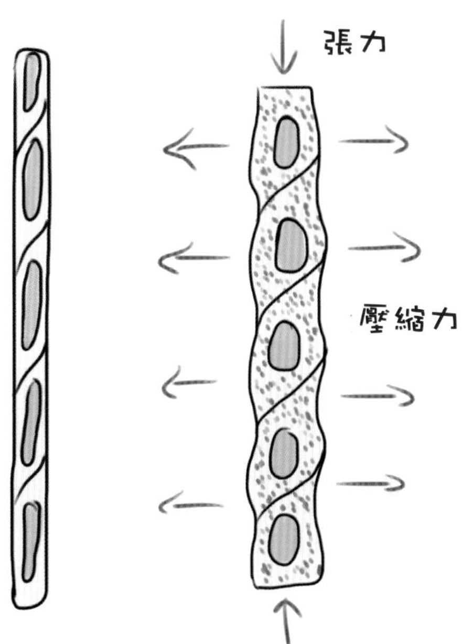

乾燥裂縫：木材的缺陷

由於缺乏活樹的生長應力，木材會產生乾燥裂縫。活樹身上的年輪，甚至連放射向的鋸切口都能明顯壓縮（圖 A），從而防止射髓變為裂縫；而木材弦向的殘留壓縮力作用方向與年輪一致，但當木材乾燥時轉變成弦向張力（圖 B），許多射髓因此受到橫向張力而變成裂縫，產生木製電線桿上都可以看到的垂直裂紋，這些裂紋總是垂直於年輪，跟射髓一樣。

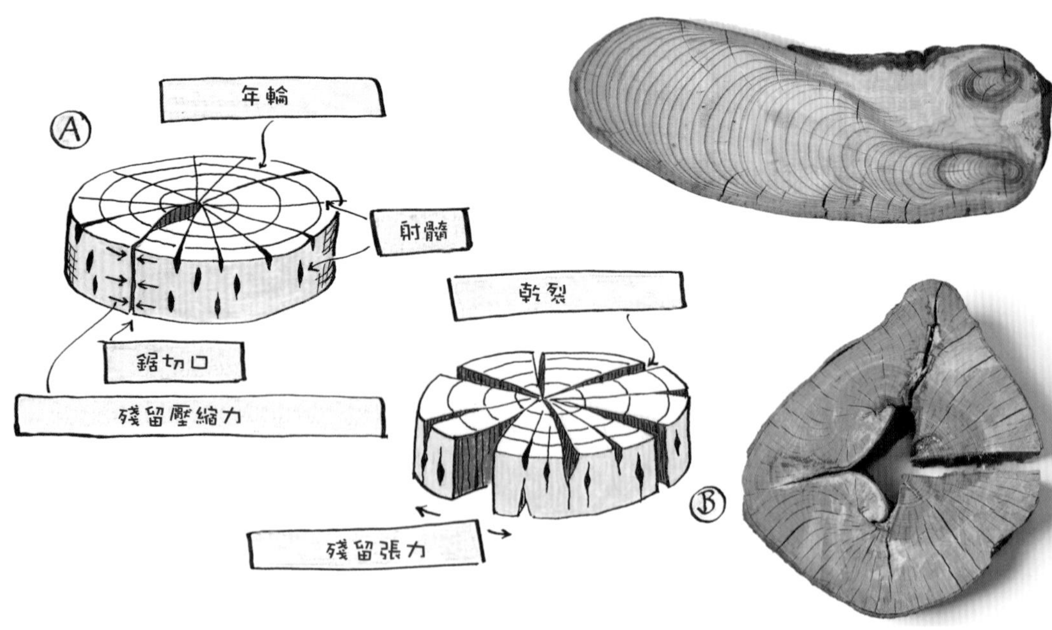

纖維素與木質素：承重的性能

樹聰明地運用木材的兩項主要構成物質：抗壓、堅硬的木質素，和抗張、軟韌的纖維素。在受到壓縮力的地方，樹製造更多木質素，而在張力下的區域則發現纖維素。工程師畢竟不是用鑄鐵製造牽引纜繩，因此，傾斜樹在向地側有堅硬的木質素支撐，而背地側則像堅韌的纖維素纜繩。

木材：世上最好的複合纖維材料

樹木表面有自己所產生的縱向張力，木材纖維縱向拉伸，如本圖頂部史都西的示範，來避免樹木遇到風所施予的壓縮力時彎曲過快。兩側的史都西展示樹木如何從側面壓縮射髓，以避免紡錘狀射髓的上下尖端產生裂痕，像乾木材一樣裂開。這些應力叫生長應力，它們幫助樹免於破裂。生長應力抵抗彎曲和開裂，木質素和纖維素會針對相應的負重排列，而死去的木材沒有生長應力 [2]。

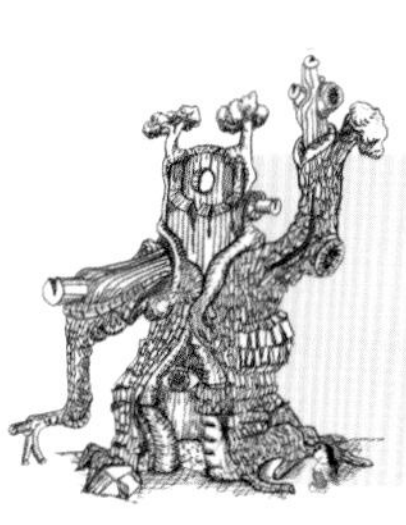

樹就像帆船

一棵樹就好比一艘帆船，樹葉和分枝聚集風力，並和大分枝一起形成一個冠狀船帆。樹幹扮演力量傳遞者，將風力往下傳送，分散至根領，然後引導至根系，最後由土壤吸收所有的能量。土壤是種難以預測的物質，當土壤緊實潮溼，它有還不錯的承重能力。然而，當土壤被挖掘過、質地鬆散、太乾或太溼時，它有限的承載力很快就會消失。想想堆沙堡時，太乾或太溼都不行。

「相等應力」原則

樹幹表面上受力的每一點，都該享有平等權利，也就是說，長時間來看，應力應該平均分配給每一點。這是每棵活樹要努力達到的，它們自己會測量，然後修復、調整、重新測量。林業家 Metzger[13] 應該是第一個指出雲杉身上應力平均分布的人，當風從固定角度吹來，樹幹迎風面會產生張力，背風面則受到壓縮，而樹幹正中心纖維其所受應力顯然應爲零。在風向改變過程中，樹幹所有部分都受到相對應的影響，長時間下來受力皆平均。然而，一棵有足夠能量的樹，會順著它樹幹纖維的方向來平均應力。2012 年這個「相等應力原則」成爲 VDI 準則 6224「仿生最佳化」的一部分。（VDI 是德國工程師協會跨工程與自然科學領域，所發展的 VDI 技術準則，爲重要的國際性工程標準）

力學控制之傷口閉合

當一個穿孔板（如左圖所示）在長邊被拉伸的情況下，圓洞周邊會產生很大的缺口應力。若樹木有這樣的圓形缺口則會自己測量這些應力，並生長出更多癒傷木來填補這些地方，從過去的實驗顯示樹木傷口的修復是力學控制 [14]。傷木在應力最大的地方生長最快，以期讓應力盡量回到均勻分布狀態。

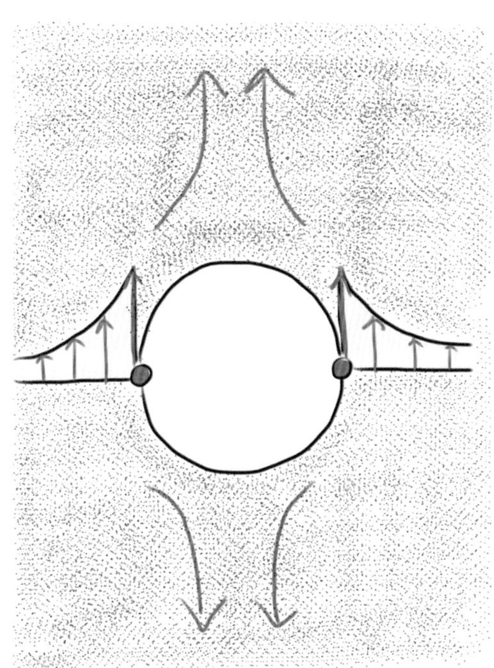

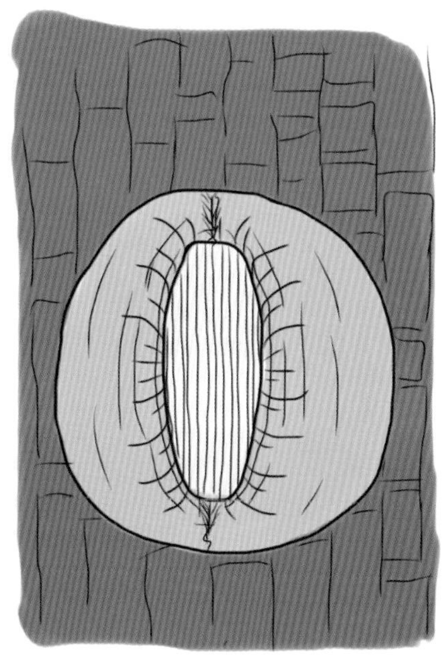

傷口與木材射髓顯示出應力流動的路徑

在環形缺口的癒傷木上鑽個小圓洞，這個小傷口將順著斜向偏離的纖維呈紡錘形。紡錘形傷口就像羅盤上的指針，指出應力的走向。在下圖鑽出的小洞中，紡錘形的木材射髓與纖維走向顯示應力的流向。

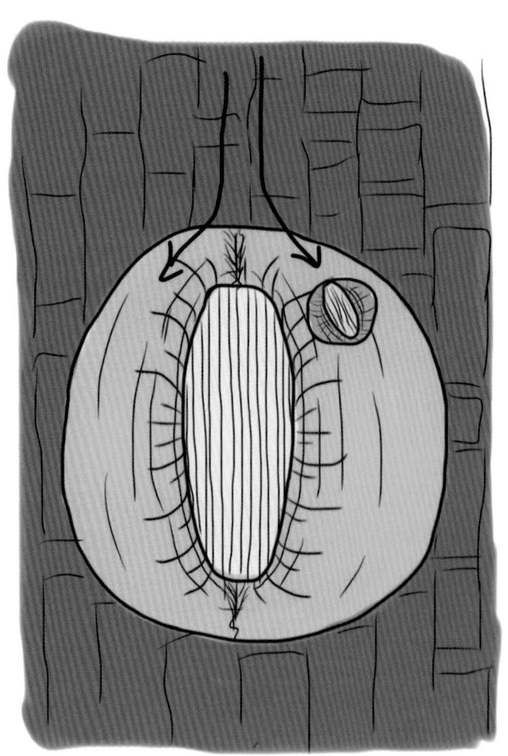

缺口形狀會控制傷口閉合

如圖所示，具有尖凸的傷口，會比圓形傷口承受更大的應力，這解釋了不同強度的癒傷木形成，意即木材增長為應力負載所控制。各個傷口的左尖端受到較高的應力，因此周邊癒傷木圓弧化的程度較傷口右側強，右側癒傷木形成較少。當下的傷口邊緣顯示目前的應力流動軌跡，這些都可用「相等應力原則」來解釋。

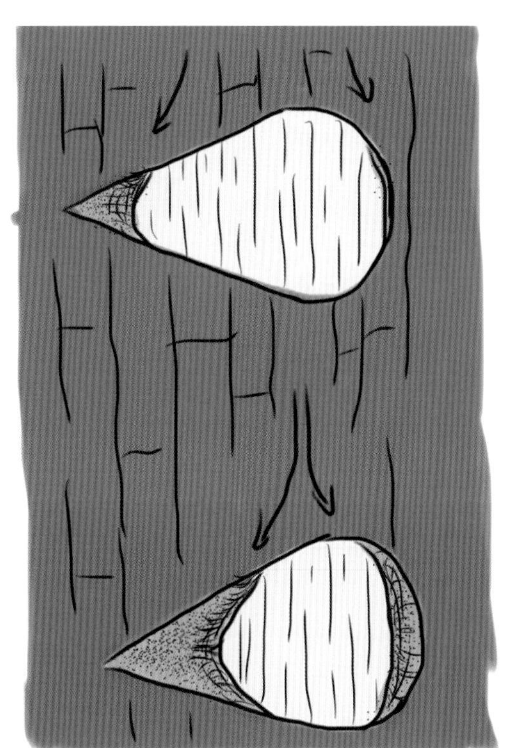

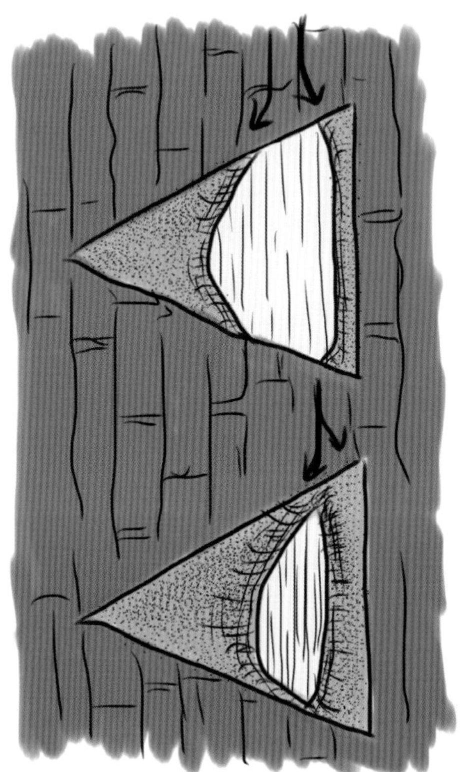

癒傷增長之木材是樹木缺陷的表徵：裂縫和肋狀凸起

無論是外在傷害或內部缺陷，像這裡的裂縫修補都由應力控制，而增長的癒傷材在樹木身體語言中是警示信號。大多數曾經呈尖銳凸起的扁鼻肋狀凸起乃裂縫成功修復的表徵。然而，具有尖鼻肋狀凸起者，則表示接近樹幹表面處仍有未閉合的裂縫存在。

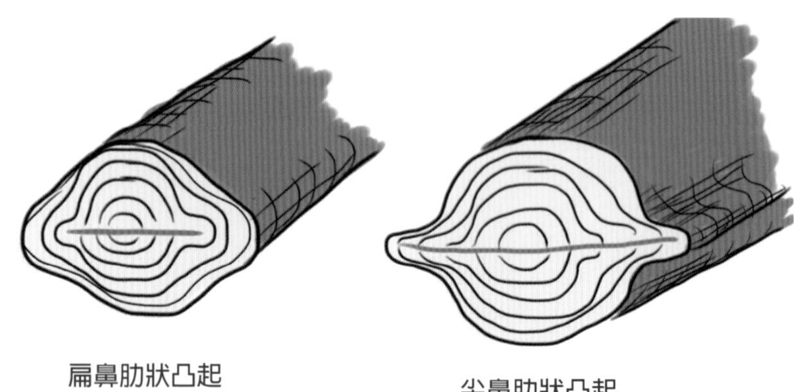

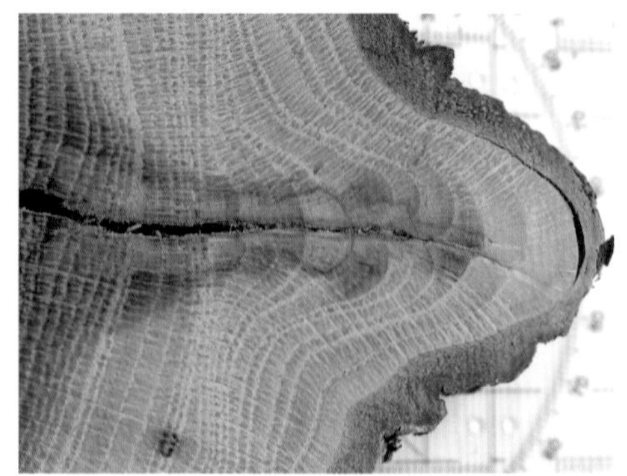

開口裂縫（gaping crack）的測年與閉合

一個有明顯開口的貫通裂縫無法形成肋狀突起，因爲裂縫壁無法接合。樹木傷口的邊緣會捲起，捲起處的年輪數量表示開裂的年份。只要耐心等待，開口裂縫也是可以閉合的。捲起的邊緣變得越來越厚，最終會接合起來，它們會使接觸面變寬，最後趨近平面，但此時它們仍然被夾在中間的樹皮給分開。然而，只要兩個傷口處木材的年輪密合、沒有產生扭結（kink），封閉的樹皮可以「融化」，形成第一圈完整圍繞的年輪（右圖）。這種縱向融合的成功度和穩定度，將使樹產生場鼻子或尖鼻子的肋狀突起，因爲夾在中間的樹皮會產生類似裂縫的機械作用。

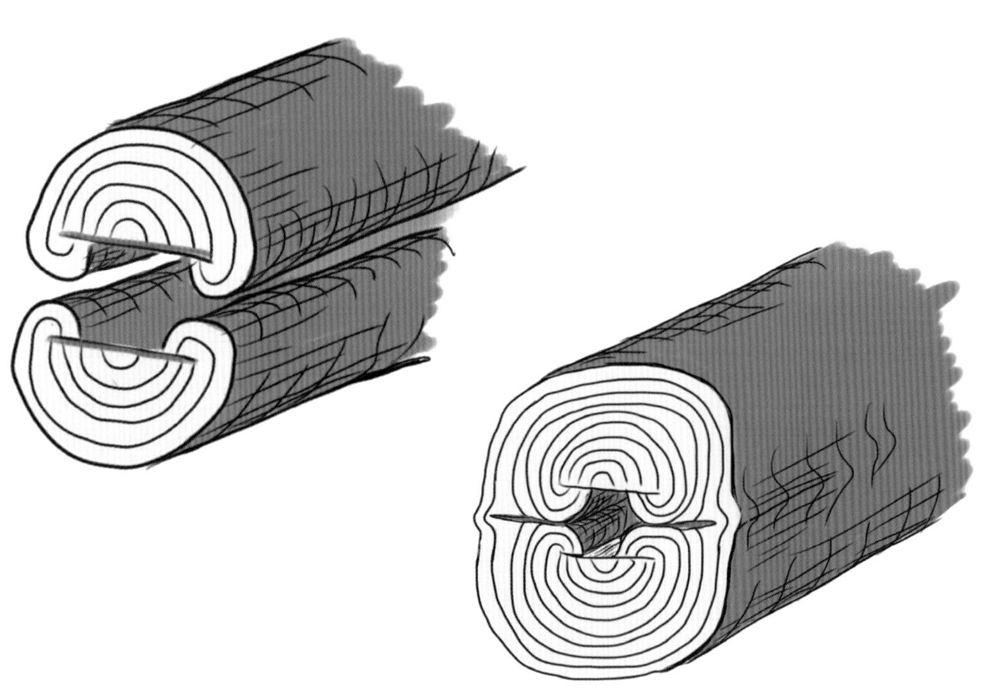

凸膨木形成的「救生圈」

想像一隻扭傷的腳由繃帶支撐著，這就是凸膨木（bulge wood）在有纖維的局部扭結（kink）樹木上之作用。多數情況下這種纖維扭結開始於那些原本就長得彎曲而不是筆直的木纖維，它們因圍繞木材髓線而偏斜。

過去 25 年來的樹木研究中我們沒看到任何樹木因凸膨木而傾倒的案例。凸膨木的邊界清晰，長得像台階。

樹幹腐朽處前端的「啤酒肚」

與台階狀之凸膨木不同，腐朽產生的空洞或木材軟腐的區域有著圓滑輪廓。樹幹厚度最薄之處（圖中箭頭所指），通常就是樹的「啤酒肚」最凸出處，這種大肚子是因樹木的修復工程而產生，這些位置須用生長錐鑽探以測量剩下的厚度，甚至可能須測量其他地方。

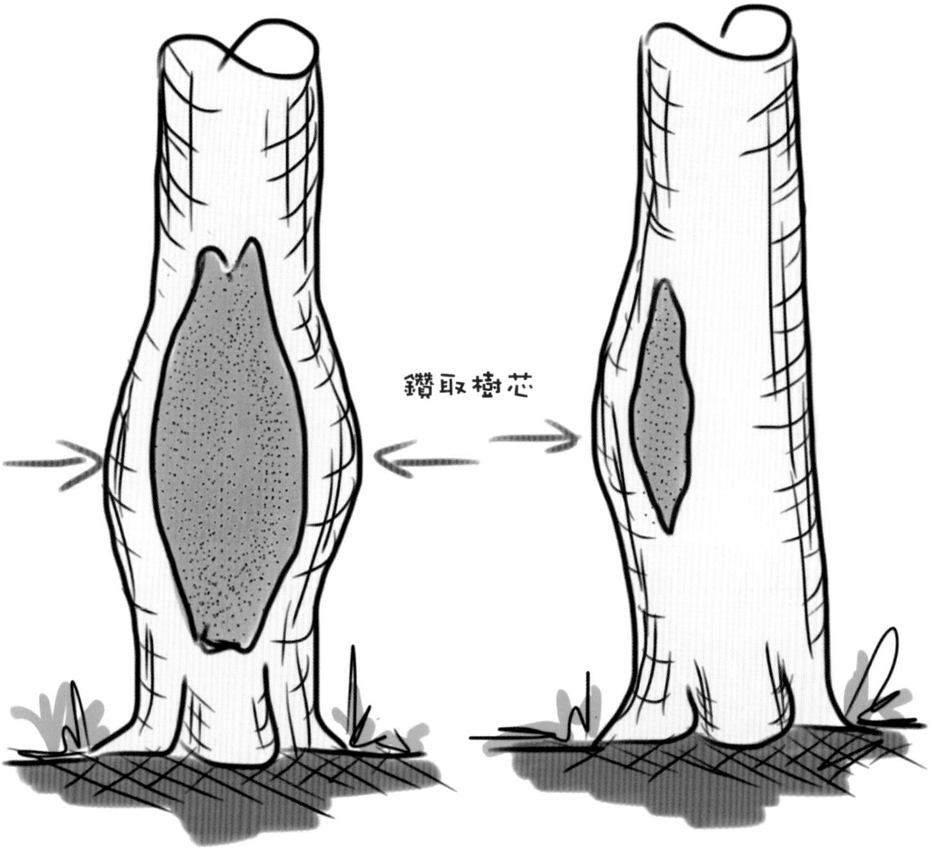

鑽取樹芯

鐘形莖基部是樹基腐朽的徵兆

空心的樹基或是樹幹基部因腐朽而變得鬆軟，會長得像象腳，呈現鐘型，板根不再明顯。在健康樹木身上，板根之間區域是應力的通道，持續的受力使樹基特定位置生長快速，因而成為板根。但當樹基腐朽，板根之間只剩薄薄一層牆，這會導致該區域承受比之前更大的應力。然而，這也意味著樹基部會快速生長，填滿了板根之間的空隙（右圖），而長成象腳的形狀。

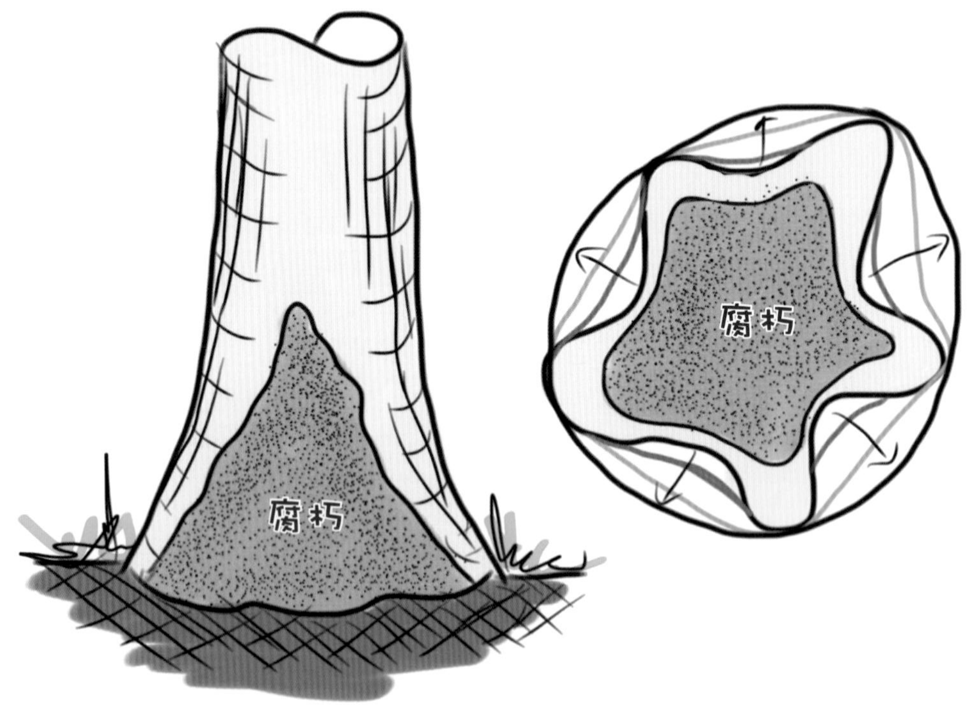

樹潰瘍

樹潰瘍（tree canker）是由於形成層生長受刺激導致，外觀上為被大量增生的樹皮型態。至目前為止，在將潰瘍樹木拉倒之實驗中，尚無高安全風險證實起因於潰瘍本身，大部分的狀況是連根拔起而折損，而非斷裂在潰瘍處。若在潰瘍背後有腐朽引起的空洞，或若有潰瘍隱密地捲入樹皮下、壓扼住形成層，則又另當別論。附在樹幹外的潰瘍通常有完美的形狀，也就是我們在張力三角章節中提到的，有緩衝角、不會產生凹槽應力集中點的形狀。

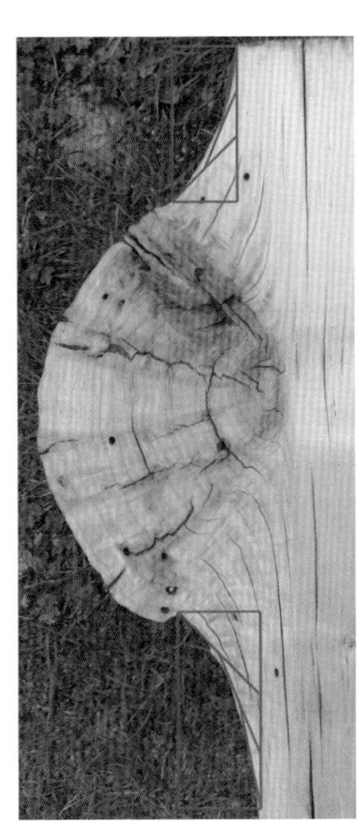

樹瘤

樹瘤外形與樹潰瘍相似，但不同的是表面會生長細枝或芽體，且通常不久後就會死亡，如同舊釘子般逐漸被增長的樹幹包圍。靠近樹瘤處，方向不規則的纖維能防止木材裂縫進一步朝樹瘤開裂過去。目前尚無樹潰瘍或樹瘤導致樹木折損的記錄，除非瘤下面有腐朽。鋸開後，樹潰瘍或樹瘤就像是美麗的餐盤，有時後者還可以觀察到內生樹皮現象。

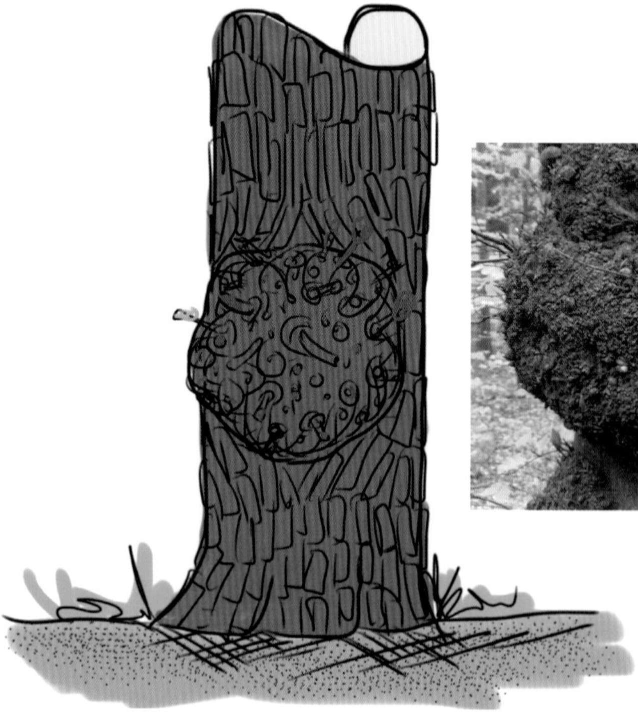

去皮的樹瘤

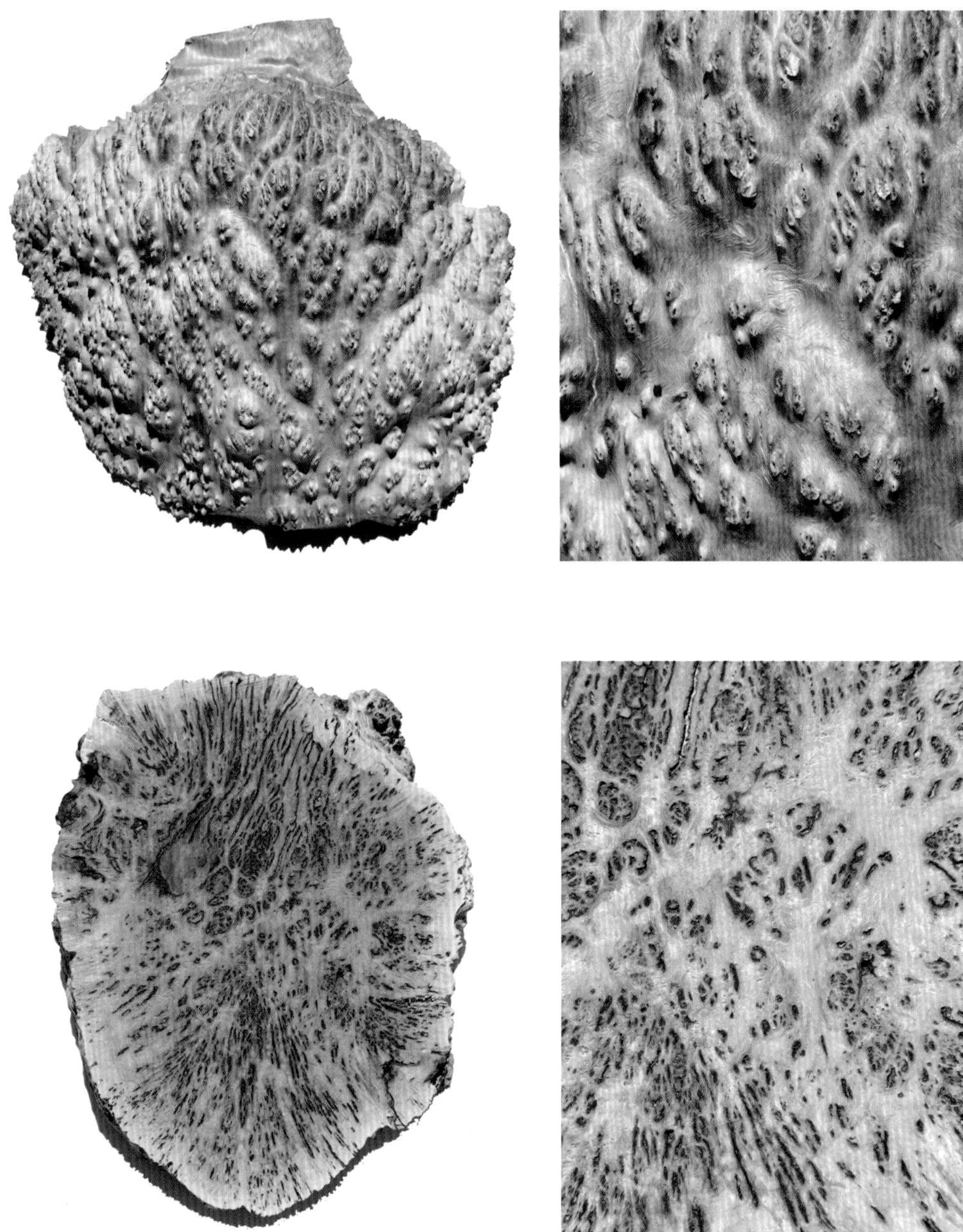

樹皮樣式

凸膨木救生圈、樹潰瘍和樹瘤的樹皮樣式不同之處：在凸膨木，樹皮一路接通，不受干擾；在樹潰瘍和樹瘤的上下方，樹皮會分叉、偏離；個別樹潰瘍和樹瘤會呈現不規則的樹皮樣式。

凸膨木環 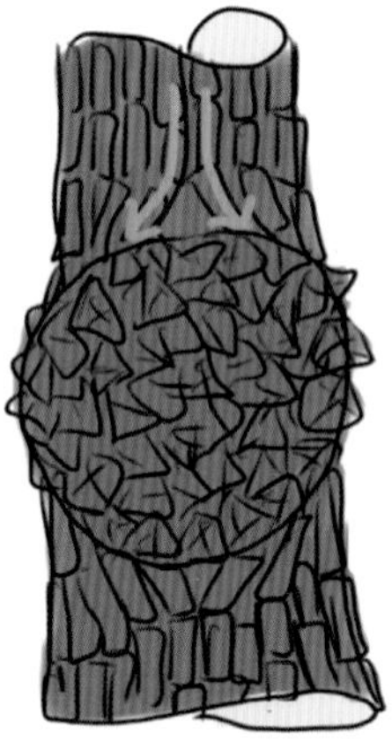　　樹潰瘍 　　樹瘤

生長帶可視為局部增厚的度量

生長帶通常是指在具有厚樹皮的樹幹上，樹皮板紋間的亮色帶。薄皮樹，如山毛櫸，其生長帶有細緻的紋路，在過度增長狀況下，甚至會造成薄樹皮的破裂。生長帶的出現可能是好事也可能是壞事，它可能代表生長力旺盛，或是裂縫的產生（中間箭頭）。一般來說，生長帶呈現的是應力傳導的軌跡。

樹的面孔 — 樹皮

評估樹木時，樹皮扮演著重要規則的角色，特別是在評估天然紀念物的老樹時，因為老樹大多矮小、壓縮緊密，無法像面對具完整冠層的樹那般使用一般的折損標準來評估。然而樹皮不會欺騙我們，過度的壓縮力會使樹皮出現壓縮皺褶或之字形紋路，過度的張力則使樹皮局部脫落，留下的薄層樹皮由於尚未風化，因而看起來很新。若樹幹其他地方被苔蘚、藻類、地衣等小型綠色植物覆蓋，那麼在樹皮脫落處，則會看不到這些小型植物。

過度壓縮力

過度張力

過度張力

過度壓縮力

適應流體的形狀

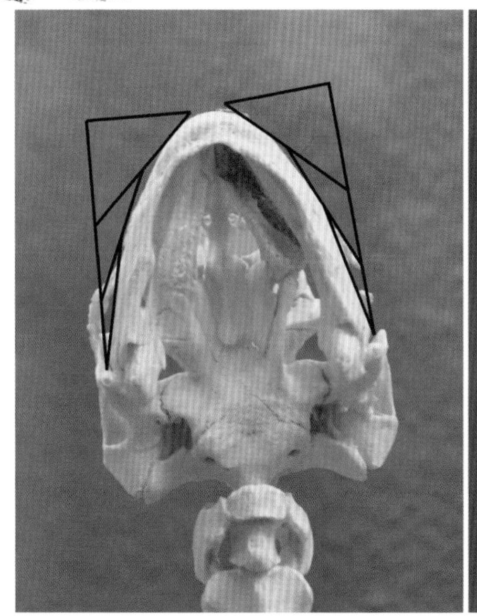

赤蠵龜（海龜）

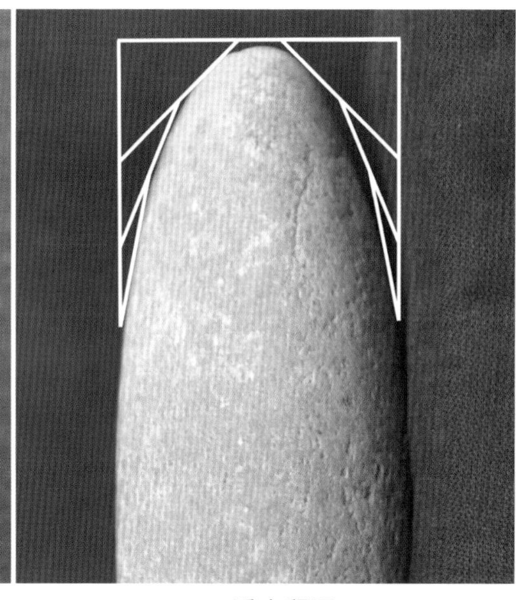

溪中卵石

樹冠

被流體環繞的結構，不論有無生命都明顯形似。這可見於海龜的頭、溪流長期沖刷的卵石，和暴露在風吹雨淋下的樹冠。它們常出現張力三角的輪廓，這不僅能減少凹槽應力，緩和機械應力，也影響其流體力學。

變形，以達最佳化

從下面這些圖可見完全不同的結構物在負載重壓之下，變形為力學上適合支撐該重量的形狀（下排中間是一把鋼尺）。藉此，原本不適合負重的物體形狀，能隨重量調整為適合的形狀，包括風化也是調整的一種方式。

攝影者：A. Wank

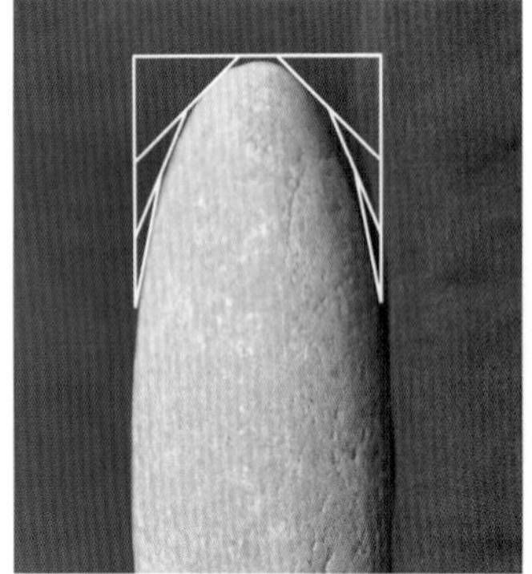

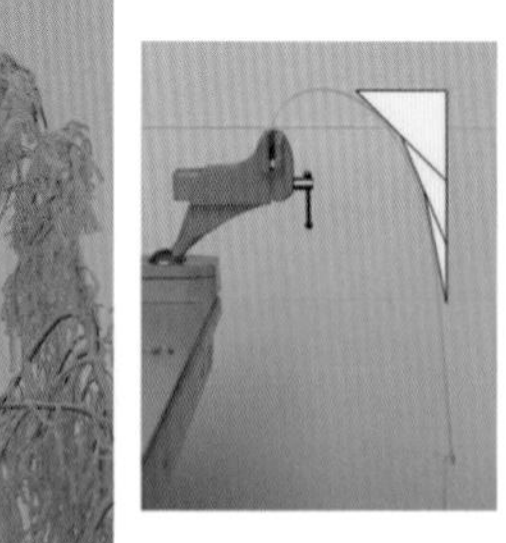

卵石形狀的洞

Heywood[15] 的研究證實，一個橡膠製張力板上的圓洞上下拉伸時會變成橢圓形，如此能使凹槽應力降低。這個卵石形狀的長橢圓周圈輪廓都是由張力三角組合而成，爲對抗凹槽應力之最佳化形狀，這是變形以達最佳化的例子。

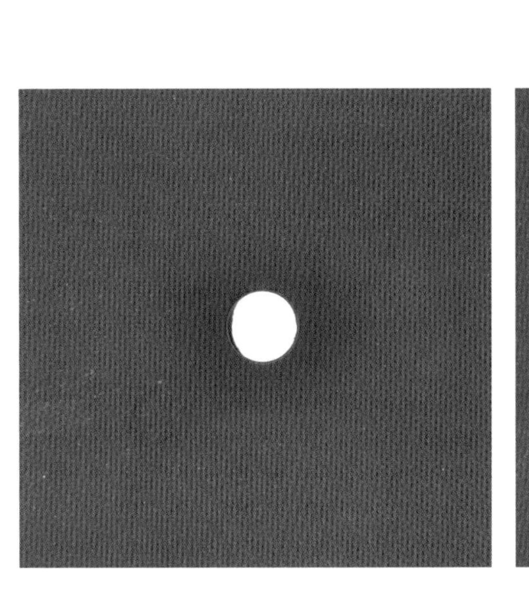

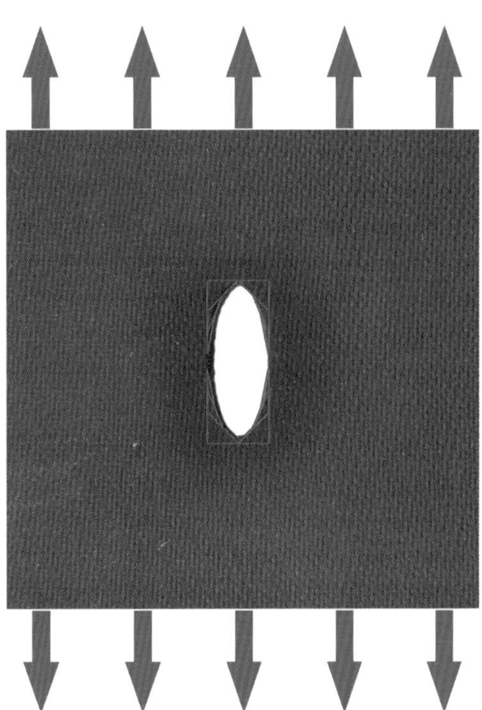

彎曲爲卵石形狀

讓保利熊來示範。當聳翹的分枝下垂時，一開始，側向槓桿臂增加，彎矩（力 × 槓桿臂）增加，然後在進一步向下彎曲的過程中減小。樹冠有彈性，在雨或雪的荷重下，會呈現流線形，如同長期暴露於流動溪水中的卵石，這也是變形以達最佳化的例子。

針葉樹像被雪覆蓋的卵石

單獨一棵針葉樹和落葉樹，經常長成張力三角的形狀，也就是卵石形。它們因積雪負荷而變形，以適應這樣的承重。針葉樹種天生外形常為圓錐狀，在這種情況下被變為卵石形。不過，樹冠的最尖頂並未納入卵石形中，因此容易折斷。

風颳和張力三角

頻繁遭風颳的樹，會出現張力三角輪廓，這是變形以達最佳化的明顯例子 [4]。

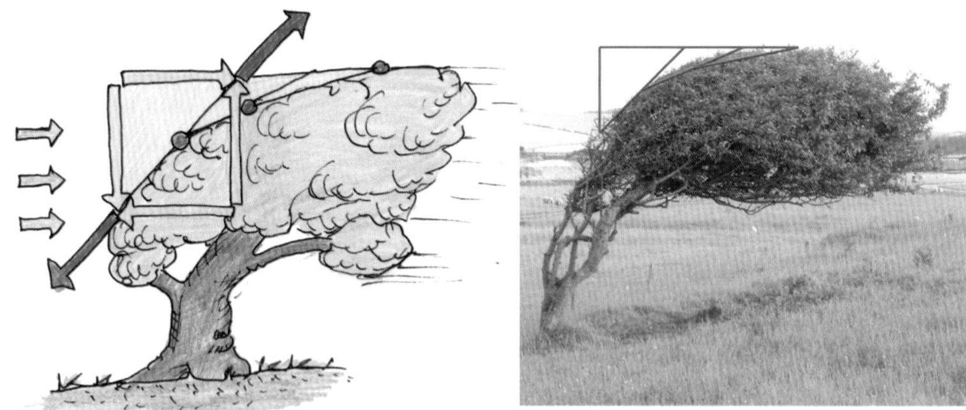

攝影者：Mick Boddy

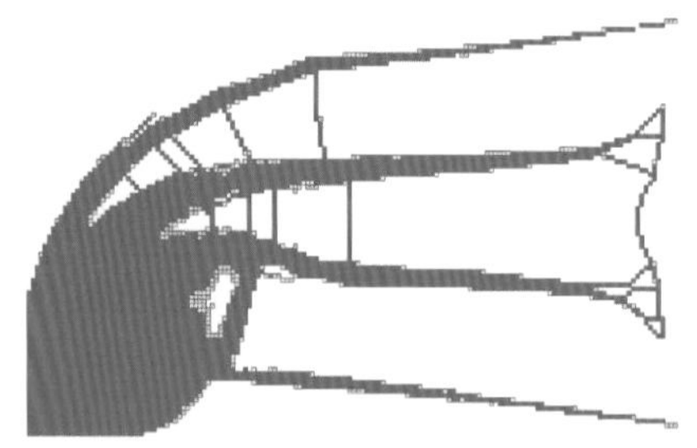

攝影與有限元素分析者：Klaus Bethge

在風和水中的形狀適應

一旦對張力三角有敏感度時，就會發現此輪廓常出現在裸露的森林邊緣木和被風颳的孤立木。不過在剛砍伐過的森林邊緣當然是找不到。Sandra Schneider 和 Sina Wunder 也在水流中的植物身上發現了張力三角形狀（照片），這些都是變形以達最佳化 [4]。

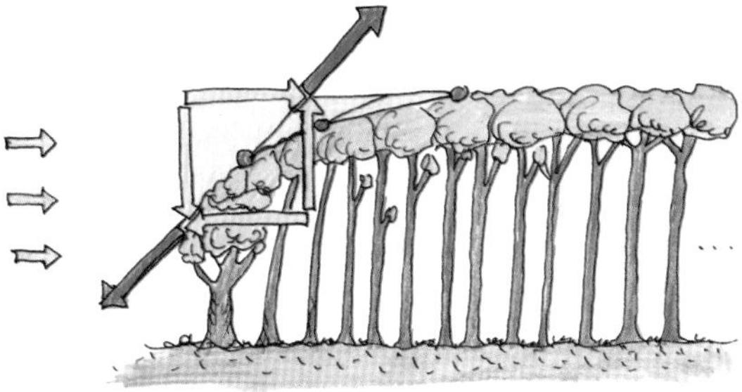

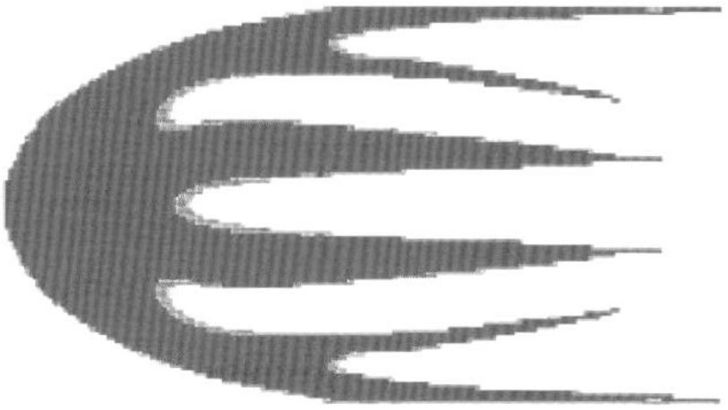

有限元素分析者：Klaus Bethge

卵石形的森林邊緣

下圖將卵石形和張力三角輪廓套疊在森林邊緣，這種一致性令人感到鼓舞。從流體力學的角度來看，這種形狀顯然有其優點。以下幾頁的圖片也都有類似形狀，根據主要受力的方向（風或重力），產生水平或垂直的張力三角輪廓。

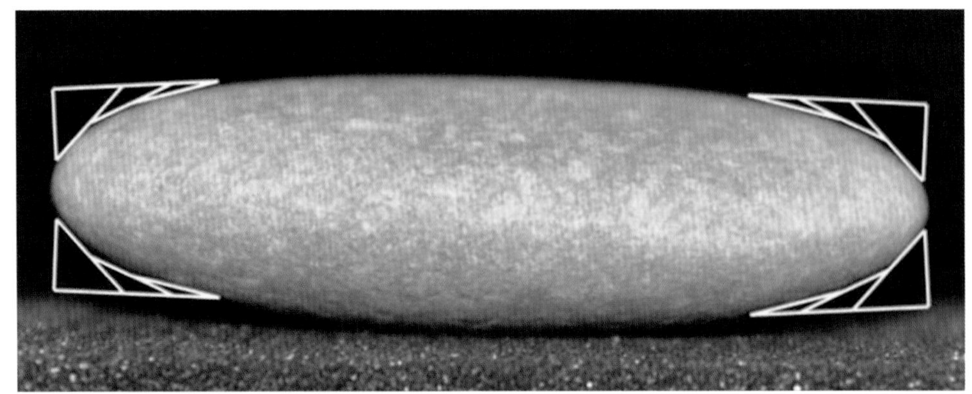

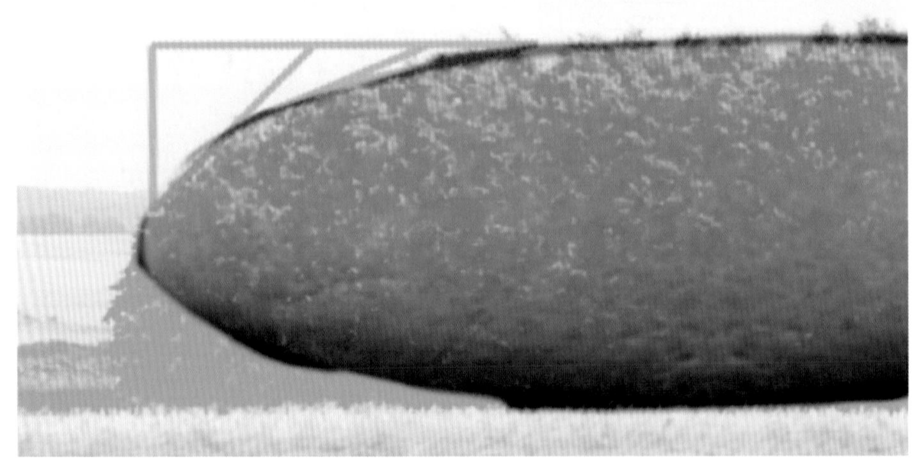

卵石形的赤楊

下圖將卵石形張力三角與赤楊的圖片套疊在一起，由此看出這棵赤楊的樹冠形狀優良。雖非必然如此，但這現象經常出現在孤立樹身上。如果樹形明顯偏離此形狀則必須找出原因，若長遠來看樹形將對樹木造成危害，則必須進行修剪改善，爲此我們設計了一個模板。順帶一提，若樹木圖片旋轉 90°，則樹冠之上半部分可視爲森林邊緣的形狀。

多功能工具

這只是一個模板，因此不會百分之百準確。它的功能是：

1. 測量樹的長徑比，站在離樹一段距離比較好操作。觀測者必須只動眼睛，而不是動頭。長徑比指的是 H ／ D，也就是樹高 H（height）與直徑 D （diameter）的比值。直徑指不含板根的樹木基部直徑。
2. 檢查樹杈角度，以確認是否有內生樹皮的可能。
3. 以卵石形爲基礎，評估修剪策略。
4. 錐形應力法可用於評估樹幹下方可能承受高度應力的區域。

下頁有進一步解釋。

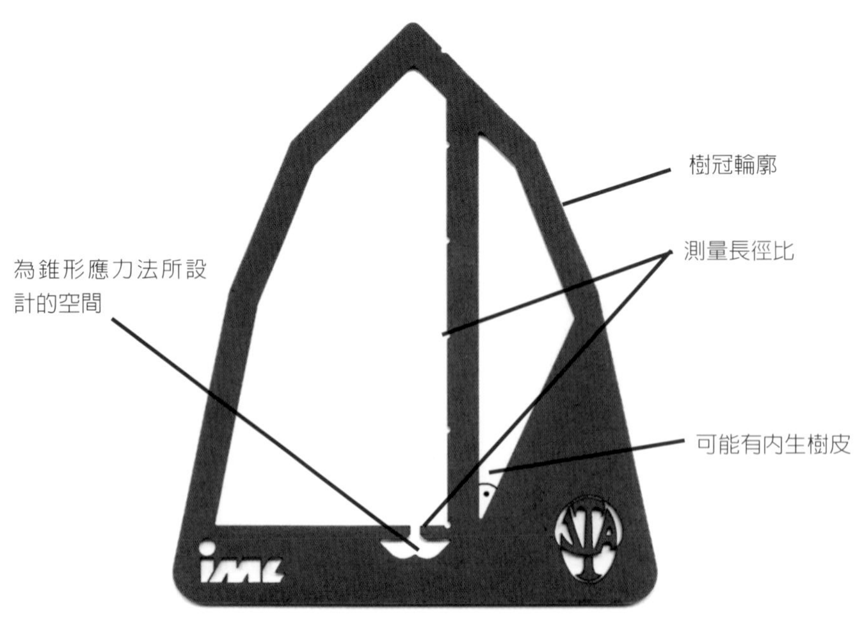

如何使用這片智慧模板

握住模板，盡可能往後退，在讀取讀數時僅能移動眼睛，而不動頭。站在待測樹幹基部剛好可以放入底部 3 釐米缺口的位置，然後從十進制刻度讀取長徑比。

長徑比量測

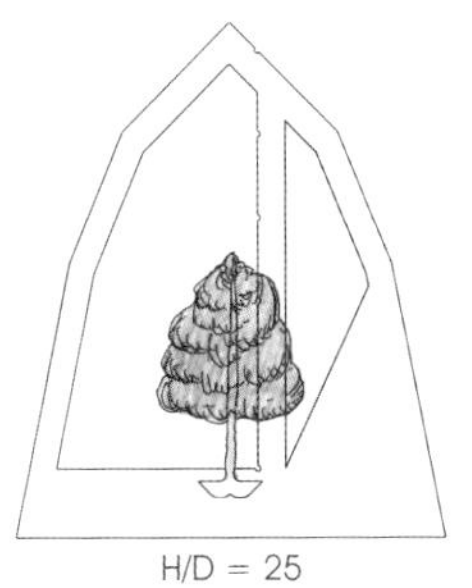

H/D = 25

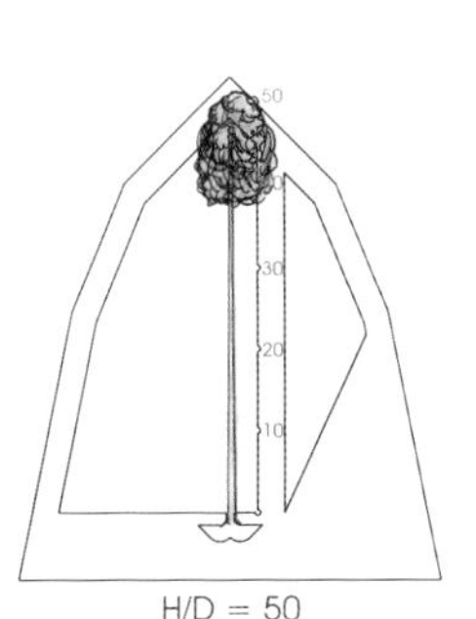

H/D = 50

樹杈處的內生樹皮

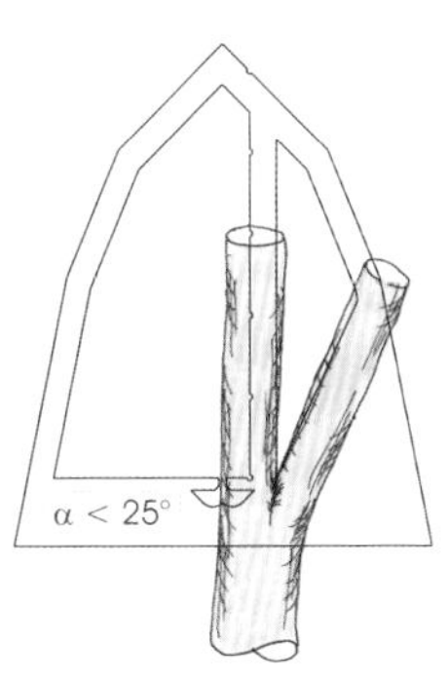

很可能有內生樹皮

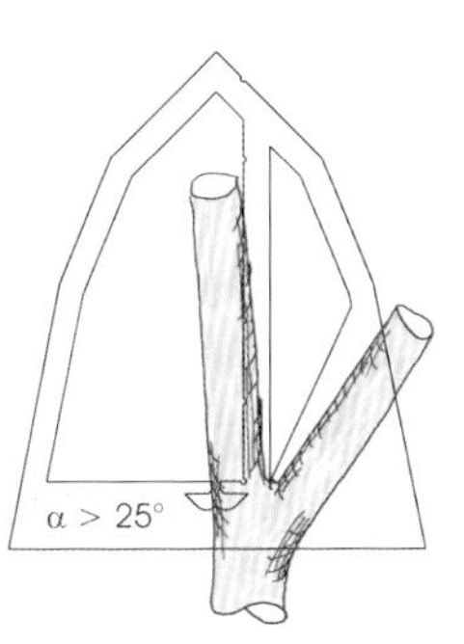

應該沒有內生樹皮

修剪的輪廓線：沒有一定準則

長徑比量測

這棵赤楊長徑比超過 20，嚴格來說，模板中 l 的高度應該要加入總高度，但爲了讓金屬模板結構穩定且使尖端不易折損，可接受此微小誤差。

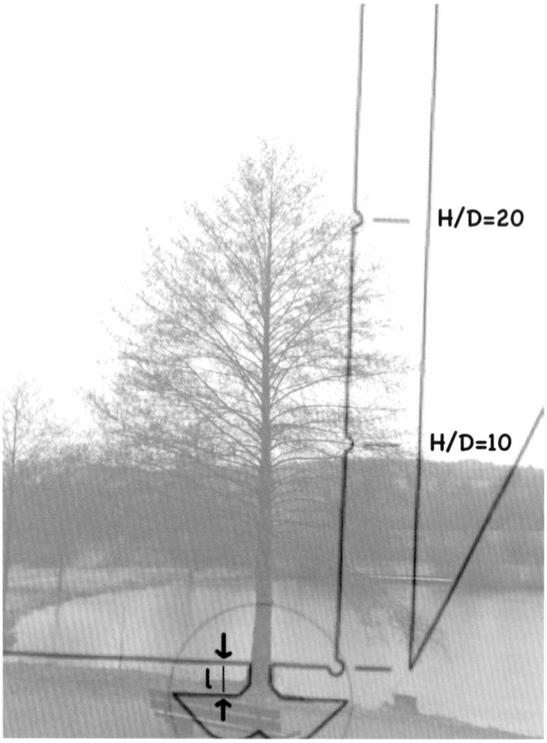

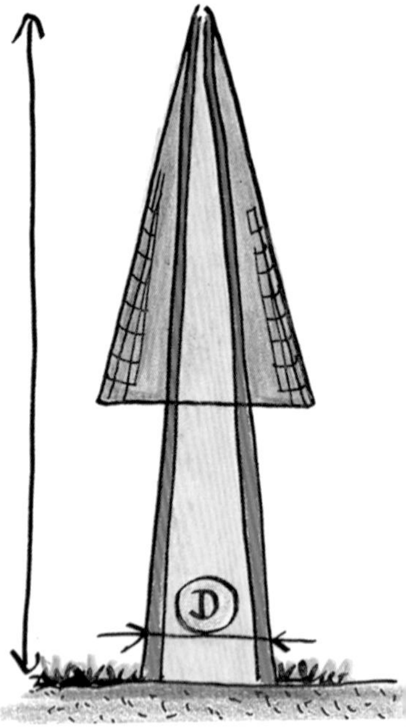

多功能工具和高度應力負荷之根部區域

首先用錐形應力法評估樹木風倒的原因，和最小根部空間。

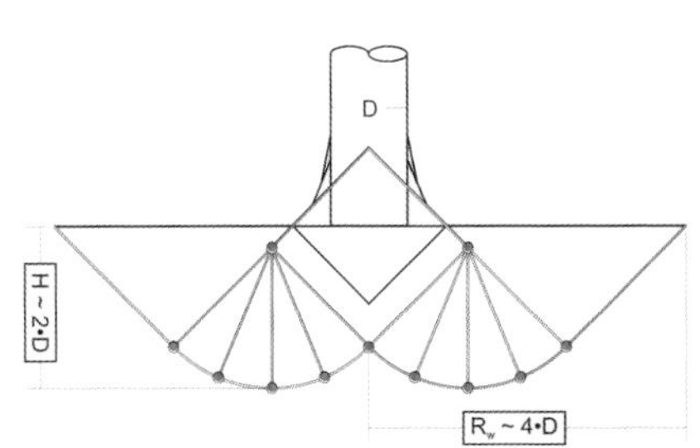

稍後我們將用錐形應力法算出樹木下方的高度應力負荷區，如果樹木沒有其他牢靠的錨固點，那麼該區域應該以樹根加強。

注意：此模板不應當成死的教條來應用，它只是從生物力學的觀點來評估，必須同時考慮不同樹種的樹形特徵、修剪造成的潛在傷口大小、基盤條件、向光性等，沒有必要讓所有的樹形狀看起來都一樣。

良好的冠形與長徑比

本頁將多功能模板應用於一美麗的胡桃樹上。左圖顯示這棵樹沒有修剪的必要，因沒有分枝從張力三角的輪廓明顯突出，分枝和小枝整體上呈現卵石形。

雖然長徑比不應從照片斷定，這是因為照片的視角常有比例失真，但右圖仍能顯示如何用本模板來量測長徑比。假設本照片比例無失真，則該樹長徑比約為 25。

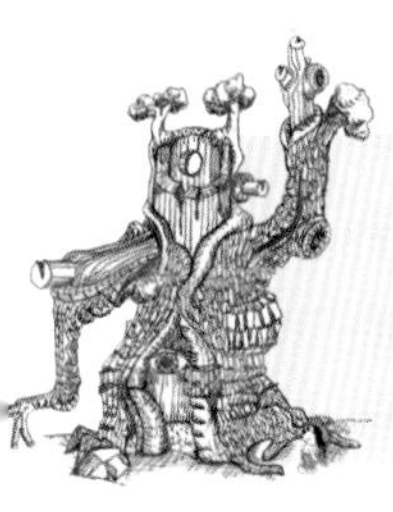

初期問題識別

雖然這兩棵橡樹的年齡大致相同，且長得很近，卻有著很大差異。左圖的樹雖是多主幹，其樹冠的生長仍符合模板，樹的左半邊有些趨光的枝葉需要保持觀察。右圖中的樹則有著相對較弱的頂芽，其側枝向兩側大幅伸展，我們通常會在此種水平槓桿這麼長的低處枝條上發現裂縫。如果它水平的生長勢被限制，這棵樹肯定能活的更久。

再說一次，沒有絕對正確的教條，修剪的多寡要視自己的選擇與個案情形，以及樹木本身曾受過的損傷而定。

向光性的受害者

這是一棵孤立木，但卻由向光面的枝條占盡優勢，導致這棵可憐的橡樹低處枝條上滿是裂縫。解決之道只有靠修剪來限制它的水平槓桿，不然這棵樹將在靠近主幹處「自行修枝」，因而產生大傷口，讓腐朽菌病原長驅直入。在離主幹較遠、較細處進行人工修剪所造成的影響會小得多。

上樹冠與下樹冠

這棵橡樹也有很長的水平楨桿，可能導致自我毀滅，在上、下樹冠之間已出現很明顯的空隙。在這個案例中，溫和的修剪會比等第一層分枝自行斷裂要好。半透明的模板只約略畫出理想輪廓，修剪量須視之前的損傷程度而定，多少會修在輪廓之外，畢竟我們不希望所有的樹看起來一模一樣，模板只是在做決策時的輔助，而非冷冰冰的統一格式。

修剪失敗的案例

樹冠右側有一凸出的長側枝，修得不夠短，會嚴重積雪。若有模板，當初修剪的決策能做得更好。

森林邊緣的半卵石形輪廓

在森林邊緣，內外兩側光照環境迥異的樹木，在朝向森林外側有充分光照的那半邊，通常會呈現半卵石形 —— 良好的張力三角結構。需注意的是修剪這種樹木的枝梢，通常也等於移除面向森林內側樹幹唯一的光合能量來源（無分枝的那側仰賴另一側的光合作用供給能量），這會導致內半側及其重要的拉拔根系一起衰弱死亡。

各式各樣的一致性

思考工具使我們能夠發現並理解「一致性」，也就是不同種類具有的共同特徵。

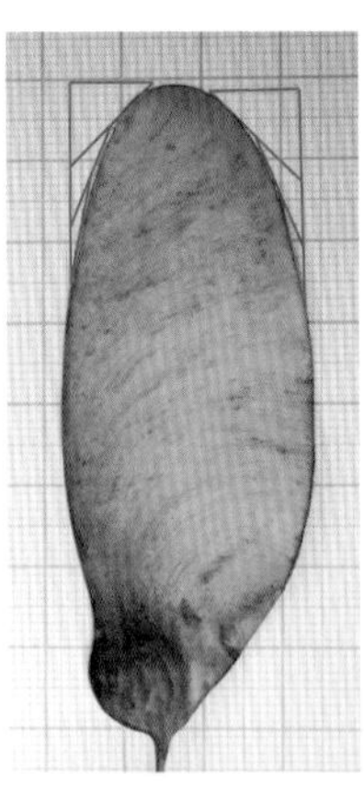

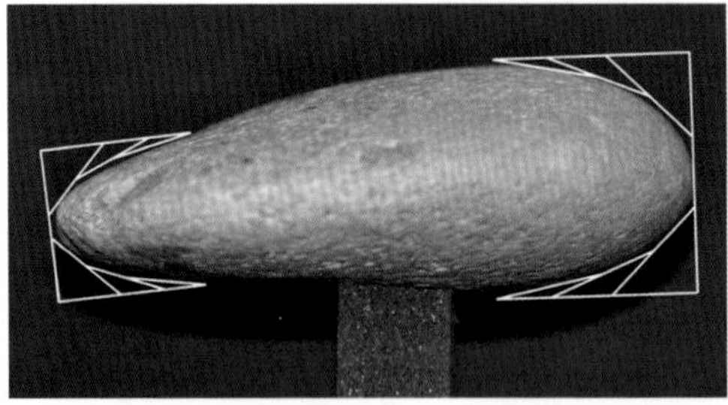

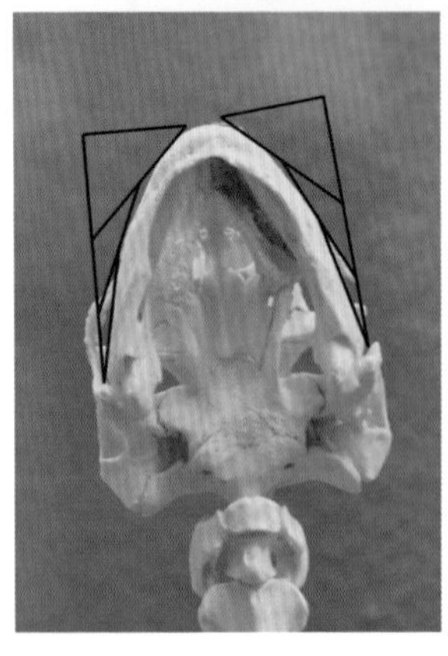

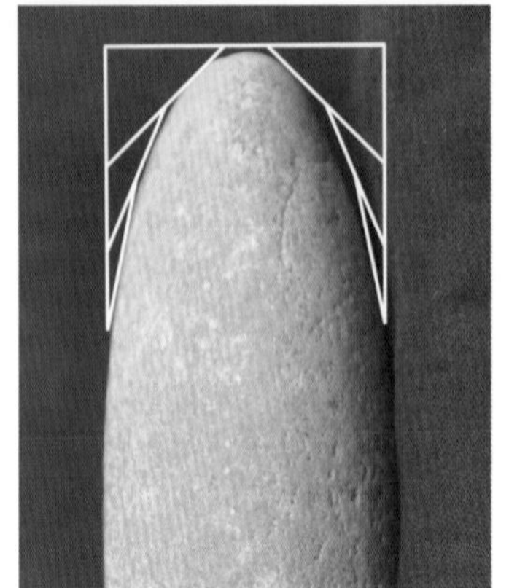

卵石外形的崩壞

當由大量小枝條組成的樹冠出現空缺時，部分枝條失去鄰枝的遮蔽，而受到新的彎曲應力。這可能導致樹冠結構的崩壞。

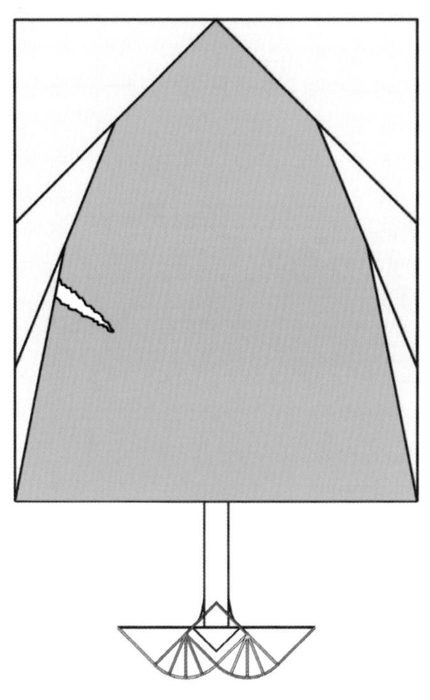

下方的新鄰居來幫忙

與主要樹冠分離的枝葉如果夠柔韌而無斷裂，且能下沉到接觸地面，則有機會產生不定根，成爲一棵「新的樹」，這個分枝可以和原主幹長久保持連接。英國樹木愛好者 Ted Green 說，這種樹枝若沒完全接觸到地面，能夠以人工方式小心地製造出凹槽使其下沉。一個凹槽總比斷裂好。

用土堆，不用 A 字支架

英國樹木專家 Mick Boddy 把土堆放在已經開始出現裂痕的下垂枝條下方。它長出根，且有草長上土堆，這看起來比 A 形支架好多了。遠離原主幹的枝條變粗，是它跟地面接觸後獨立生長的跡象，這也意味著這個支撐措施成功。

樹如何移動

樹不是馬，但有些樹木能花幾十年或幾個世紀來「跳躍」一段距離，這比完全沒有移動具優勢。當斷裂部位腐朽時，若能盡量使個別根系不受腐朽風險的威脅還是最好的。樹木有充裕的時間來長出新樹，最後連接兩樹的部分會比新樹的主幹纖細。

樹冠的策略

靠生長來使樹冠形狀最佳化，必要時下垂接觸地面，重新變形以達最佳化。

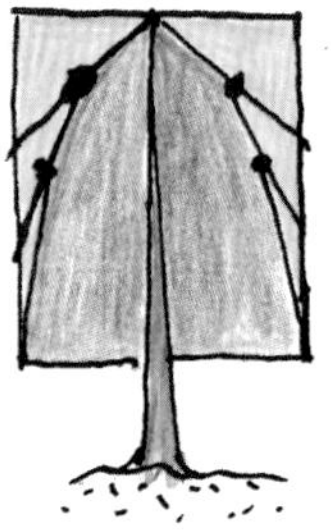

接觸地面，以因應穩定性降低的情況

當我們不再有能力保持直立姿勢時，也會尋求「與地面接處」，然後屈服在重力之下，每天晚上皆是如此。

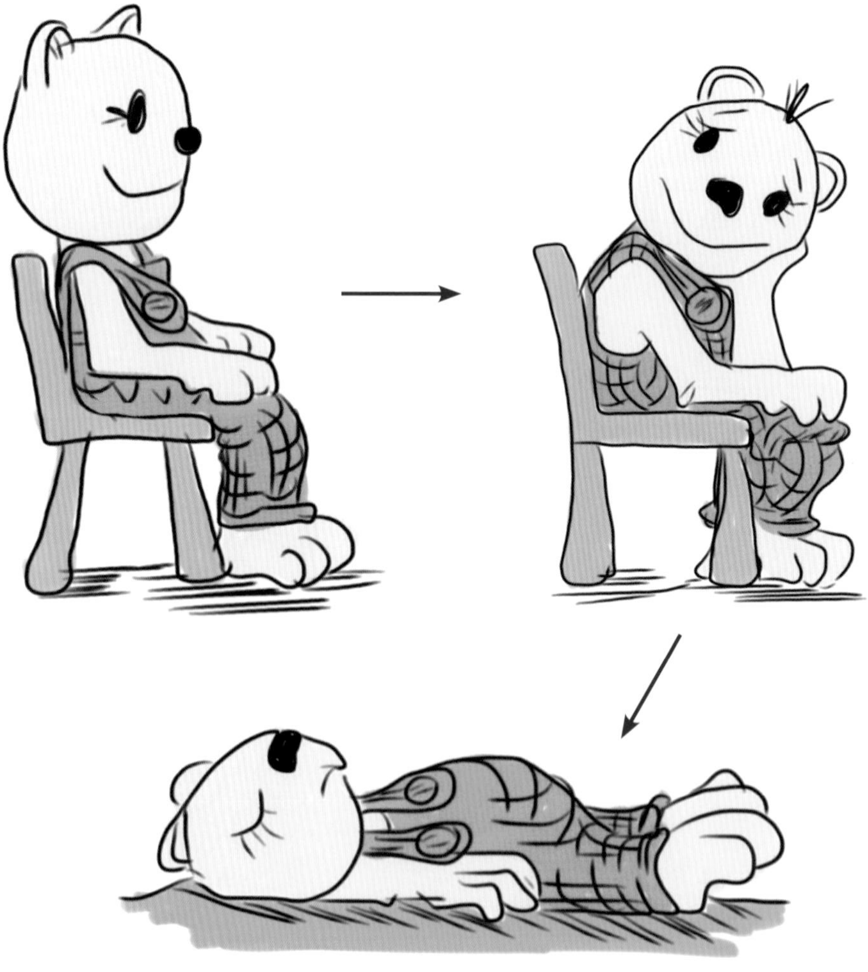

傘形樹

若是一棵傘形樹硬被修剪成卵石形，大部分枝葉都將被剪光。讓我們用錐形應力法來解釋：主幹向上施予一股錐形應力以抗衡樹冠的重量，往下擠壓的樹冠重量則由許多分散的應力錐組成，最邊緣的應力錐會決定樹冠形狀，也就是上方應力錐（向下的壓縮力）與下方應力錐（反向壓縮力）相接的輪廓。在光線直射的地區，這種超棒的樹形很符合樹木的向光性。

90°

攝影者：Clayton Lee

承受彎曲力的外側枝條

圖中壓力錐外側的紅色枝條因受到彎曲的力，較可能有枝條斷裂的危險。在此情況下，修剪傘形樹應採用 90° 的錐形模板，不過這不該當成標準教條，我們不希望所有的樹看起來外型都一樣，要是所有的樹都長得一模一樣，那可就是一場夢魘了。（攝影者：Clayton Lee）

彎出傘狀結構之外

當長槓桿側枝受到雨水的重量，而從 90° 錐體向外突出時，它們就有從傘狀樹冠結構中分離和斷裂的風險。

新加坡都市林中的傘狀樹們

應力錐以外的分枝，是承受彎曲重力的孤獨勇士。

攝影者：Clayton Lee

比較長徑比

在歐洲，孤立樹的長徑比通常在 25 ～ 30。傘形樹的問題是受風的有效點在樹冠高位，此狀況下 25 ～ 30 的長徑比並不理想，理想上應該是 15 左右。Clayton Lee 在新加坡進行了一個短期研究，大致證實了這個假設。柏林的 Nicolas Klohn 則用義大利石松做了比較研究，也是傘形樹；然而，測量的樹木數量仍太少，不足以算出傘形樹長徑比的折損臨界標準，風倒的傘形樹則未包含在這些研究中。在破壞分析中，折損標準是很關鍵的數字，需經多方驗證。

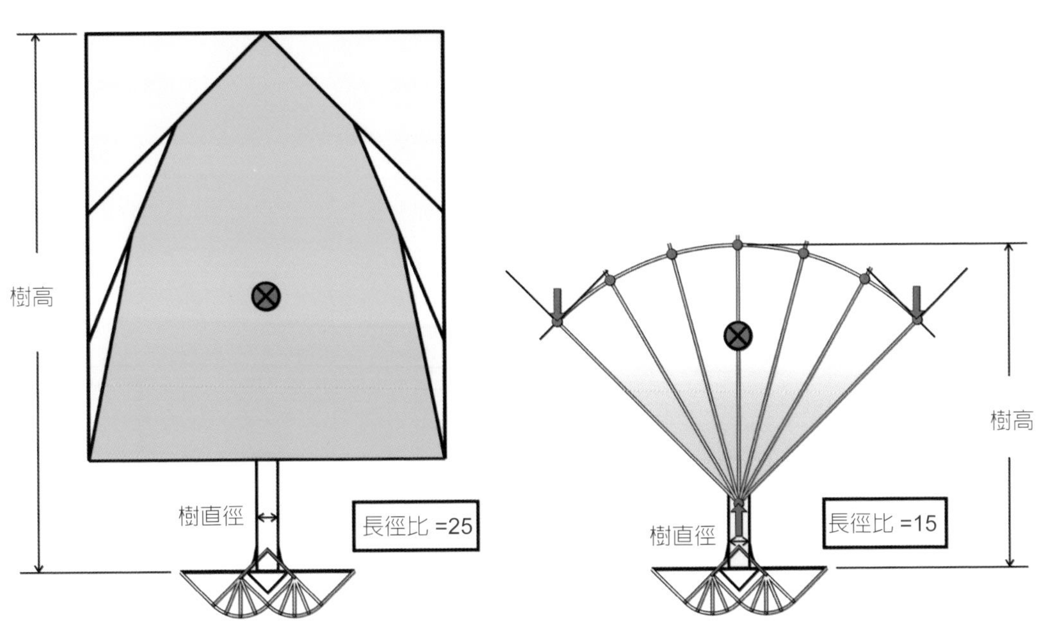

測量傘形樹的長徑比

雖照片比例多少失真，但仍顯示出新加坡傘形樹的長徑比低於歐洲的孤立樹。

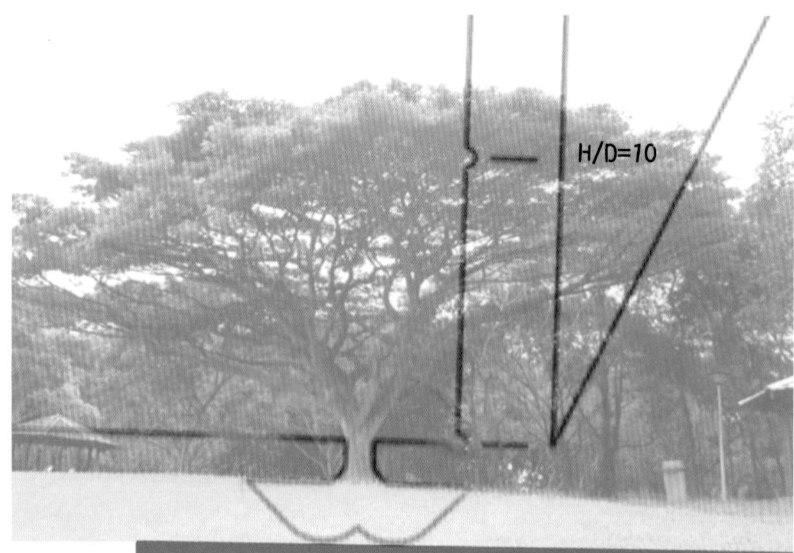

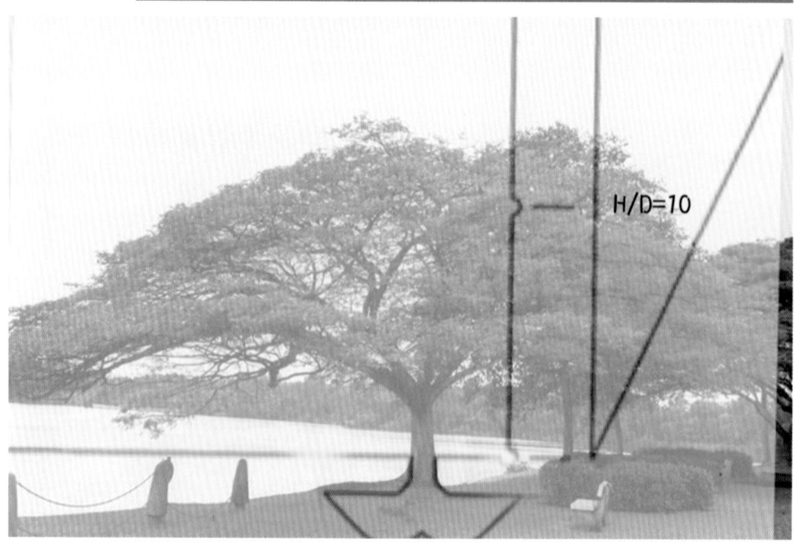

攝影者：Clayton Lee

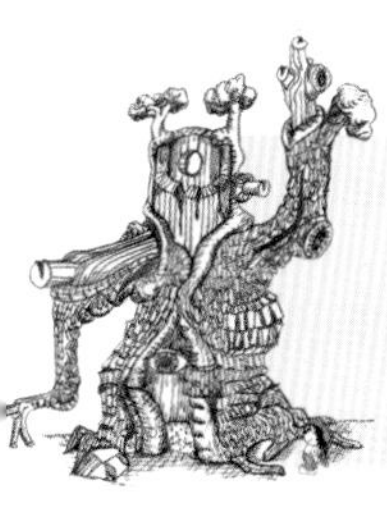

歐洲闊葉樹與傘形樹

左圖爲一棵長在森林邊緣的德國山毛櫸（較高的剪影），與之重疊的是一棵熱帶傘形樹（較矮的剪影），兩棵樹幹大小調整爲大約 1：1，可看出兩者的長徑比明顯不同。右圖則爲一棵孤立樹，與同一棵熱帶傘形樹相比較，同樣的趨勢也相當明顯。傘形樹不適用我們用於其他樹長徑比 =50 的折損標準，傘形樹的折損臨界長徑比顯然較低，照顧許多傘形樹的樹藝師，應藉由風災後量測傾倒的傘形樹來自行計算適用的長徑比。

傘形樹和風的關係

除了 P.109 簡單的「應力錐對應力錐」設計外，錐形應力法還可以通過一根上張力弦將外冠邊緣的兩個張力錐連接起來，這使得流線型的上樹冠形狀也近似於鵝卵石，且非常貼合張力三角形。這樣看來，或許傘形樹的樹冠形狀也是符合空氣動力學。

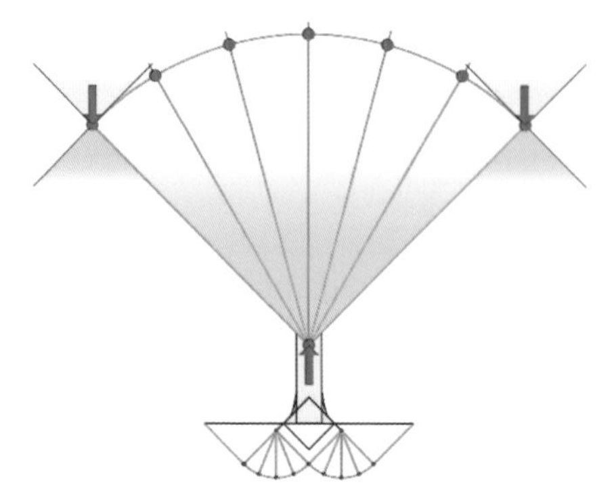

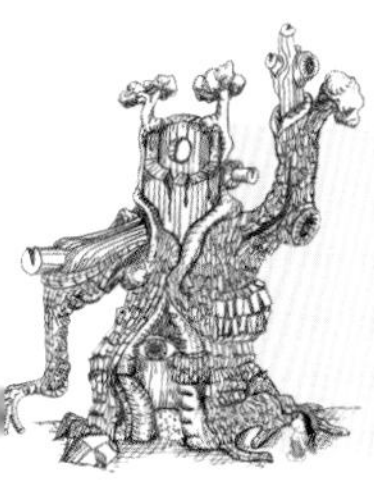

風力颳出來的卵石形

這兩棵被強風吹襲的樹似乎可以成爲前頁推論的佐證。如果可以透過形變來進行最佳化，鵝卵石的形狀是適應風荷載的最佳選擇。

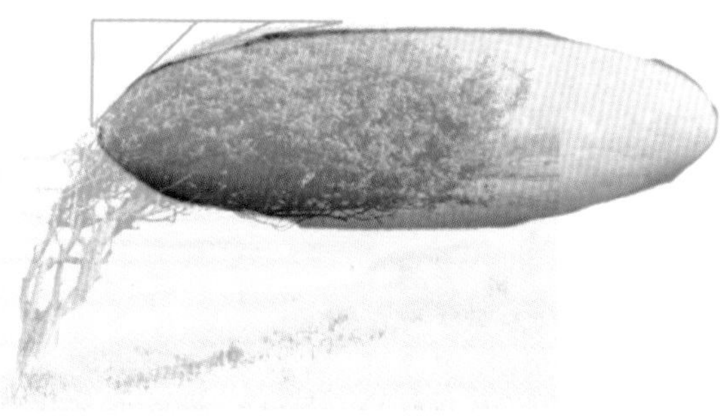

攝影者：Mick Boddy

卵石形的傘形樹

傘形樹的樹冠並沒有破壞自身的空氣力學。在光線大多直射的地方，傘形樹冠收集光能是最有效率的。主幹有股向上的壓縮應力錐抵抗地心引力，也讓樹形能符合流體力學，卵石形的樹冠提高了樹木的存活率。

攝影者：Nicolas Klöhn

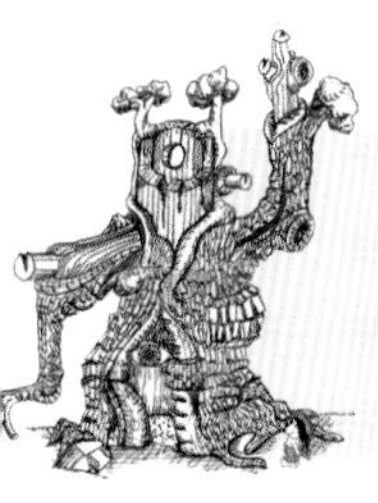

纖細的傘形樹

如同在本書 P.113 的解釋，低處分枝被過度修剪的傘形樹會因爲不符合長徑比 =50 的比例，而有過於細長的危險。

攝影者：Nicolas Klöhn

安全係數

安全係數「S」乃是 S= 破壞荷載／工作荷載的比例，它代表力學上的緩衝空間，也就是會導致破壞的應力大約是日常狀況下所受到應力的幾倍。樹木會自己決定安全係數，讓自身結構盡量輕量化，以節省能量；而有些樹在暴風雨中折損，這些犧牲是爲了讓結構輕量化所付的代價。因此，未修剪而絕對安全的樹是不存在的。

用於估計安全係數的切口

幾年來，爲了估算樹木在全樹冠未經修剪情況下的安全係數，我們對樹幹進行了各種切口測試。測試結果顯示安全係數約 S = 4[16]。哺乳動物骨骼的安全係數通常約 S = 3[17]。

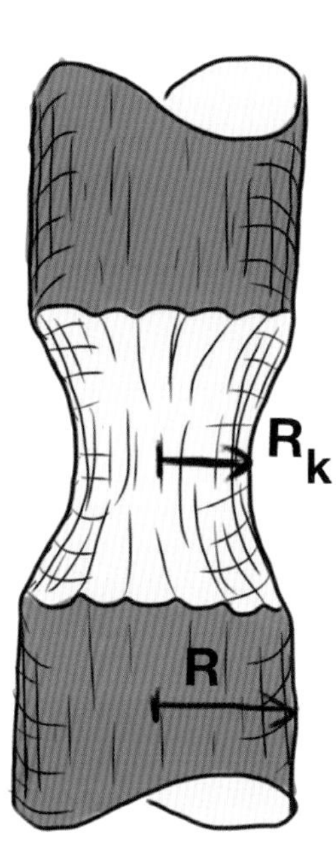

外部的切口

當有切口的樹幹受到橫向外力彎曲時，切口越深，彎曲力 σ_B 增加的速度會比剪力 τ 快越多，這是因樹幹遠端受到的彎曲應力最大、剪力最小。（參考 P.25 說明）

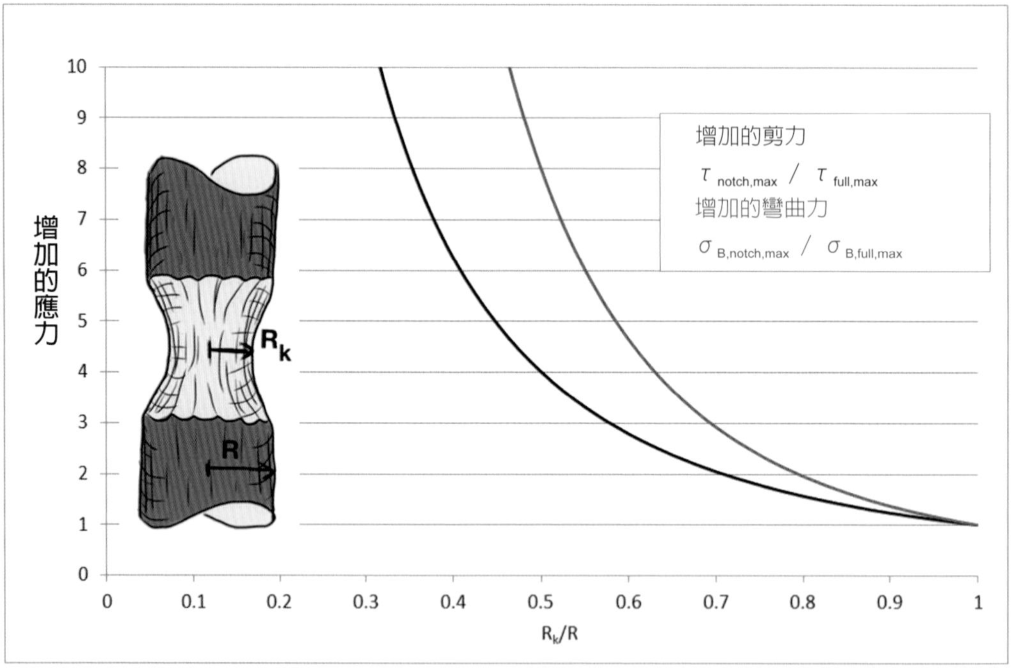

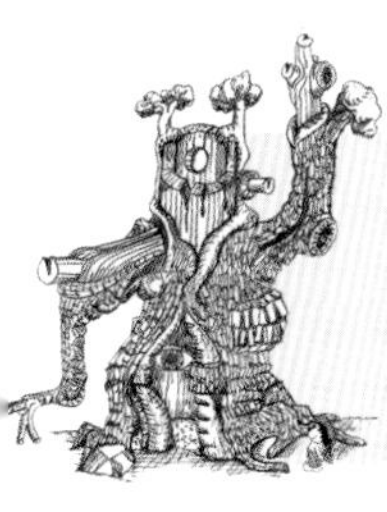

內部的空洞

另一方面，樹幹中空的比例越大，剪力（在樹幹中心的剪力最大）增加的速度比彎曲力（通常在樹幹中心是零）快上許多。在原本受力就是零的地方，即使樹幹變成中空、不再受力，其他區域也不必承擔更多的力。這樣的因子在評估樹的缺陷時必須考慮。

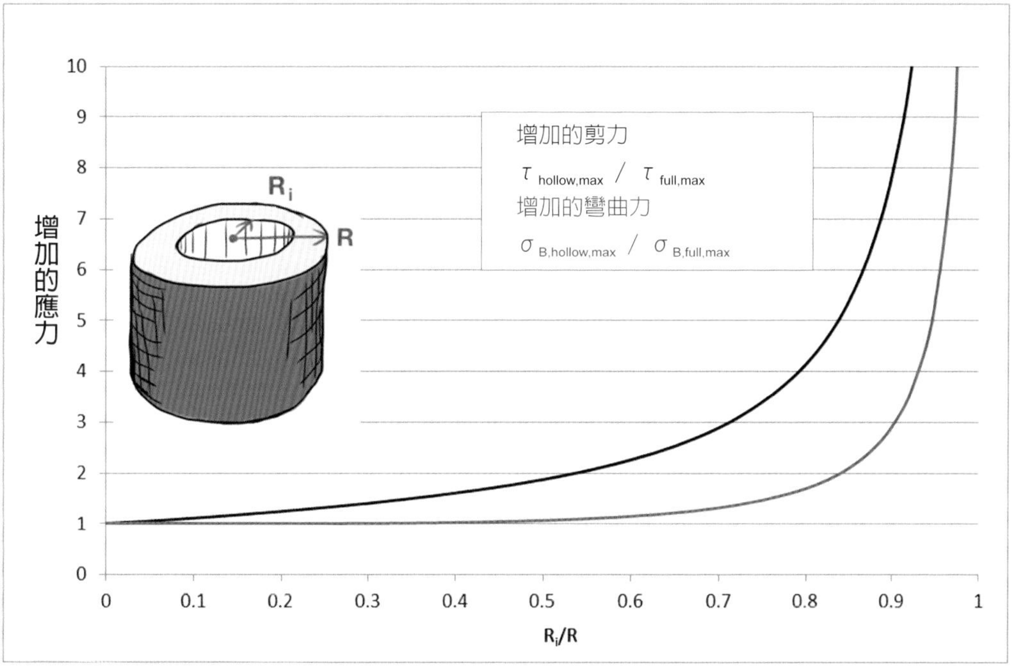

增加的應力
10
9
8
7
6
5
4
3
2
1
0
0
0.1
0.2
0.3
0.4
0.5
0.6
0.7
0.8
0.9
1
Ri/R
Ri
R
增加的剪力
τ hollow,max / τ full,max
增加的彎曲力
σ B,hollow,max / σ B,full,max

長徑比太大的風險

當等量的應力普遍分布於物件中，力學的最佳化即達成，這也是樹木形塑其理想樹幹的方式。當樹冠夠大，樹木會由上而下加粗樹幹，讓整根樹幹所承受的風力相同（左圖）。緊密相鄰的樹木樹冠小，因此它們的樹幹較接近基部處會不夠粗。這樣的長徑比違反應力均一原則，亦即相等應力原則 [4]，造成風險。

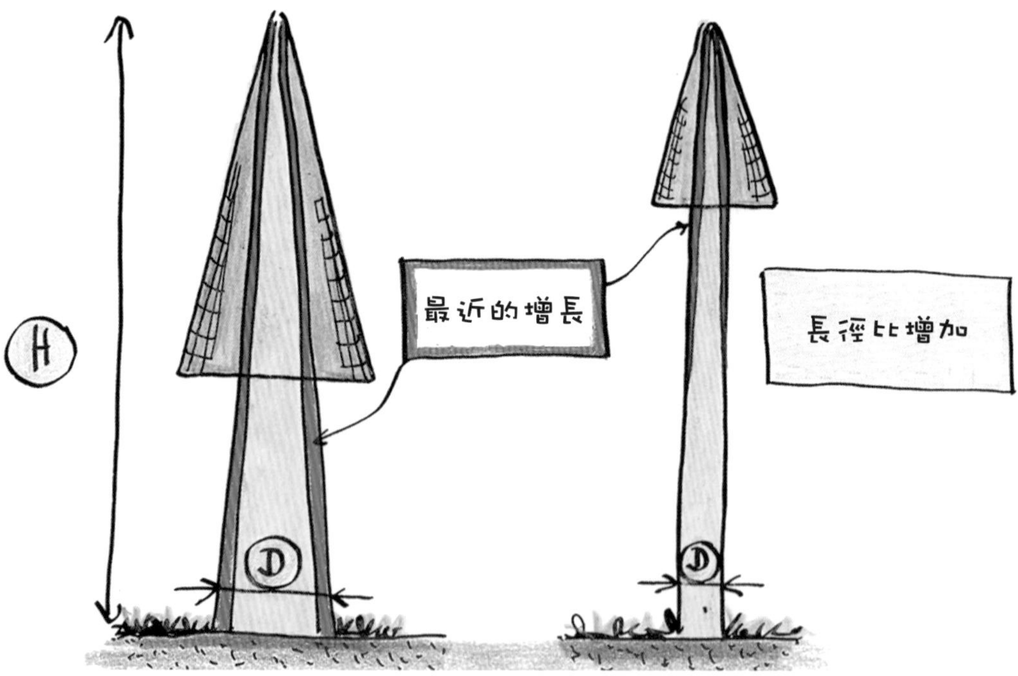

長徑比的臨界值

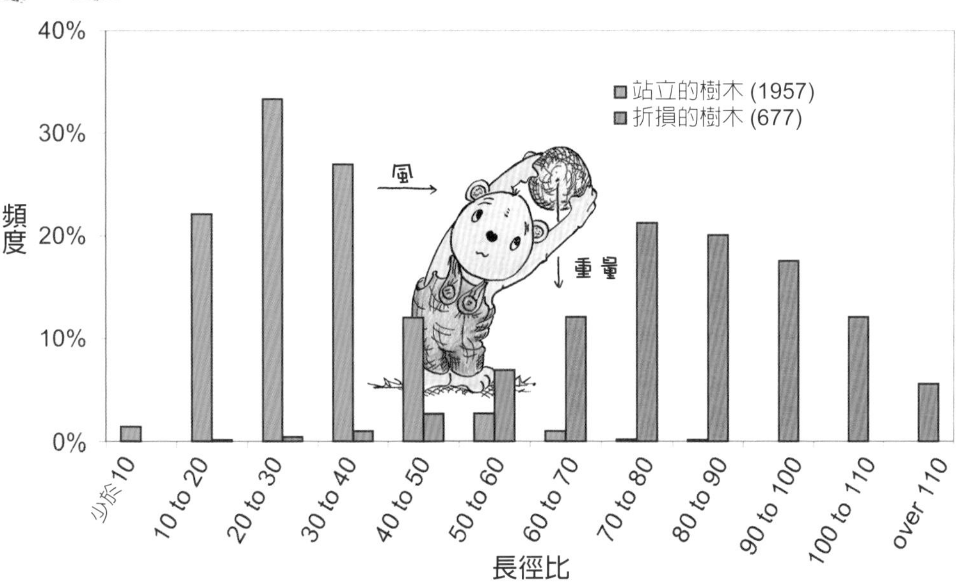

研究顯示，暴露的樹木若長徑比大於 50（圖中紅色柱形）會有較大風險。這種樹在森林中長大，長成細長狀，後來因故成爲孤立樹，與週邊鄰樹無物理上的接觸，這種樹容易傾斜或風倒。另一方面，較安全的孤立樹長徑比約爲 30（圖中綠色柱形）[4]。

結構緊實的老樹

許多老樹長徑比非常低。圖中一棵澳洲空心樹曾多年爲德國移民的家，因爲結構緊實而能活到這麼老。它因低矮以至於補償了內部中空的缺陷，然而相反地，人和動物必須小心別像這隻英國牛頭犬 [4] 一樣變得太結實。

鄰居的互助

雖然有長徑比 =50 的風險法則，但都市裡很少有這麼細長的樹，例如長在房屋狹窄的夾縫中，因向光性而長得細長。長徑比 =50 的法則僅適用於孤立、離群索居的樹。在茂密的森林中，樹木們互相支持，如本圖中的剪力方塊所示，它們的樹冠彼此交織，有如看不見的繩索與支柱般能抵消剪力，降低樹幹的相對滑移。這也增加了整體的剛度，從而避免纖細的樹木不可逆地彎曲成路燈形狀。不佳的長徑比主要出現在孤立的森林樹身上，例如當住宅區新建於森林邊緣時。

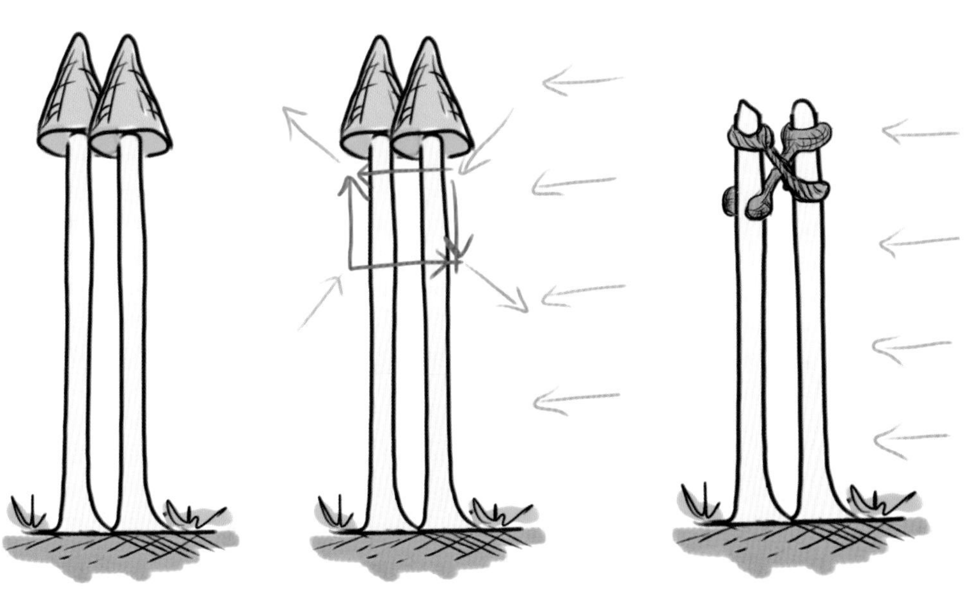

A 圖中，孤立樹的大樹冠像一個食堂，供應食物給若干飢餓的年輪們；B 圖則是一棵樹冠起點更高的樹，有個小一點的光合能量廚房，供應自己的樹幹食物，同時亦因向光性而向上生長；C 是棵「雅痞樹」，把目標設的很高，但卻沒有足夠木質部來支撐 [60]。

A

B

C

腐朽樹洞的症狀

只有在木材因腐朽軟化或下方有樹洞時，才會使樹幹產生這種微微的隆起。一般來說，肚子最突出處就是幹壁最薄的地方。這些案例中，樹木的增長帶紋也顯示出樹急切想自我修復的意圖。讓我們一起來看以下一些中空樹木的折損模式，找出超過何種程度的中空，樹木會自然折損。

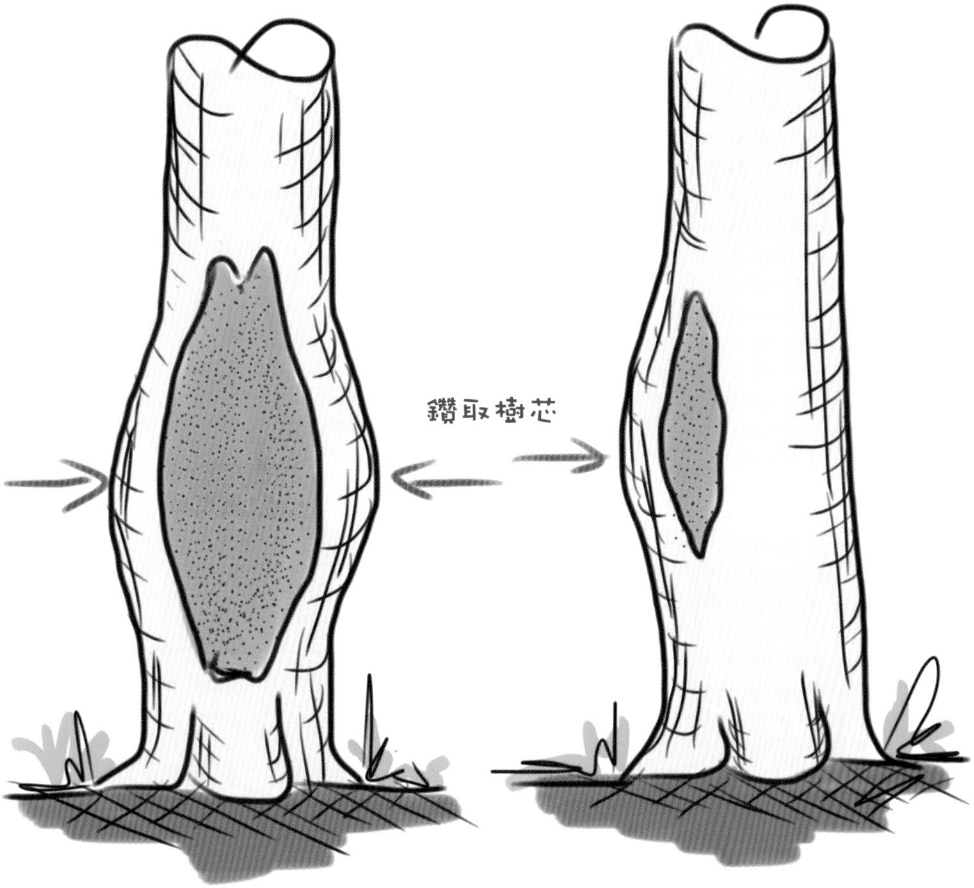

鑽取樹芯

中空的樹，有如軟管被折彎

中空的樹常如庭園用的橡膠軟管般折彎，雖然管身有彈性，但只要出現一點縱裂就會加速彎曲，該處的外壁會被往內擠壓、凹扁、裂開，直到剩餘的連接面斷裂。這表示若把中空腐朽的樹木當成完整的空心柱來計算，可能造成嚴重的錯誤。樹幹像玻璃管那樣折斷的例子並不常見，除非剩下的連接面木材已脆化（例如遭到焦色柄座菌侵蝕）。

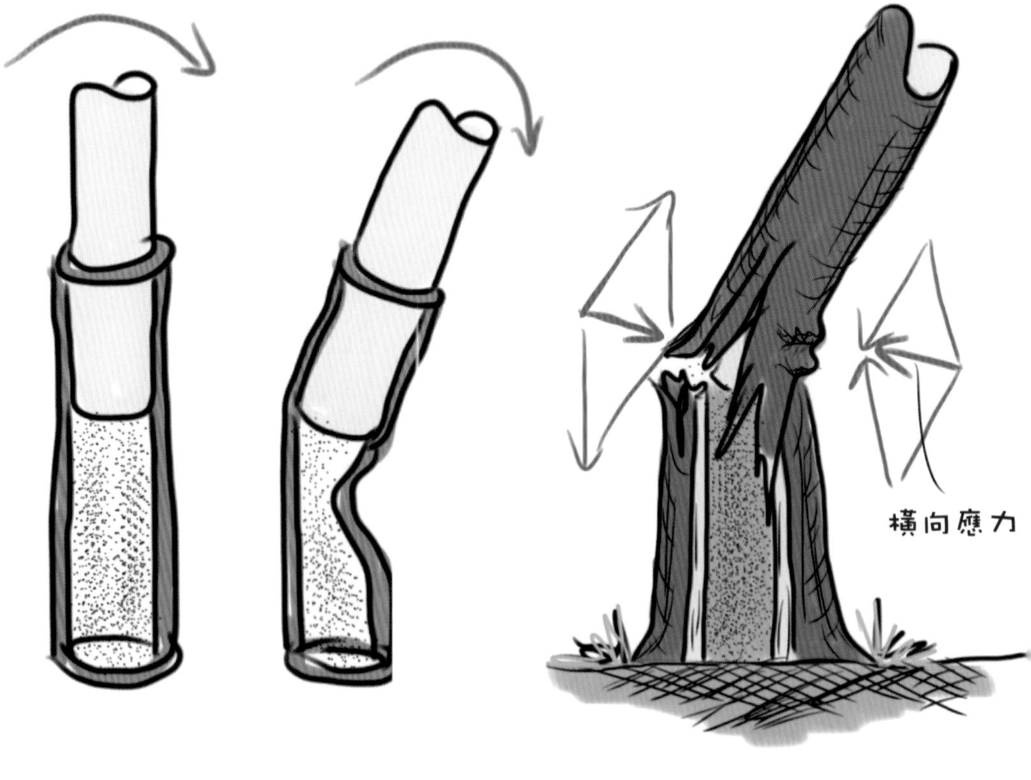

分割橫斷面

本圖用一個微孔橡膠板上的孔洞來說明板材斷裂。木質模型在彎曲力最大處裂開，也就是折成 90° 角處。微孔橡膠板中變形最長的那些洞，對應到右圖木質模型中的裂縫；對應到中空樹，則是幹壁會產生裂縫的點。裂成四塊的木質模型因爲扁平而承受更大的彎曲力，很容易斷裂。橡膠板上的對角斜洞（位於裂縫之間）代表剪力最大的位置。

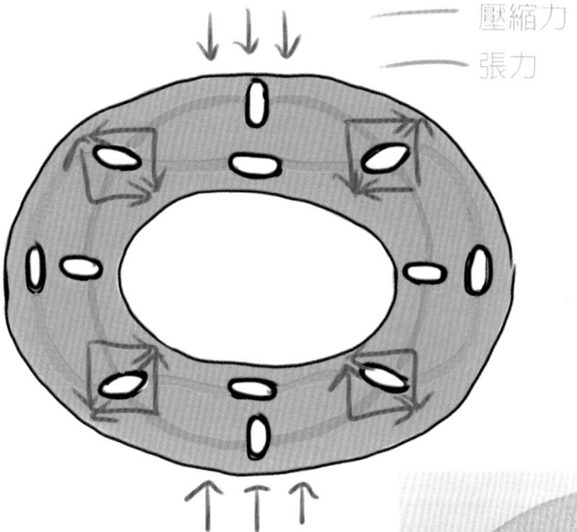

壓縮力

張力

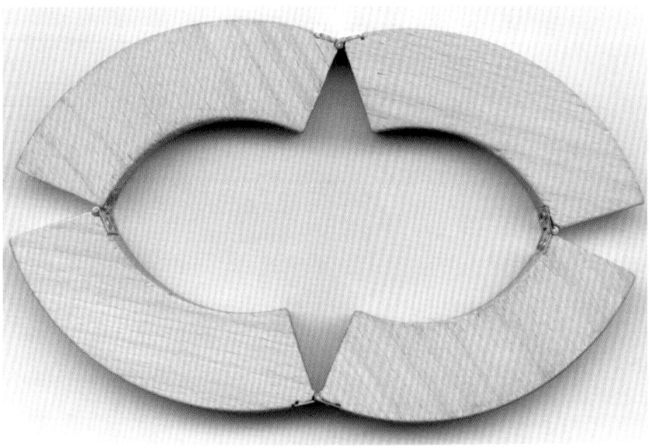

幹基腐朽和魔鬼尖耳

樹幹基部深處的腐朽（幹基腐朽）會導致一條或數條主要承重的板根因受剪力而斷裂，留下「魔鬼的尖耳」，在昏暗的晚上嚇到路人。雖然各種樹木的根部外形不同，斷裂模式也因而不同，但以下我們會用剪力方形來解釋至少一個案例。

中空樹基因剪力產生的裂痕

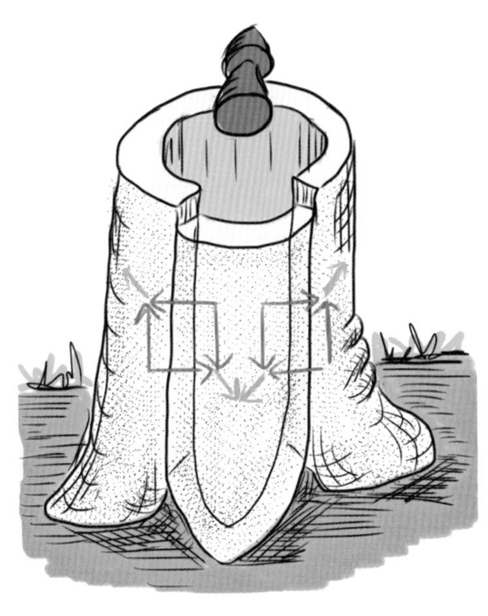

圖中的樹木因風而朝畫面遠處受力，它主要靠前半部的拉拔根支撐，因此基部形成剪力拉鋸，如紅色的剪力方塊所示，這些剪力方塊造成對角的張力，使裂縫順著木材纖維方向將樹根和樹幹分離（參考P.192），在承受張力側的主要支撐根被剪力折斷，樹木倒下後地面剩餘的樹體有如魔鬼的尖耳。

樹有多空？

全世界的田野研究表明，當空心樹半徑約 70% 腐朽（空心）時，傾倒機率會快速增加 [18,19,20]，其中具有全樹冠的樹木更可能傾倒。即使空心比例大，被嚴重截短的空心樹是較安全的。傾倒之發生，一開始是「軟管彎曲」，且會先出現縱向的裂縫。因此，原本就有縱向裂縫的中空樹是更危險的，特別是有腐朽外露的情況下。進行目視樹木檢查會很有幫助 [60]。

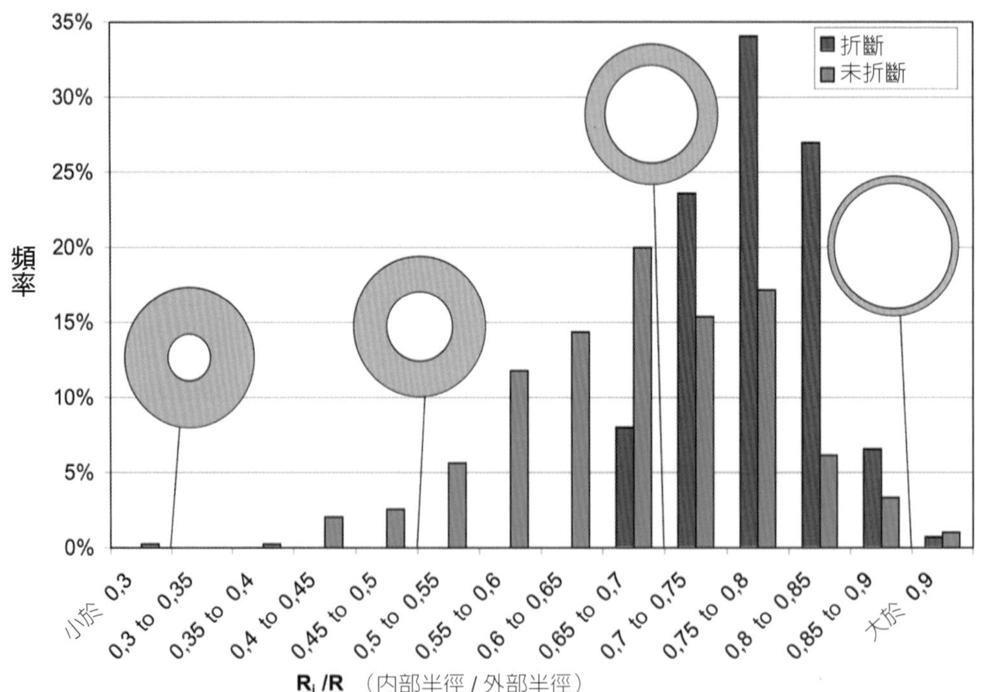

基部腐朽

腐朽超過 70% 的規則不是絕對，而是應該視情況而定。不過這規則不適用於被裂縫或內生樹皮分割的樹基（上），或好幾個分開的樹洞（下）。這兩種基部腐朽的風險較傾向地下部的斷裂，地上部的詳細檢查充其量只是輔助，甚至可能毫無意義。如果不能靠封閉該樹周邊區域或立刻換樹來解決，則必須仔細檢查根領，若腐朽來自地下就要特別小心。換樹常是個適當的選項，因爲根系的斷折徵兆是無法預見的，畢竟每棵樹的根系結構都不同。

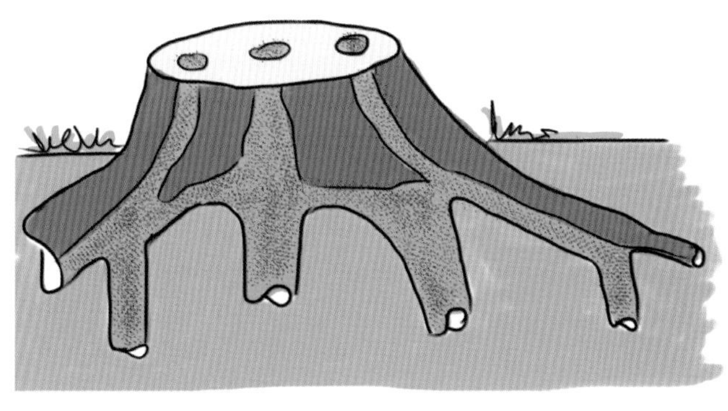

（上圖）*Kretzschmaria deusta*（焦色柄座菌）侵襲山毛櫸樹。
（中圖）*Pholiota Squarrosa*（翹鮮環鋪傘）侵襲柳樹。
（下圖）*Inonotus dryadeus*（厚蓋纖孔菌）侵襲櫟樹。
（在腐朽根領上鋸切的孔）

開放性腐朽的洞口

開放性腐朽的洞口邊緣，厚度大約是殘留幹壁的 2 倍，且充滿許多交叉固定木材的射髓（紅色線條），能有效補強空心管狀樹幹開口處的缺陷。當洞口兩側的門框開始產生皺褶，大概到 70% 以上的時候，情況就會變得難以預測了。這可能會導致周邊的木材纖維也跟著隆起變形，有時這會被凸膨木救生圈結構補強，但也可能使洞口結構扭曲，使樹幹逐漸折斷。

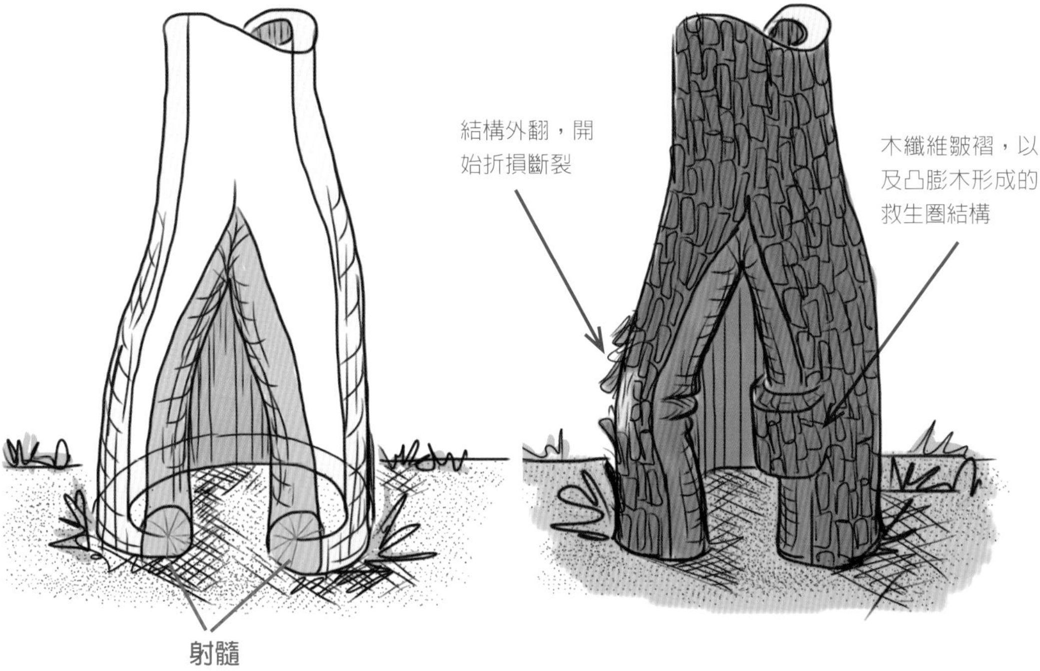

結構外翻，開始折損斷裂

木纖維皺褶，以及凸膨木形成的救生圈結構

射髓

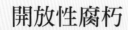

開放性腐朽

開放性腐朽的洞口框，通常比幹壁厚上 2 倍（捲起來），且通常由特別堅固的木材構成。當這門柱受到壓縮（如左圖），狀如鬆弛下垂的襪子，代表樹體最堅固的部位可能已悄悄地開始崩壞。在澳洲，我們發現這種樹體被用作船首（右圖）。事實上這種中空腐朽的開口部位明顯不受真菌、白蟻或野火破壞 —— 現成的材料研究！

開放性腐朽處的纖維隆起變形

攝影者：Mick Boddy

開放性腐朽就像樹木折損的展示

腐朽、脆化的心材仍能支撐部分樹木重量，但萬一它在迎風面（或傾斜樹幹的上側／背地側）承受縱向張力，因而沿著橫斷面破裂，則會只剩樹的外殼能夠承受張力。它能做的充其量只有趕快生長木材，這能從一塊塊樹皮間明顯的增長帶紋看出。最糟的狀況下，樹幹會在受損處發展出扭結。壓縮側的纖維扭結，加上張力側的外殼撕裂，最終會導致樹木折斷。傷口上方的木質帶紋往往會被撕斷。圖中縱向的黑色裂縫只是因乾燥產生，這類裂痕可在很多木電線杆上發現。

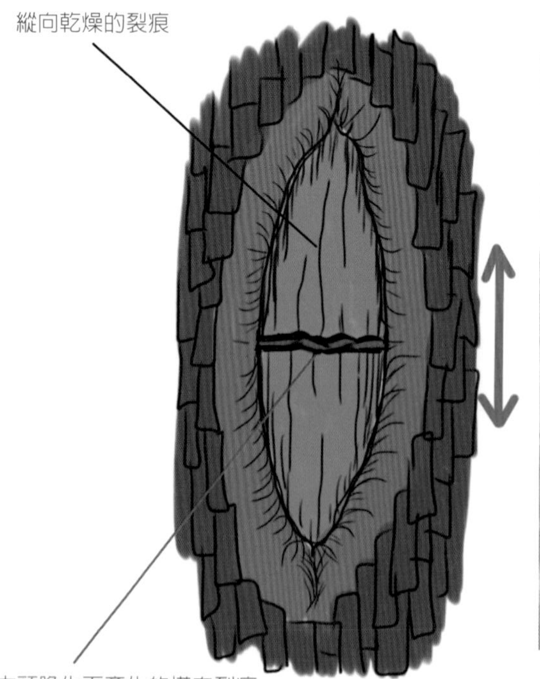

老樹外殼彎曲

外殼彎曲導致斷折，只會發生在幹壁極薄的樹上，它們通常是粗矮的樹，像老樹、自然遺跡，甚至是殘存部分不多的老樹。樹藝上的應對策略爲仔細觀察這些樹的位移，嘗試消解、停止此逐漸壓裂的過程，例如靠修剪來減少壓力，或使用支撐物。

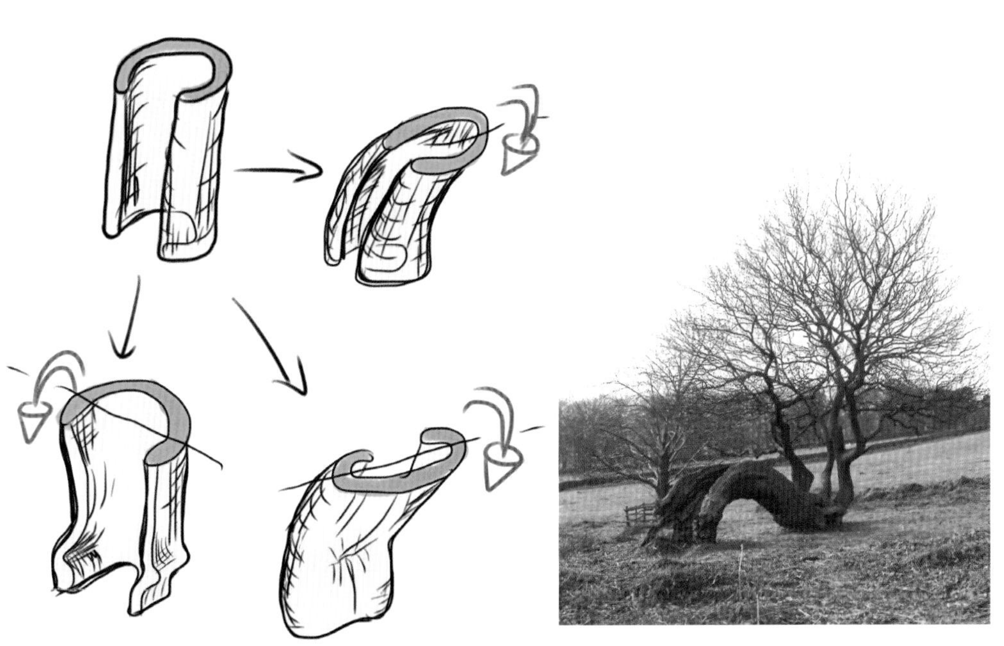

以酒桶作爲中空樹的模型

酒桶的木條承受環狀的壓縮力，因爲鋼箍承受張力，將木條圈在一起。木條可進一步用膠黏在一起，就像樹木的木材纖維一樣，若將鋼箍鬆開或移除，木條就只能靠膠結合，整個桶子會變得容易散掉。

螺栓固定的鋼箍

若將鋼箍從內圈旋緊或釘在木條上，也可以達到相同的效果。如此一來，內圈鋼箍受到張力，外圈的木條則受到壓縮力。當外側的木條膨脹，例如浸溼後，內圈鋼箍會受到更大的張力。內圈鋼箍原理可以套用到樹木，尤其是中空的樹體。右圖的木條代表樹體最外圈的膨脹木材，而螺栓代表木材的射髓。

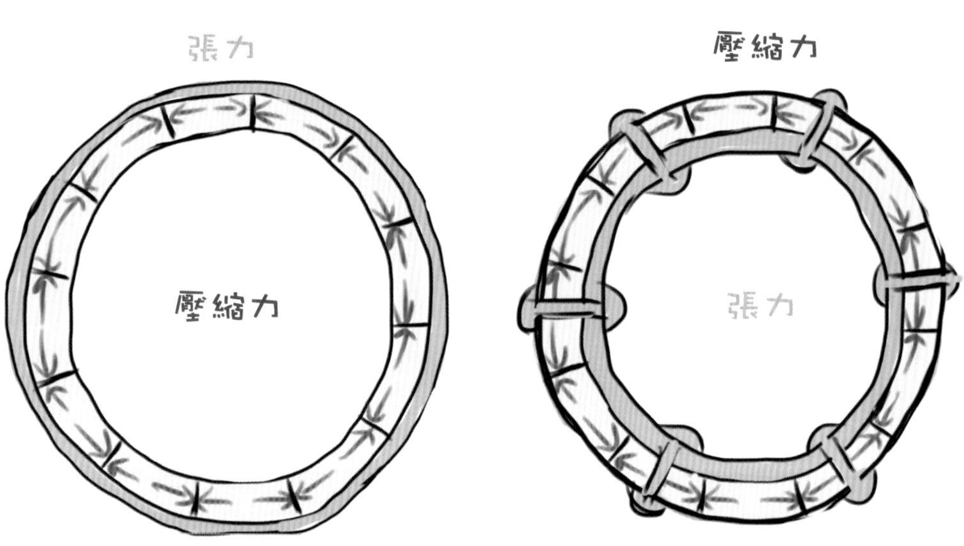

外部的圓周壓力，內部的張力

當樹幹表面的木材開始膨大，它會受制於內圈未膨脹的木材（內圈鋼箍），因爲兩者被射髓連結，如圖片中的繩子，直到緊箍的內圈木材和射髓逐漸腐朽消失，外圈木材才終於從壓縮力中解脫，得以擴張。此時，僅剩下木質素和果膠來黏著固定殘餘的木材纖維，折損便容易發生。剪力引發的裂縫和橫切面的扁平化隨時都有可能發生。

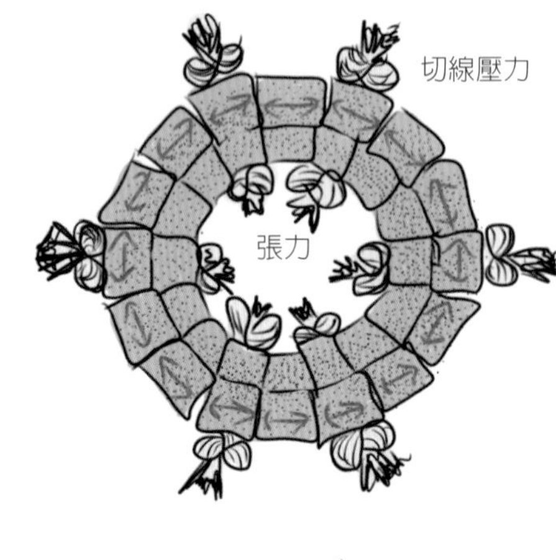

內側張力箍產生的裂縫

這張圖中，放射狀的裂縫順著射髓發展延伸，與年輪呈垂直，亦即與內側箍圈所具有的張力呈垂直。順著這些裂縫，腐朽可更容易地往外滲透。這兩種效果都會減弱外部木質纖維周圍的壓縮力，最終將中空樹幹裂解成一塊塊。剪力與壓扁此橫切面的力同時作用，就如彎折軟管一般。

開放性腐朽與反捲的開口

樹幹表面膨大隆起的過程，也解釋了爲何在開放性腐朽開口處的年輪會像羊角般捲起。外部纖維跟隨側邊壓力生長，直到再次接觸到堅固的表面才停止，例如接觸到傷口表面（左圖），或是中空樹木上開放性傷口處的內壁表面（右圖）。

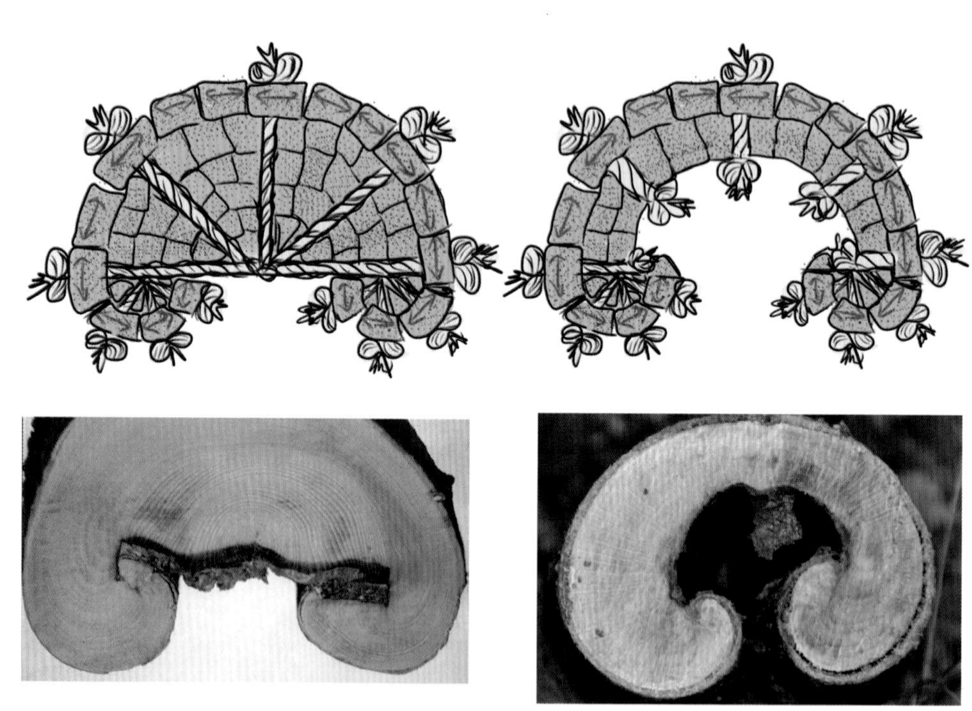

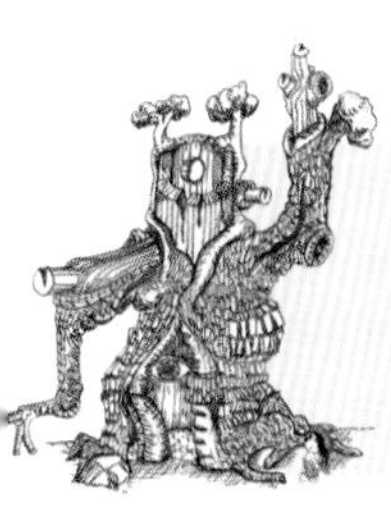

傷口表面會擋住反捲狀生長

開放性腐朽的發展進程為一開始樹體上有個大傷口，腐朽可由此入侵至樹木內部，除非它早已存在樹木內部、由內向外攻擊傷口表面。傷口邊緣的反捲狀年輪會一路長到被傷口表面擋住為止，兩者接觸面的壓力很高，會互相推擠產生裂縫（如圖中的傷口邊緣）並使傷處木材裂開 [21]。

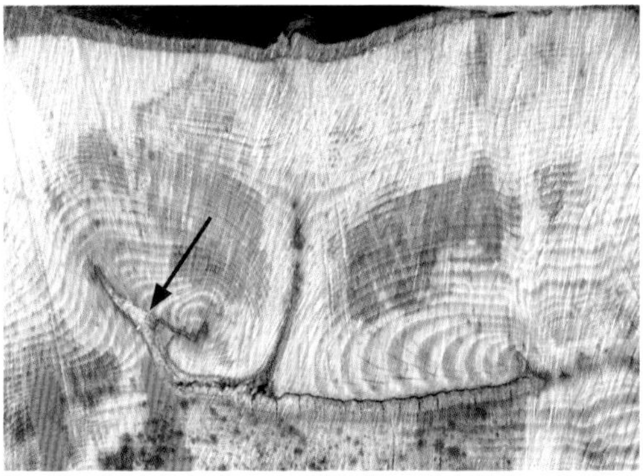

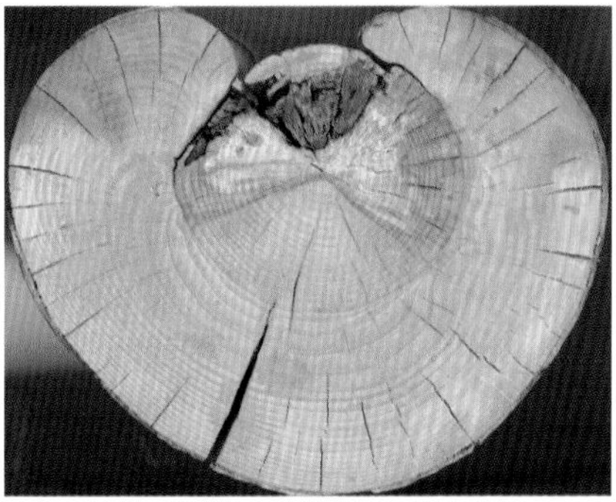

將中空樹幹切開來評估

當樹幹上有好幾個開口時，建議評估個別洞口彎折的風險程度，這些洞口都是由樹幹殘存的部分構成，該處年輪會長成反捲形。這樣評估，等於把一個嚴重中空的樹幹，切成數個中空比例小於 70% 的部分樹幹，不過，在生長過程中，有些樹體部分會死去。

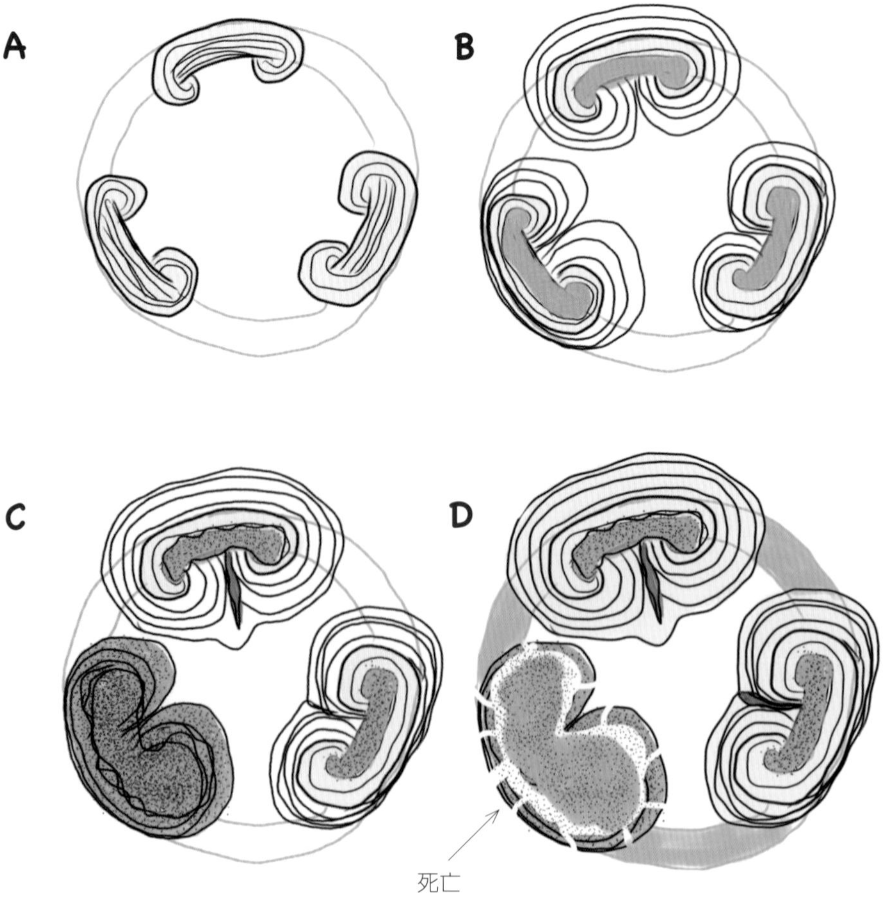

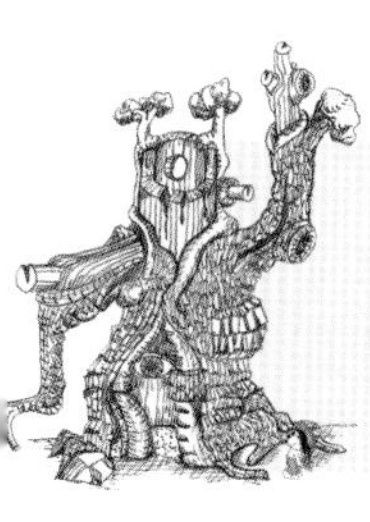

自體回春的藝術

老樹會逐部頂枯，英國人 Ted Green 稱這現象爲「向下生長」，老樹會藉此方式降低長徑比。另一方面，當中空樹體因腐朽而有裂開的風險，反捲生長的樹洞開口會長成數個較小且較安全的中空樹幹。顯而易見的，樹木不只擅長癒合傷口，也是自體回春的高手。

降低長徑比

降低中空比例

傾斜不一定危險

當樹木傾斜逐漸加劇，樹幹背地側（上側）的樹皮會破裂且剝落，用手便可輕易剝除。有時樹幹背地側的樹皮會完全裸露，而向地側（下側）的樹皮會折疊得有如手風琴，在該處樹皮被強力壓縮。這類逐漸傾斜的樹木可能會傾倒 [2]。

攝影者：Mick Boddy

鬆脫的樹皮

裸露

皺紋

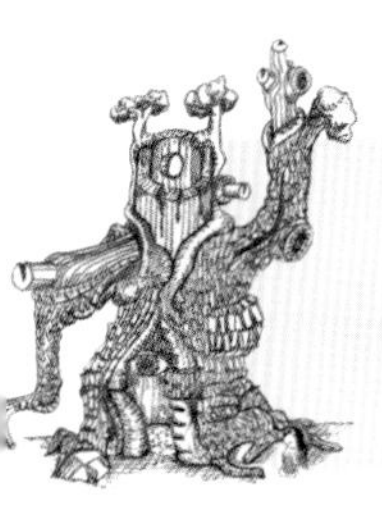

樹木傾斜日益加劇

多數情況下，一株傾斜的樹就跟筆直的樹一樣安全，只要它有時間去適應因自身重量而導致的永久傾斜。但當它錨定的機制逐漸失效時，就會變得危險，尤其是木材出問題的時候，例如落葉樹樹幹上側的拉拔材變鬆，或壓縮側的纖維彎折變形。在向地側樹皮被壓縮之後，於張力側的樹皮會剝落，此現象從苔蘚突然消失的斑塊上就可看出。這些樹必須截短或使用 A 型支架。

樹木傾斜日益加劇

樹冠縮減並設支架後的評估

傾斜的樹冠縮減或架設支架後，如何評估它現在是否安全？首先手動剝除鬆脫的樹皮，在樹幹上標記已脫落的樹皮三角形。若幾周或幾個月後樹皮仍持續剝落，則表示改善措施無效。必要的措施包括進一步修剪、支架支撐點需調整到更高位置、或乾脆換一棵樹。設支架時，必須注意樹的重心不能高於支架支撐點，否則樹木傾倒時會在支架上翻跟斗。

傾斜到傾倒

若我們忽略傾斜樹木顯示的警訊，拉拔側的地面會出現裂縫，在根系或幹基也可能出現裂痕，根盤則會先逐漸位移，隨後開始滑移。暴風可加速後者的發生。

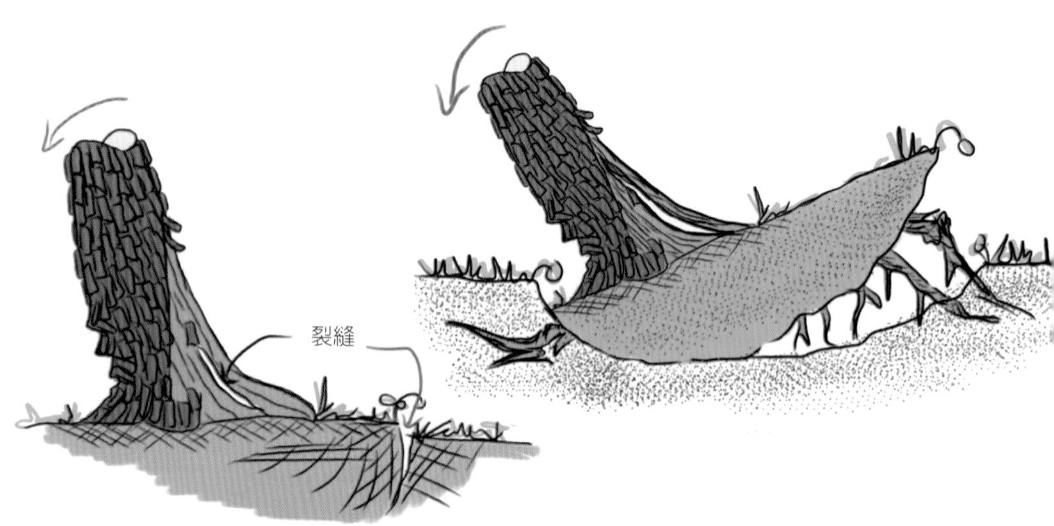

樹皮為何剝落？

當傾斜樹幹背地側（上側）的拉拔材仍完整時，會在樹皮下收縮（圖 A），此時將對該塊樹皮及其連接處產生壓縮力。然而，當拉拔材鬆弛時（圖 B），樹皮並未一起伸長。此處用「剪力方形」說明在樹皮「黏著處」產生張力，導致樹皮剝落。就像先前我們使用過的思考工具所說的那樣。

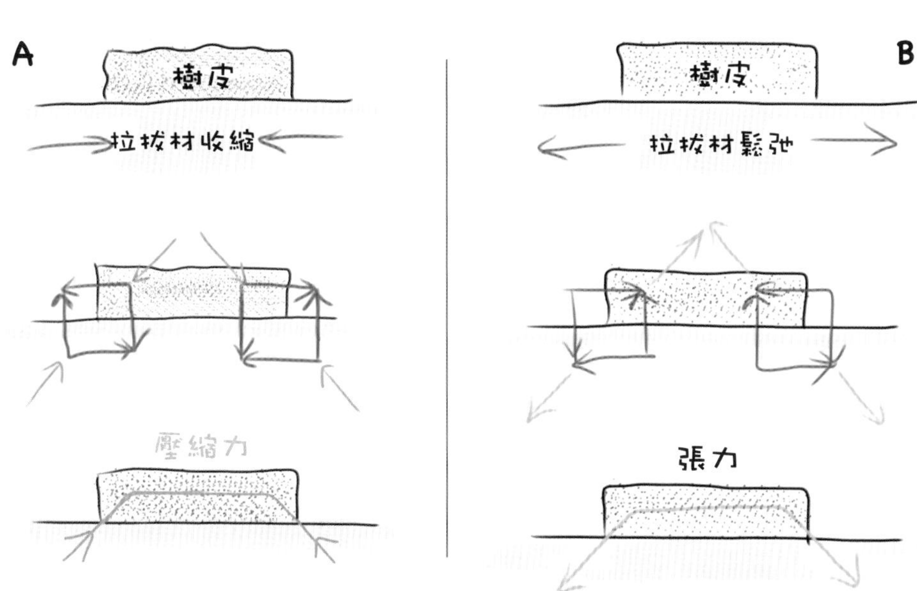

接觸點的應力與緩衝

和碗豆公主的童話故事一樣，坐在有凸尖的岩石上很不舒服，所以我們會放軟墊。樹木不像史都西有個漂亮的圓點軟墊，但它們能花數年的時間長出緩衝墊 [2,22]。

接觸點周邊的緩衝墊

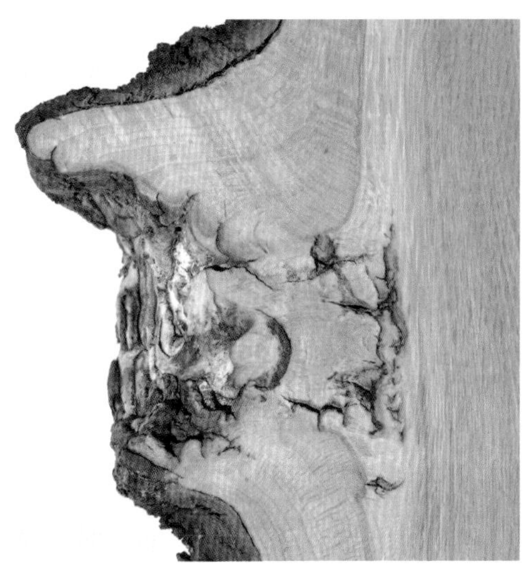

表面積擴大，可局部減少接觸點的高應力。這符合相等應力原則。

形成緩衝墊，以抵抗接觸點的應力

圖爲一樹幹、分枝或根部，推擠抵住一個堅硬面。黃色的橫切面在接觸到堅硬面之前就已長成，並未變形。接觸到堅硬面後會產生相當高的局部應力，以紅色應力曲線表示。此後，樹繼續生長，接觸區域不斷變大，於是長成緩衝墊。這使樹表面的局部高應力得以平均。充滿活力的樹木一生都爲了平均負荷而努力 — 這符合相等應力原則。

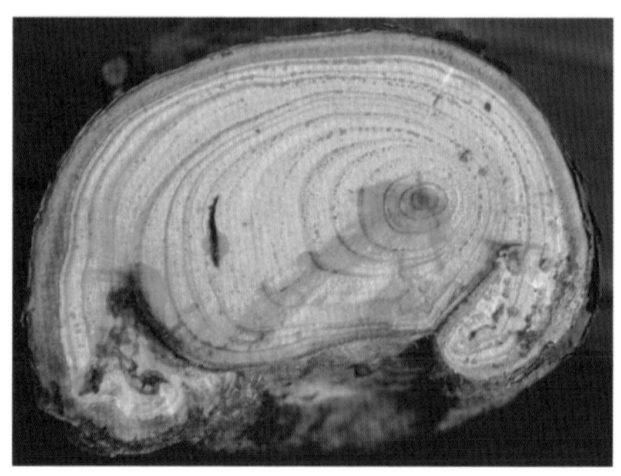

被樹吃進去的電線或電纜

當電線被吃進樹幹裡，該處年輪會變大並呈反捲狀，將電線包入。這可視爲一種內生樹皮，等同於裂縫的效果。皮厚的樹會產生較大的反捲區，因爲樹須花更多時間讓新長的年輪完全「穿透」內生樹皮區，回復到與樹木中軸平行、無扭結的平順狀態，這樣才能維持木材纖維沿著樹木中軸的連續走向。被樹包覆的電線不太可能造成樹木斷裂，至少我們從未遇過。

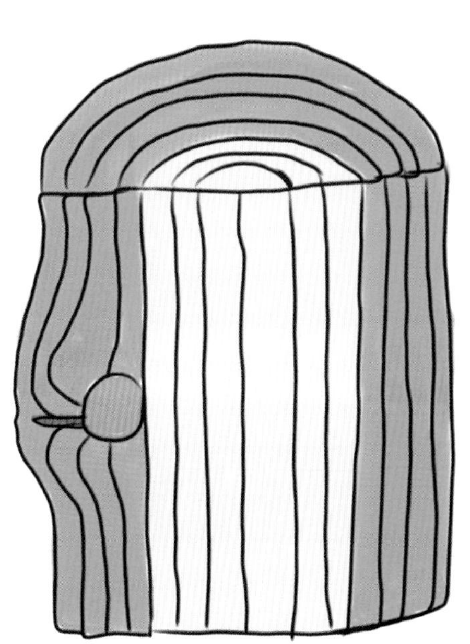

被樹吃進去的電線

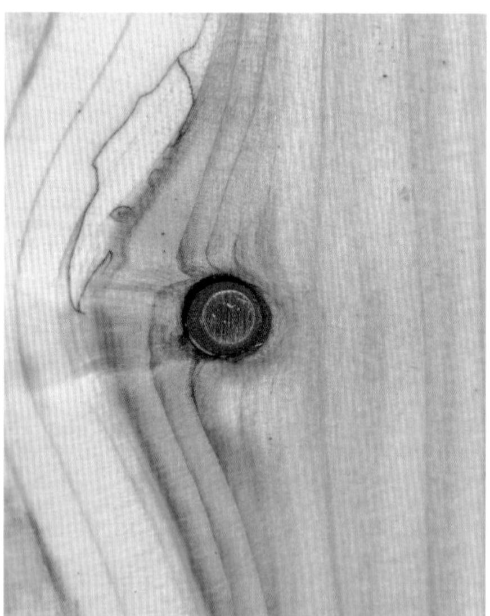

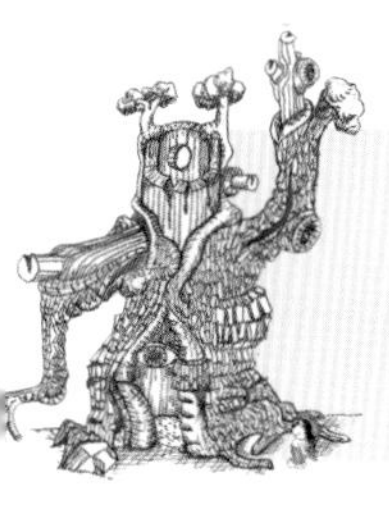

交通號誌平行嵌入樹幹

另一個例子，年輪會捲起來覆蓋異物，並互相擠壓。當年輪順著木材中軸平順地生長，沒有扭結，它們會融合為連續的木材纖維。圖中的情形不太會導致樹木折斷，因為牌子和作用力的方向平行。然而，內生樹皮等同於一道橫向裂痕，會永久留存在樹幹中。

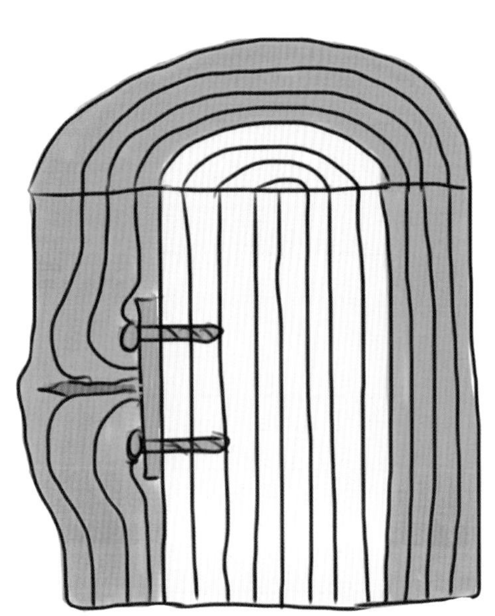

牌子成爲多年的橫向裂縫

若嵌入樹體的牌子爲橫向，或者與樹幹中軸同向的牌子外有延伸的水平向內生樹皮，且位於樹幹彎折的張力側，這會產生一股與木材纖維走向呈斜向的張力，可如圖中用剪力方形推導出來。衍生的縱向裂痕如果夠大，可導致樹幹斷裂。嫁接也可能產生類似情況。

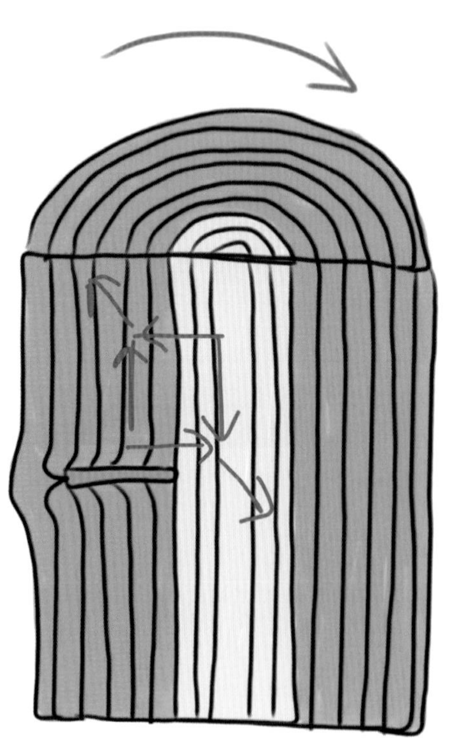

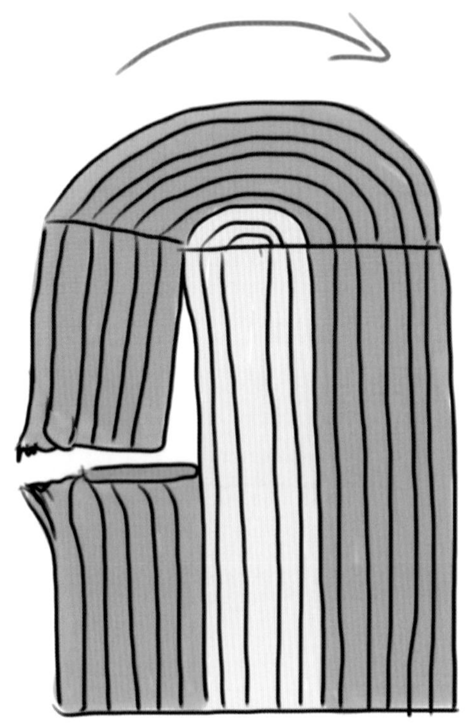

被當成美食的交通號誌

從接吻樹到縱向融合

當某地的兩棵樹緊密相鄰，風吹時它們會彼此接觸，所產生的接觸應力使樹木長出緩衝墊。這跟樹木抵住石頭生長的案例一樣，唯一不同點是雙方皆主動擴大接觸面積。該接觸面會先呈現平面狀，接著，若年輪相抵處無隆起變形，則夾在中間的樹皮會逐漸「融化」，最後它們就成功「完婚」、緊密結合了。這只會發生在親緣相近樹種間，此種融合可改變樹體的應力分布，樹會重新適應生長。

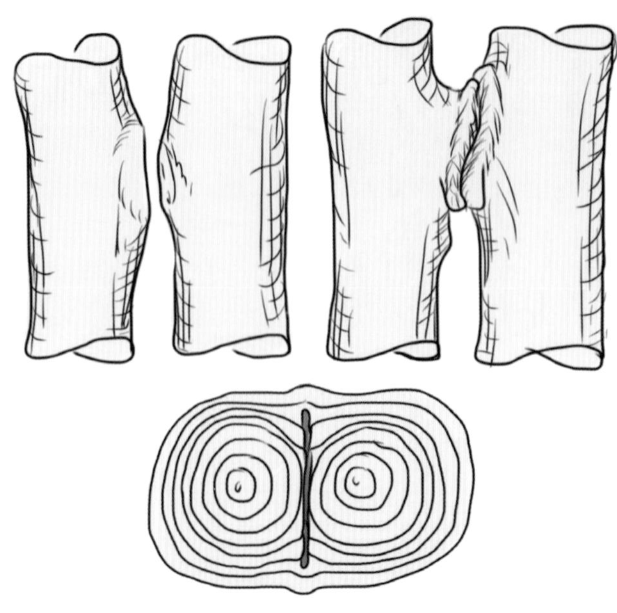

交叉融合

當樹體的兩個相似部位交叉接觸時，樹一樣會擴展其接觸面積，雙方會試圖互相融合。當雙方外圈的年輪約略呈連續線，且大致順著主要應力的方向時，夾在中間的樹皮會「融化」，完成融合，被包在內部的分枝看起來像一隻眼。當纖維的走向與主應力方向相同時，被交叉融合分枝的末端（遠離主幹處）大多會死亡（因該枝與主應力方向不同），最後會形成如同木骨架（half-timber）的結構。

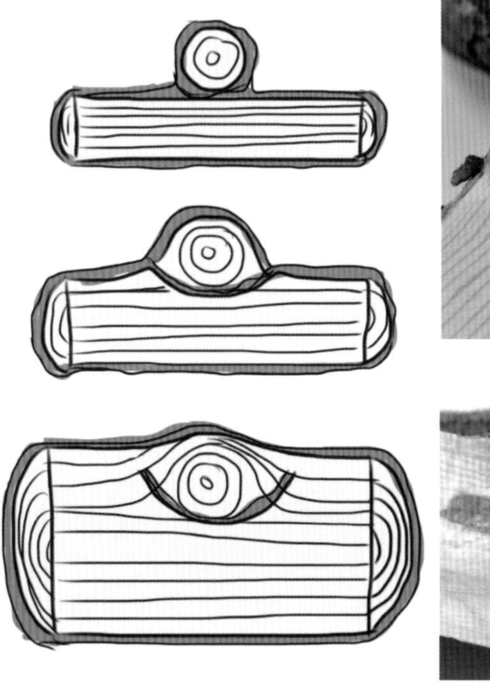

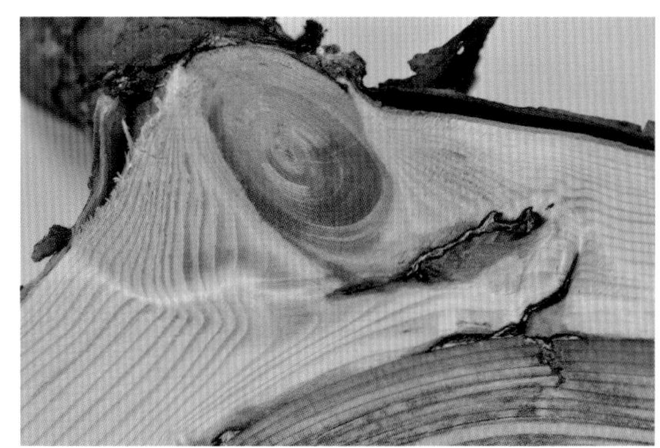

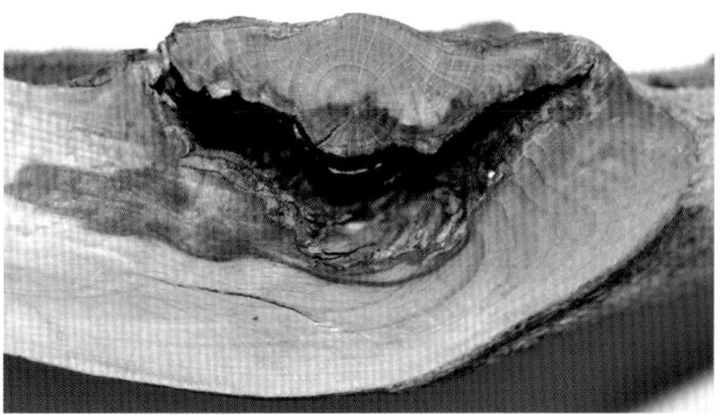

側風中才有的邊框效應

由兩個接在一起的樹幹及連接兩者分枝形成的平面框架在承受風力時，橫向分枝以下的樹體生長會減緩，木骨架般的結構降低了它們的受力。融合之前，圖中右側樹幹分枝以下的部分較以上的部分粗厚，跟左樹相比更是如此，這解釋了爲何兩棵相連的樹其自身直徑落差程度不同。通常橫向分枝中間會有個「頸部」，這是彎曲力矩反轉方向的點，如同右圖橫向枝條的曲率。無花果最擅長建造木骨架了，每根支撐柱都達到形狀最佳化，枝條粗細則都符合相等應力原則。

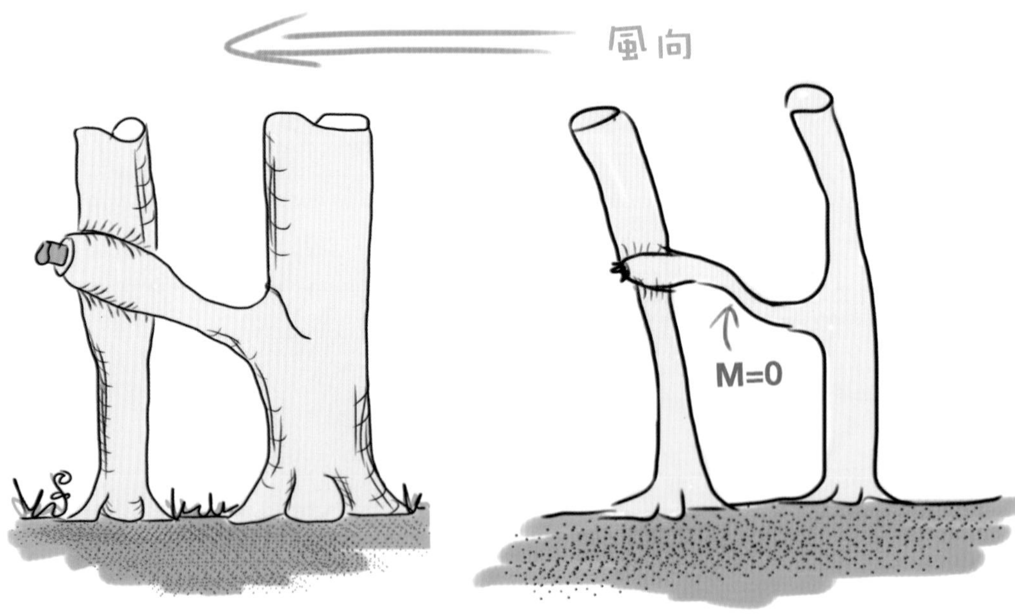

在正向的風中孤軍奮鬥

另一方面，當風向垂直於框架面時，兩棵樹木會彷彿沒有連接似地各自搖擺，尤其當它們搖晃的方向相同時。若兩樹相對彼此搖擺，連接的枝條受到扭轉，纖維因而呈旋轉狀排列。左樹的直徑在接合點上下皆相近。

樹木嫁接

攝影者：Jürgen Braukmann

假設有個汽車技工建議把傳動軸鋸成兩半，然後焊接黏回，再樂觀的客戶都難以接受這樣的做法。汽車動力主要傳輸路徑是傳動軸，樹木則是樹幹。請牢記：嫁接看似美好，但連接的部分可能以不同的速率生長、增厚，影響力學結構，有時從外觀無法分辨這種「生物性焊點」是否牢固。它們就像擺出撲克臉的不定時炸彈，大多數會像砍頭般橫切斷裂，一如脆性的陶瓷。

捲起的橫向纖維或內生樹皮

我們認爲，不論採用何種方法，嫁接都有個普遍問題，那就是接穗與砧木接合時，必須接成以後木材纖維可能再度回復成順著中軸走向的樣子。某些技法使用的砧木必須先讓接穗的木材長滿或包覆，若這導致木材纖維與主幹中軸成垂直角度捲起，則可能會產生與主幹中軸垂直的內生樹皮，力學上這等同於裂縫。此縫上方與下方捲起而呈橫向的纖維僅以木質素結合在一起，這樣仍不太妙。以上兩種狀況會導致接合點如陶瓷般脆裂，因木質素本身會脆斷。

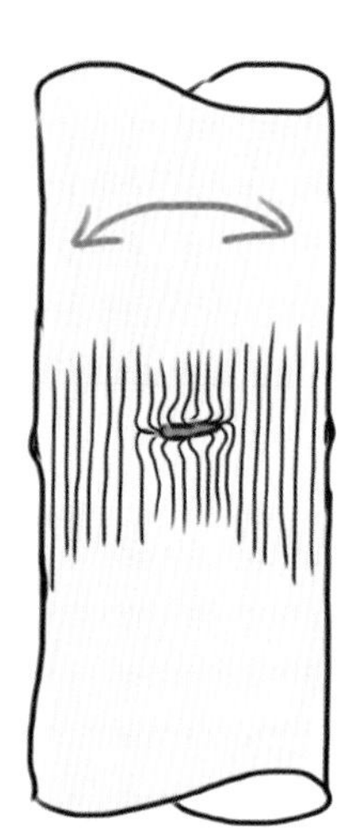

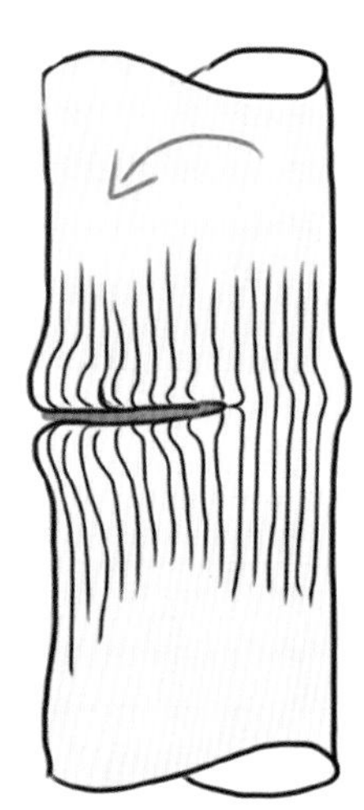

攝影者：Mick Boddy

樹幹嫁接點斷裂處的縱剖面

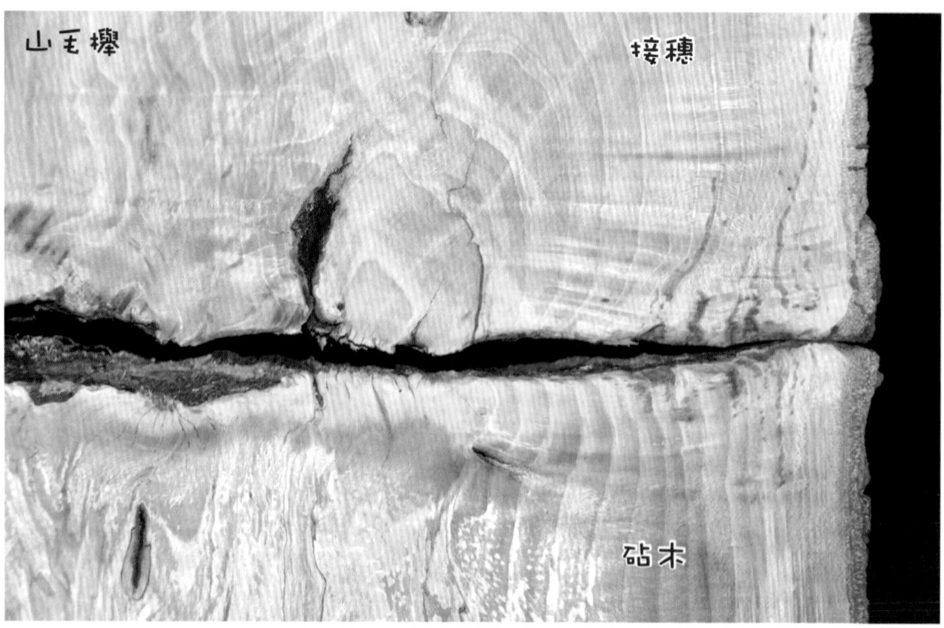

未斷裂的歐洲山毛櫸嫁接點

類似潛變變形處

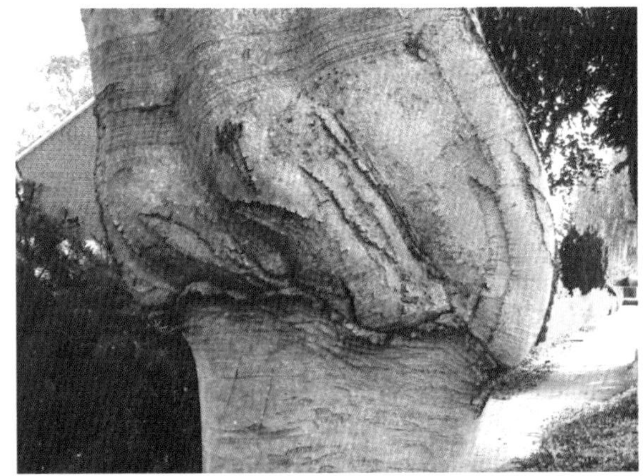

攝影者：Jürgen Braukmann

新鮮鋸切面

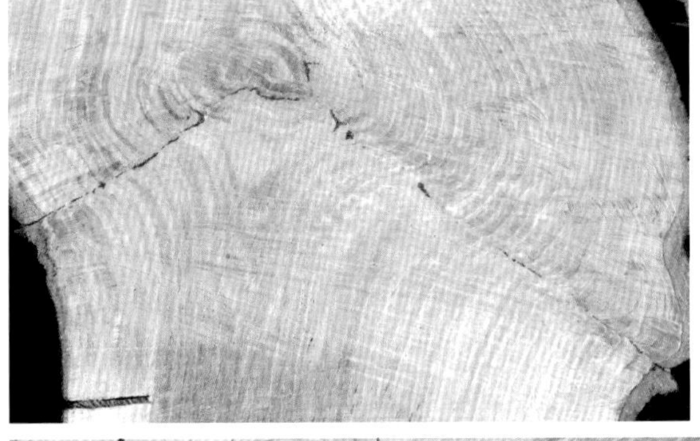

乾燥後的鋸切面，可見裂縫為證

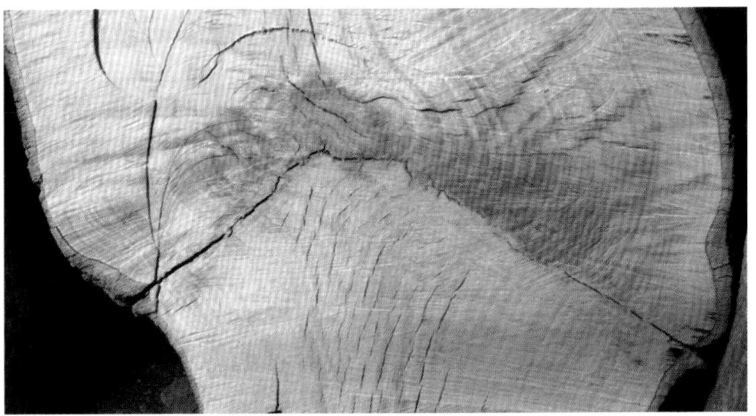

鑽孔測試

利用腐朽檢測設備來評估未腐朽的嫁接點，結果無法令人滿意。通常簡易的鑽孔工具（直徑 16mm）就足以評估外觀看不出來的局部纖維反捲狀況。測試時，從樹皮上有縫線處鑽取短短一截樹芯。若有內生樹皮，可在鑽出的洞裡或在木材纖維之間看到水平條紋。若取出的樹芯末端呈楔形，此處的纖維與樹幹中軸呈垂直或斜角。嫁接樹若已長出與樹幹中軸平行的纖維，則代表它不太會再往外長出橫向的纖維，因此若在外層樹芯中看到橫向纖維，則可斷定此樹幹中充滿橫向纖維，至少在測試的這一側或沿著這圈半徑是如此。

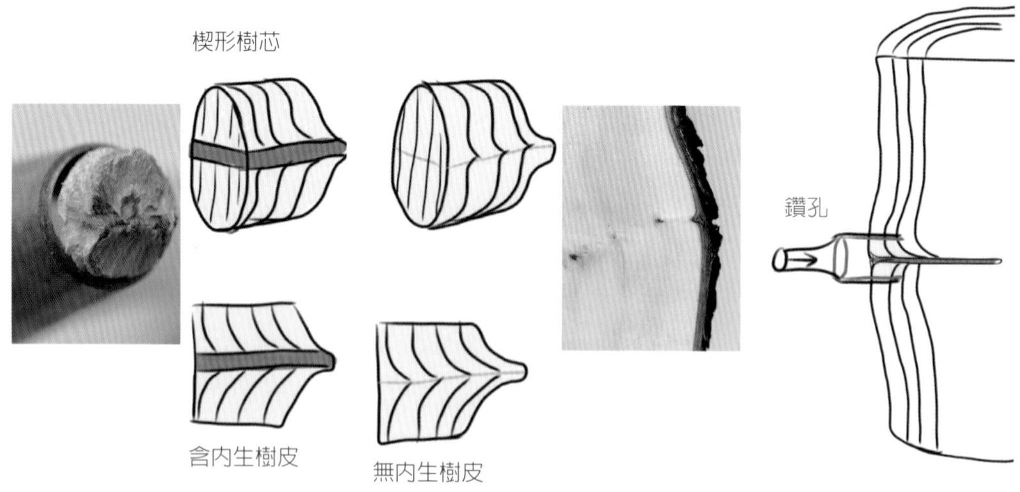

嫁接點巨大缺陷的補救方法

如果這棵樹矗立在孩子的臥室前，光看照片就足以讓你不寒而慄。一棵樹藏有這種穿過整個橫切面的永久生長裂痕，怎還能長站不倒？因爲它是傾斜的！

內生樹皮和反捲的橫向纖維能夠巧妙地承受壓縮力，但樹幹彎折的方向若相反就會折斷。傾斜的嫁接樹會進行自我測試，在承受張力那側，也就是樹幹的背地側（上側），纖維順著中軸方向生長以承受張力，但這招在遭遇風暴或其他方向的彎折時沒有用。這只是個小改良，在自身進行承重破斷試驗。

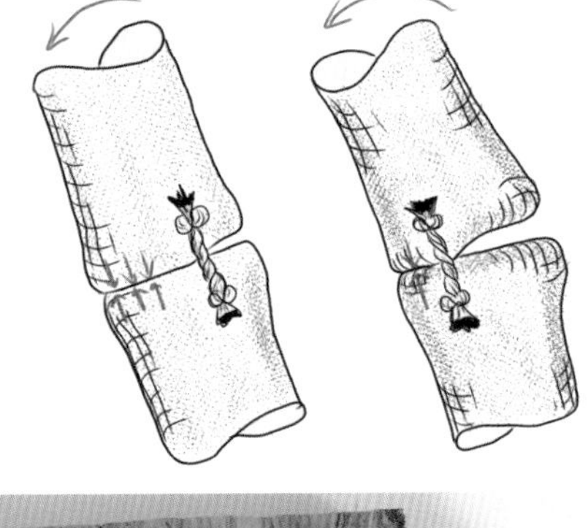

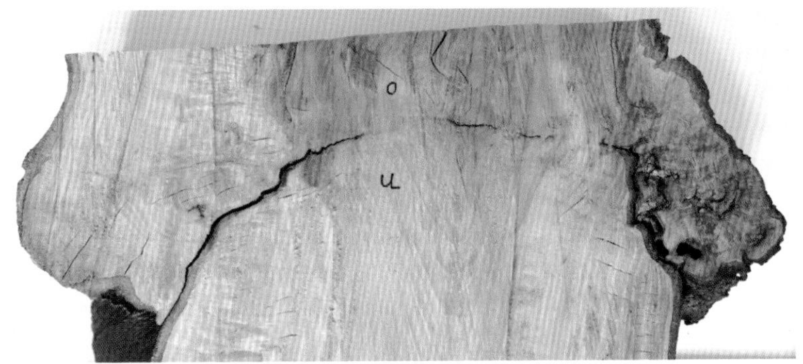

單看外表，可以相信誰？

我們的研究有限，目前蒐集到的樣本中並未看到大量嫁接問題。問題是，其風險從外觀上看不出來。

攝影者：Bernd Malchow

階梯狀的直徑落差，使人誤判了主幹的安全係數？

砧木與接穗的木材強度不同會延緩或加速主幹的折損。

樹木的生長造成裂縫變大

當樹木的嫁接點（左圖）或銳角分枝（右圖）處持續生長、加粗，被包入的、有發展爲裂縫傾向的內生樹皮也會越來越長，這棵樹正在自我毀損，長出的不是整圈完整的年輪，反而使自己被分割得越來越大，直到有一天斷裂。

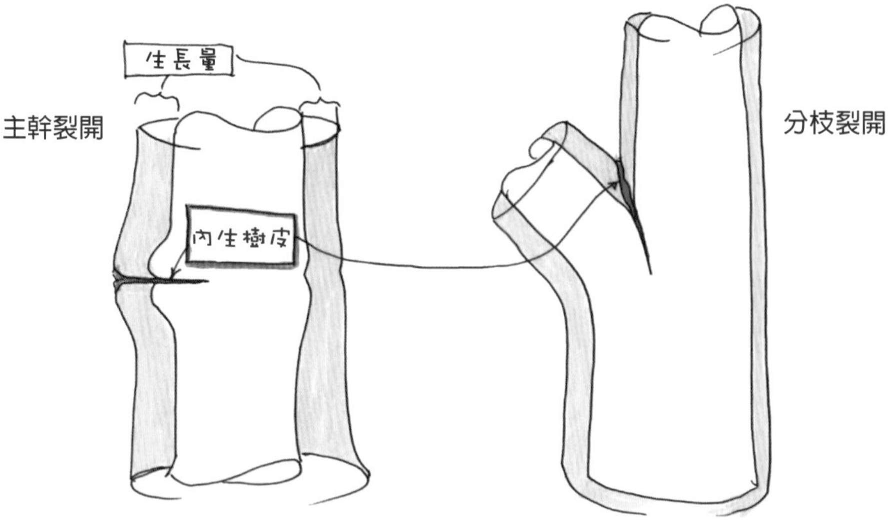

生長量

主幹裂開

內生樹皮

分枝裂開

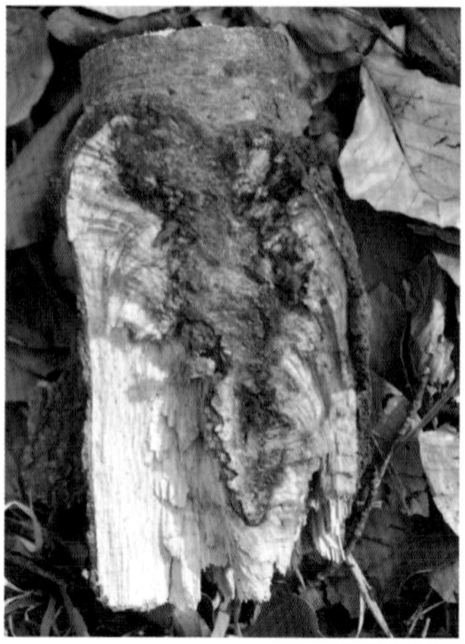

一棵橡樹主幹中的「纖維折疊」導致橫向纖維撕裂

樹木顧問 Nicolas Klöhn 曾觀察到一罕見案例：一棵橡樹從未嫁接，但主幹斷裂狀很類似嫁接失敗的樣子。斷裂處顯示纖維摺疊起來，年輪反捲，竟然是橫向纖維撕裂，可見當木材纖維呈「線形」內捲而跟主幹中軸垂直時，就能造成樹幹斷裂，不論是因內生樹皮擴展或因纖維折疊，要診斷這種樹可用鑽孔測試，跟檢查嫁接樹的方法一樣，以檢查出內生樹皮與纖維折疊，或許可加上生長錐檢驗，以確定此缺陷僅限於淺層，還是深入樹幹中心。

攝影者：N. Klöhn

攝影者：N. Klöhn

裂開處

攝影者：N. Klöhn

從豐美勻稱到飽經風霜

再美的孤立樹都有老去的一天。通常，曾是它驕傲的主根會先死亡。隨著腐朽入侵，側根會接連死亡、腐朽，樹體逐漸縮小。奇妙的是，老樹一般會從主幹頂梢往下逐步枯萎。在有公共安全疑慮的地方，這恰好顯示了它希望怎樣被修剪。若能將死木留在當地且不會對周遭社區造成妨礙，中空的樹將成爲許多野生動物的家。

倒數計時的保育

這裡要特別提醒大家注意樹木安全。有些喜歡觀察甲蟲和蝙蝠的朋友，有時會忘記關心我們人類，例如照片中一張長椅放置在七米高的枯木下，很像某種陷阱，老人家走累了可能會去坐著休息。這張長椅應該要被移走，同理，交通要道旁不該保留被甲蟲蛀蝕的樹木。枯木的基部會腐朽，它們傾倒只是遲早的問題。

攝影者：Sascha Haller

枯木生態圈——應該遠離道路，或在交通要道中央？

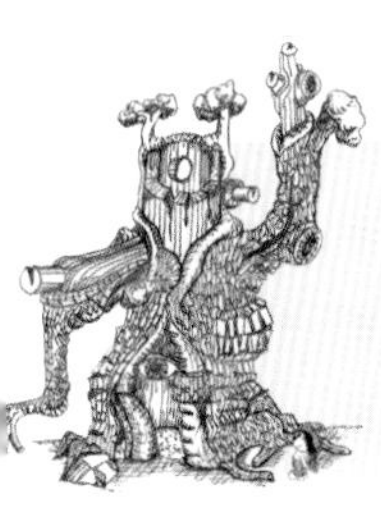

複合纖維與危險枝椏中的橫向張力

木材是一種複合纖維，因此也受所謂的危險枝椏效應威脅。當一個彎曲的枝椏被扳直時會產生橫向的張力，容易使它沿長軸裂開。唯一的補強方法是增強橫向的強度，例如增加內生的橫向纖維。有時危險枝椏開裂會發生在板根上。

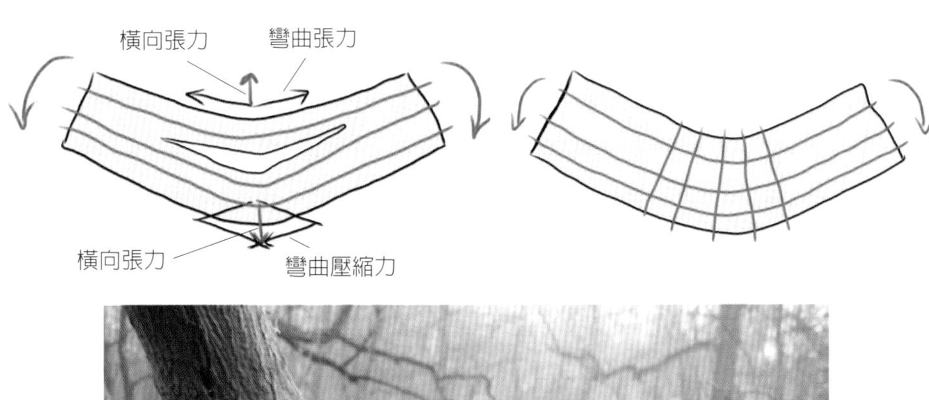

危險枝椏開裂

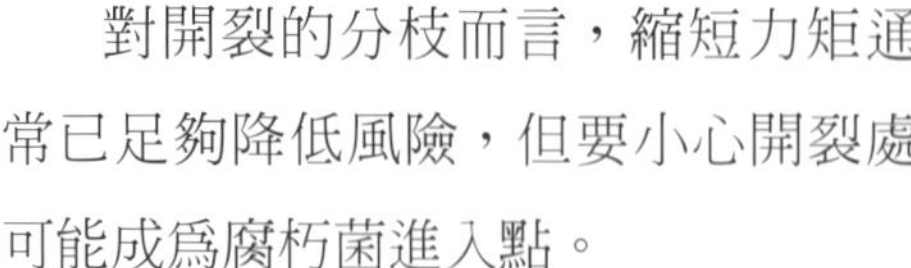

對開裂的分枝而言，縮短力矩通常已足夠降低風險，但要小心開裂處可能成為腐朽菌進入點。

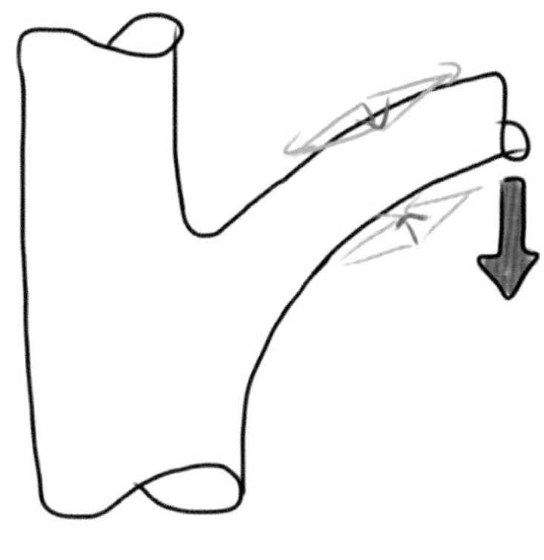

危險枝椏上的裂紋，會止於枝條開始向下彎曲處，因為橫向張力在此變成橫向壓縮力，被壓縮的裂縫通常會停止開裂（左），右圖顯示了橫向壓縮力的來源。基本上，危險枝椏裂縫擴大了受力的截面積，未裂開的枝端通常向下彎曲，阻止裂縫繼續擴張，若嚴重開裂，危險枝椏的上半部可能被撕裂，也許就必須切除或大幅度截短。

危險枝椏導致全樹斷裂

對淺根系的樹來說，暴風可能會撕裂樹木在迎風面像「繩索」般的木材纖維，若這條繩索被下一陣風吹得拉緊，樹木可能會在上方的繩索連接點破裂，也就是繩索連接到樹頂的位置，就像圖中史都西所示範的，樹木會在傾向破裂處長出更多木材射髓，以保持樹幹連接完整，不過這有時還是會失效。

根部的危險枝椏

上圖描繪了迎風面的橫向張力如何產生，背風面則有較大的橫向壓縮力，因而不太會發生危險枝椏開裂。樹木基部出現危險枝椏裂痕會相當危險，大多必須砍除、隔離或大幅度矮化。接近地面的裂縫會快速腐朽，使危險加劇。若這是一棵軍刀樹（P.14），整個樹基可能就是一個危險枝椏。

攝影者： Ted Green

枝端與危險枝椏裂縫下方的潛在斷裂點

攝影者：Iwiza Tesari

因橫截面橢圓化而產生的內部裂痕

圓周生長壓縮力，阻止了邊緣的射髓裂開（P.64），但也使僅微微彎曲、截面呈明顯橢圓形的樹枝形成危險枝樑裂縫。即使英國梧桐、橡樹等樹種（射髓粗大）的直枝條上，在枝條呈橢圓形且直徑較小的部位，也發現過沿著射髓開裂的內部裂縫。

假如枝條因承重，長出拉拔材或支撐材而變成橢圓形，圓周壓縮力組成中的放射狀張力可能也會導致裂縫形成。橫斷面為英國梧桐枝條。

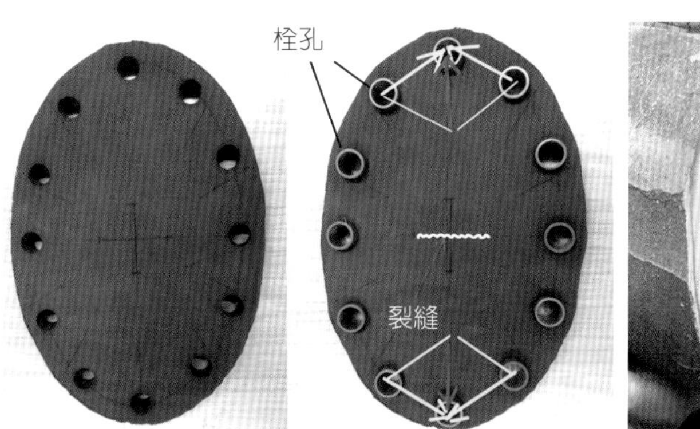

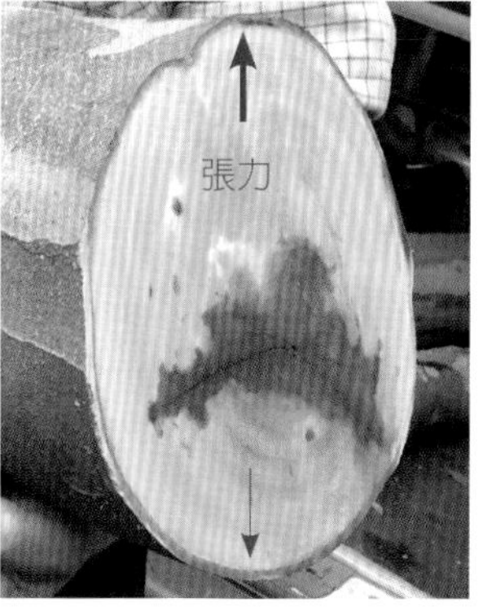

用橢圓形橡膠盤上栓孔撐大的洞來模擬圓周生長壓縮力，這解釋了為何裂縫是沿著木材射髓形成。

香蕉裂縫

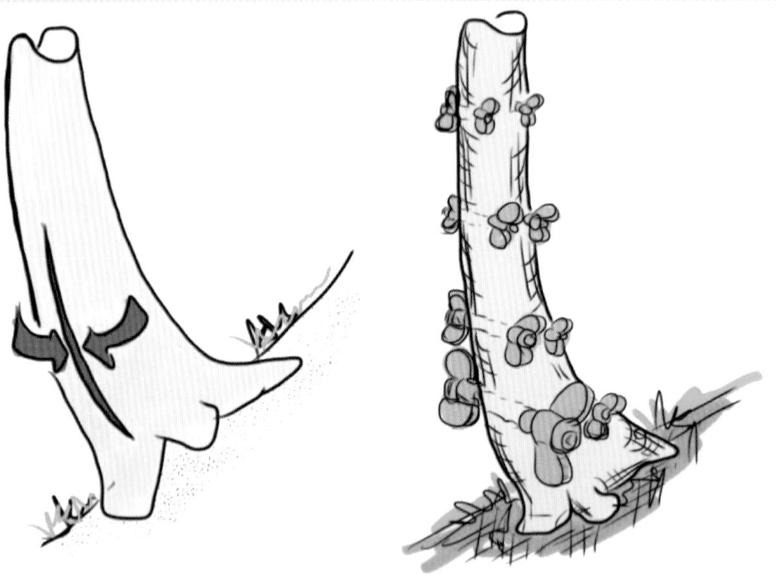

把新鮮香蕉扳直，會使香蕉的凸側產生裂痕。在樹木身上要產生香蕉裂縫，通常還須合併一些原有的小缺陷，例如大條的橫向射髓或心材的環狀腐朽之類。有腐朽才比較有可能演變成全樹斷裂。若無腐朽，則主幹斷裂遠不如危險枝椏斷裂來得常見。Frank Dietrich 在他的博士論文中展示，這種裂縫起始點會受到圓周方向的高度生長壓縮力抵銷 [23]。

香蕉裂縫

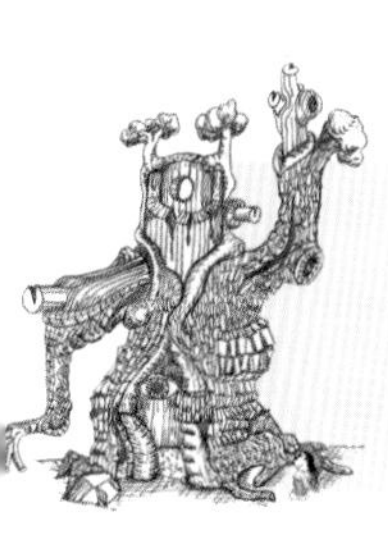

樹木中的剪力

風爲橫向的應力，會試圖讓樹木的上半部滑落至下半部（圖 A）。然而實際上這行不通，因爲必須橫向切斷所有纖維才行，像修剪玫瑰一樣。不過，由對稱的剪力方形（圖 B）可看出，順著木材纖維縱向剪力大小相同、方向相反，因此只需克服纖維之間的膠結，即可達到圖 C 的效果。不過該剪力相當小，若樹幹無既有缺陷，難以想像會因剪力產生裂痕（C）。

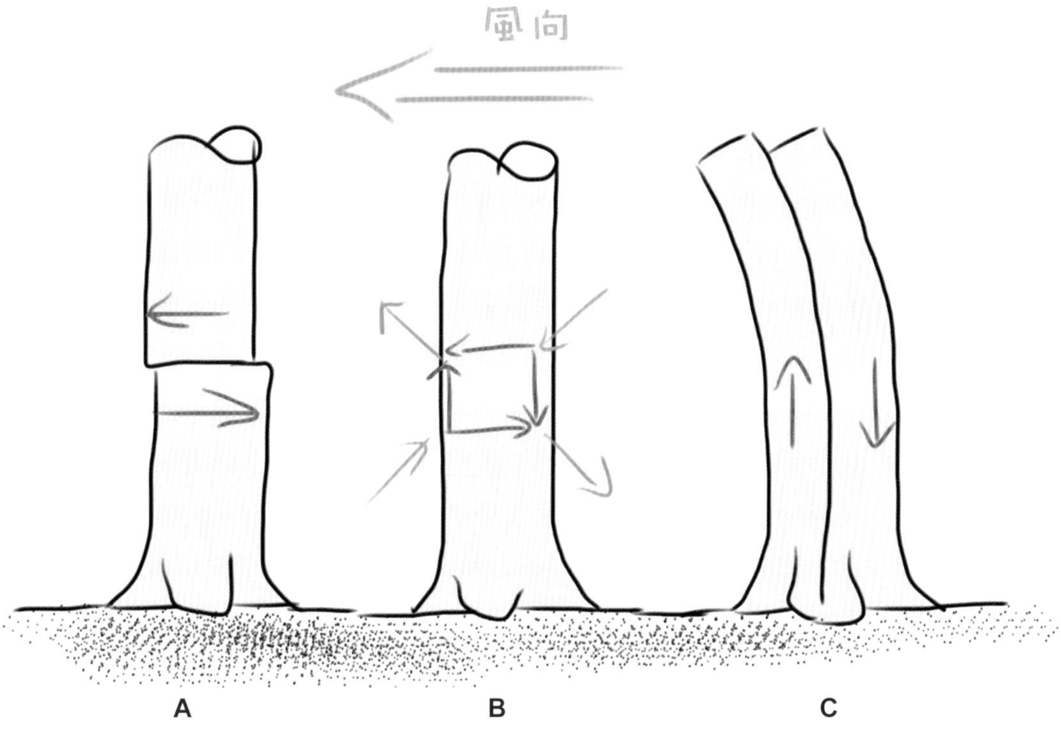

剪力產生的裂縫

我們用書頁來說明垂直剪力。彎曲一本書，意味著頁面將彼此滑動，是剪力阻止了這種滑動。剪力不同於彎曲力，它在樹幹中心達到最大值，而在樹幹中心的彎曲力則爲零。

橫向剪力造成的裂痕

事實上，只有水平枝條才會產生由重量引起、沿纖維走向（低剪力）的最大剪力（圖A）。斜枝條（圖B）的主要剪力方向，則和纖維走向呈45°。

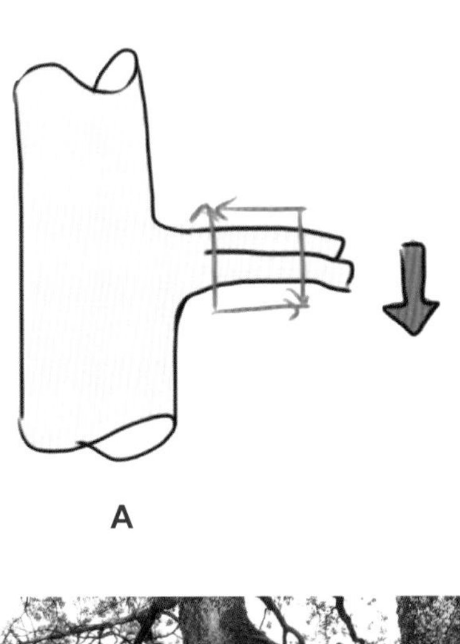

A

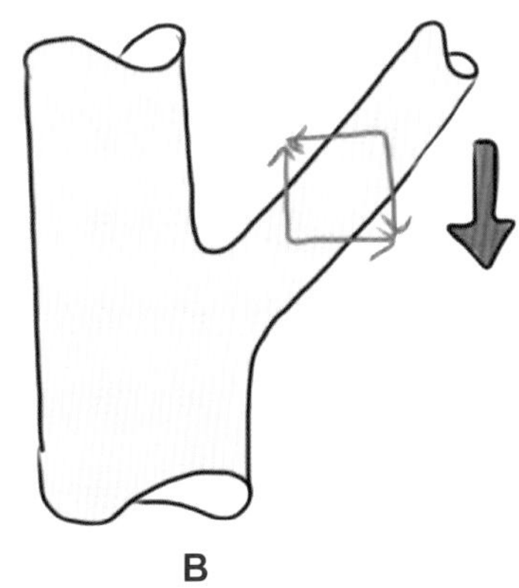

B

分離式剪力開裂

迎風面根領處若有靠近主幹的沉展根（sinker root），會把靠近主幹的高應力傳導到地下。當主幹因風彎曲時，沉展根常被從主幹撕裂，這種破壞與在主幹附近挖溝的潛在破壞風險類似：主要的拉拔根從樹體被分離了。

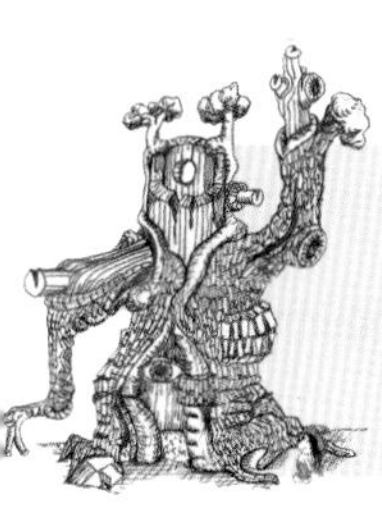

高危險兄弟檔：危險枝樑與分離式剪力開裂

兩者的差別在於危險枝樑是彎曲的裂縫，把根的上半部（承受張力處）從主幹劈裂分離。分離式剪力開裂是一道直通地面下的剪力裂縫，沒有明顯的彎曲。兩者都將主要的張力根錨與主幹分離，而讓樹木變得危險。

中空樹的危險枝椏與分離式剪力開裂

中空樹殘存的幹壁相對較薄，承受剪力的面積較小，剪力較大，因此，實心樹會有的問題，中空樹必然也有。跟健康的樹比起來，較小的風力就能造成此兩種問題，兩者都會在樹的張力側產生魔鬼尖耳。

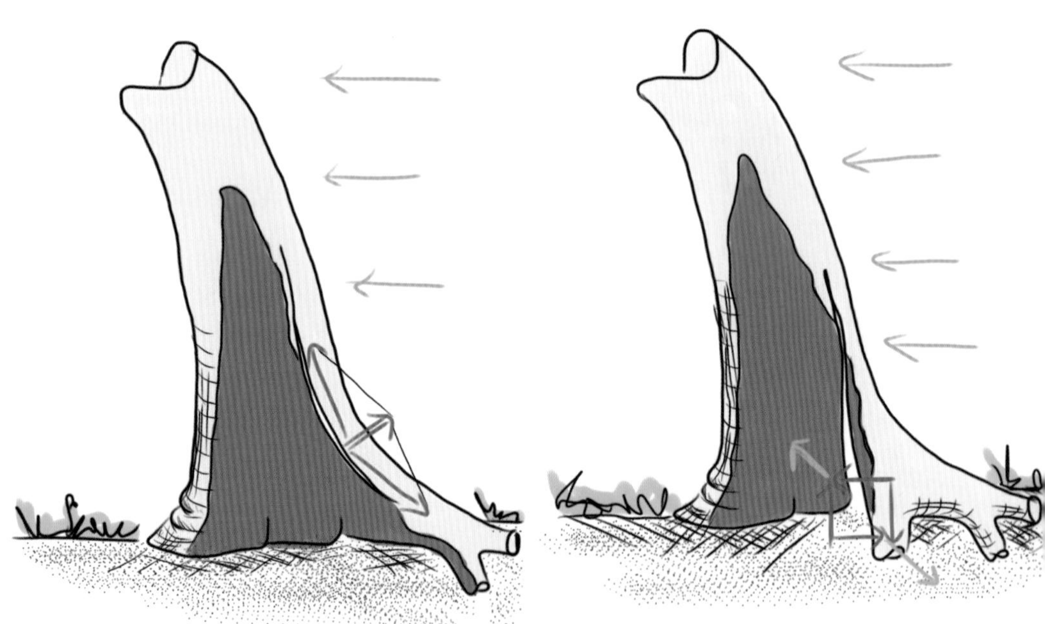

樹基部的剪力炸彈

在樹基部看見剪力導致的裂痕，可能會令人感到意外。在樹幹高處、截面積較小的部位，由橫向風力產生的平均剪力將會高得多（剪力＝風力／樹幹截面積），而這些在樹基部的剪力深裂有不同的成因，可稱之爲剪力炸彈！

用橡膠孔板來說明

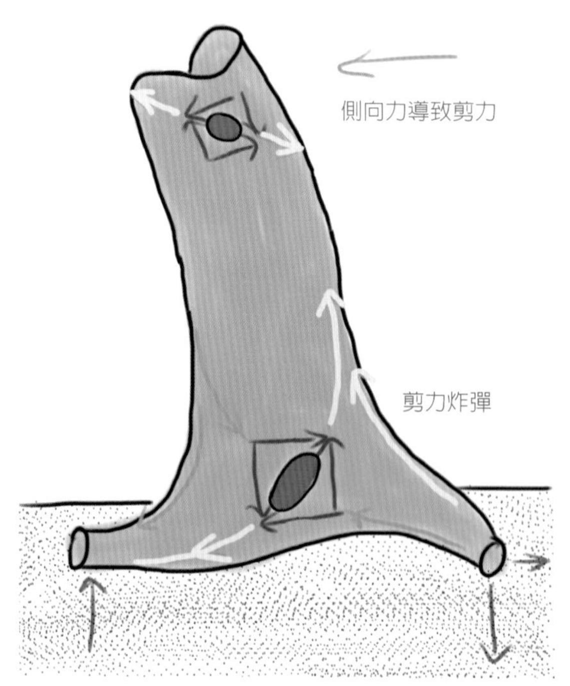

這是一片在頂端與底部打孔的橡膠，用來呈現承受彎曲力時這些孔洞變形的程度與方向。上下兩個剪力方形呈現出反向的剪力，這代表頂端與底部變形的孔洞受到的剪力是反向的，總合爲零。這解釋了爲何剪力炸彈裂痕很少往上延伸到樹幹高處。底部的圓洞被拉長較多，代表該處有剪力高峰。下圖中用有限元素分析法標出的紅色區塊，也顯示該處有剪力炸彈。

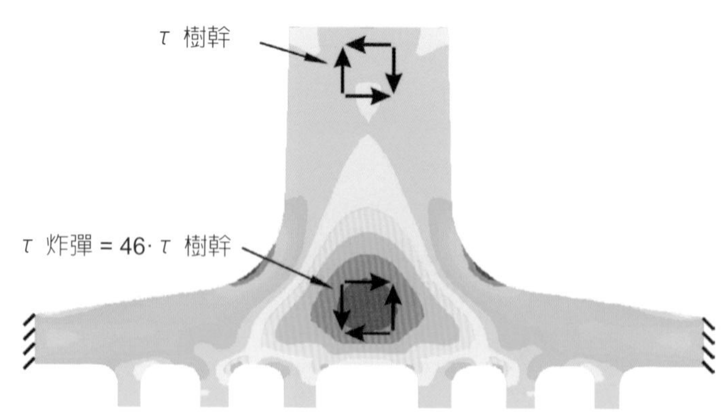

有限元素分析者：Iwiza Tesari

做個比較

如圖A，兩個剪力方形的方向相反，代表剪力炸彈上方發生了剪力反轉。意即在剪力炸彈上方的某處，剪力應爲零，而下方的剪力高峰點，也就是所謂剪力炸彈，來自於樹幹所受彎曲力中的張力，以及與之呈直角的壓縮力（彎曲力在此可分解爲張力與壓縮力，如剪力方形所示）。另一方面，上面的剪力方形來自橫向風力，其方向與右圖下方、由接近樹幹的沉展根產生的剪力相同。右圖的剪力會累加，但在左圖則會部分抵消。

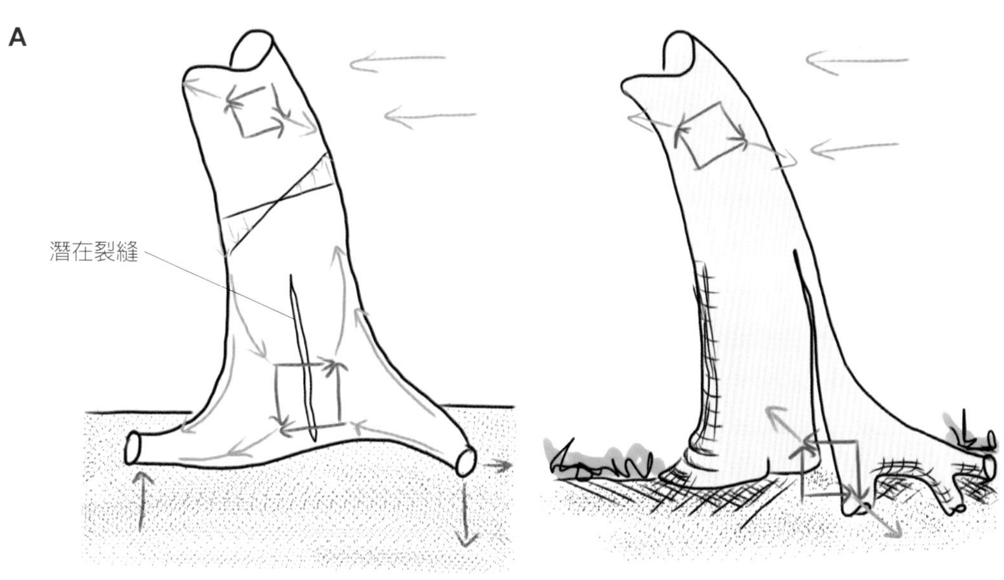

剪力方形、扭力與相關裂縫

設想一隻鵝的頸部被扭轉，也就是當一個圓筒被扭力扭轉時，此扭力造成的剪力方形相當於斜 45° 角（相對於圓筒中軸）的張力和壓縮力。壓縮力將鋁箔推成皺褶（中圖）。斜向的皺褶與張力同向，這在我們扭轉身體時身上衣服的紋路中也可看出。此情況下，張力、壓縮力和剪力的大小相等，扭力使鋁箔順著張力的方向，也就是皺褶成形的方向開裂（中圖）[4]。

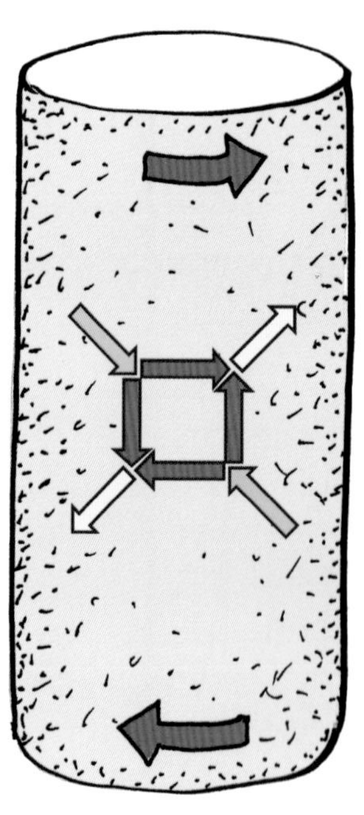

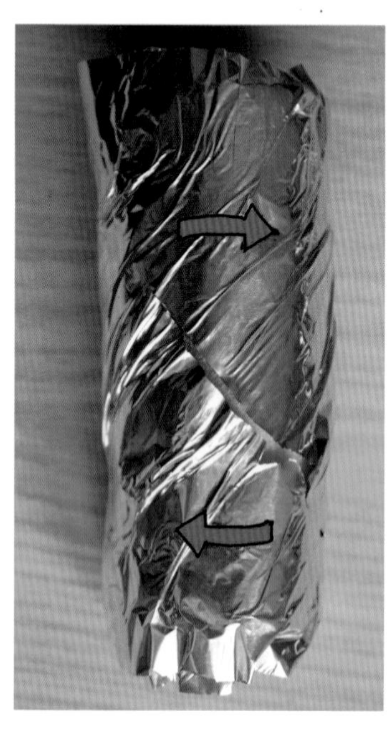

扭力在骨骼與樹木上造成的裂縫

骨骼在過度扭轉下，例如滑雪意外，會遭受所謂的扭轉骨折，其表面垂直於張力方向。同樣的，當樹木受到與其螺旋紋理方向相反的扭力，也會產生扭力裂縫。此時它的纖維沿生長方向受到壓縮，並在與纖維垂直的方向受到張力，這就像扭力與繩子纖維捲旋方向相反一樣 [26]。

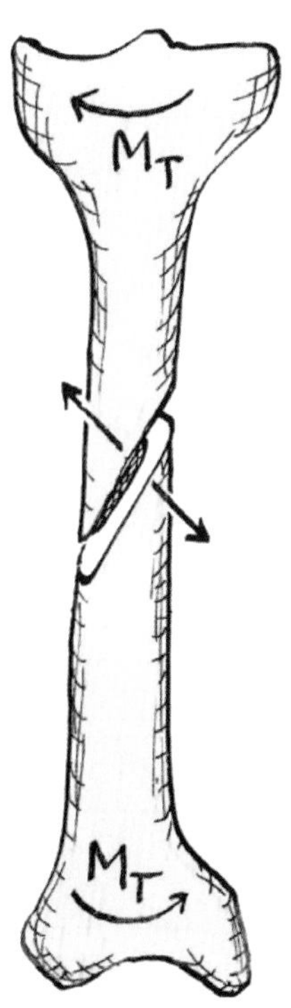

受單方向扭力的樹木纖維

扭轉一束細棒，可以看到「變形以達最佳化」的另一個例子（圖 A）。這些細棒順著張力的方向旋轉，跟扭轉身體時衣服上的皺褶一樣。單向扭轉的樹木螺旋紋理符合力學原理，其中的細胞在生長期會變形以符合這樣的螺紋，這也是變形以達最佳化，就像繩子纖維都朝捲旋方向扭轉一樣（圖 B）。旋錯方向時，纖維受到側向的張力會因扭力產生裂縫（圖 C）。

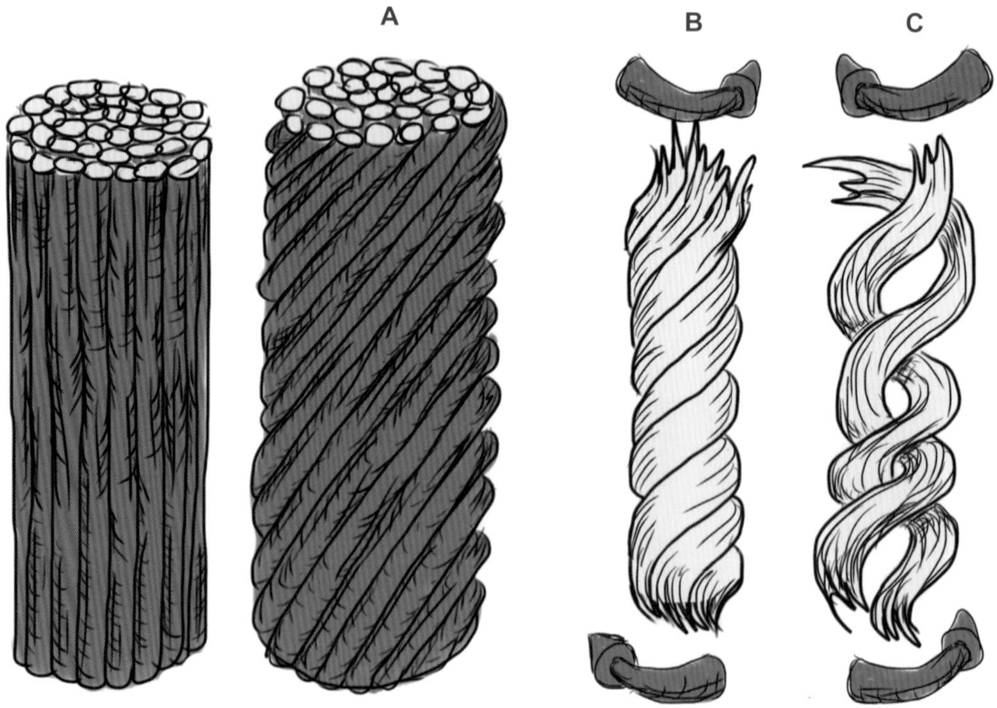

A

B

C

枝條上的螺旋裂縫

樹冠受風部位有不對稱區域，是產生扭力的先決條件，所以有螺旋紋理的樹木其樹冠或枝條應對稱。

闊葉樹活枝的夏季斷枝現象

典型的夏季斷枝現象發生在夏季一段乾熱期之後，大都有固定的模式：在長枝條的背地側（上側），通常於距離主幹一米處有橫向裂縫產生，此處導管密集、年輪狹窄但木材強度較弱。這道橫向裂縫可能延伸到樹枝中央，接著裂縫會轉而沿著舊的拉拔材纖維開裂（此時細枝已不再於自身背地側增加拉拔材），於是枝條向下彎曲並斷落。以下將從生長應力的角度來解釋這種枝條斷裂模式。

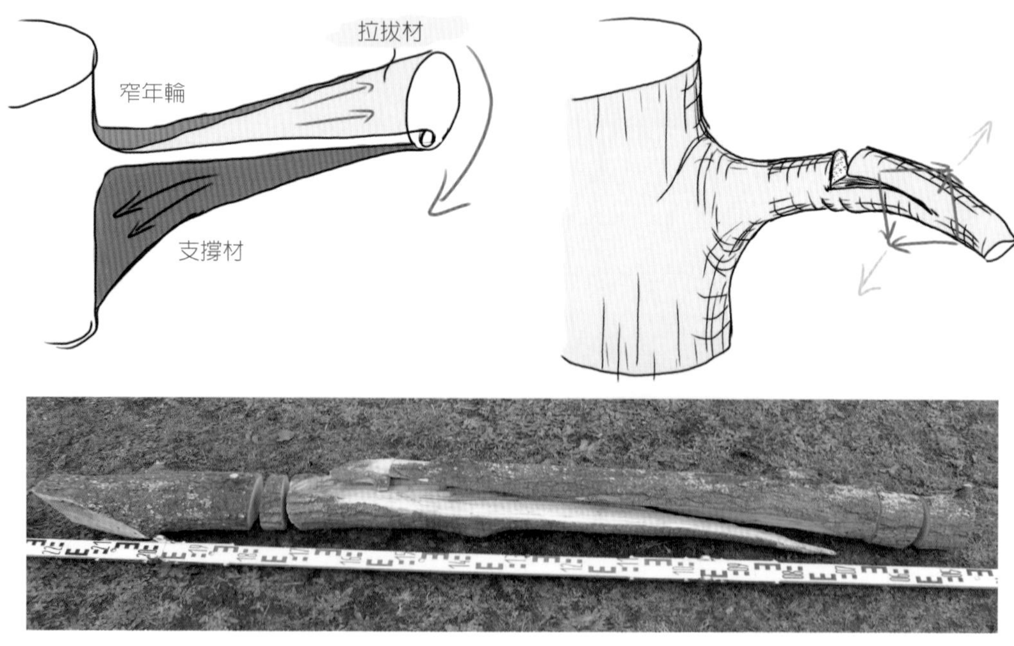

熱能在夏季斷枝現象中的角色

上圖中的長枝，已停止在背地側生長拉拔材，而僅在向地側生產支撐材。在其中產生之裂縫的發展，可用枝條中具不同特性之材料的分布來解釋（圖 A）。一開始，裂縫在脆化的頂側產生，像陶瓷裂開一般，然後沿著枝條中堅硬的拉拔材延伸，這種拉拔材較傾向於劈裂，而非撕斷。不過夏天的熱能扮演什麼角色呢？拉拔材通常位於脆化的枝條頂側下方，當它收縮（縮短，見圖 B），頂側脆化的年輪受到壓縮預力（compression prestress），反向作用於使枝條向下彎的彎曲力。當拉拔材因夏季的熱能而鬆弛（圖 C），原有的預力消失，脆化枝條頂側承受重力而產生的張力往下彎，這可能導致橫向裂縫產生。圖 B 以扭緊的繩索來代表拉拔材，圖 C 則顯示繩索反向扭轉而鬆弛，藍色釘子代表木材射髓。

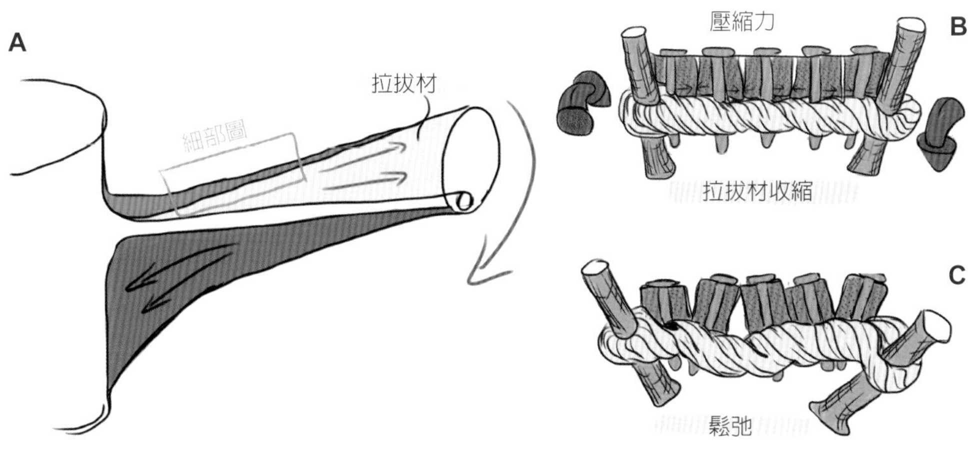

典型夏季斷枝現象的斷裂模式：首先產生橫向裂縫，接著沿長軸劈裂

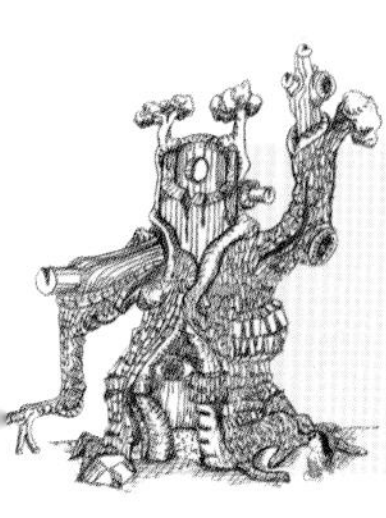

子囊菌的攻擊

枝條頂側的細小裂縫若被子囊菌攻擊，會進一步脆化，這常見於長的「獅尾枝」中。子囊菌的孢子存放在管中，像彈匣中的子彈般。遭黑團殼屬眞菌感染唯一可見的症狀，是在健康生長的木材和枝條頂側之間，有紫色或灰黑色的朽木小區塊沿長軸延伸，該處形成層已死亡。在感染黑團殼屬眞菌的懸鈴木身上，這種生長區塊會非常明顯，其他子囊菌則無明顯症狀。此種枝條斷裂模式跟夏季斷枝現象類似，可用枝條中材料強度的分布來解釋，由枝條頂側至底側分別爲脆化、堅硬、強韌耐壓縮力。斷枝都在枝條上半部（橫截面而言）遭軟腐弱化後才發生，像某種定律，不過目前這仍僅是假設，需要進一步驗證才能成爲枝條斷裂的評估標準。

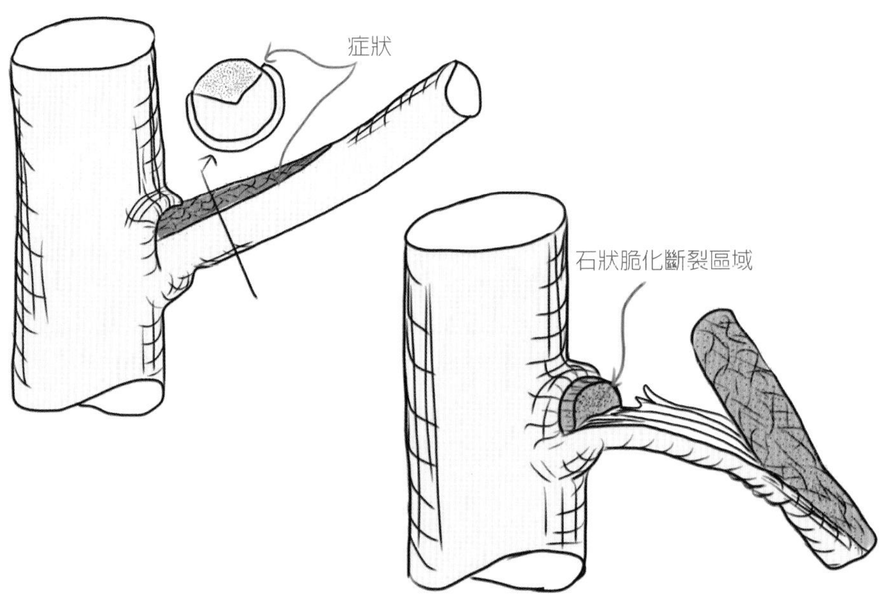

樹皮脫落及夏季斷枝有何共同點

如前所述，如果樹木越來越傾斜，通常代表它正逐漸倒塌，主幹向地側（下側）的樹皮被壓縮，背地側則樹皮脫落。無下沉狀況的闊葉樹，在背地側有收縮的拉拔材，當其表面的樹皮本身不收縮，只要拉拔材完好無損，樹皮就會受主幹中軸方向的壓縮力而不會脫落。當這棵闊葉樹開始傾塌，拉拔材變得鬆弛，樹皮就會受到縱向張力，而不再受到壓縮預力，於是就像疲乏橡皮筋上的塗料一樣脆化、脫落。

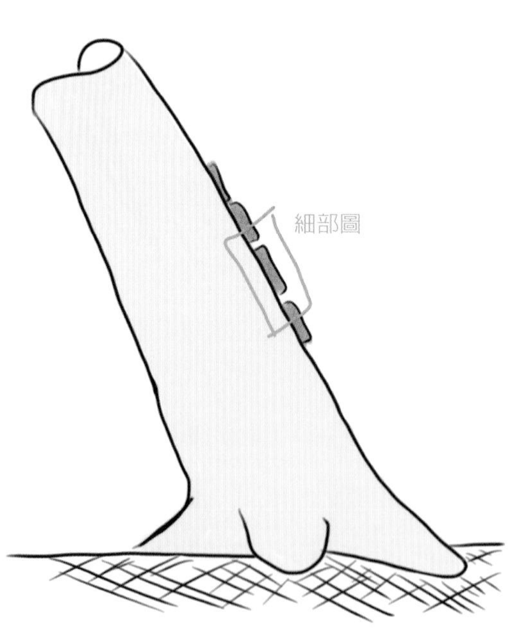

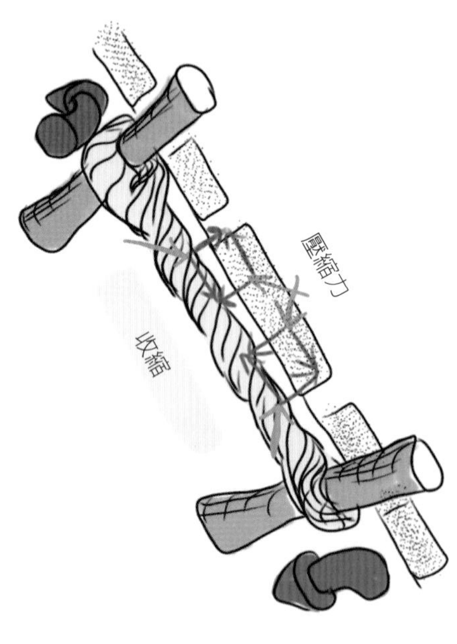

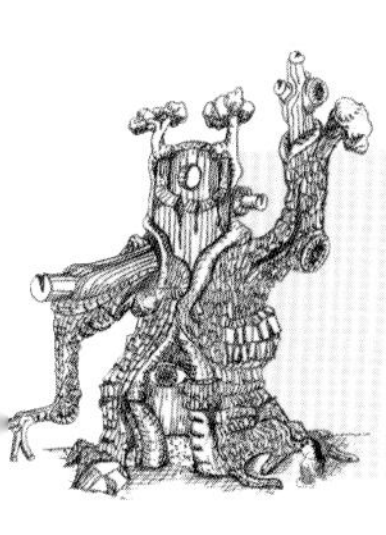

拉拔材與樹皮脫落

當剪力方形結構順著拉拔材收縮或鬆弛的方向形成時，我們很容易推論：拉拔材收縮時，由於附著面均勻承受應力，樹皮不會剝落（藍色箭頭）。反之，如果拉拔材因停止收縮而呈現鬆弛狀，樹皮會承受枝條重量所產生的彎曲力；剪力方形說明了通過樹皮與拉拔材黏合區的傾斜張力（黃色箭頭）以及樹皮脫落的原因。針葉樹的情況則不同：樹木向地側的壓縮材中彎曲皺起的纖維，同時增加了背地側的張力（背地側並無拉拔材），這種張力一樣會通過樹皮與木材的黏合區，形成傾斜張力，在這種情況下，樹皮也可能脫落，因此在闊葉樹和針葉樹中，樹皮脫落的情況是相似的。

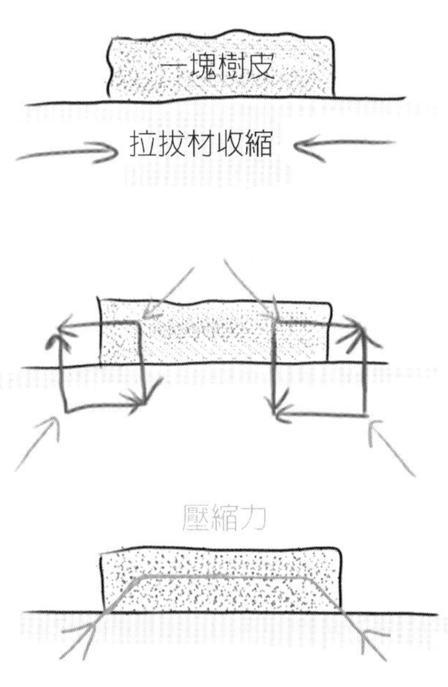

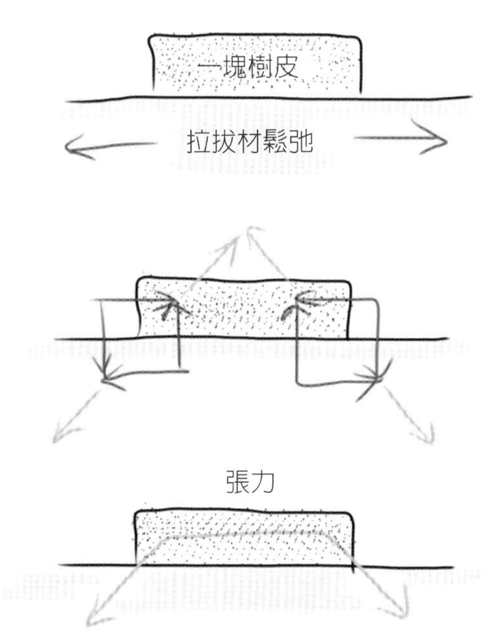

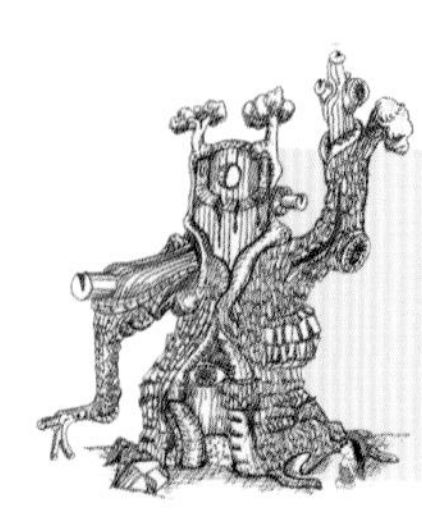

Shigo 的枝幹連接模型改良版

我們提出 Alex Shigo 枝幹連接模型的進階版：主幹木材和枝條木材是同時生長的。主幹在這種情況下長出一圈像衣領般的叉子，底部的開口部分包裹著枝尾。只有於不再形成任何枝尾的死枝中，主幹才會連同底部一起完全包裹分枝。主幹和分枝會互相競爭，都試圖整合對方，也就是圍繞著對方生長。這仍是 Shigo 的模型，只是我們做了點修改 [24,25]。

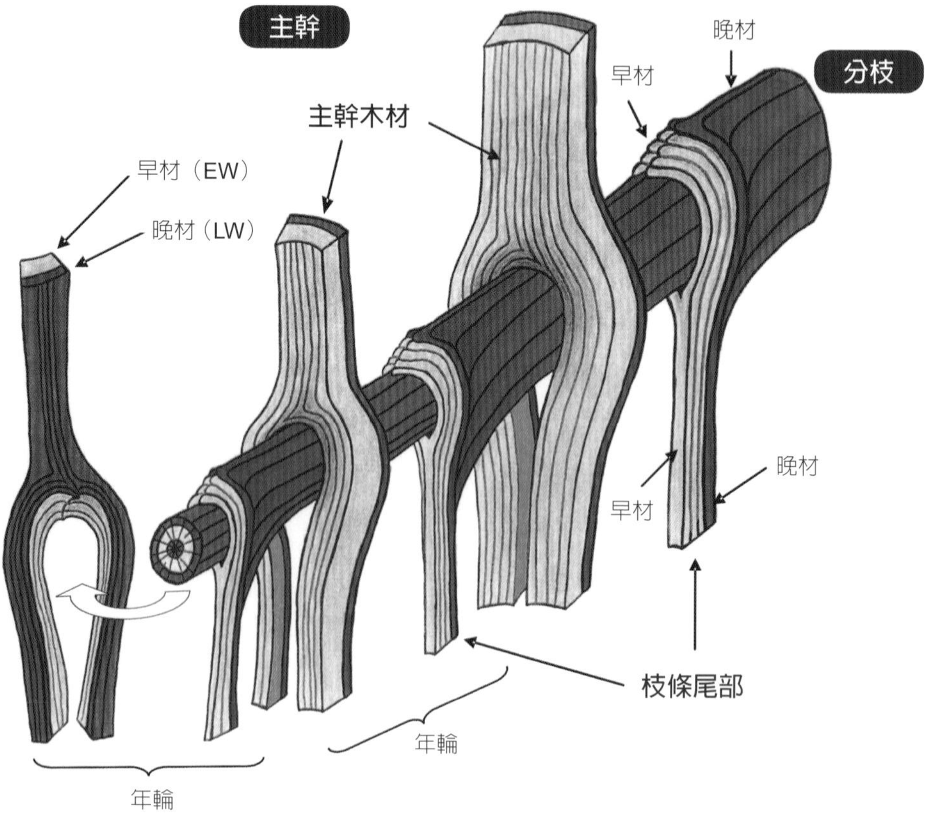

主幹
晚材
早材
分枝
主幹木材
早材（EW）
晚材（LW）
晚材
早材
枝條尾部
年輪
年輪

大自然的驗證

A 圖中，主幹木叉和枝條尾端明顯可見，後者向下延伸呈楔形刀片般（圖 B）。在顯微鏡下，分枝的木纖維頂側被主幹木纖維呈鋸齒狀覆蓋著（圖 C）。分枝纖維在主幹前像頭髮分叉一樣分開（不一定在枝條正中心），偏離向下，形成枝條尾部。

A

鵝耳櫪

B

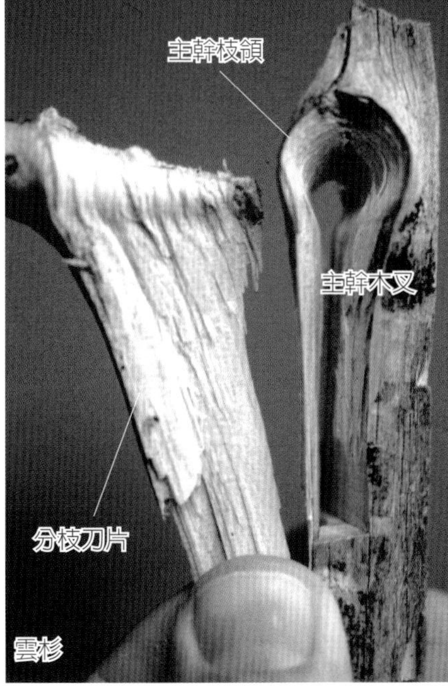

C

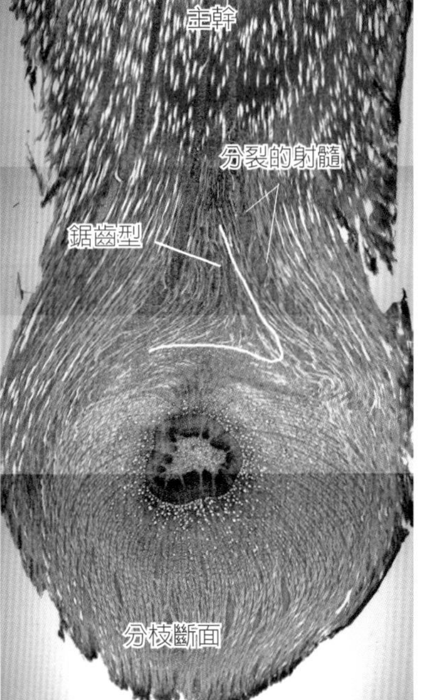

拔取實驗

拔取實驗（圖 A）印證了我們修改後的枝幹連接模型。就目前所知，分枝髓心錐頂部呈階梯狀（圖 B），乃因分枝頂側的主幹木材長成鋸齒狀。木材纖維在每一階改變方向，不斷交替。

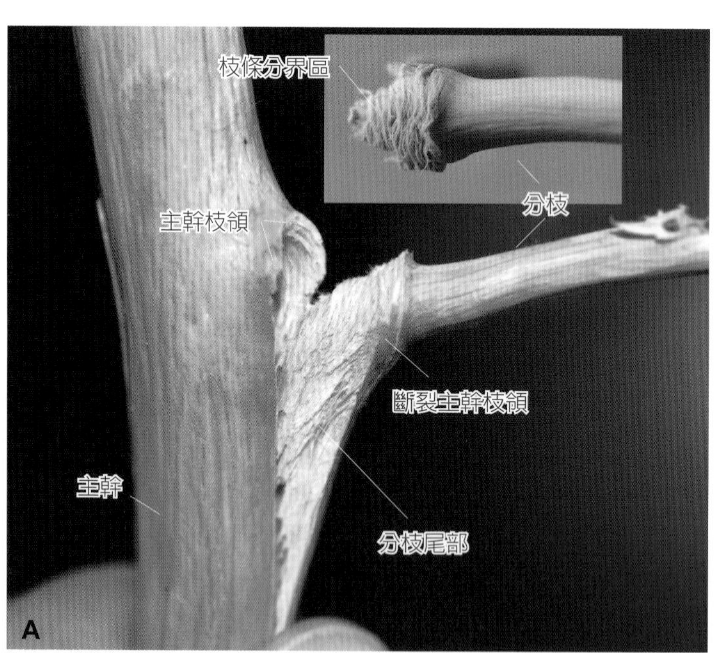

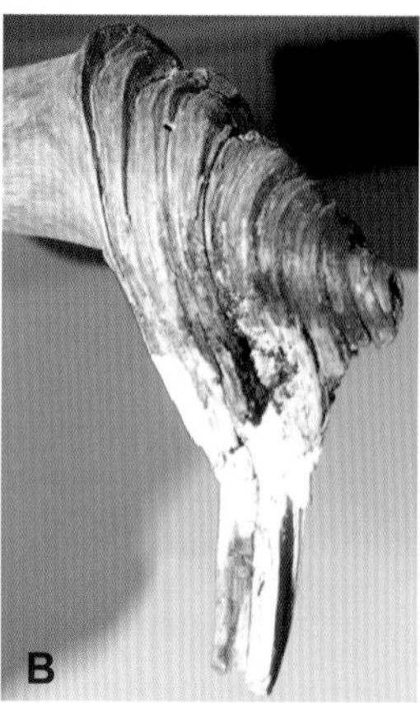

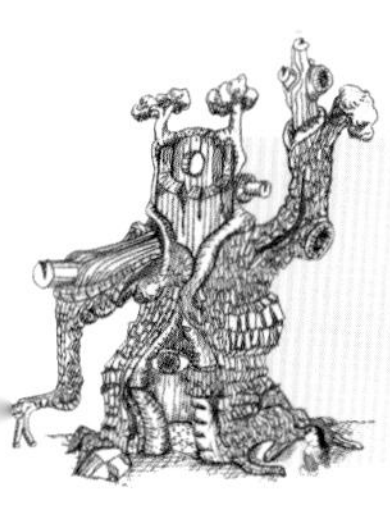

分枝頂側的鋸齒狀生長，能讓裂縫停止延伸

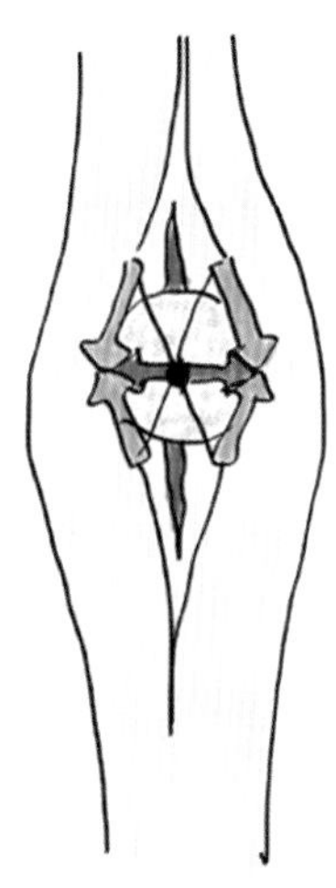

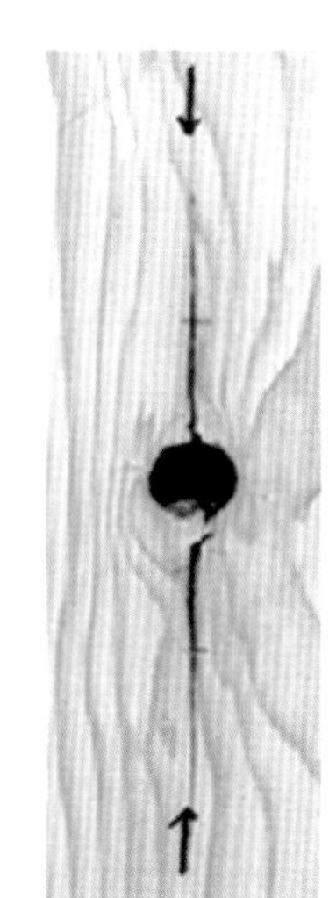

死枝受到縱向的壓縮力，會有沿長軸開裂的風險。

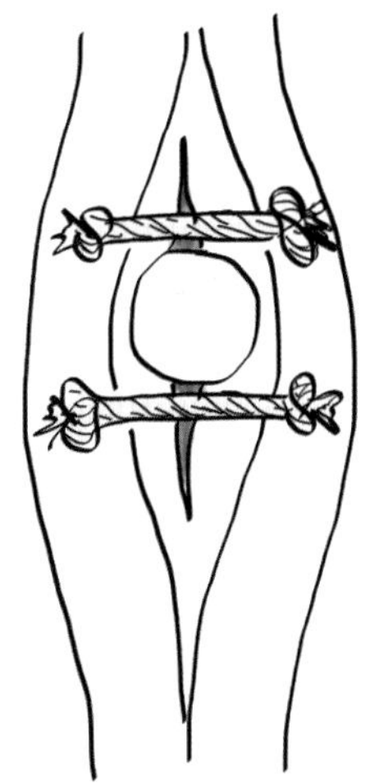

橫向纖維能限制這種開裂風險。

這是橫向纖維。縱向纖維在分枝頂側形成尖銳轉角，而變成橫向纖維。

鋸齒狀纖維有助於橫向穩固之驗證

交替轉向的纖維（圖 A、B）套裹在分枝頂側，抗衡開裂的風險。交替轉向的套圈讓主幹出現圓輻狀階梯的紋路，也使分枝交界處輪廓狀似螺紋（下一頁圖 C、D、E）。纖維套圈的形成，也可解釋爲由於主幹那側缺乏應力主流的緣故。從分枝側邊通過的纖維，顯然是順著應力的控制而生長，但分枝頂側的纖維則在力的「迴流」中遊蕩。

纖維套圈偏轉點的遷移

主幹在分枝上方向內彎曲，這使兩者彼此相互抗衡，是一種自我穩定機制。

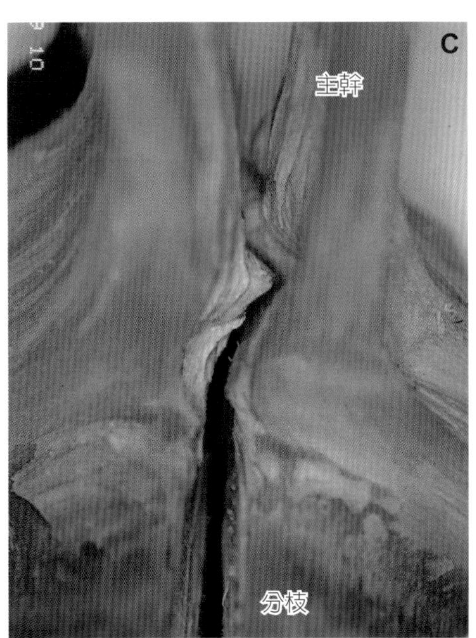

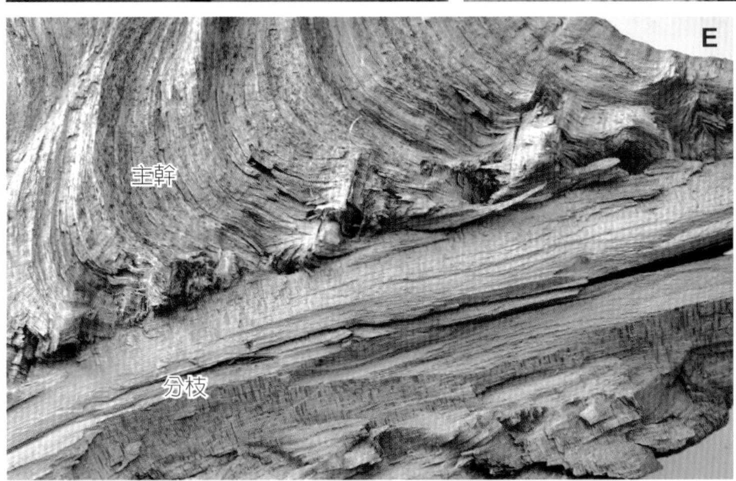

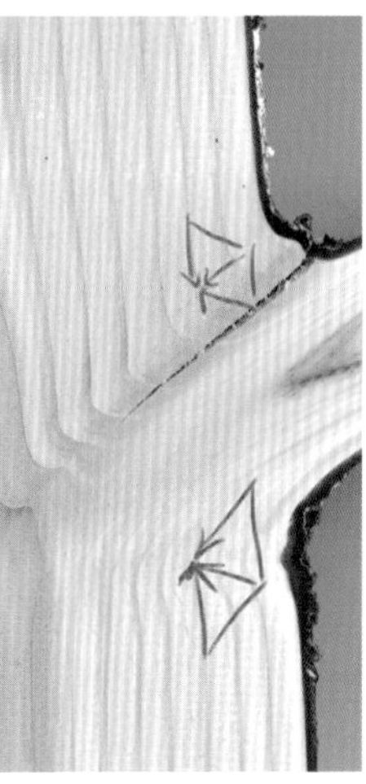

松樹主幹纖維的交替

交替的纖維（圖 A、B）可比喻爲折疊椅，椅腳朝上放在分枝頂側，把壓縮力換成張力（圖 C）。分枝下側的壓縮力沒有畫出來。

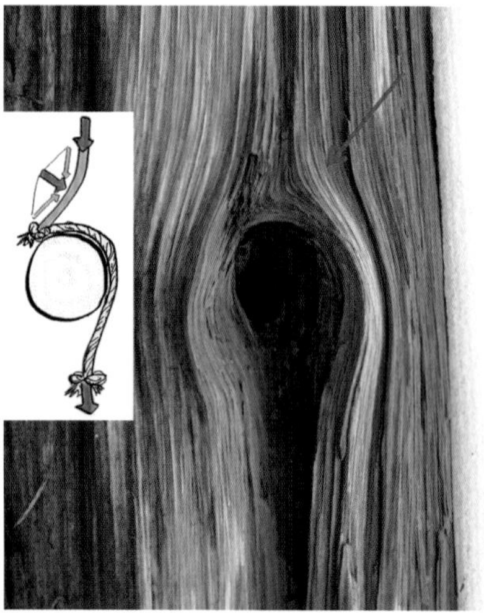

A

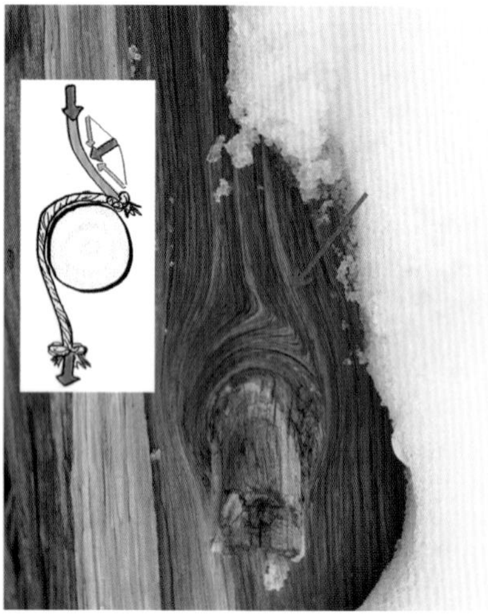

B

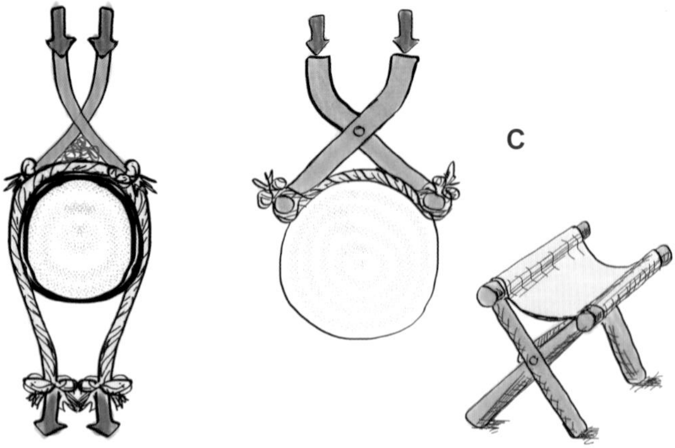

C

只有死去的分枝才會被合併

當分枝不再繼續增長或死亡時（圖 A），主幹會完全將其包圍。活枝的分枝尾嵌入主幹叉（圖 B），其纖維偏轉朝下生長；當分枝死亡時，該處變成包裹死枝的脫落領環（shedding collar）── 設計好的斷裂機制，讓樹木能擺脫無用的枝條。

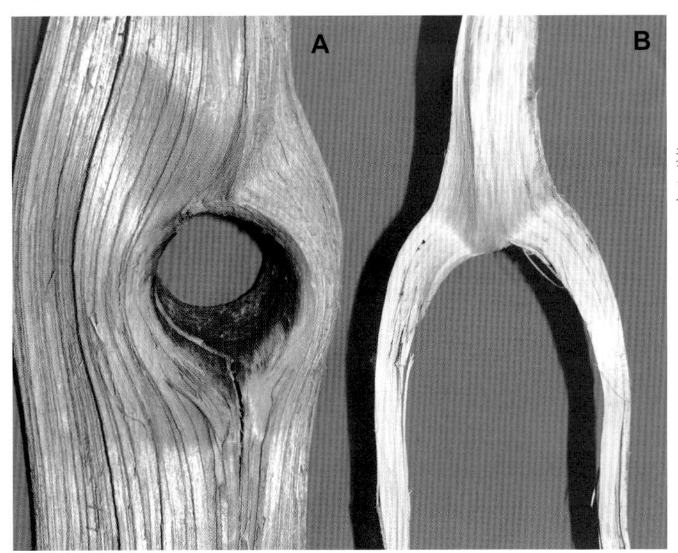

套裹枯枝的領環

套裹活枝的主幹叉

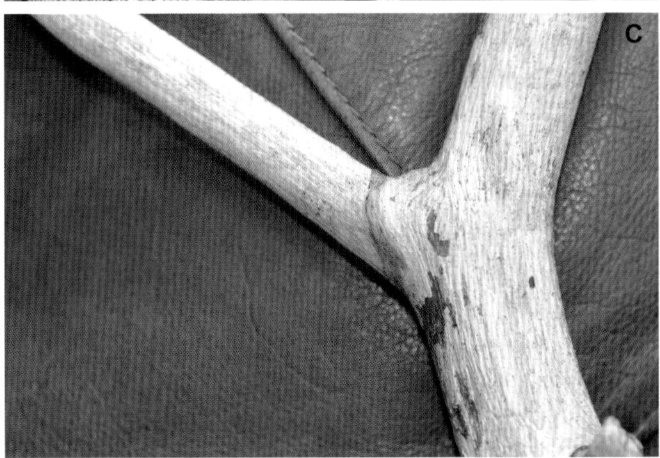

當枝條分界區的纖維停止生長時，主幹纖維圍繞其生長。

包裹弱枝的脫落領環

領環的長度，是主幹能於主幹之外增長建材的有力證明，同時這也使樹幹會在下沉枝條中形成支撐材的論點更加合理。在自然界中，脫落領環是折損枝條預設的斷點，以及腐朽起始區域，也是洞巢鳥的重要棲地。

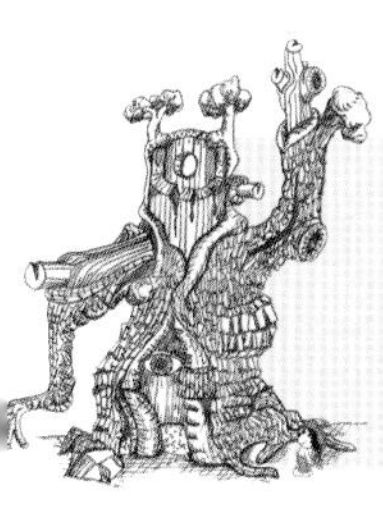

分枝保護區注定的斷裂點

闊葉樹的死樹枝會自然斷在領環處，剛好在分枝保護區的正上方。通常此區顏色較深，因含有抗微生物物質，並將死枝跟活枝分隔開來。在死枝基部領環處的木材溼度較高，較易被腐朽菌分解，這也是爲何該處的木材通常分解最快，死枝也最容易從那裡斷落。

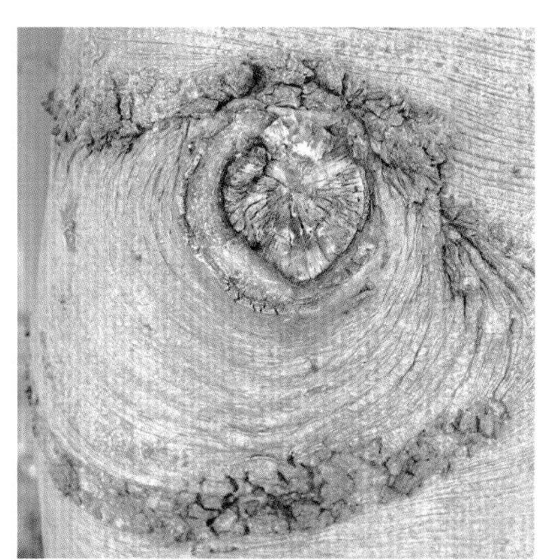

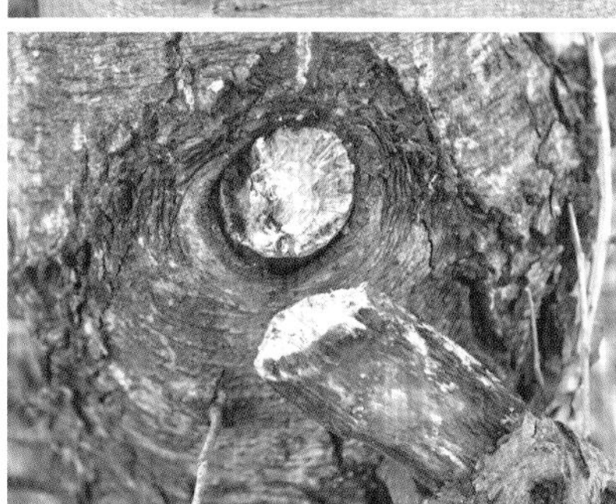

脫落領環產生時，射髓沿著自己的軸線轉向，以承受應力

紡錘型的射髓順著木材纖維方向排列，因此它們也如羅盤指針般顯示出木材受力的模式（A）。還記得河裡的卵石嗎？它們也是紡錘狀，順著水流方向排列。木材纖維的方向在主幹與分枝交接處改變，導致該處射髓的紡錘形狀也改變（A），於是就形成了領環：在交接處，分枝的纖維變成主幹的纖維，用射髓「釘」在一起（B）。交接處的維管束（不管原本是主幹或分枝的）會轉向加入較爲主導的一方，新形成的木材則平行覆蓋上去。接下來會用木材解剖圖來說明。

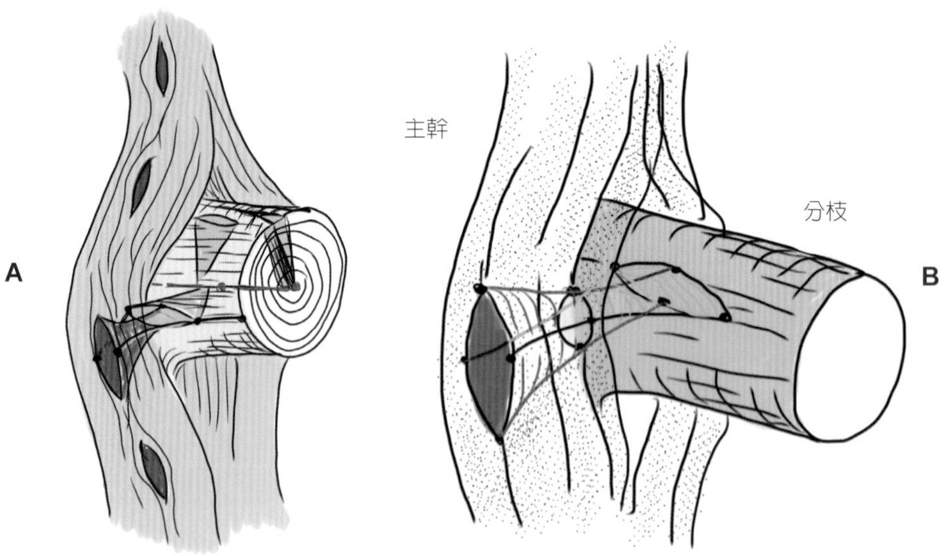

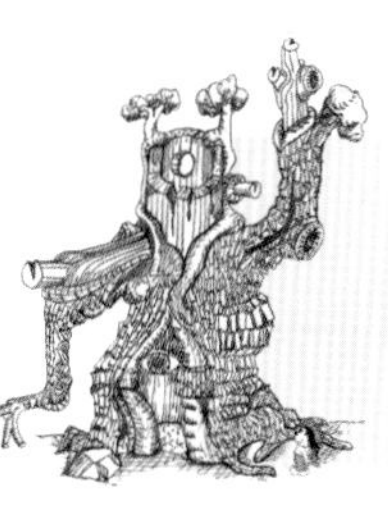

木材射髓旋轉的證據

明顯可看出主幹中的射髓在隔壁分枝木材中轉了 90°，先看到粗面，再過去是細的一面。

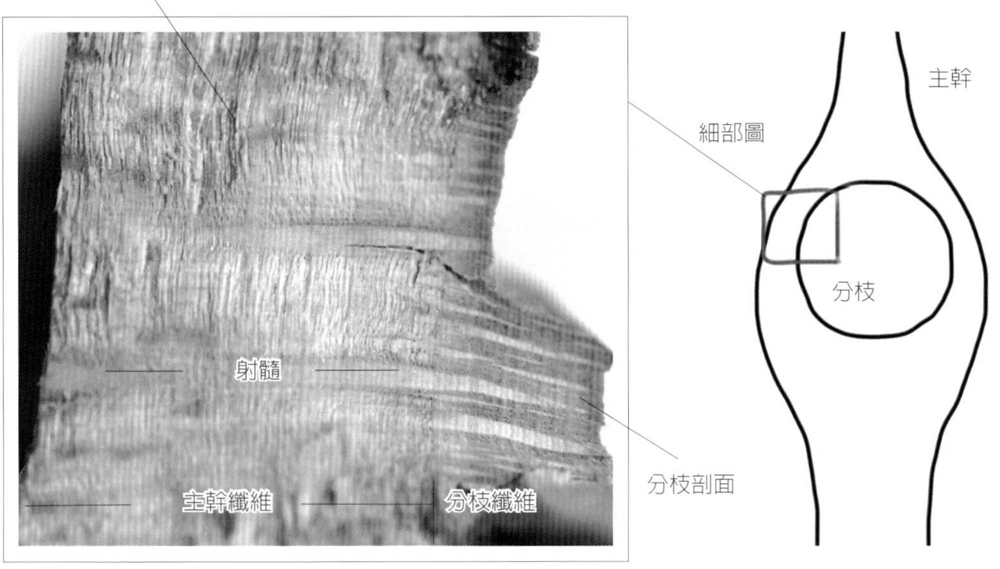

顯微檢測：主幹與分枝木材於領環處交疊

這張英國梧桐的解剖切片顯示射髓從分枝延伸到主幹木材裡，將兩者「釘」在一起。在射髓旁的分枝年輪較細，往右增粗並融入主幹木材中。

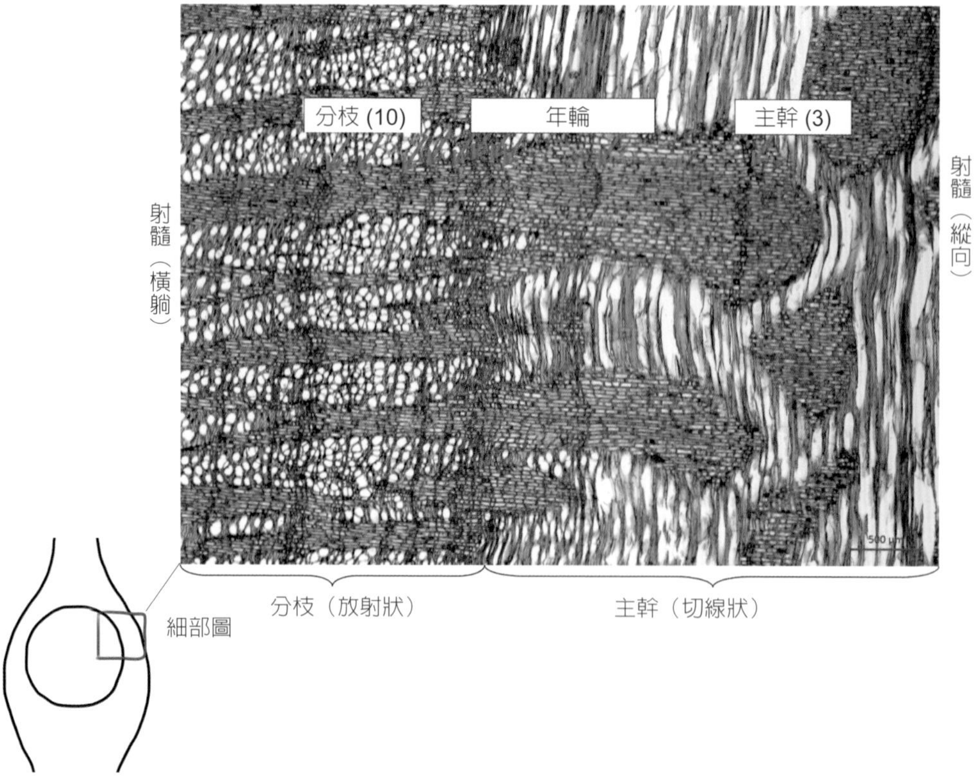

分枝 (10)
年輪
主幹 (3)
射髓（橫躺）
射髓（縱向）
分枝（放射狀）
主幹（切線狀）
細部圖

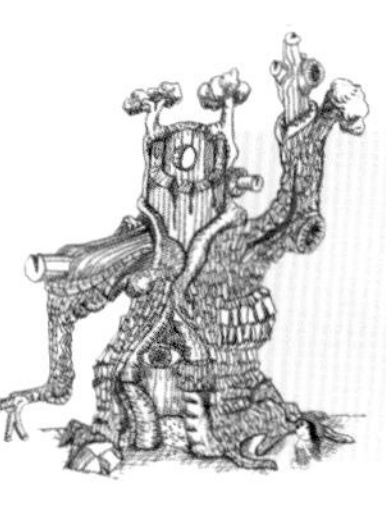

顯微影像：山毛櫸木材中射髓於分枝領環處的扭轉

在交接區，分枝或主幹的應力影響都不明確，因此木材斷面上可見射髓產生環形的扭曲（跟方向無關），然後轉向，之後又形成大紡錘。

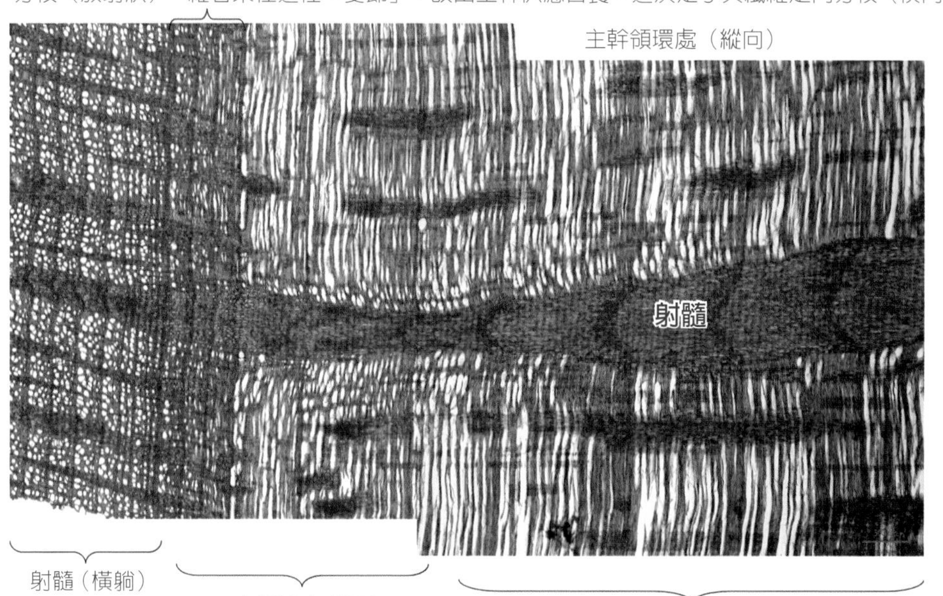

纖維洪流中的「射髓卵石」

圖爲分枝 — 主幹交接處，靠近分枝的一側。就如水流會決定卵石排列的方向與形狀，樹幹受到的力量以及纖維的走向都決定了卵石形之射髓的方向（WR）。仔細地一顆顆看。

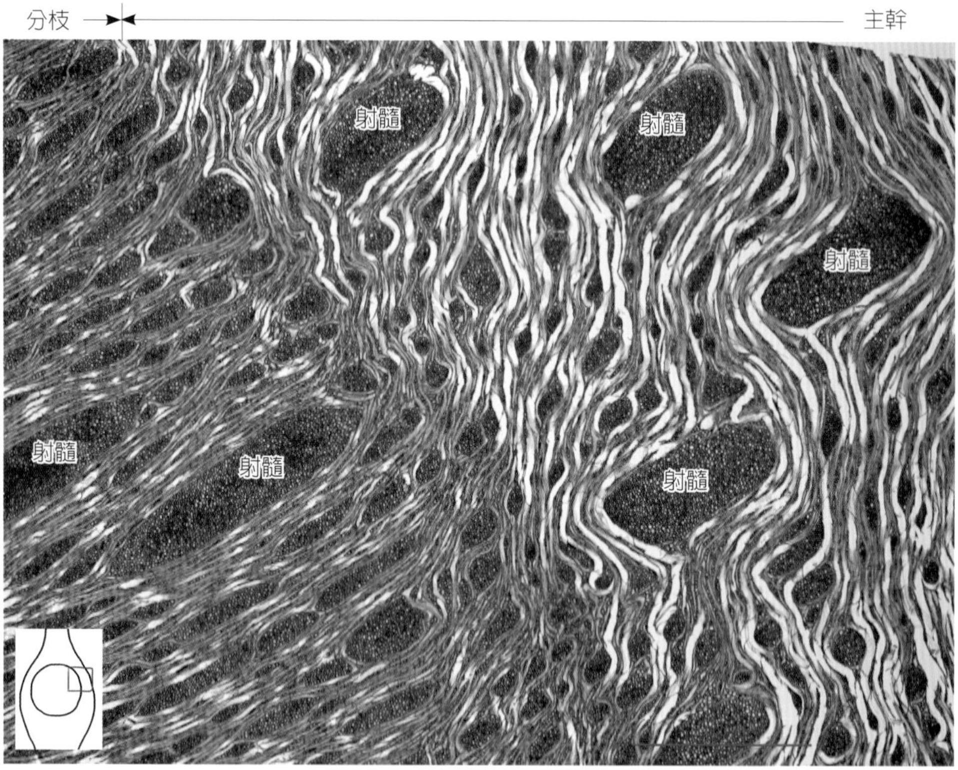

分枝 主幹

射髓
射髓
射髓
射髓
射髓
射髓

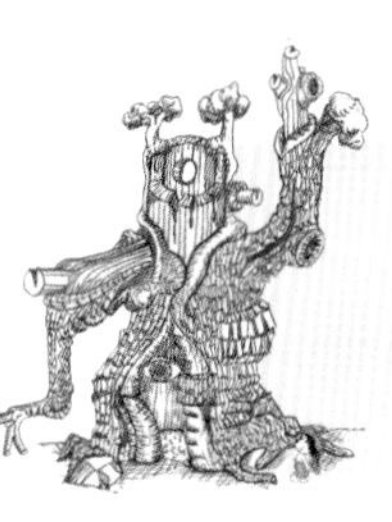

活枝與主幹交接處的射髓活動

沒有斷枝痕的活樹枝木材中，「無特定方向性」的主幹分枝交接處也有環形的射髓，它們的排列模式適合多向受力。這讓人想起機械零件中的凹槽應力：木材橫斷面中的紡錘狀射髓會成為乾裂的起點。跟斷枝環痕不同的是，這裡的主幹與分枝並非被「釘」在一起，而是黏在一起。

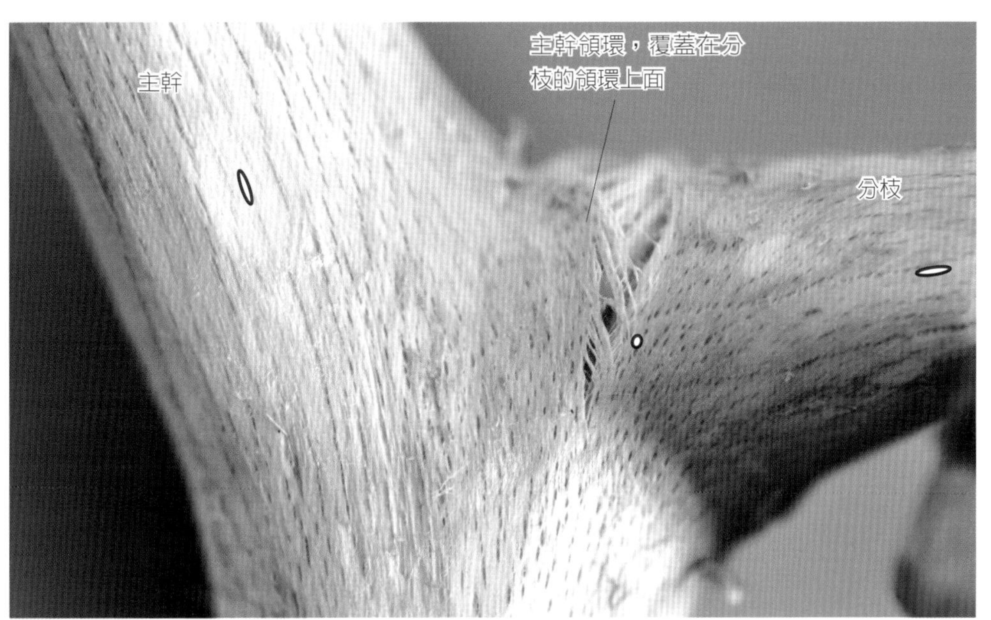

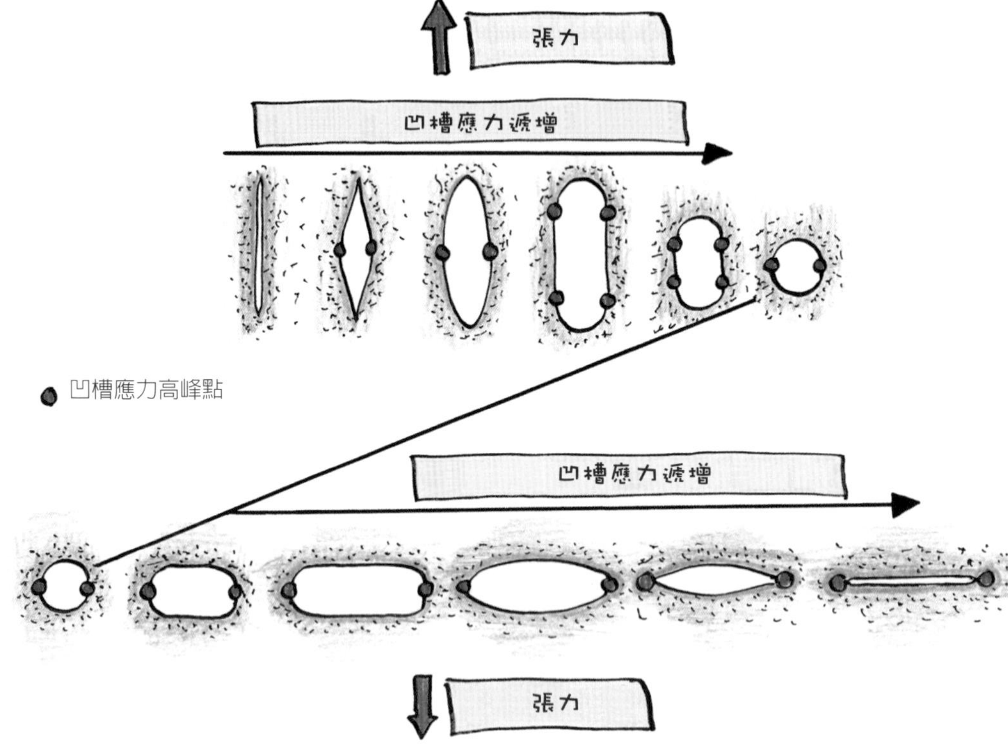

垂直張力之下，凹槽形狀與凹槽應力的關係

橢圓洞的傷害比橫向的洞小，而只有圓形的洞能應付四面八方的應力 [26]。這解釋了爲何射髓在木材纖維轉向時會扭轉。（參見 P.222）

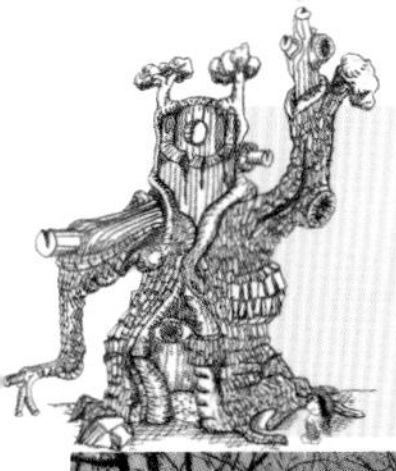

樹幹長徑比不佳而導致斷裂

沒有公司會想把附設餐廳移到城市的另一頭，更別說僱用會把食物吃掉大半的搬運工。英文中，將僅枝梢有一小撮綠葉的長樹枝稱爲「獅尾枝（lion’s tail branches）」，因枝葉集中在遠端，有如尾尖的一小叢毛。這類樹幹通常長成圓錐或圓柱形，不容易變粗（至少基部），只會變長，這使它們長徑比不佳而容易斷裂。

有問題的修剪方式

但更令人驚訝的是會有人把樹枝修剪成「獅子尾」，使它們太細而產生諸多問題，健康的木材容易折裂，也較容易感染喜歡侵犯細枝的子囊菌，例如懸鈴木的馬薩里亞（Massaria）病。本照片中被截掉的舊枝處吐了新芽，代表這些地方原本應有分枝。

樹枝長徑比有臨界值嗎？

初步野外調查顯示，健康的樹幹在其長徑比大於 40 時最容易斷裂，而且並不是斷在基部與主幹相接處，因此不是接觸點問題（包括內生樹皮、橫向纖維、脫落領環等）。請注意上圖中「樹枝長度 l」是指枝稍到斷裂處的長度。這裡所說的「長徑比大於 40」，不宜拿來當通則應用，因為樹枝通常還會有側向的支撐力。恰當的做法是對樹枝做完整評估，如 VTA（目視樹木評估法）[60]。

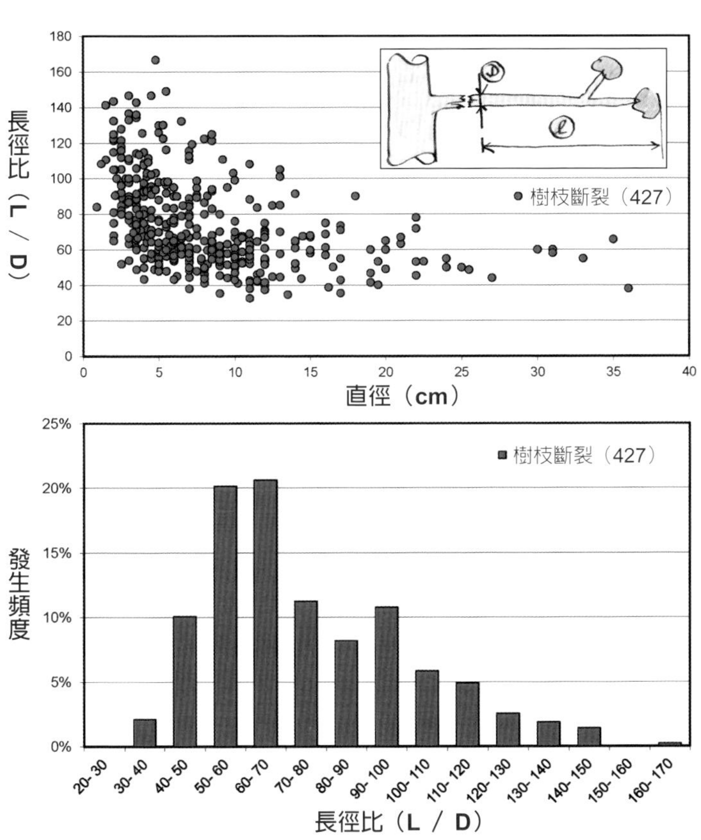

獅尾枝斷裂的相反狀況：側向纖維（lateral fibre）累積，導致樹枝斷裂

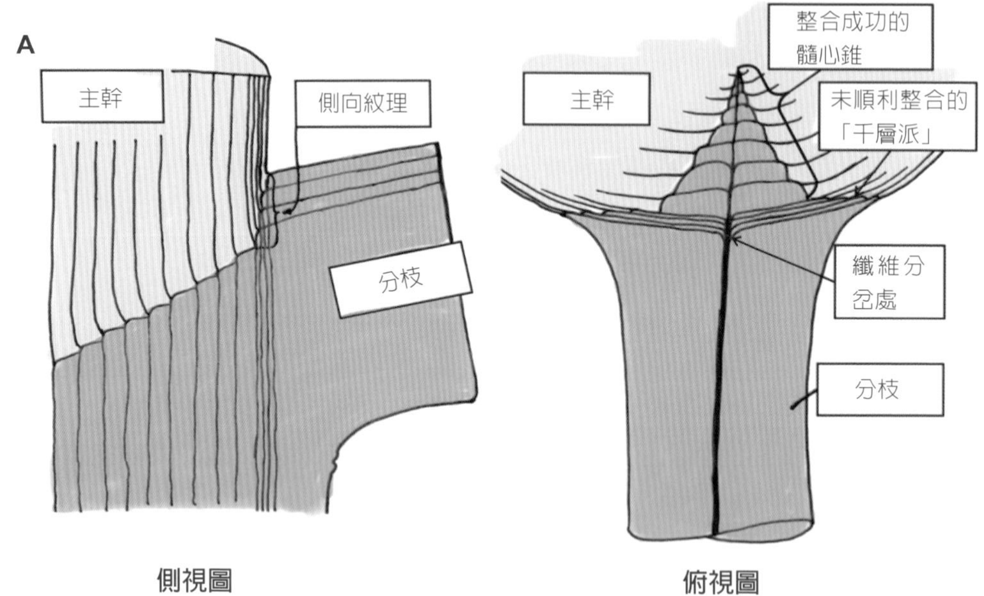

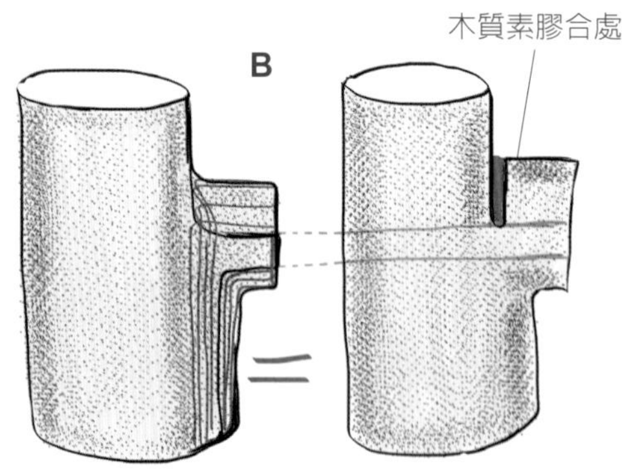

在主幹與分枝交接處，若分枝生長快速，主幹覆蓋上去的纖維太少，而未能穩固地整合兩者的木材，則該分枝只好在交接處多疊幾層到主幹表面，有如千層派一般（A），最後，該分枝無法如暗釘般牢牢插入主幹中，而是被主幹「吞沒」，也就是被主幹整合進去。用機械學的用語來講，無法被主幹整合的分枝，有如上半部被鋸斷後再用木質素——果膠黏回主幹上（圖 B）。這導致該分枝上半部有脆斷的危險 [27]。

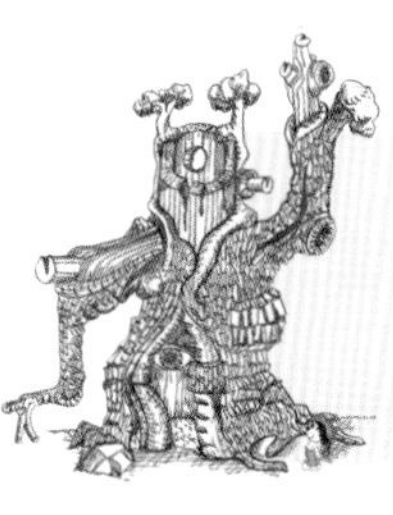

橫截面纖維（transverse fibres）導致的斷裂

攝影者：Mick Boddy

A 圖的斷裂模式透露出該斷枝原本跟主幹連接得很好，但後來該枝接點上方組織僅如千層派般覆蓋在主幹上。B 圖的樹枝並未自幼受主幹庇護，一長出來就千層派式地黏在主幹上，並未被主幹整合進來（C）。此處的問題是這些樹枝外表上看不出危險，它們結實、強壯、葉茂，快速增粗 ── 應該說，增粗得太快了！

位置不佳的縱向纖維

另一個問題是，橫截面的纖維在主幹分枝交接處的頂部不斷累積加厚，相對地，與主幹密切整合的纖維則越來越偏中間、下方，而那是較不受力的位置（A）。也就是說分枝頂部，亦即拉力最大的地方，只有橫向纖維之間的木質素 + 果膠在支撐、抵抗斷裂，這在斷面上看得非常清楚（B、C）。

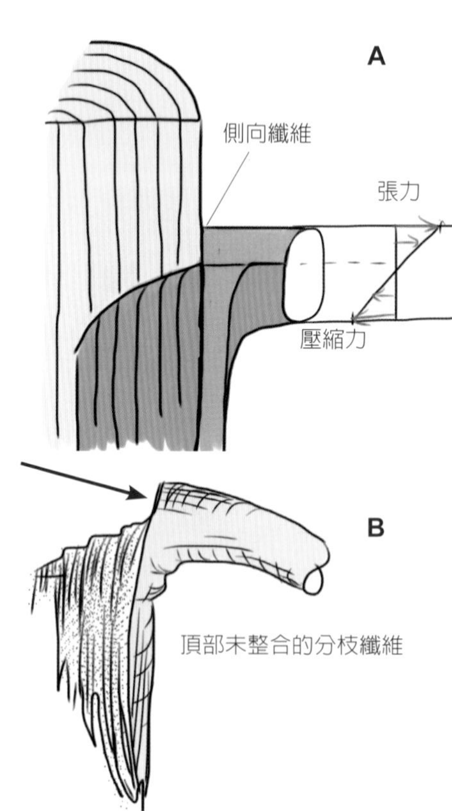

C

松樹

整合成功的斷面

山毛櫸

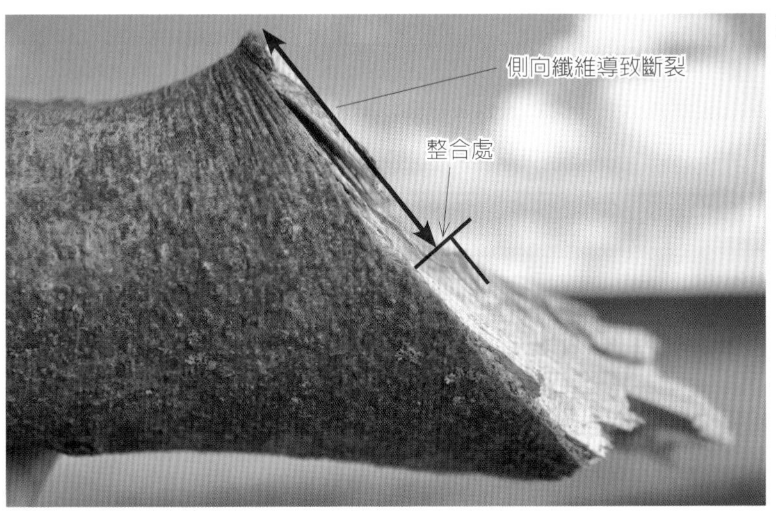

整合失敗的斷面

側向纖維累積處「開門式」斷裂

側向纖維僅黏在主幹與分枝的側邊，它們在風的吹襲下會像門被風吹動般拍動，繼而斷裂。這種情況很常見，包括懸鈴木、射髓粗大的橡樹等各樹種都會遇到。

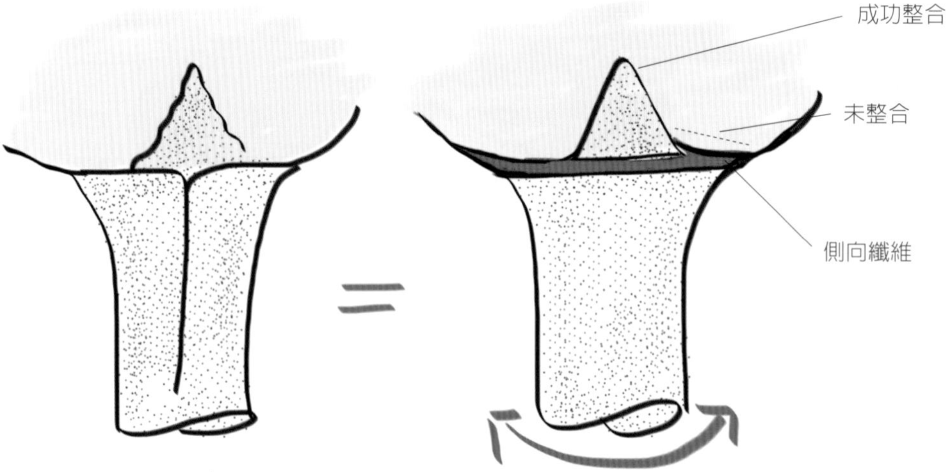

成功整合

未整合

側向纖維

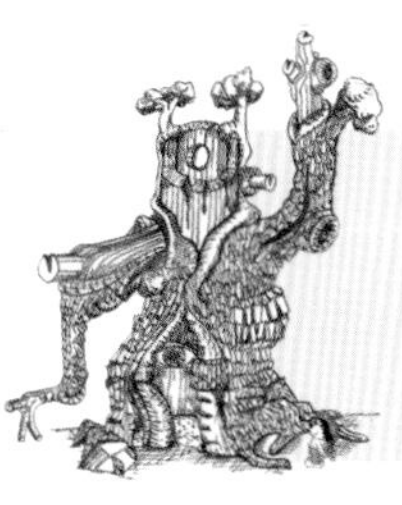

側向纖維累積，導致「開門式」斷裂

攝影者：Nico Klöhn

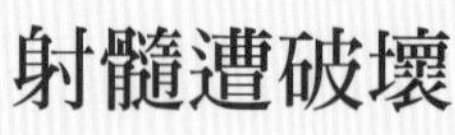

射髓遭破壞

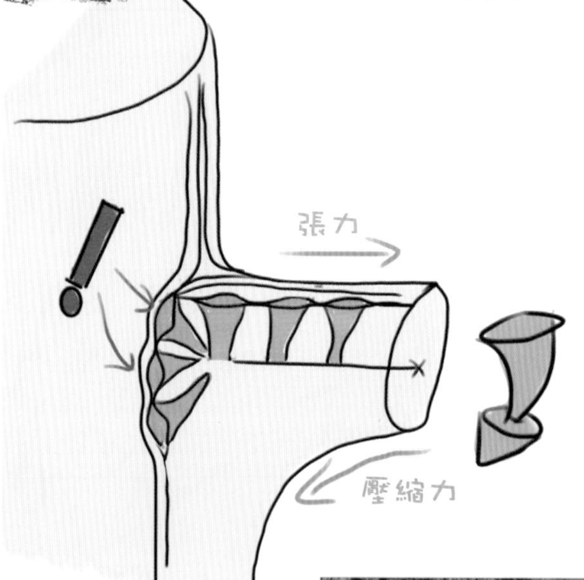

圖爲某一橡樹側向纖維的斷裂處：紡錘型的射髓（箭頭處）與分枝纖維同樣順著橫截面的方向生長（transverse），會一起引發斷裂。

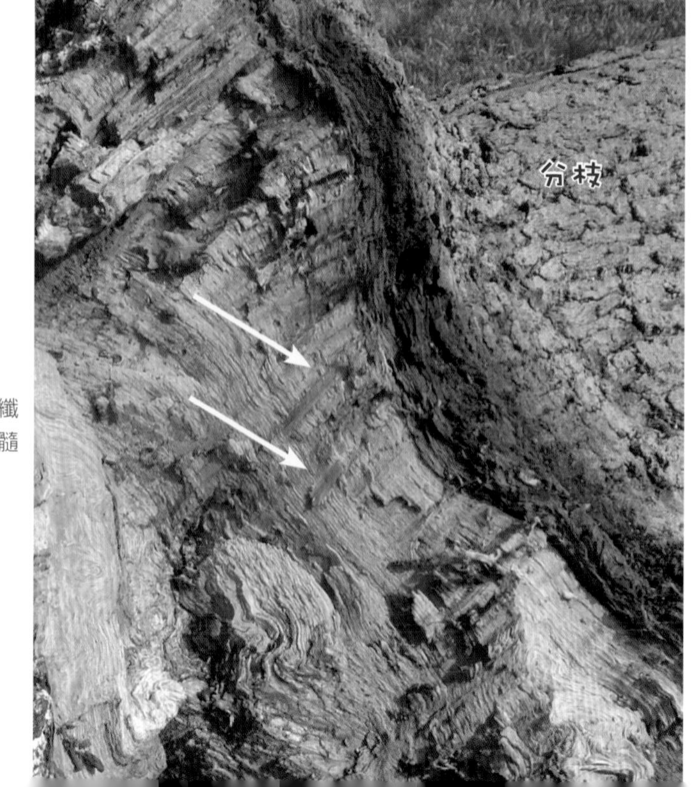

斷裂處可見側向纖維與扭折的射髓（箭頭處）

主幹分枝交接處的腐朽擴散情形

木材腐朽菌的菌絲與它們造成的腐朽範圍，會沿著纖維方向快速擴散，在主幹與分枝中都會發生。因此，主幹分枝交接處可以看到腐朽的擴散幾乎都沿著纖維的方向。

木材腐朽，從分枝開始

僅頂部腐朽的分枝（例如感染馬薩里亞病的懸鈴木大側枝），主幹分枝交接處的腐朽會較易朝往下延伸的側枝纖維擴散，這些纖維就在領環斷痕旁邊。如此一來，腐朽的部分就不易侵入主幹。然而，整個側枝橫斷面或直剖面的腐朽，就容易侵入主幹內側。

圖爲折損的懸鈴木枝條，頂端有腐朽。主幹木材沒有因暴露而腐朽，見下圖中的切面。

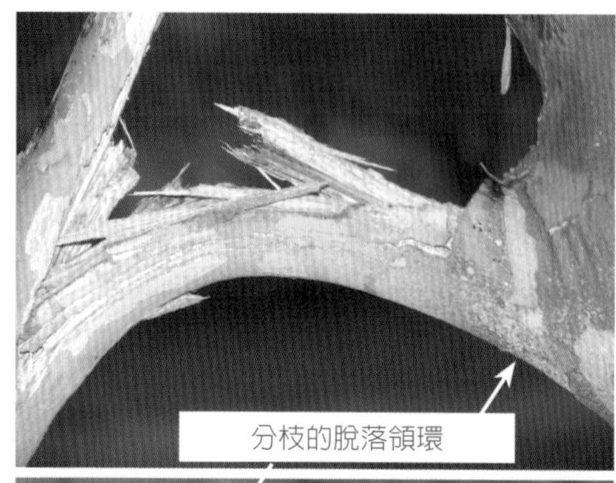

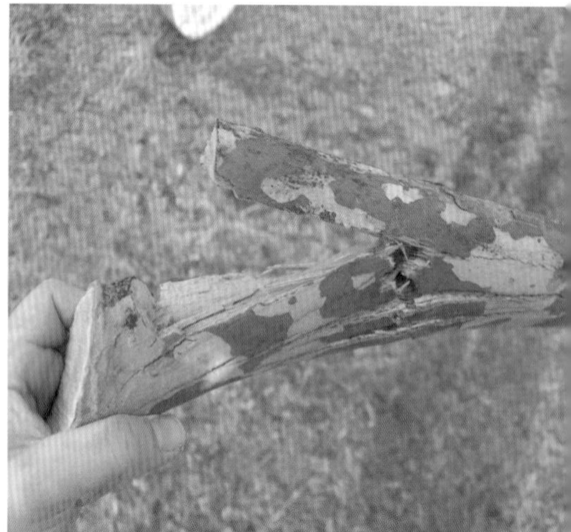

懸鈴木：受馬薩里亞感染的分枝，僅頂側有腐朽。

受馬薩里亞感染的分枝，整個切面皆有腐朽。

受馬薩里亞感染的分枝，切面有一半被次級腐朽菌覆蓋。

腐朽範圍往主幹延伸，通常會被分枝保護區阻擋（腐朽區邊緣的黑色分界線）。

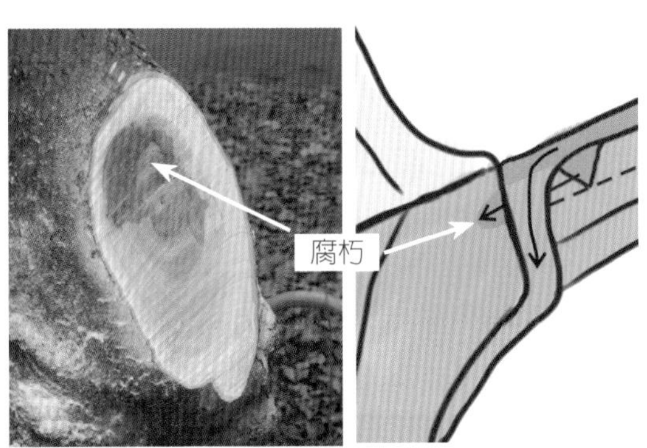

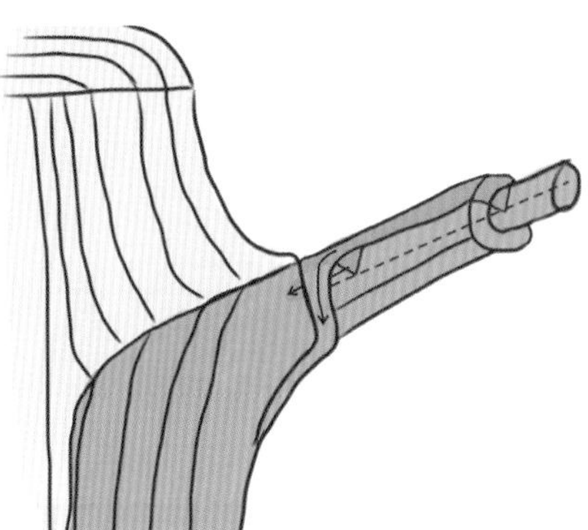

源自主幹的腐朽

從樹幹開始的中心內部腐朽（如心材腐朽）由主幹蔓延到分枝時，侵入分枝底側比侵入分枝頂側快，這是因爲底側的纖維短而順暢。分枝中心跟較低部位常被從主幹來的心材腐朽所摧毀，導致深層的、通常與主幹整合良好的支撐流失。若同時也有頂側橫向纖維累積，則會導致分枝提早折斷，因此，中空樹枝不適用 70% 規則。

崩落還是斷裂？

源自主幹的木材腐朽會導致分枝崩落；源自分枝的腐朽則總是幾乎造成分枝提早斷裂。

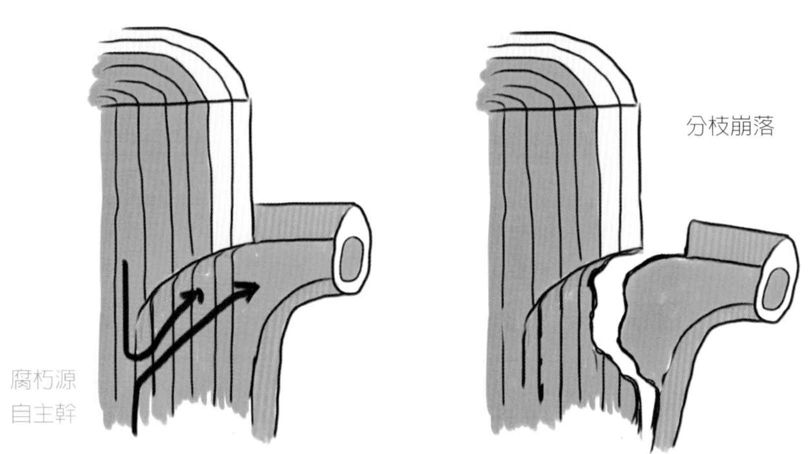

源自主幹的腐朽導致分枝崩落。

無論分枝是否有局部腐朽進入主幹，木材腐朽都會引起分枝斷裂。

源自主幹的腐朽導致分枝提早崩落，這可能是心材腐朽老樹最後的機會

主幹內的心材腐朽對於樹木是一大危機，如果同時分枝崩落又在樹幹上形成一個有點大的傷口，那這棵樹看來是沒什麼希望了。然而，這樣的處境卻可能是這棵樹最後的活命機會，藉由「打開」樹幹，讓腐朽的心材排氣、乾燥。如果已經有了「排氣口」（例如樹頂折損），這就如中央空氣管讓內部腐朽乾燥，延緩其擴散的速度。樹幹用「排氣軸」取代樹枝，使得樹木最終可以延長壽命。我們已知擁有「開放性」心材腐朽的矮小老樹，可與體內腐朽菌共同生活非常長的時間。

活枝的崩落

死很久的分枝崩落

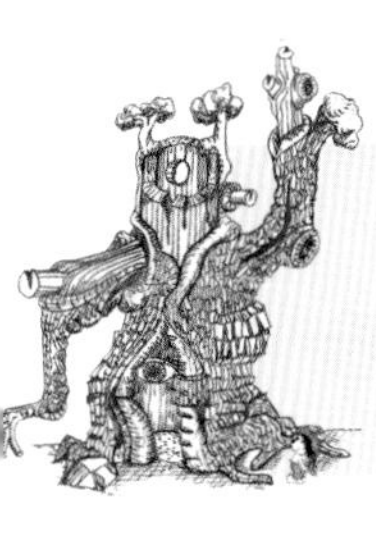

「中國鬍」說出了什麼

有沒有任何徵兆可以讓我們注意到，由側向纖維累積和缺乏枝幹整合而造成的樹枝崩落風險？讓我們來看看中國鬍（分枝的樹皮脊線）：A 圖中，主幹的增長用綠色表示，分枝的增長用紅色表示。當主幹因增長有限而不再整合分枝（A 圖右），紅與綠的交接處將往上移，中國鬍就是如此。很多案例中，這表示側向纖維累積在分枝頂側靠近主幹處，但待會將看到例外。這尚未經嚴謹證明，然而我們認爲連續的中國鬍將分枝頂端與主幹之間的夾角二分時，代表分枝與主幹的生長速度相同。

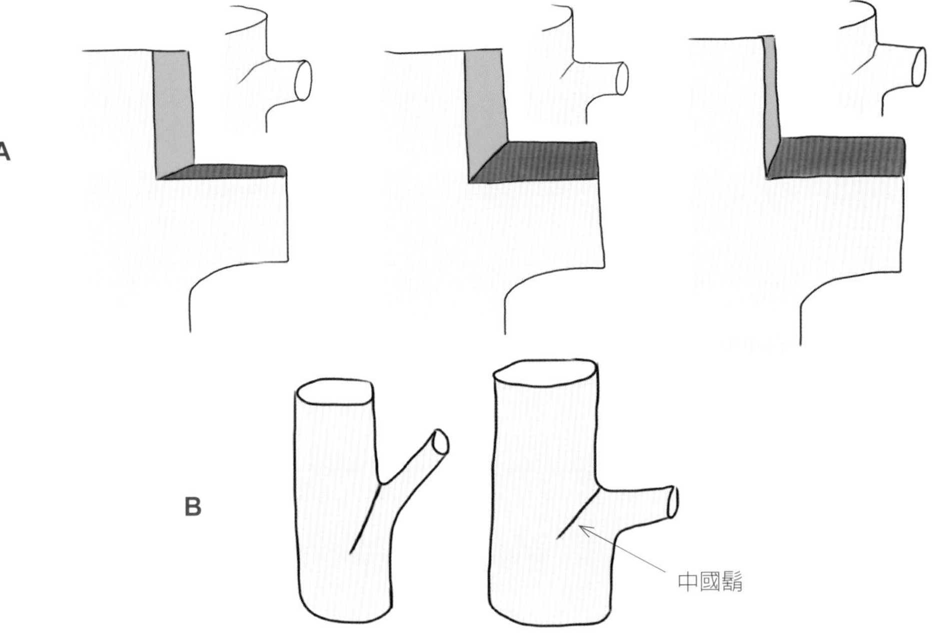

上移的中國鬍

這些照片是用來訓練我們的眼力，幫助我們藉由往主幹方向彎曲的中國鬍找到可能有側向纖維累積之處。

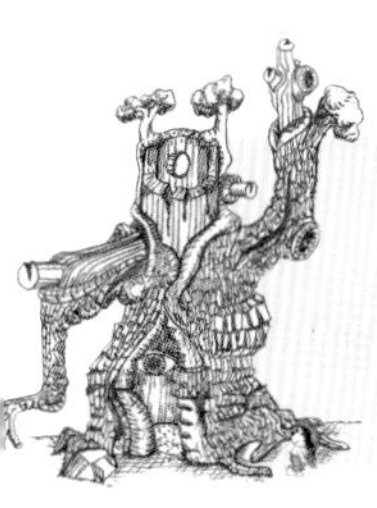

轉型！

當一接近垂直的中國鬍後來朝遠離主幹、往分枝的方向彎曲（圖 A），這代表分枝的生長量逐漸減少，而主幹的生長量逐漸增多。這原本是個樹杈，轉變成爲枝幹交接點。相反的，枝幹交接點也可藉由分枝過度增長而轉型爲樹杈，中國鬍將向上彎曲（圖 B）。

A

B

總覽

圖片從左到右：（A）生長由主幹主導，和（E）生長逐漸由分枝主導。在 AE 之間，有具危險性的樹枝（D），主幹未加以整合，僅靠橫向樹枝纖維與主幹黏結。這可由中國鬍看出來，可惜並不明顯。（A）和（D）的中國鬍都是向樹幹方向上升。這種徵兆並不明顯，容易造成誤判。

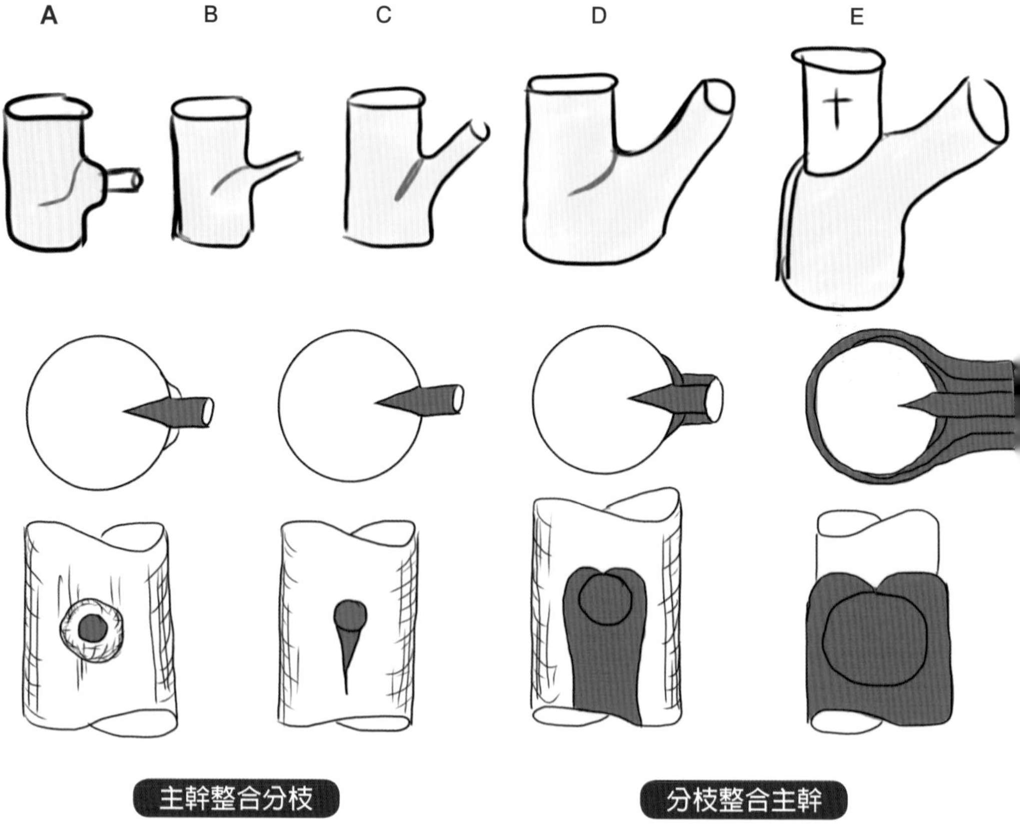

A B C D E

主幹整合分枝

分枝整合主幹

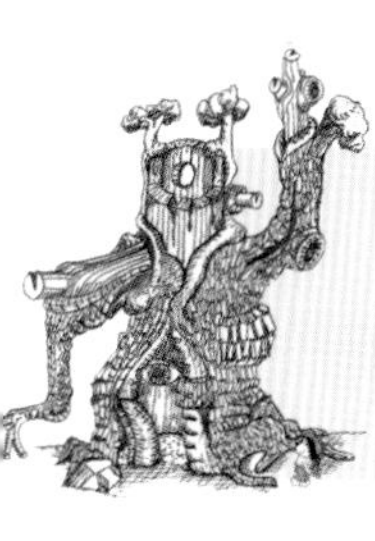

其他假象，提升不確定性

主幹會在正常的肥大生長時（radial increment，指枝幹的加粗），扁平化中國鬍（圖 A）。一個接近垂直的中國鬍意味著年輕、淺層的傷口，而扁平的中國鬍子則代表有舊而深的天然修枝傷口。木材商知道這個道理。中國鬍較低處若彎曲朝水平方向，可能是肥大生長的結果，而圍繞分枝的脫落領環，若肥大生長量少，也可使接近垂直的中國鬍變形成 Ω 形狀，跟側向纖維累積的情況相同（圖 B）。

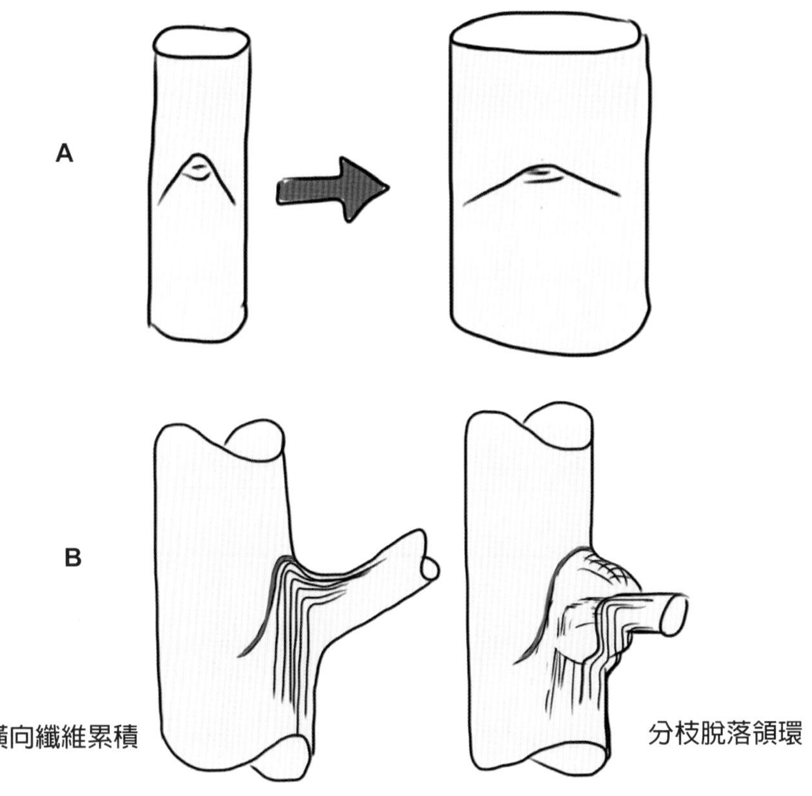

向主幹彎曲、但沒有側向纖維風險的中國鬍

這個分枝被脫落領環整合，且有明顯的樹幹肥大生長：Ω 形。

脫落領環的傑作：分枝基部與中國鬍越離越遠。

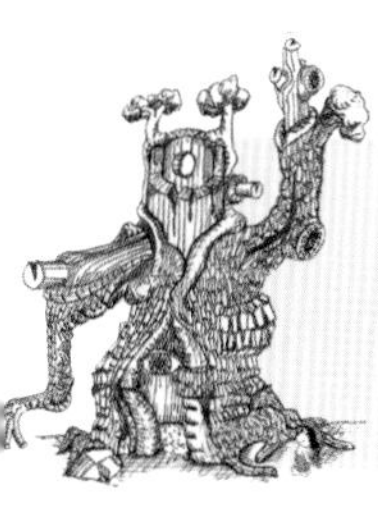

兩種極端：樹枝建築學可以幫忙

僅靠上移中的中國鬍，就可能預測這兩種極端不同的損壞機制：橫向纖維累積導致分枝崩落（圖 A），或長徑比過大而斷裂（B）。觀察整體樹枝能有所幫助。圖 A 的分枝緊實、蓬勃且強壯；圖 B 則是獅尾枝，或是無活力的樹枝。

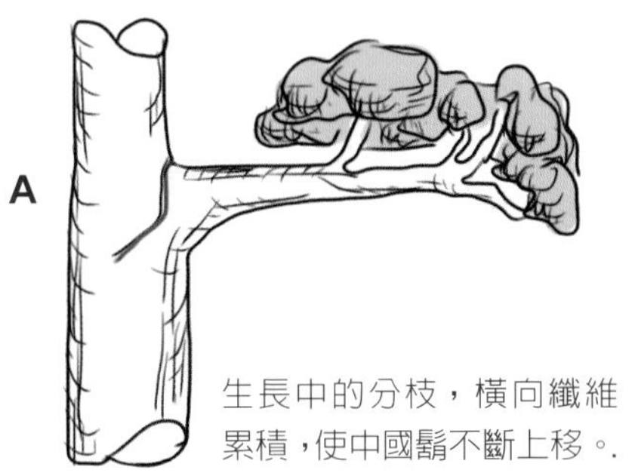

A
生長中的分枝，橫向纖維累積，使中國鬍不斷上移。

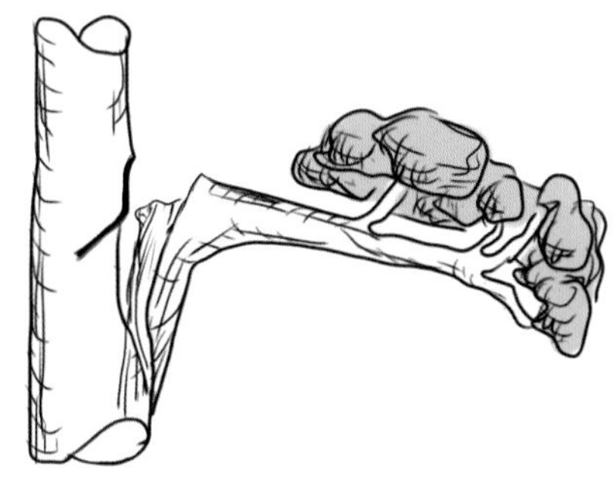

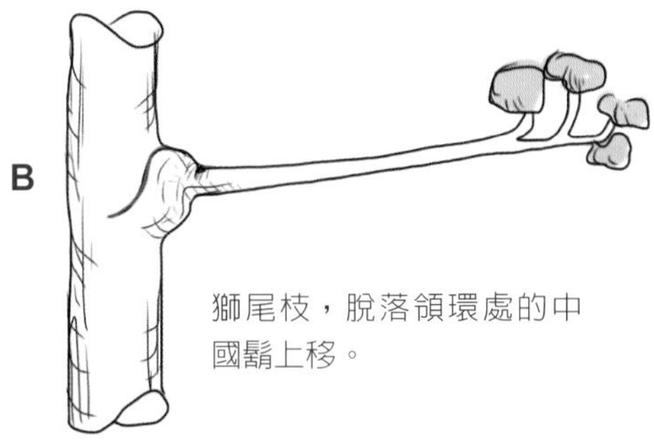

B
獅尾枝，脫落領環處的中國鬍上移。

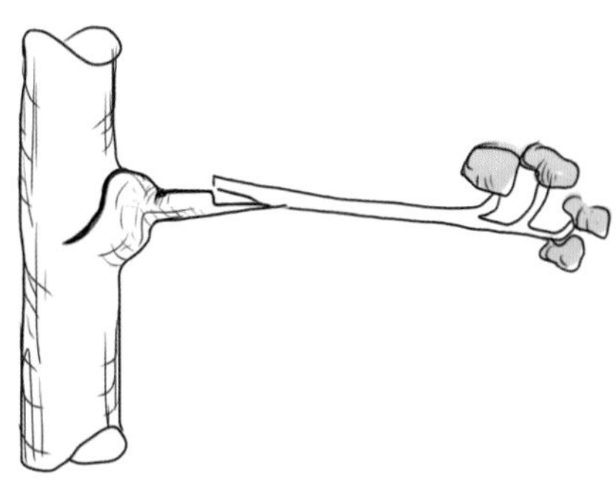

多樣的一致性

這裡列出各種折損原因，但它們都始於分枝脆化的頂側橫向斷裂，脆化處因充滿木質素而如同陶瓷。中間圖片的斷裂模式，單純是因爲木材纖維間脆化的木質素 — 果膠黏合處斷開，使樹枝橫向斷裂。而當樹枝被子囊菌入侵時，樹枝頂側的纖維素遭到軟腐而劣化，這也可能會使縱向纖維橫向脆裂而折損。夏季斷枝現象，在衰弱枝條頂側的預加壓縮力（可延遲張力導致的損害）被釋放，張力得以暢行無阻，這些斷裂模式都非常相似。

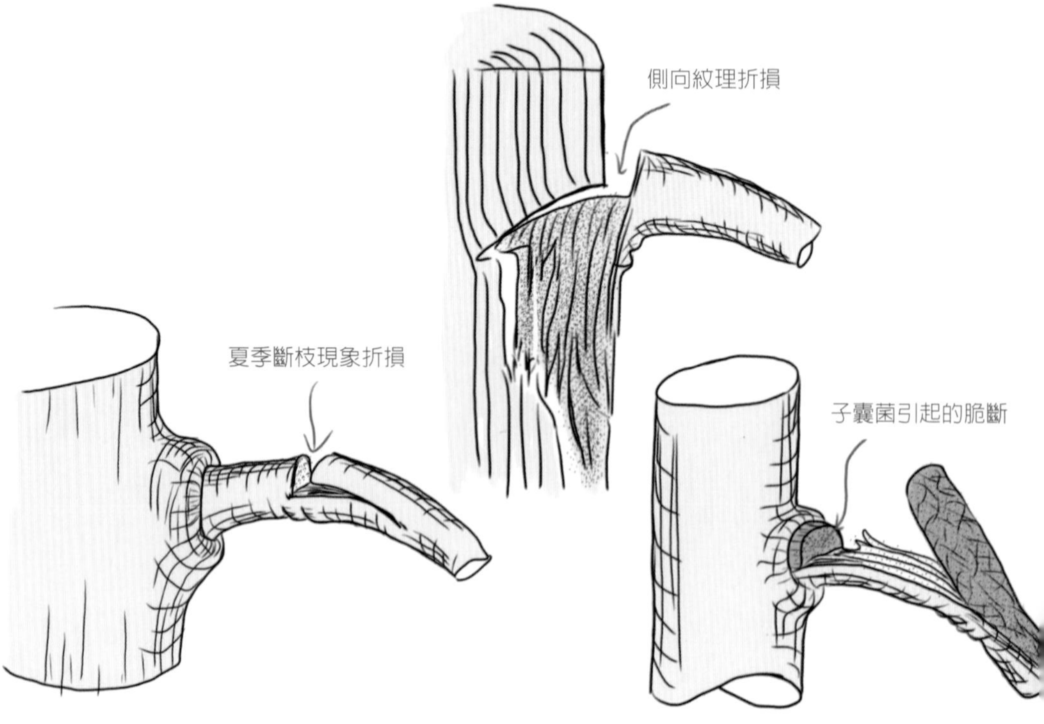

側向紋理折損

夏季斷枝現象折損

子囊菌引起的脆斷

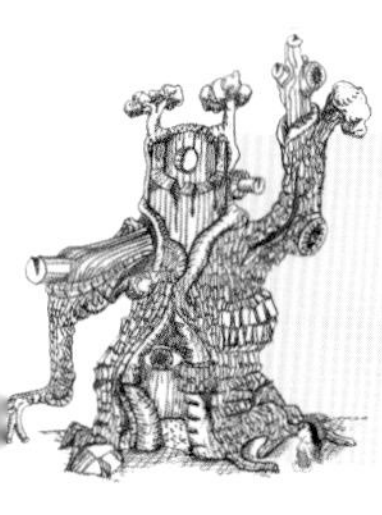

分枝整合主幹：環繞頂芽的脫落領環

由主幹領環來整合分枝並不理想，這可能使靠近主幹的分枝上側出現橫向纖維累積，導致樹枝崩落，下一步驟將是更進一步的包裹，分枝環繞著主幹生長，最終形成圍著主幹的脫落領環，這就像員工取代老闆，但並不需要如此。一開始，分枝（圖 A）有個小尾端完美地被主幹整合，直到主幹的活力下降，變成分枝包裹樹幹（分枝主導）。在最後階段（下一頁圖 B），領環圍繞著主幹；通常衰弱的主幹會在脫落領環處死亡或斷裂。

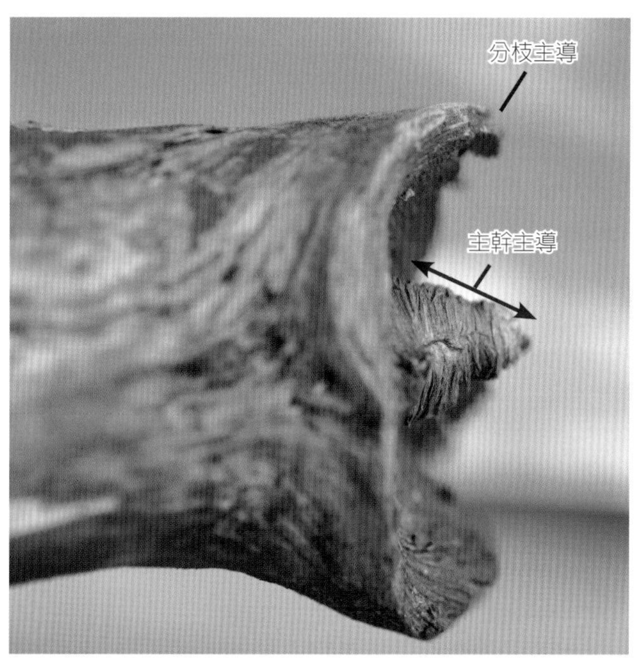

橫向纖維套環：分枝包圍主幹！

內生樹皮導致分枝斷裂

彼此貼近的枝條可能會隨著生長而產生內生樹皮，這在力學上等同於裂縫。在分枝與主幹的肥大生長過程中，裂縫變得越來越長，達到一個臨界長度後造成樹枝斷落。如果斷裂帶任一側邊是灰色或萎縮的，這意味著在早期就發展出了裂縫。我們由田野調查發現，內生樹皮現象常發生在夾角小於 20° ～ 25° 的樹枝間。橫向纖維累積在黏接點是個問題，但內生樹皮更進一步減少了黏接範圍。

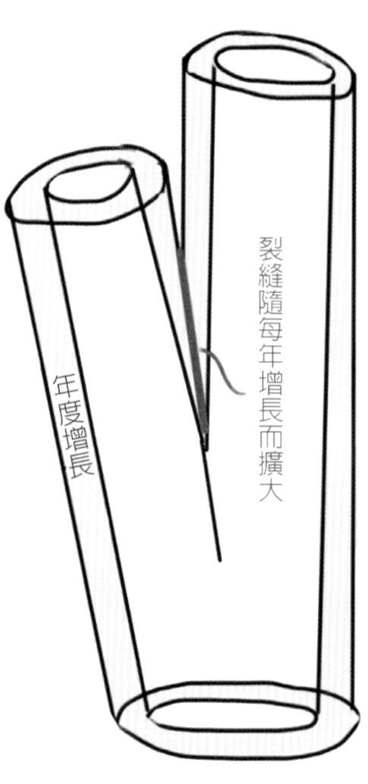

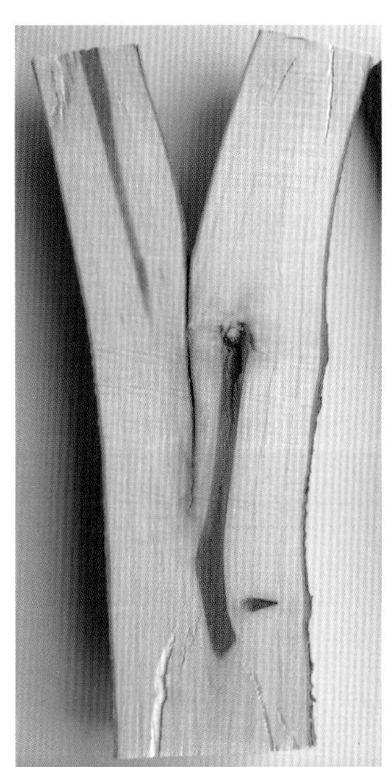

張力杈與壓縮杈

左圖中的張力杈很少折損，然而兩個主幹的纖維緊黏接在一起。在壓力杈（右圖）黏接區域因內生樹皮而減少。內生樹皮越大，在被包裹的樹皮兩端就會有越大的肋狀凸起（裂隙效應）。在壓力杈，這些肋骨又稱作凸耳，有越大耳朵的樹杈越危險。

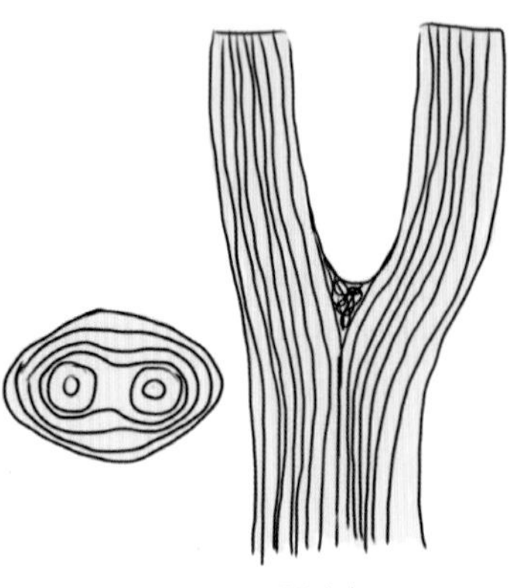

張力杈

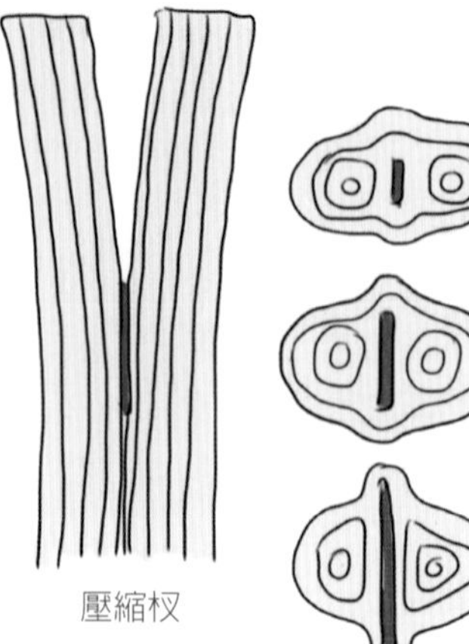

壓縮杈

張力杈的黏接特性，並與整合成功的分枝比較

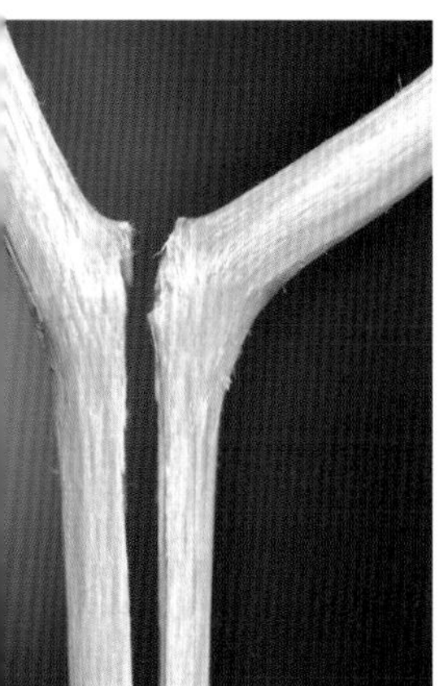
斷裂

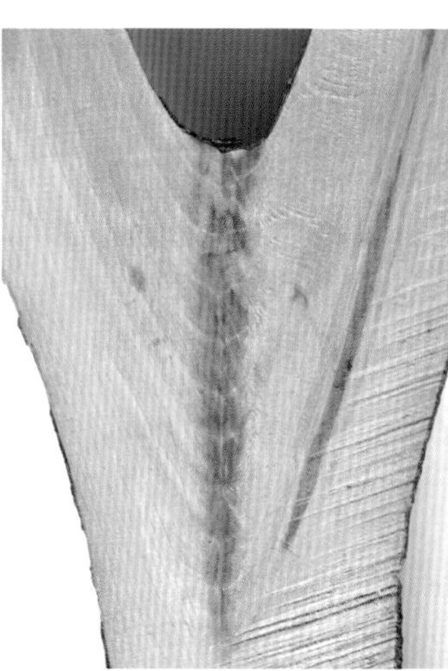
鋸切面

乾燥裂縫

分枝鋸切面

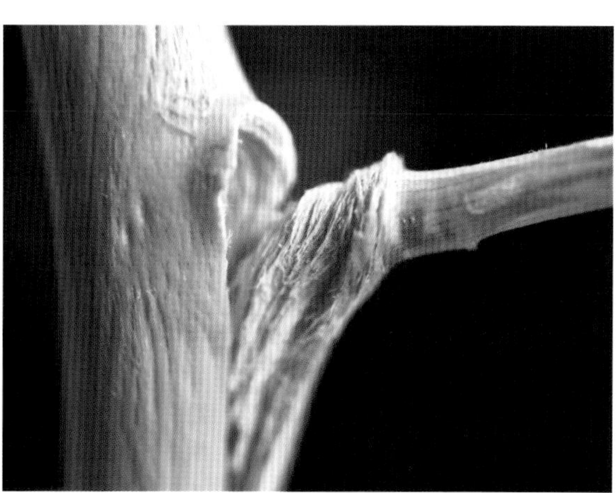
分枝崩落

樹杈中是否有橫向應力？

張力杈擁有良好的凹槽形狀，常能符合張力三角的輪廓，但只是黏接在一起。爲何這種黏接點不會斷？我們部門的 Dr. Iwiza Tesari 所做的有限元素分析對此提出了解釋。只要朝下延伸的纖維沒穿過黏接點，應力的主流就會沿著纖維的走向。在兩個主幹間的凹槽，右圖叉的應力較小，充分反映出眞正的正交異向性（orthotropic）之情況。下頁的圖表畫出力流箭頭，顯示僅有小小的水平箭頭。然而在左圖，同性（沒有纖維構造）叉中，力流與叉的中軸呈直角，環繞著凹槽流動，因此張力杈很少折損，從力流的角度來看，它們表現如兩個獨立的樹幹黏接一起，也因它們的槓桿臂，大部分以接近垂直的角度向上延伸，產生較水平樹幹少的側向張力。此外，因凹槽具張力三角形狀，少量力流被導向凹槽基部不規則木材的迷宮，無法產生缺口應力。一堆不規則狀纏繞一起的纖維受到輕微應力時，不太可能裂開。

樹杈中的橫向張力，Dr. Iwiza Tesari 所做的有限元素分析

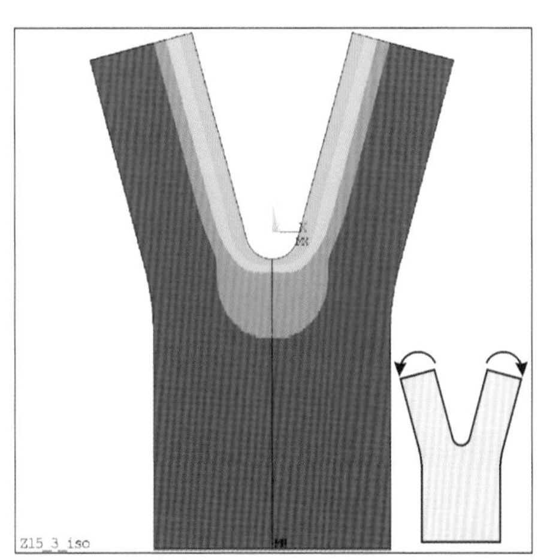

S1
Low
High

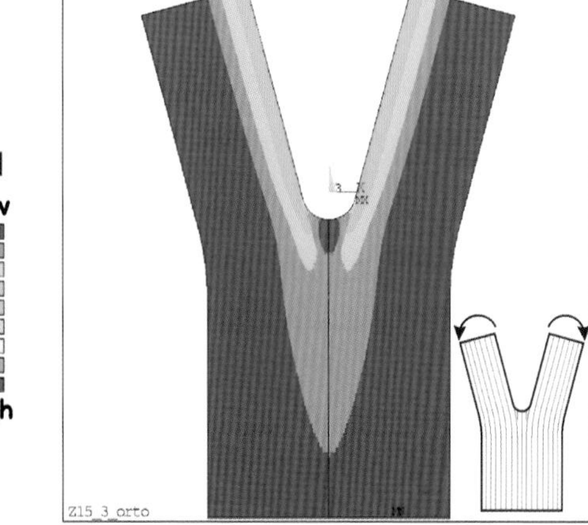

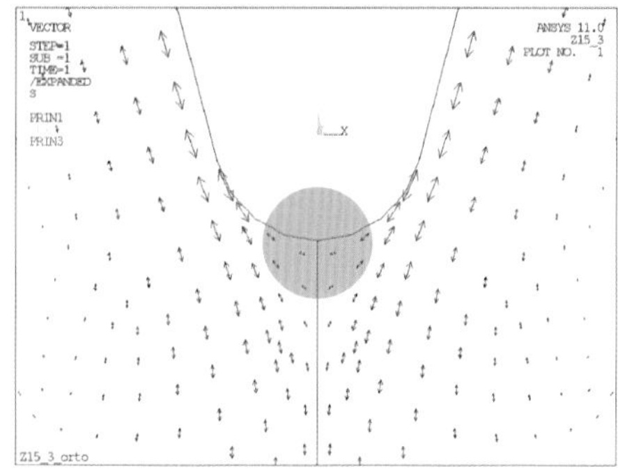

同性叉
（玻璃、鋼、鋁）

正交異向性叉
（纖維複合物，例如樹杈）

樹木分叉角度及橫向拉力

圖中枝條連結處奇蹟般地沒被橫向張力撕裂，但這僅適用於夾角小的樹杈，因承受自身重量時水平槓桿較小。較大的樹杈角度會有較大的橫向張力（F_Q），這會促使分枝生長並累積側向纖維，如本書前面所討論過的。

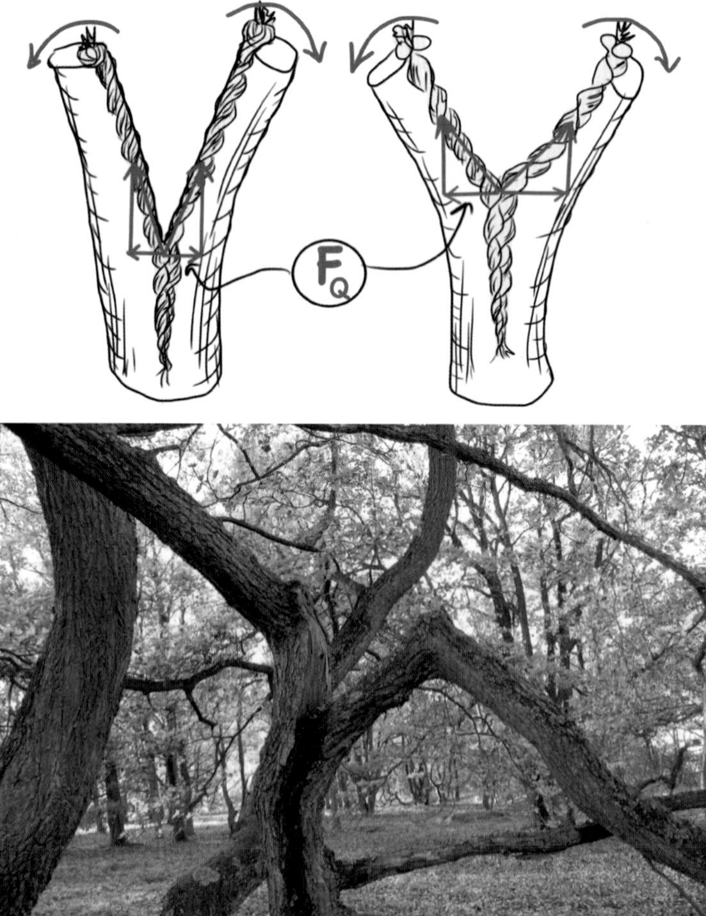

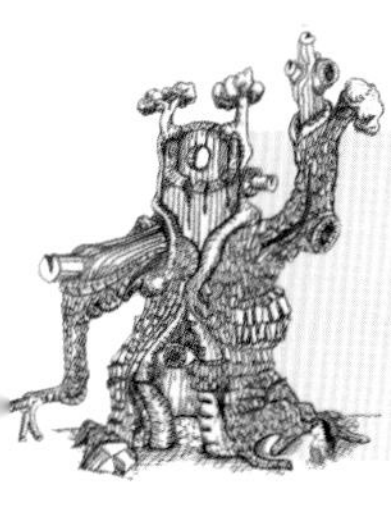

其他樹杈受力的案例

樹枝受力時，張力會沿著縱向纖維向下延伸到壓縮杈的內生樹皮位置，若張力方向與裂縫或內生樹皮平行，則不危險。然而，當受到與分枝面呈直角的風時，樹枝會彎曲和扭轉，這種扭轉會於分杈的凹口處產生橫斷面方向的張力。扭轉造成的張力會使壓縮杈的內生樹皮產生裂縫，導致分杈折斷，這就是迎風面樹杈的「開門式」斷裂。

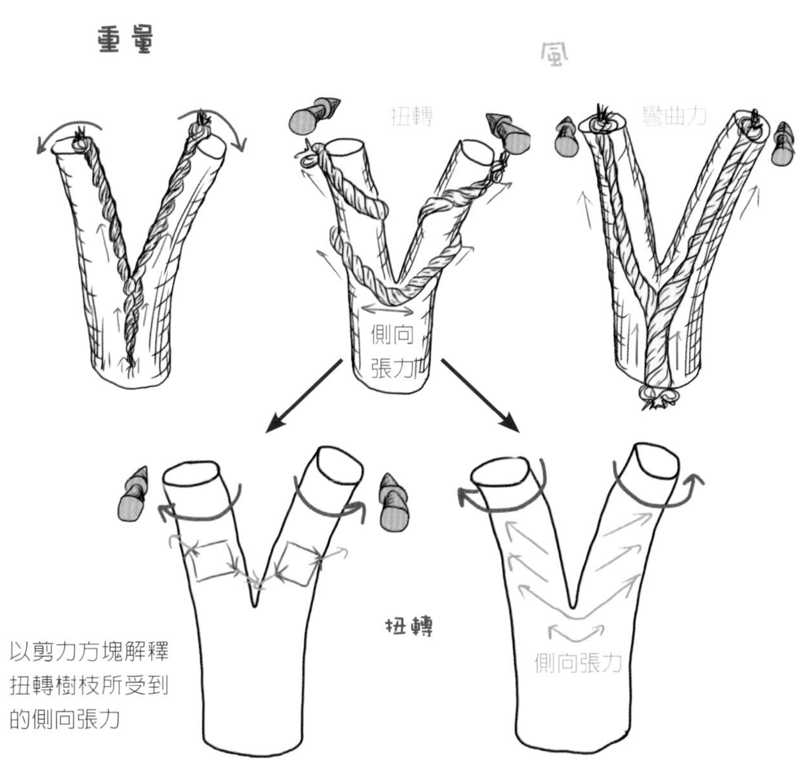

兩種主要的樹杈殺手

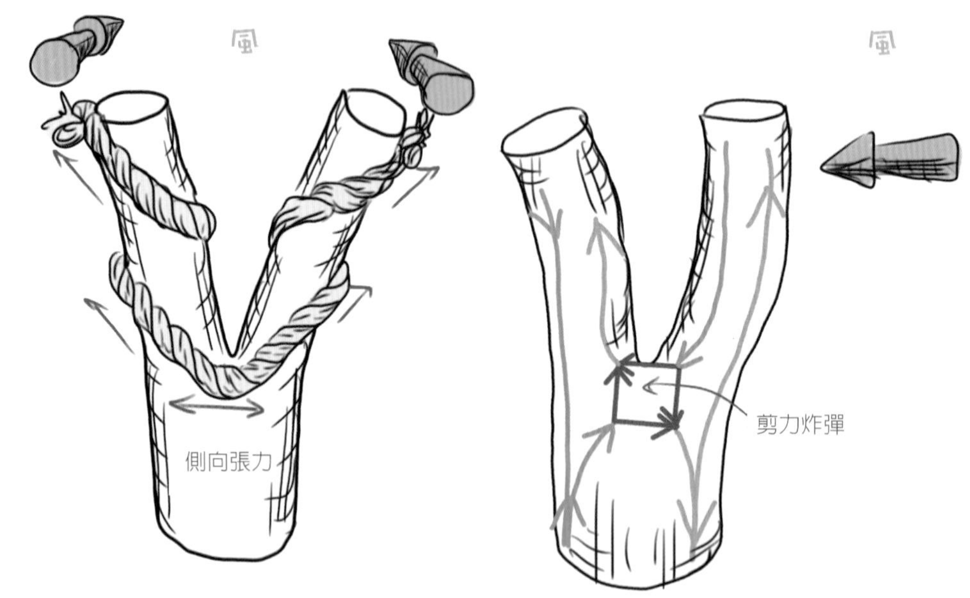

樹枝的扭轉產生把樹杈往外扳的橫向張力，除此之外，同樣在枝幹因風彎折時，樹杈底部也會產生「剪力炸彈」，這是因爲數個樹枝同時受到風的側向彎曲力，使數股張力與壓縮力交織一起，這可能導致分杈處因剪力而斷裂。在上圖兩個樹杈破裂的案例中，用繩索固定樹冠是毫無幫助的。

壓縮杈斷裂

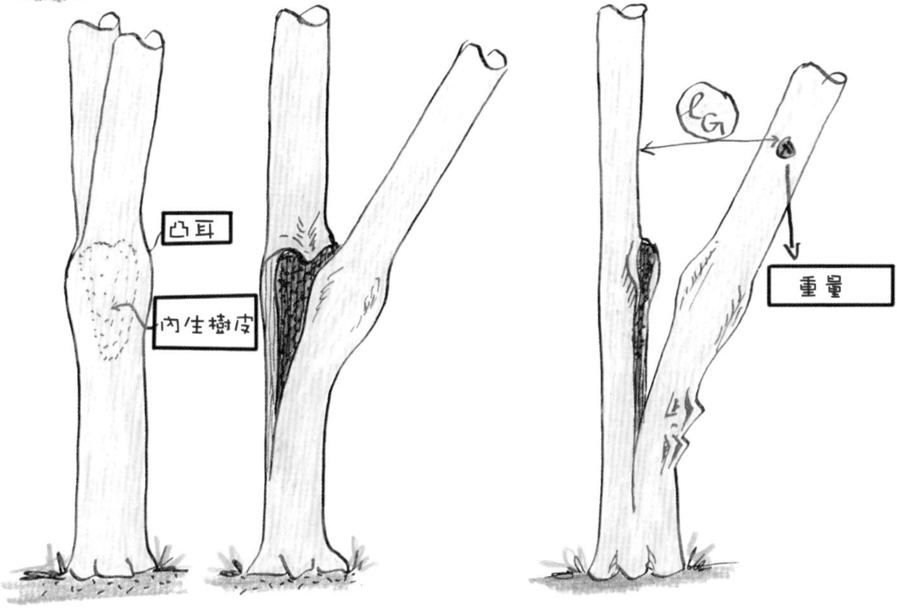

通常在壓縮杈斷裂的案例中，於橫向張力拉扯下，分杈處凸耳的黏接年輪會先斷裂，這會使內生樹皮整個裂開並暴露出來，原本承受壓縮力的裂縫尖端現在受張力影響向下開裂。當樹冠外圍承受更多的重量，樹幹原本的和緩半圓弧輪廓劈裂爲兩半，因樹冠的重量而往外倒，裂縫會持續延伸，且樹枝受到往外扳的側向力量將使其沿橫截面方向斷裂。典型樹杈斷裂始於凸耳裂開，後發展成縱向劈裂：

1. 從樹杈凸耳部位開裂。
2. 沿著內生樹皮產生縱向劈裂。
3. 裂開的半側樹幹橫向斷裂。

枝條與樹杈處的開門式裂縫

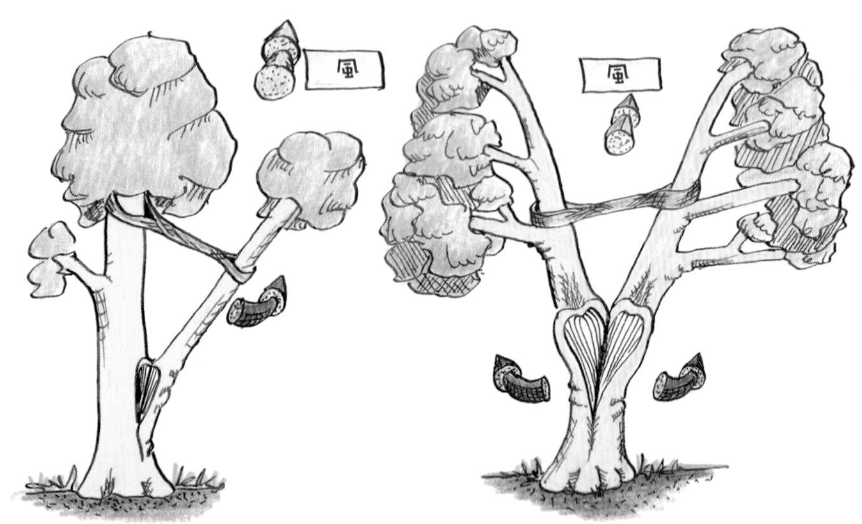

攝影者：Ulrich Otto

風導致的枝條或樹杈處的開門式開裂，會沿著內生樹皮方向。迎風面的枝條或樹杈凸耳會先被撕開，然後「開門」般整個掀裂。單純固定樹冠無法防止這狀況，因爲風並不會沿繩索張力的方向作用，但縮短槓桿的修剪會有所幫助。分枝從與主幹連接處斷裂，不能僅用長徑比的標準來評估。此外，森林中雖有很多壓縮杈，但林中避風加上鄰木間彼此的保護，降低了開門式掀裂的風險 [60]。

樹杈變形

當樹杈角度變大，例如移除鄰木後，分枝向外過度延伸，這會導致壓縮杈斷裂或變成張力杈（圖 A）。多數情況下這會產生積水的凹洞（圖 B、C）。年輕的壓縮杈也可形成張力杈，且不一定會形成積水凹洞（圖 D）。積水凹洞結凍造成的膨脹，會比它導致的腐朽更危險，因為真菌喜愛潮溼但不會過溼的環境！

A

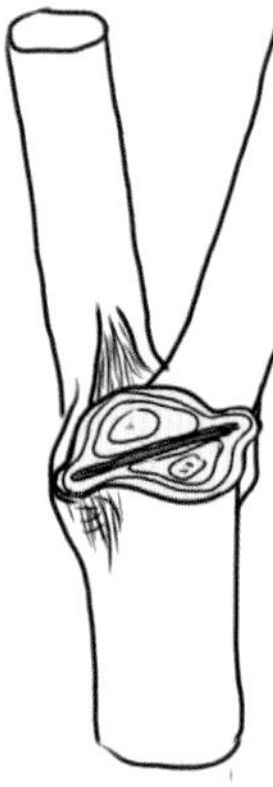

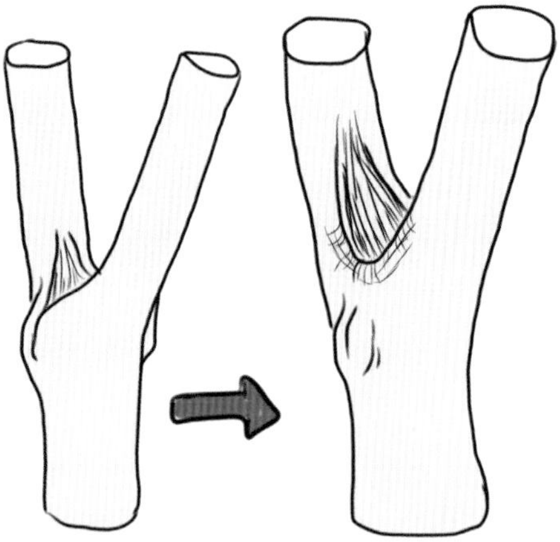

B

C

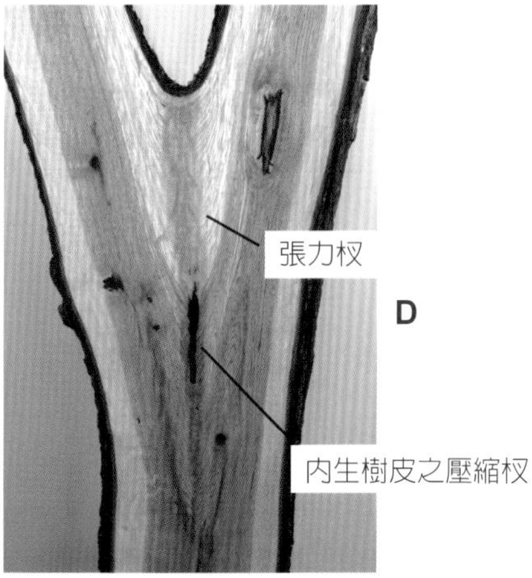

D

眞樹杈與實爲分枝的假樹杈

一個明顯良好的分杈，有對稱的「中國鬍」，即兩枝間的枝皮脊線（圖 A），而明顯分枝的中國鬍則沿著對角線斜向連到主幹（圖 B），該特徵能用於辨認看似樹杈的分枝（圖 C）。此假分杈斷裂後（其實是分枝從主幹上斷裂，見圖 D、E），可看出內凹的斷口，這是該斷枝曾與主幹木材整合在一起的證據，而在累積的側向纖維引起斷裂情況下，至少會在分枝中心周遭發現階梯狀（早期與主幹融合）的痕跡。

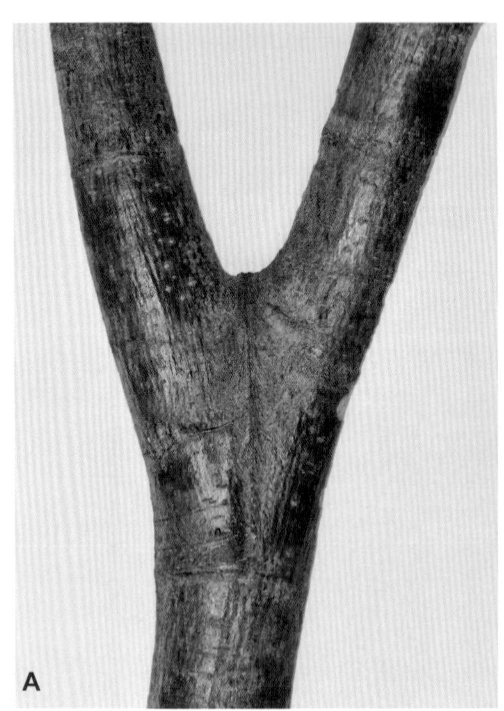
A

B

斷處的內凹為枝幹整合的痕跡，用以判斷假樹杈

C

D

E

總覽

理想的分枝連接點，分枝與主幹糾纏一起、持續生長，分枝角度較鈍（無內生樹皮），主幹與分枝整合在一起（圖A）。當主幹不再與分枝整合生長，分枝僅靠上側纖維與主幹黏接（圖B），這可能造成側向纖維過度累積，使分枝由於橫向張力而斷裂。若分枝彼此大致平行，則可能發展為張力杈，或若有內生樹皮的話亦可能形成壓縮杈（圖C）；這種狀況是單純的枝條相接，分枝不會整合彼此的木材，或僅早期階段曾有少量整合。當樹杈其中一方是無活力的獅尾枝或死枝，主幹會包覆它，形成枝領脫落點（圖D）。也有可能發生相反的狀況：側枝大量生長側向纖維，且最後包覆了主幹（圖E）。

三叉樹杈：是楔形板，還是死枝？

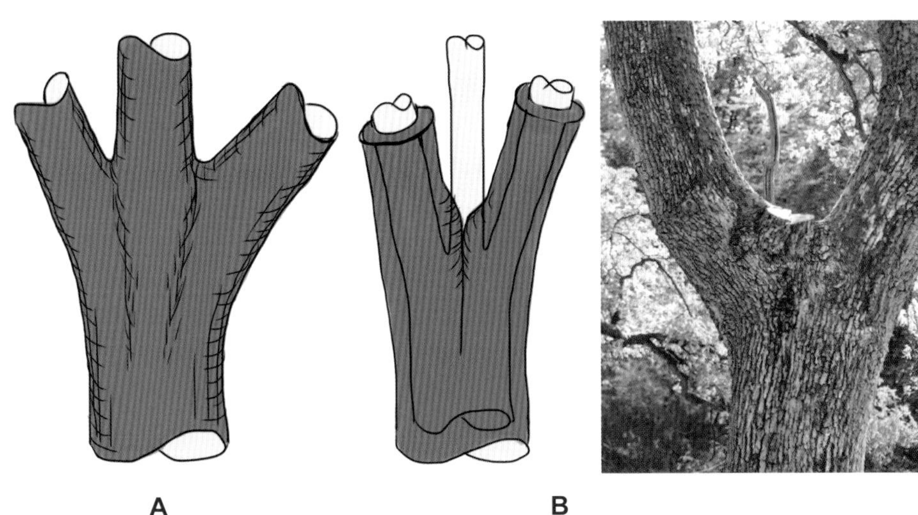
A B

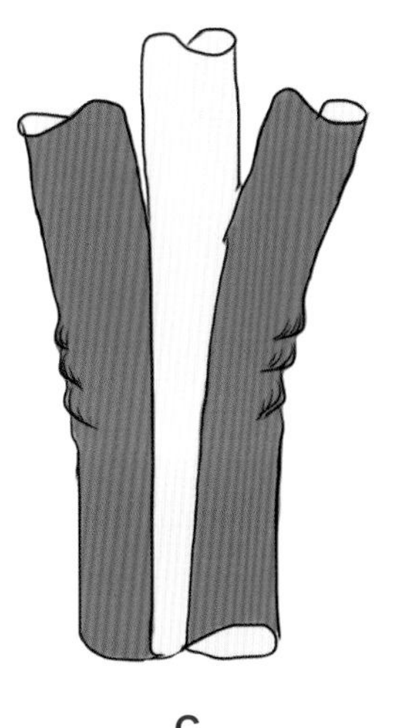
C

我們將三叉樹杈定義為有三個分枝的樹杈，多數情況下，這是一個弱勢的主幹與另外兩個強勢競爭的分枝。主幹只要在兩道「中國鬍」之間保有供應線（圖 A）就能自保。然而，兩個競爭者的支領會逐漸閉合，而阻斷主幹的生命線（圖 B），這可能會造成主幹死亡。若主幹沒死，也可能變成兩個競爭者中間逐漸腐朽的杈橋（圖 C）。另一個可能性是主幹能像一個楔形板，迫使三叉樹杈張大（圖 D）。於樹杈週邊進行鑽孔測試，能顯示纖維的走向，據此能做出可靠的預測並採取適當的措施（圖 E）。

裂開的三叉樹杈

鑽孔測試顯示纖維走向

側向纖維引起樹頂斷裂

在分枝與主幹連接處，木材纖維沿著與主幹縱軸垂直的橫斷面方向生長，可能使主幹在此折斷，這見於大面積的森林風折，有時整片針葉林的樹木全都斷在分枝輪生點上（圖 A）。這種「摺疊椅」現象（P.214）發生於整合良好的分枝上方，受到張力時，其作用就如裂縫。木材乾燥的開裂會指向結構弱點（圖 B），然而當分枝連接處受到縱向張力（迎風面）拉扯時，老樹幹，特別是針葉樹，偶爾也會斷裂（圖 C）。

A

木材乾裂的裂縫，顯示出主幹內分枝上方側向纖維的截面

這是環繞分枝的側向纖維之缺點。

中國鬍周邊的纖維走向

外行觀察員常把枝皮脊線當成主幹與側枝纖維的分界線，但只有在眞樹杈中是如此，或者在主幹分枝相接處（假樹杈），中國鬍的最外緣是如此。大多數纖維走横向或斜對角跨過中國鬍（圖 A），而中國鬍僅是個模糊的杈頂生長歷史痕。

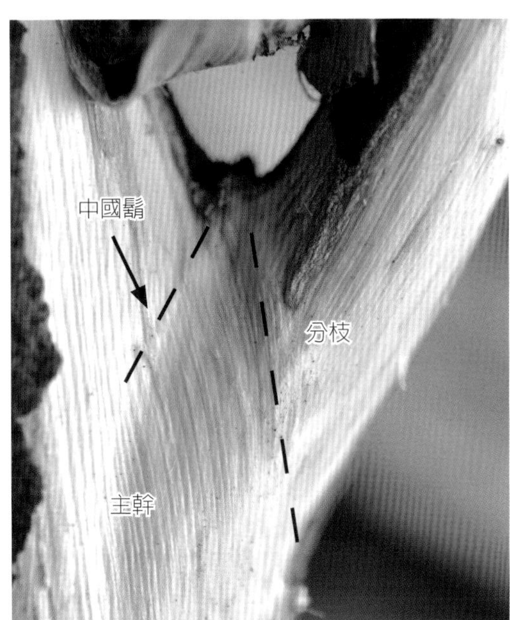

鑽孔測試（圖B）和斷裂試驗（圖C）讓我們確定，從頂端長進去的主幹纖維與中國鬍交叉，在分枝周圍形成主幹樹領，這是個與主幹良好整合的分枝。

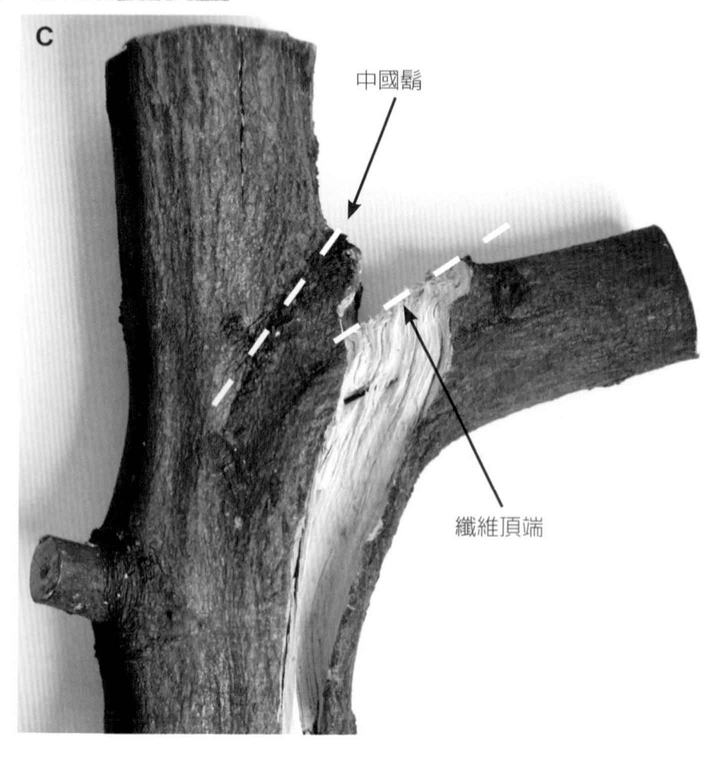

鑽孔測試顯示纖維生長方向

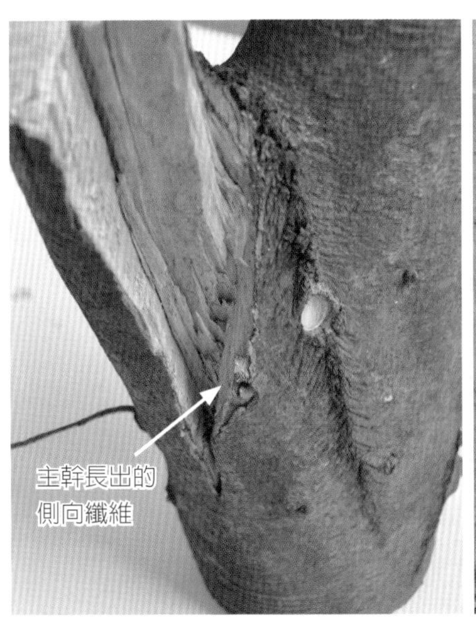

纖維穿過中國鬍鬚：主幹整合分枝。

由於沒有脫落枝領，因此必須懷疑有大量側向纖維。

仔細檢查分枝連接處的徵狀

我們在講傾斜樹時提過這個的現象：樹枝背地側的樹皮剝落（圖 A），露出尚未風化的淺棕色薄樹皮，而樹枝向地側的壓縮情形，顯示出這是下垂枝（圖 B、C）。

A

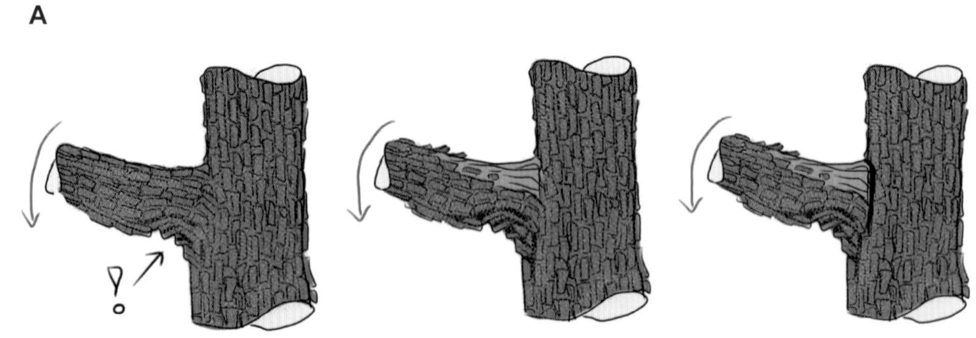

開門式斷裂的徵狀

樹皮剝落、側向風力，都顯示這個案例中的側面樹皮剝離大多在分枝連接處的前方，這是開門式斷裂的預兆。此情況下，分枝需要剪短或清除，如果分枝夠低且有足夠空間，也可考慮 A 型支架。

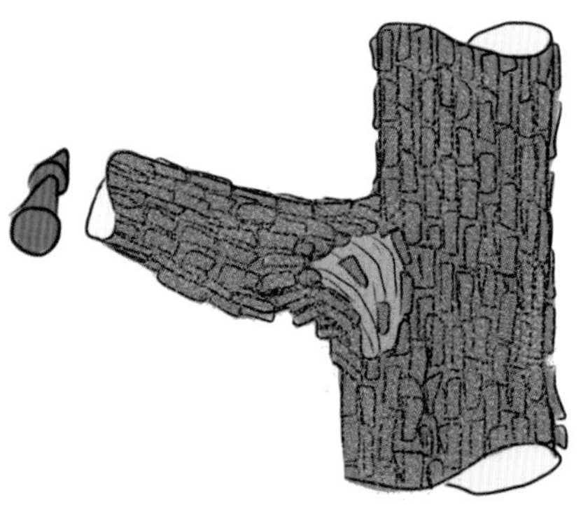

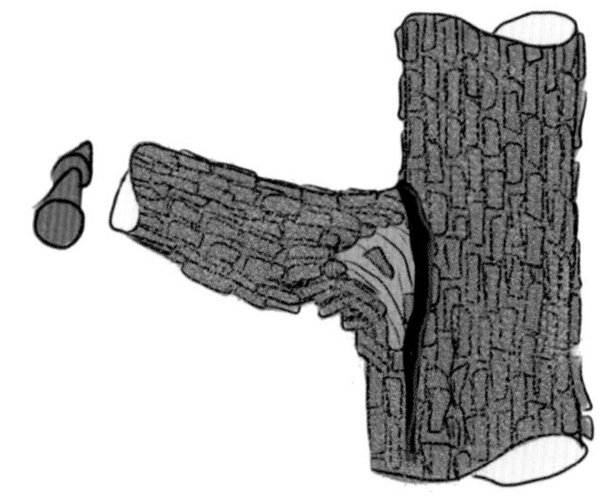

開門式斷裂的例子

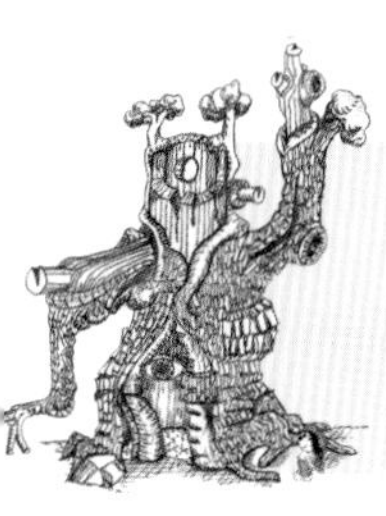

爲什麼死枝一開始更安全，之後又逐漸變得不安全

聽起來可能有點違反直覺。死枝在因腐朽變得不安全之前，其實更安全。乾燥的死枝強度約活枝的兩倍。死枝無葉，因而風壓較低，但當死枝受到木材腐朽菌分解，其強度會大幅下降，變成一大風險。死枝的腐朽可分爲兩種形式，一種是腐朽菌從末端細枝開始進入樹幹，常伴有眞菌的子實體，分枝末端通常逐步斷落。另一種是隱而不顯，分枝本身幾乎看不出腐朽跡象，但脫落枝領內部卻已經腐朽， 內部可能是潮溼且適合腐朽菌生存的環境，這種情況就跟木柱的腐朽會從地面開始蔓延一樣。測量脫落枝領的鑽孔阻抗力有助於了解情況。

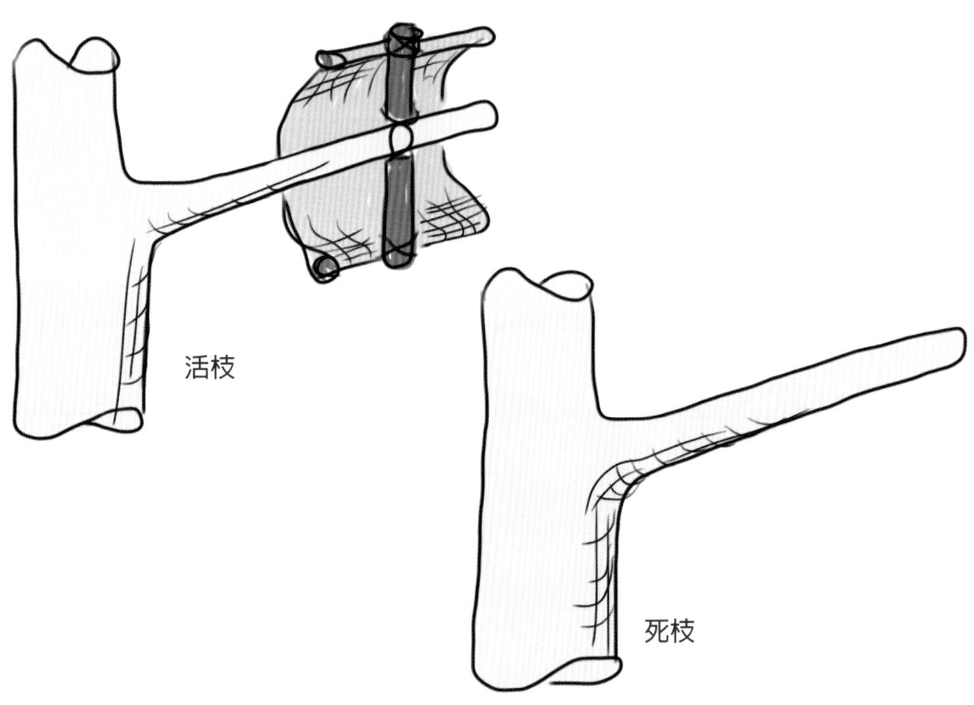

腐朽從分枝末端一路蔓延至主幹

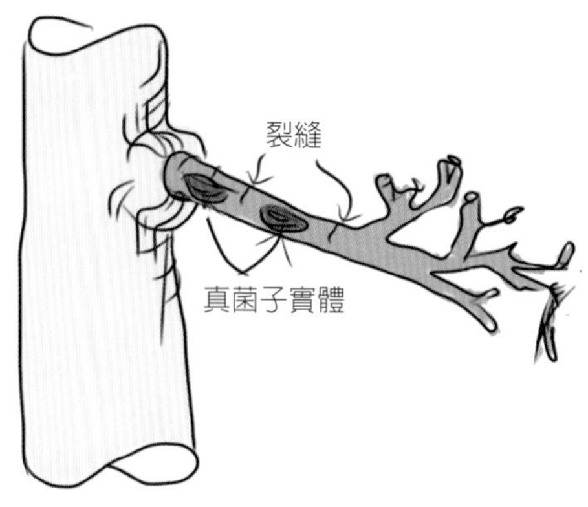

脫落領環之局部腐朽

木柱與土壤交界處

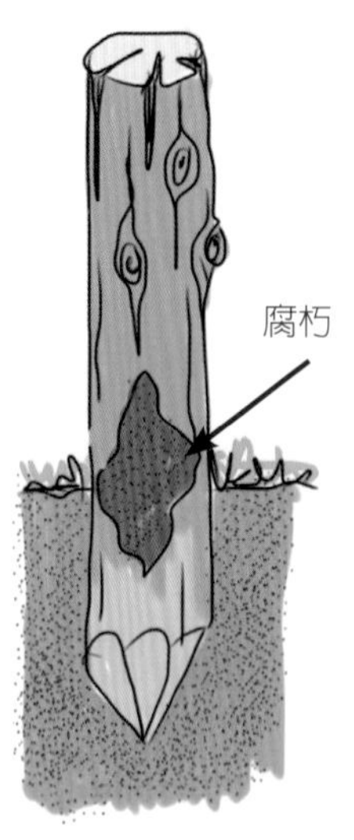

比較一下脫落領環中的腐朽群落

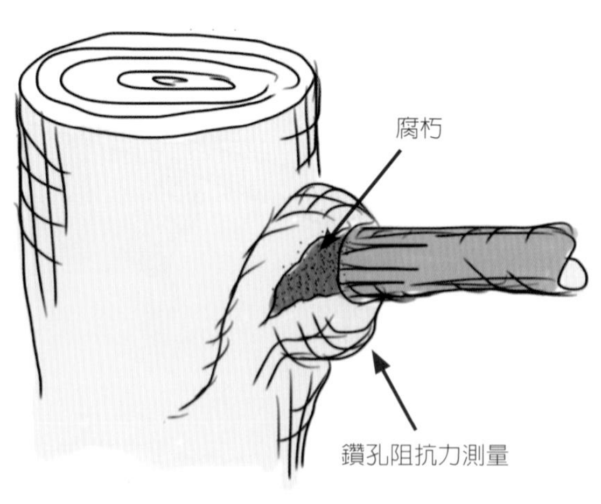

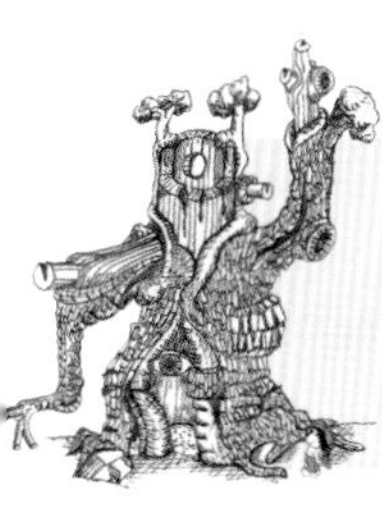

錐形應力法與樹根

剪力方形與錐形應力法彼此漂亮互補。我們前面已看過的圖 A 顯示，四個剪力方形能良好地解釋應力錐有個 90° 的開放角，若如圖 B 那樣畫出一個剪力方形、對應的張力 —— 壓縮力十字，以及四角的應力錐，這裡可以看到力流的和諧之美。所有組成部分都互相符合，錐形應力法將成為理解樹根力學的重要工具。

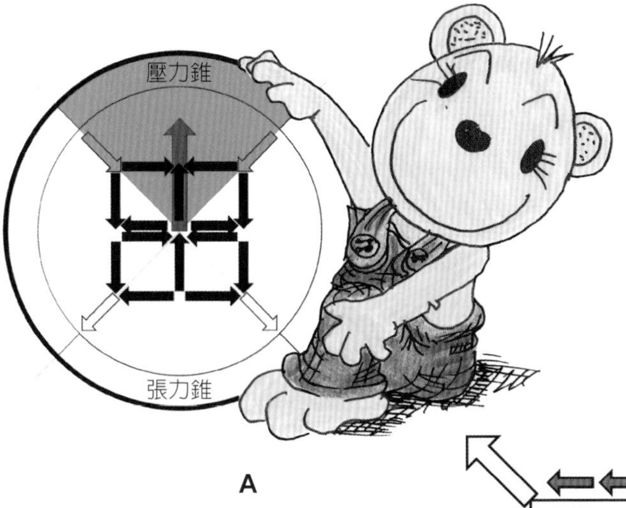

壓力錐
張力錐

A

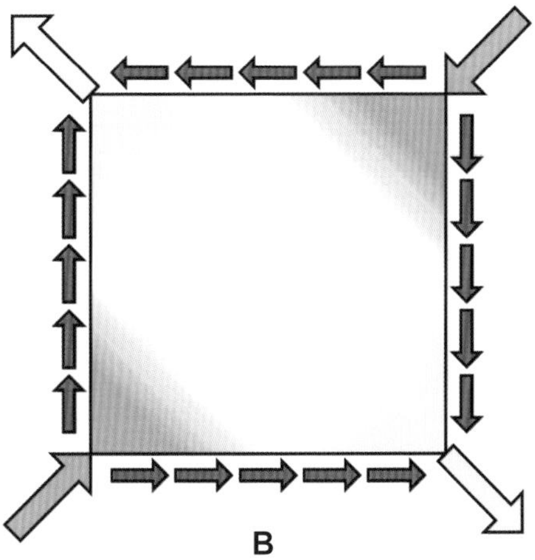

B

進一步了解：根據錐形應力法設計的輕量結構

紅色三角形與其下方籠罩的區域，指錨定的支撐點，此支撐力同時產生了藍色的壓縮錐與黃色的張力錐。最單純的設計是將兩個藍色壓縮錐連接起來，如圖A。若連接的支柱會超出應力錐範圍外，則這設計不可行，可用另一方法：藍色壓縮錐的支架可被黃色張力繩連接，轉向至另一個藍色壓縮錐，就像擲鏈球一樣，如圖B。又或者用藍色壓縮支柱去繃緊黃色張力繩，將其從一個黃色張力錐牽引到另一個黃色張力錐，如圖C、D。錐形應力法能從無限大的設計空間中抓出真正處於高應力下的區塊，並略過無用的角落。

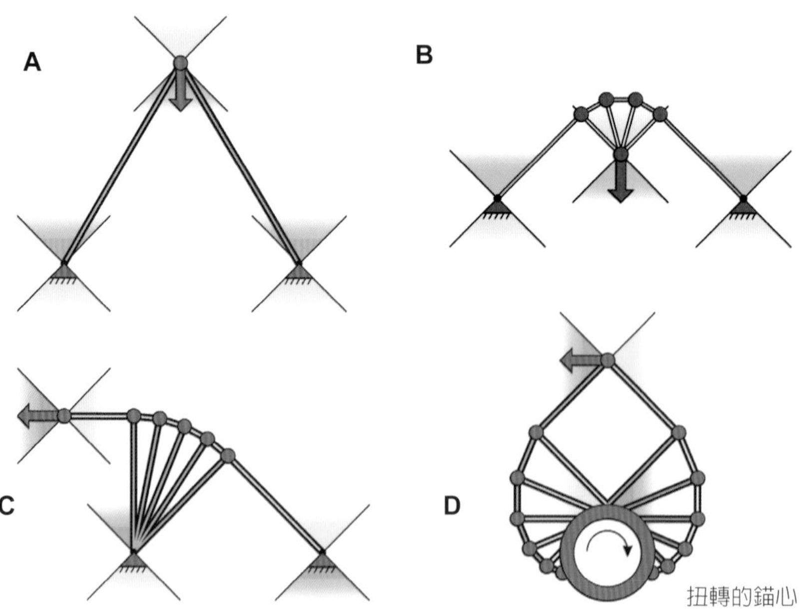

一生都只有短短的槓桿臂

樹根必然會面對的問題是需對抗風所產生的高應力、長槓桿臂（H_{wind}），但自己只有由地基提供的短短槓桿臂（l_w）。兩股地裡的垂直力讓樹不會傾倒，低處的水平力（-Wind）讓樹不至於側向位移。然而從力的角度來看土壤並非良好的受力物體，太溼時會變成泥漿四散，太乾時會碎成粉塵。蓋過沙堡的人都知道，只有它微溼、稍微壓實的時候才好用。Mohr-Coulomb 的土壤力學定律基本上暗示了壓實的土壤有較高的抗剪力，這跟壓縮的磨擦面之間會有較高磨擦力是一樣的道理。

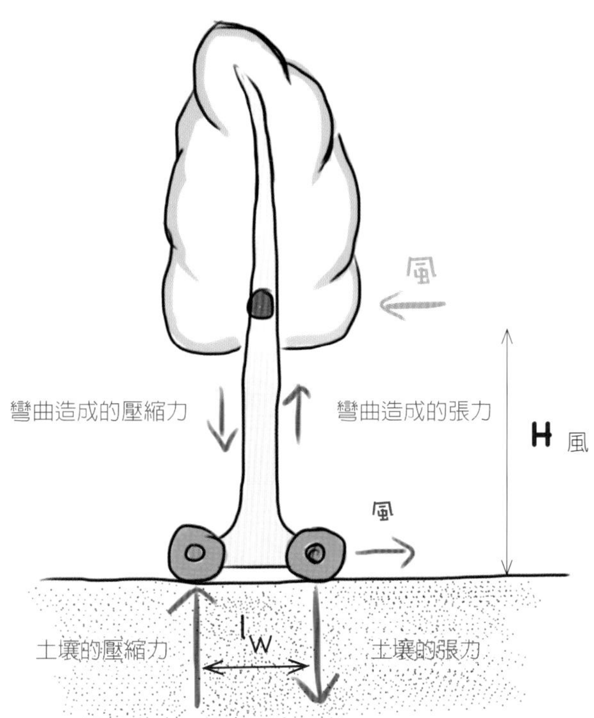

Mohr-Coulomb 定律

土壤的抗剪力，或者說，最大可容許的剪力，由上圖的直線表示。它意指：

1. 作用在剪力表面上的壓力增加時，土壤的抗剪力也增加。這是所有土壤力學教科書中的基本原則。
2. 接觸壓力爲零時，土壤仍具有基本的抗剪力（$\sigma_n = c$），稱爲內聚力。
3. 土壤溼度增加時，抗剪力與內聚力皆下降。

可以簡單想像成：

有兩列土壤粒子被擠壓靠緊，其間的連結有正向力、能維持住形狀，因此具有抗剪力。當承受的剪力達到臨界值（抗剪力），它們會滑開，跳離彼此。當整體被水潤滑，土壤粒子之間的正向連結就會被削弱，抗剪力亦下降。

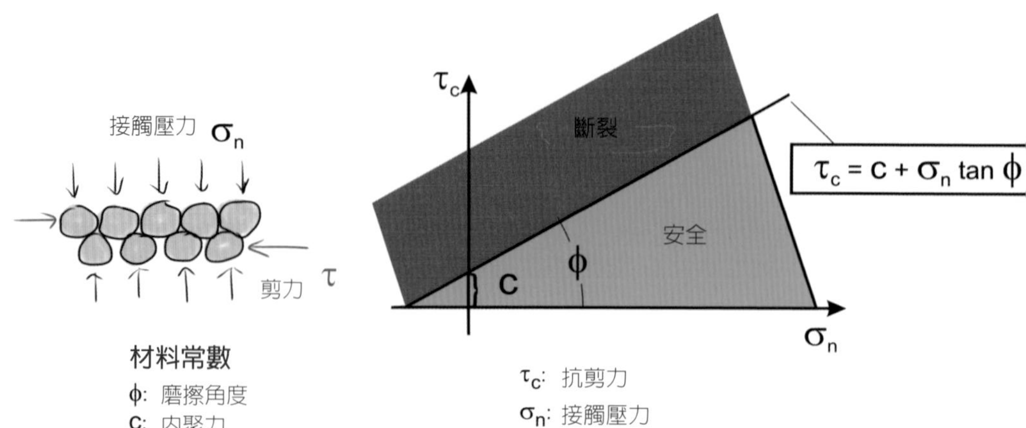

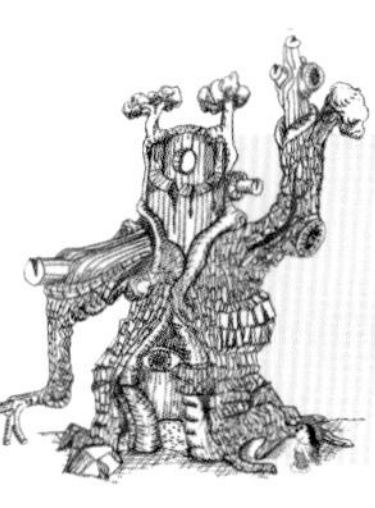

迎風面的大板根

迎風面被風吹起的鬆土較不緊密，也因此較不硬實。若樹木總是受到同側的風力，通常會在迎風面生長更多根，或長出粗大的板根。板根能將經由主幹傳輸到它們身上的風力分散為星狀，傳到土壤裡，藉由許多側根來抓地。

然而，說到底，樹是靠土壤的抗剪力來錨定。板根與板根間的空間所承受的力較小，因此此處的年輪也較窄，木材較不堅實。較厚的年輪會負責提供支撐力，當它們聚集累積起來就成了板根的形狀，也因此使之突出於圓形的樹幹輪廓之外。此外，傾斜樹通常在張力側有較大板根。

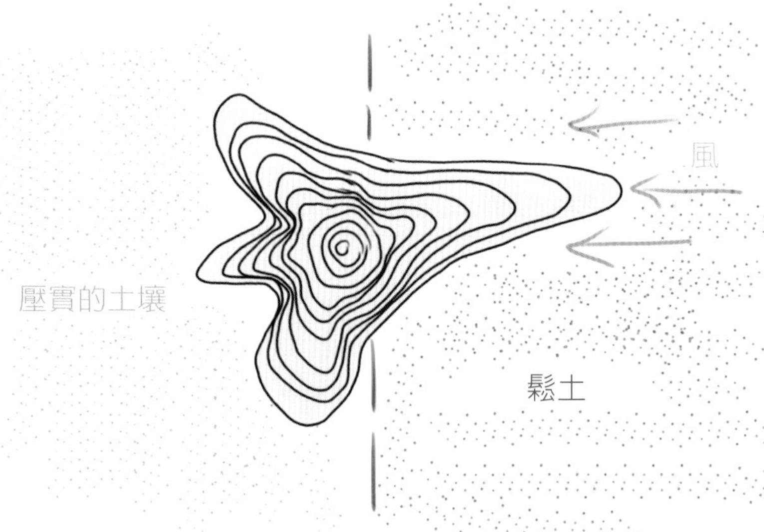

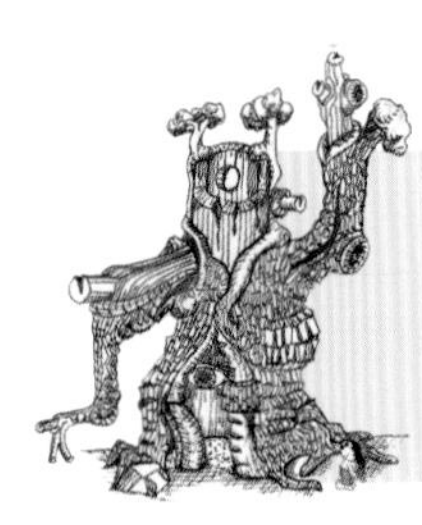

樹木底下的應力錐

理解樹根，可用兩個方式來應用錐形應力法。圖 A 中，樹木 A 底下高度負荷區域，可理解爲一個圓柱型的扭力錨點（參見 P.278），根領（較低的那個張力三角）則可當成和主幹的直徑等寬。圖 B 中的另一個方式能更清楚呈現張力錐與壓縮錐。圖 C 中，兩種錐形力圖經過調整，讓兩個模型的側面全圖地上部分大小相等。圖 B 將整個情況描繪得比較清楚，因此後面我們將採用圖 B。從圖 C 中可看出，這使圖 A 中的旋轉中心下移了大約一個水平根寬度的距離 [4]。

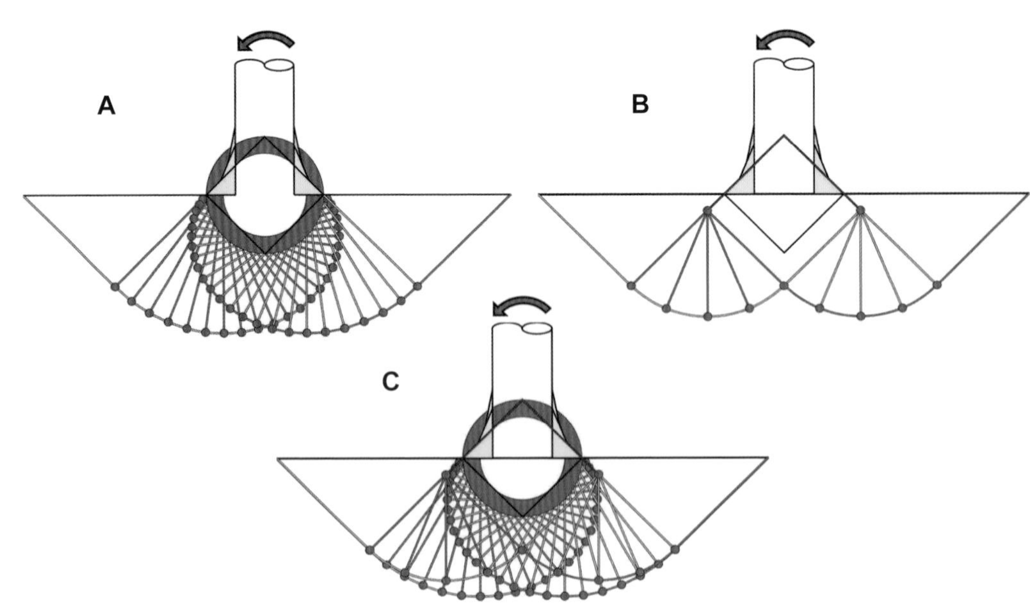

垂直與水平的應力錐

兩股垂直的根部力與它們產生的應力錐，承受了風的彎曲力矩（左圖），使樹木免於傾倒。然而，風也可能使樹橫向位移，就像我們小時候做的風車一樣。這由中間圖示中的另外兩個應力錐來應付，而兩圖相疊在一起就成了右圖中的「應力錐總合系統」。一項重要的發現是水平與垂直應力錐合併後的外緣，水平錐的底緣能在必要時防止樹傾倒，且只要有一個垂直錐在，它也能防止樹橫移。這種機制使缺乏拉拔根的斜出根系（heart rooters，這種根型會從主根延伸出垂下、水平、斜出根）免於橫移，而缺乏深主根的水平淺根系（flat shallow rooters）也不容易傾倒。這些錐組合起來的外緣符合錐形應力原則，使兩種穩固力並存。

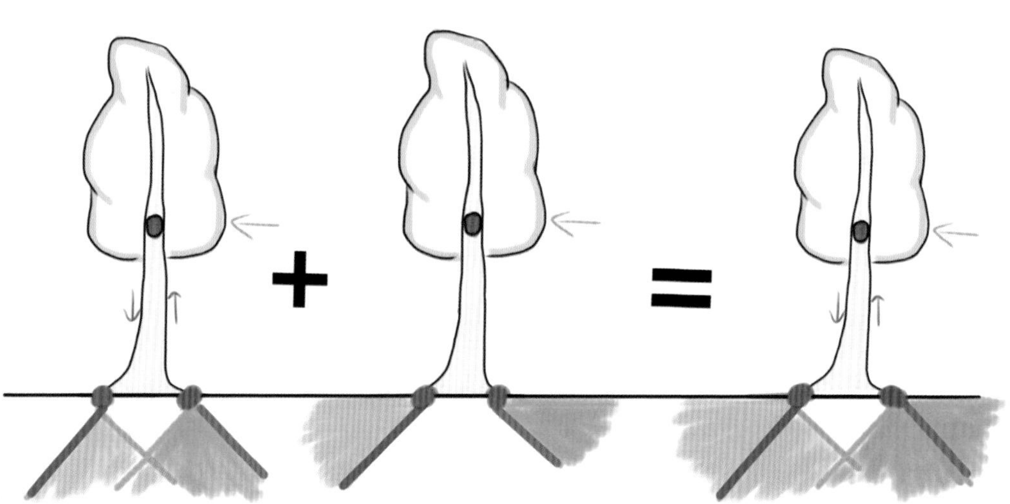

因為土壤，受到的是剪力，而非張力

圖 A 再次顯示張力如何在土壤上轉變為剪力作用，土壤無從承受張力。土壤中沒有錨點可以抵抗風的彎曲力矩，只有根盤邊緣的抗剪力能錨定樹木。樹木折斷時，壓縮錐「斷裂」在背風側的壓實土壤上，只有拉拔根盤被撕斷，這點我們晚點會證明（圖 B）。許多土木工程課本中關於建築物也講到相似的論點。

A

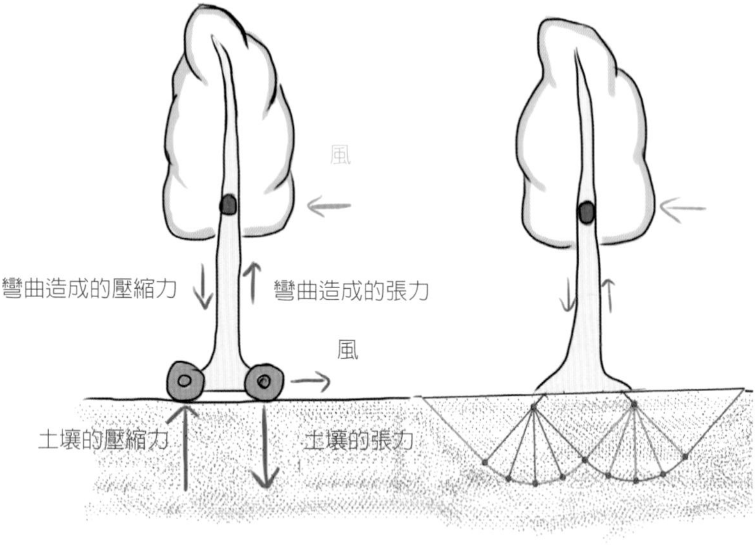

風

彎曲造成的壓縮力

彎曲造成的張力

風

土壤的壓縮力

土壤的張力

B

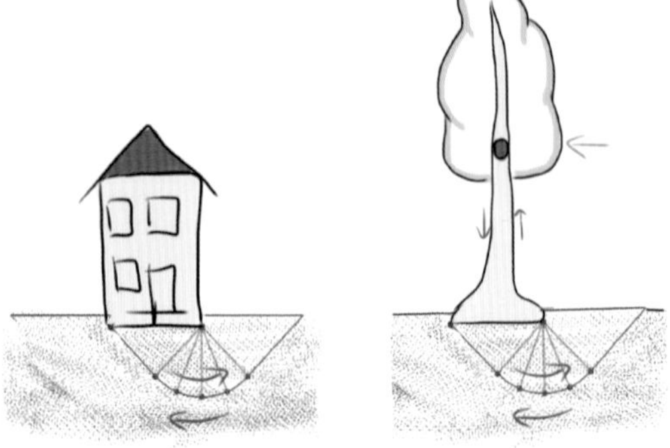

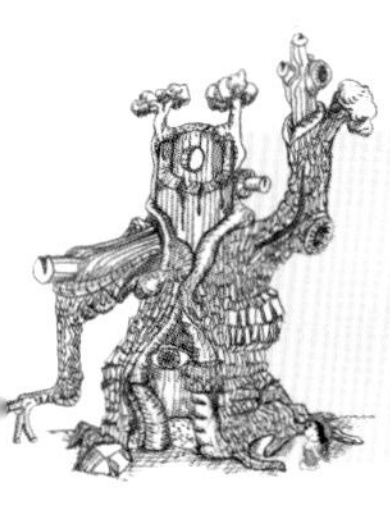

土壤之上有足夠空間給大家

這個承受高負荷的空間設計圖並非根系，而是一根受力彎曲的二維柱下的高負荷區，此柱跟另一個二維的半空間（half space）銜接在一起。這個半空間若由同質的材料構成，例如不甚堅實的土壤會不錯，當然，這個高負荷區若能用根系紮穩是最好的，至少這個是如此！生物需要更多空間，但這是力學上的考量。

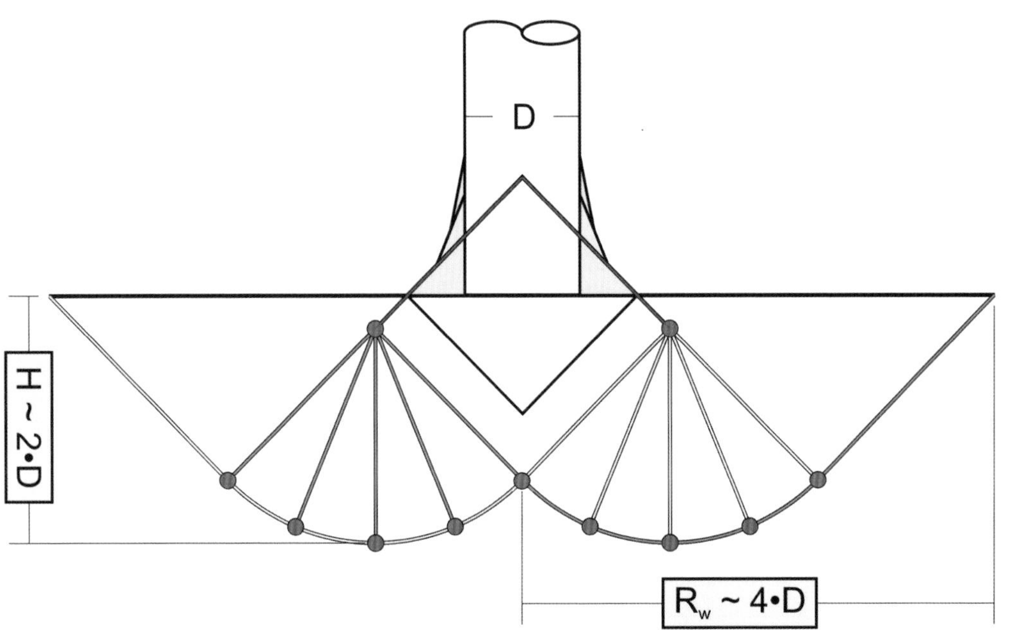

電腦驗證

我們傳統的電腦仿生優化法 [22] 在前頁提到半空間中切出的最佳解答，形狀類似錐形應力法消去受力較小的空間（圖 A）。另一方面，CAIO 法（電腦協力內部最佳化）計算出纖維的最佳走向爲沿著紅色張力線與藍色壓縮力線（圖 B）。這在性質上與錐形應力法相符，是不錯的結果。

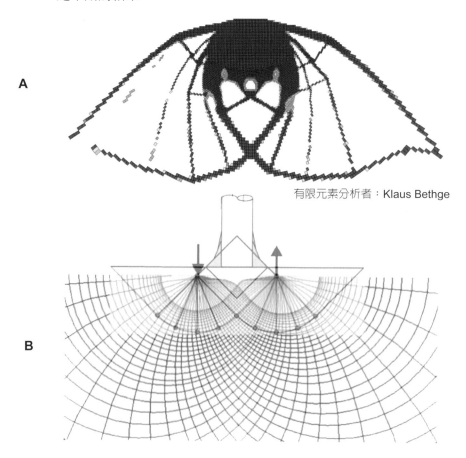

A

有限元素分析者：Klaus Bethge

B

有限元素分析者：Herbert Moldenhauer

大自然中的驗證

用來描述大自然的理論，需要拿回大自然中檢驗。錐形應力法定義了受到彎曲力的樹木其下方高負荷的區域，以及此區中強度不高的土壤被強壯的根系強化，這與照片中因風傾斜的樹突出地面的根球形狀大致相符，這個一致性令人滿意。

更多風倒木比較圖

這些照片都在樹倒後不久拍攝，根部的土壤尚未被雨沖蝕。

樹木拉倒實驗

此處我們以人工拉倒樹木，用錐形應力法來解讀根盤。

紅箭頭所指爲綁繩處。

地下根連續斷裂時發出巨響

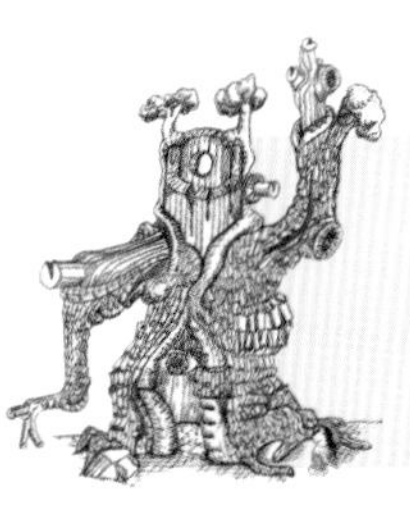

根系最後斷裂時揚起沙塵

與錐形應力法比較

用錐形應力法畫出的高負荷區域，完全被根系所加固，是個優良的錨點。

設計圖空間 vs 風倒圖表

此圖表爲田野研究的結果 [18]，顯示被拔出的根盤半徑 Rw 與主幹半徑 R（在根頜頂部測量）的關係，圖中的每一點都是一棵倒木。紅直線指出錐形應力法的高負荷範圍之半徑剛好在圖表中間區塊。粗的樹通常樹冠與根盤已開始萎縮，因此根盤半徑反而較小，非常細的樹則難以拿來比較，因爲完整的抗剪力根盤還沒長成。

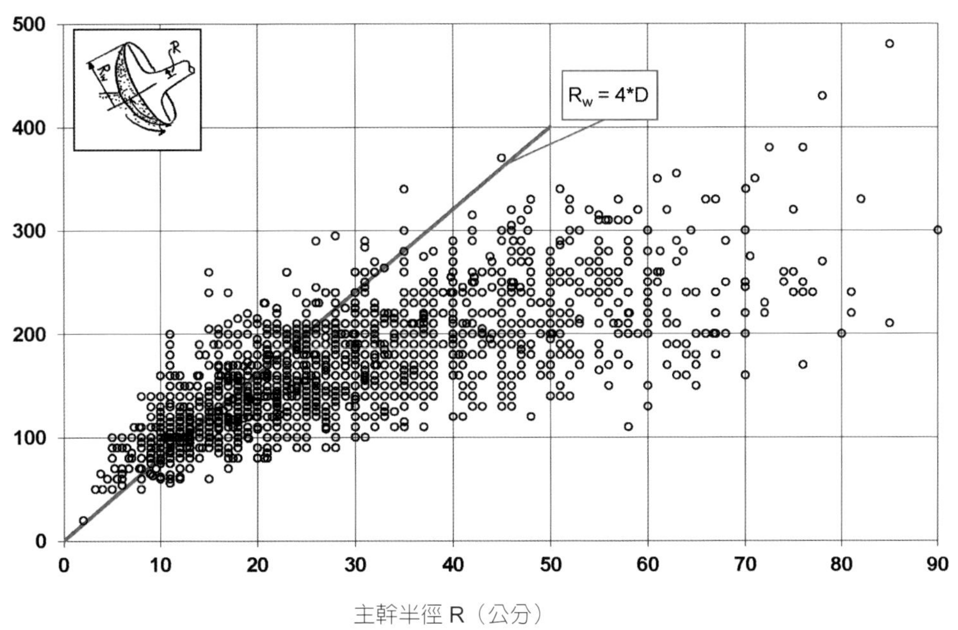

解讀地面的裂痕

地面的裂痕代表根球（root-soil composite）部分裂損，裂痕越靠近樹木，根盤位移範圍越小。弧形裂痕（圖A）可用錐形應力法來評估（圖B），直線裂痕（圖C）可能是挖掘破壞的痕跡，但也可能是地基不均質，例如土壤與礫石地的交界。放射狀的裂痕（圖D）顯示下方有成長快速的放射狀根，但因沉展根系被掀動而抬升。

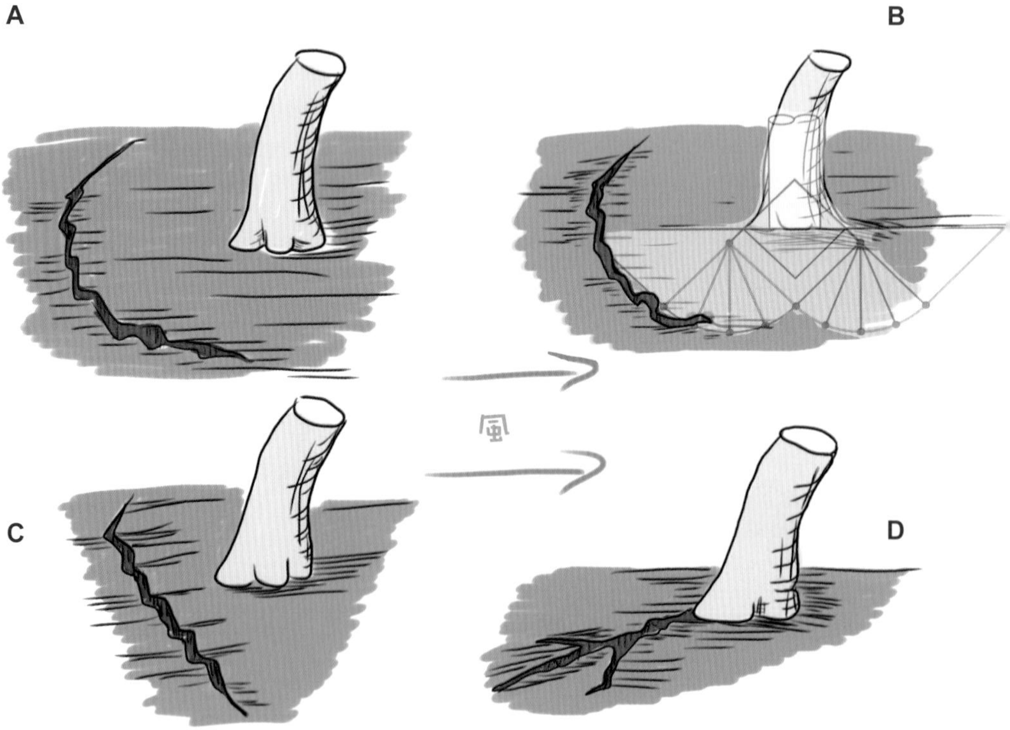

A

B

風

C

D

斜出根系及其抗剪力根球

現在我們知道，樹木被風吹倒會造成其壓縮錐斷開，單獨留在地裡；張力錐則翹突出地表，成為剪力根球。如果靠近地表處有拉拔根，它會斷裂或被拉出地面。粗大的拉拔根通常會斷裂，細而有彈性的拉拔根則比較可能被拉出地面 [29]。Peter Muller 博士在我們系所展示了風壓會使張力根盤對剪力根球的抗剪區域施予壓縮力 [28]，讓後者的抗剪力提升。

風

拉拔根盤

剪力根球

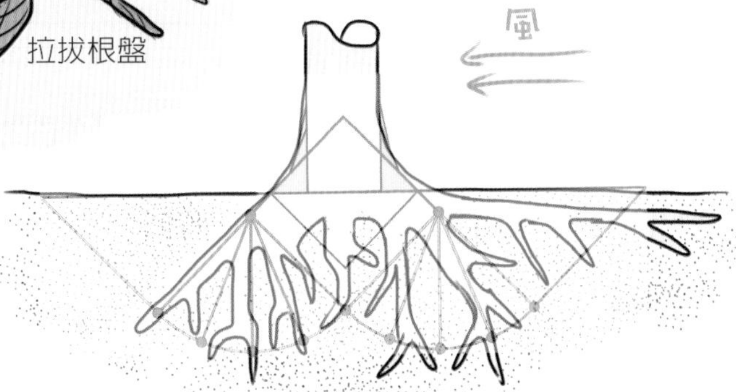

風

軸根系靠壓縮力來錨定

具有軸根（tap root）的樹木很幸運，在迎風與背風面都有壓縮錐（圖 A）。土壤被壓縮，會產生更大的抗剪力，考慮所有關鍵點後可畫出圖 B。然而由於僅具少數幾條拉拔根，左下圖比較接近真實狀況。這與甜菜、洋蔥的形狀神似。

A

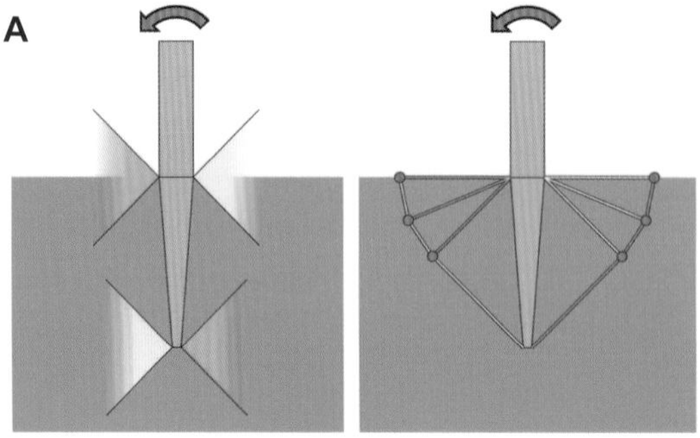

B

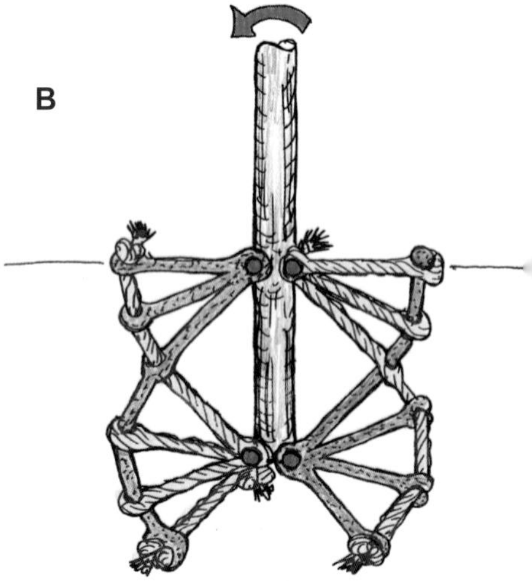

C

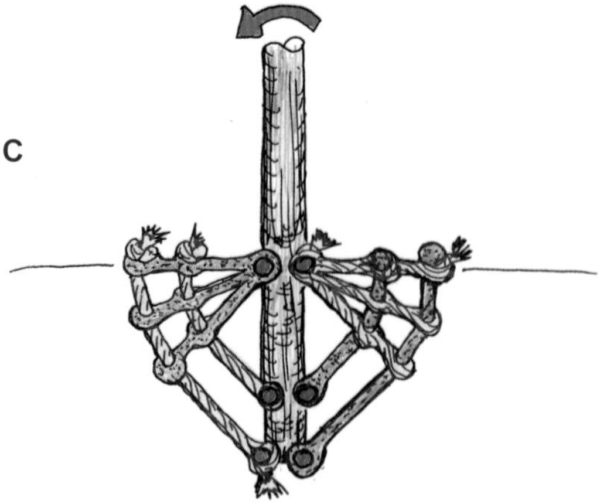

D

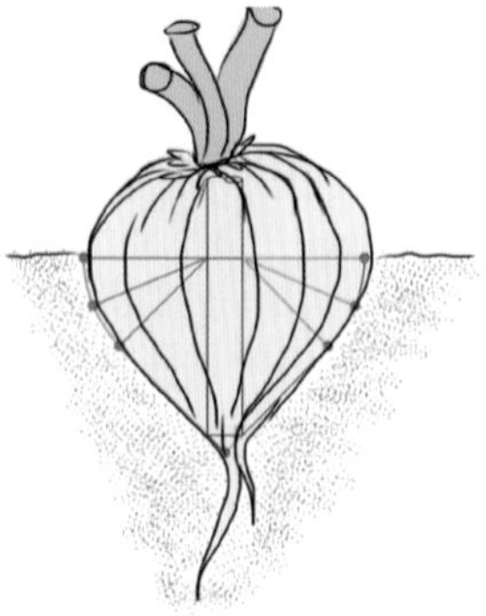

軸根的長度

在之前的圖片中，如何推斷主根長度？風倒木的田野研究顯示，會長出可見主根的樹種，具有跟斜出根系樹種半徑相當的根盤。因此，我們選擇主根幾何應力錐的深度，使它根球的寬度（橫向延伸）與斜出根球的寬度大致相當（圖A）。並非任何軸根深度都有這種一致性（圖 B，見下頁），有斜出根型到軸根型的過渡帶。用 CAIO 法對應力錐設計進行驗證，顯示最佳纖維布局與力流一致（圖 C）。上面提到的風倒木研究如圖 D 所示，其中風倒的松樹標記為紅色，這再次顯示了軸根系的根球和斜出根系、水平根系的根球是同等大小量級的。

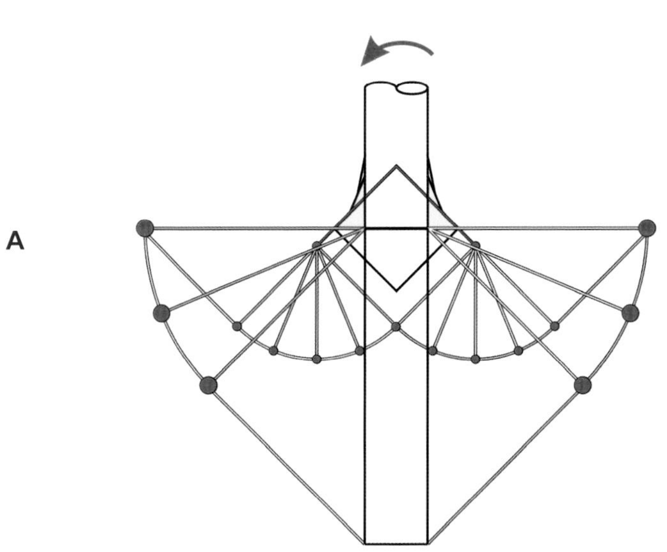

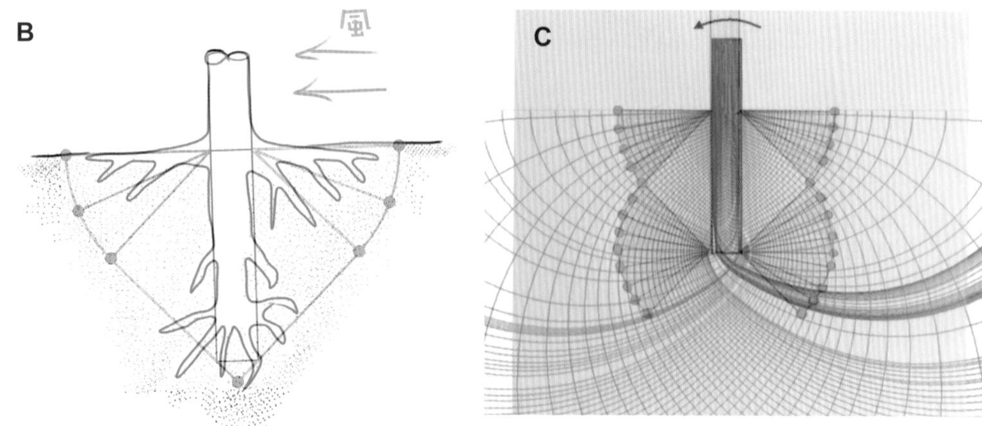

有限元素分析者：Herbert Moldenhauer

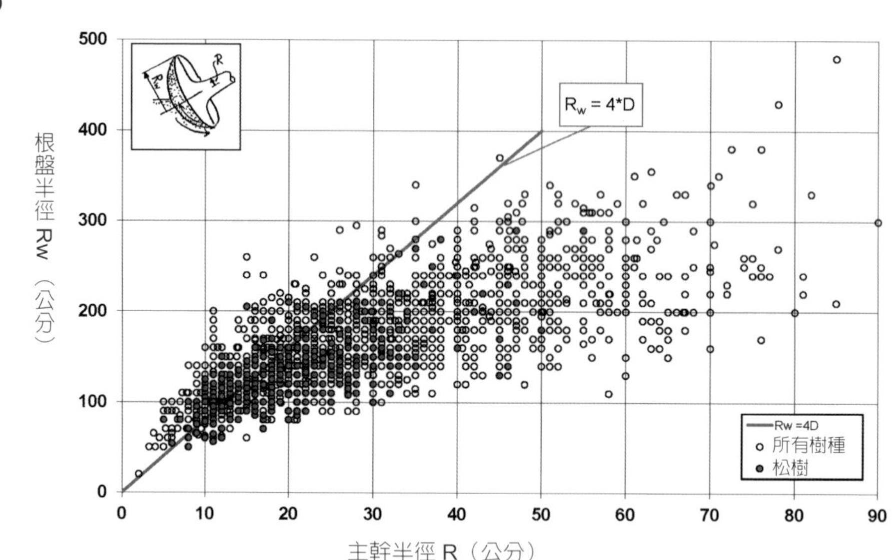

下方這群點是有小型根盤的樹，大多長在堅實的地面（見P.366）。理論上，上方曲線的那群點是具大型根盤的樹，生長在不太堅實的地面，例如太溼或沙土等。

把根球當作一把鏟子

若把穩定土壤的根系換成鏟子，用鏟頭把一球土壤抬出地面，以模擬風倒木的根球，則這個土球就像軸根系根球的錐形應力設計一樣。

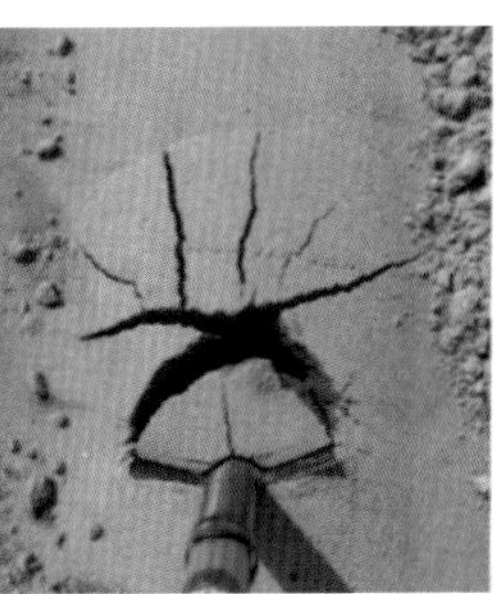

風倒木剪力長度比較

寬度（橫向延伸）一樣時，深藍色線是剪力長度，它決定了風要吹倒樹木所需的能量，這是考慮到在田野經驗中根盤的壓縮錐部位通常在風倒時會斷裂並留在地裡 [30]。軸根系的好處是短暫的暴雨較不可能使深層土壤變鬆，不過反正在積水處不會有軸根系樹木，只會有水平根系。

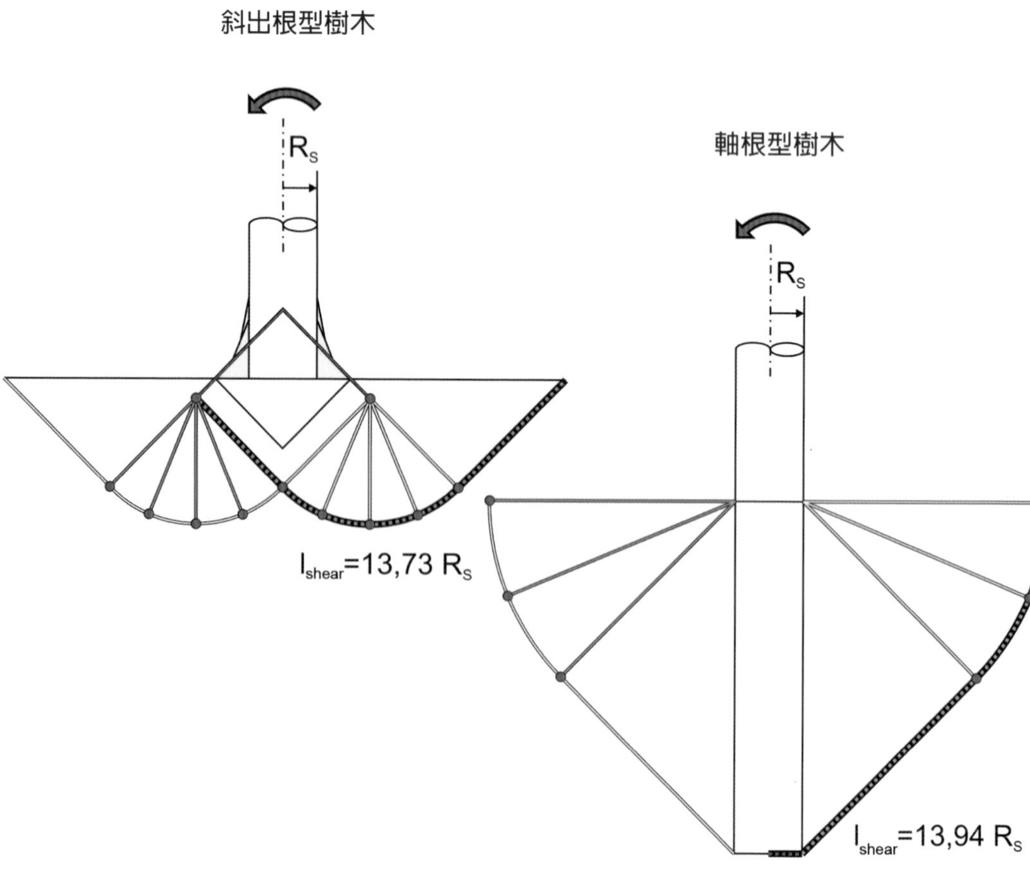

斜出根型樹木

R_S

l_{shear}=13,73 R_S

軸根型樹木

R_S

l_{shear}=13,94 R_S

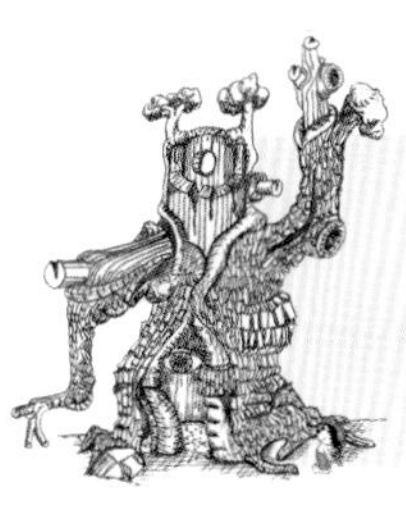

水平淺根系 —— 衣帽架？

不管標準再怎麼寬鬆，水平淺根系都很難與垂直的應力錐形狀相符（圖 A）。最佳的狀況是圖 B，當樹在根系張力錐的邊緣長了個 45° 角的沉展根系，具有類似斜出根系的錨定作用。然而，當水平根盤發展出垂直的沉展根系，淺水平根就會像沉展根安裝在地面上的衣帽架一樣（圖 C），使大水平根系受到彎曲力，通常這會在迎風面產生大板根，反過來又使應力錐之間的方形往大板根方向移動，且使方形在移動過程中變大，增加了設計空間（圖 D）。我們將在下面看到，所有板根都會有這個效果。

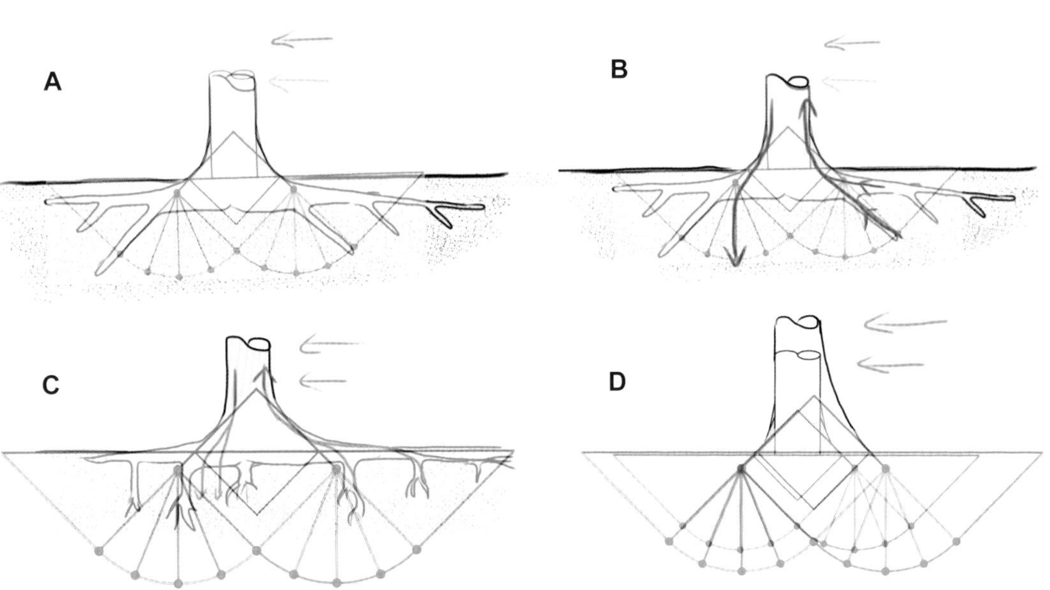

板根根系

板根根系與水平淺根系相似，都有硬化的水平根。將應力錐模型只依主幹直徑與板根樹木疊合後，就可看出應力錐的中心應位於更外面才對。比較好的方法是將應力錐之間的方形與板根的輪廓疊合，這樣會有較大的設計空間，從而將負重分布在較大的地面面積上（圖B）。若將板根根球視爲植栽容器，板根擴大了容器的半徑，增加了穩定性。

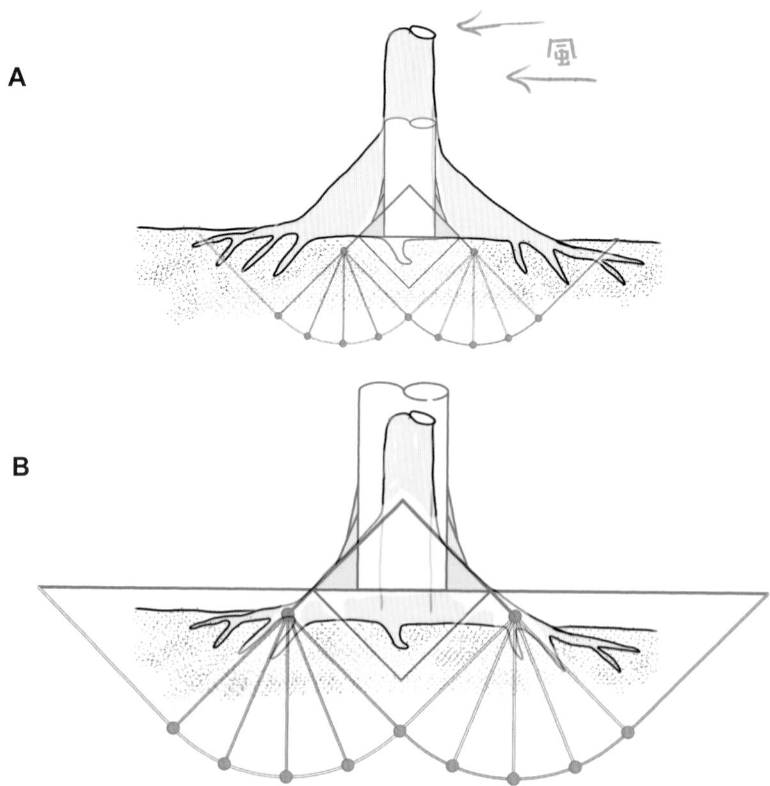

板根根系傾倒

即使將應力錐模型依主幹直徑疊合，也可看出對這棵樹而言其根盤過淺，就像一個容器太扁的植栽，本身重量不夠。傾倒意指以背風面板根的接地處爲轉軸倒下，這也是水平根系且缺乏抗剪力根球樹木常見的傾倒型態；這種情況下位於背風面、沒有板根加固的水平根會直接斷裂。

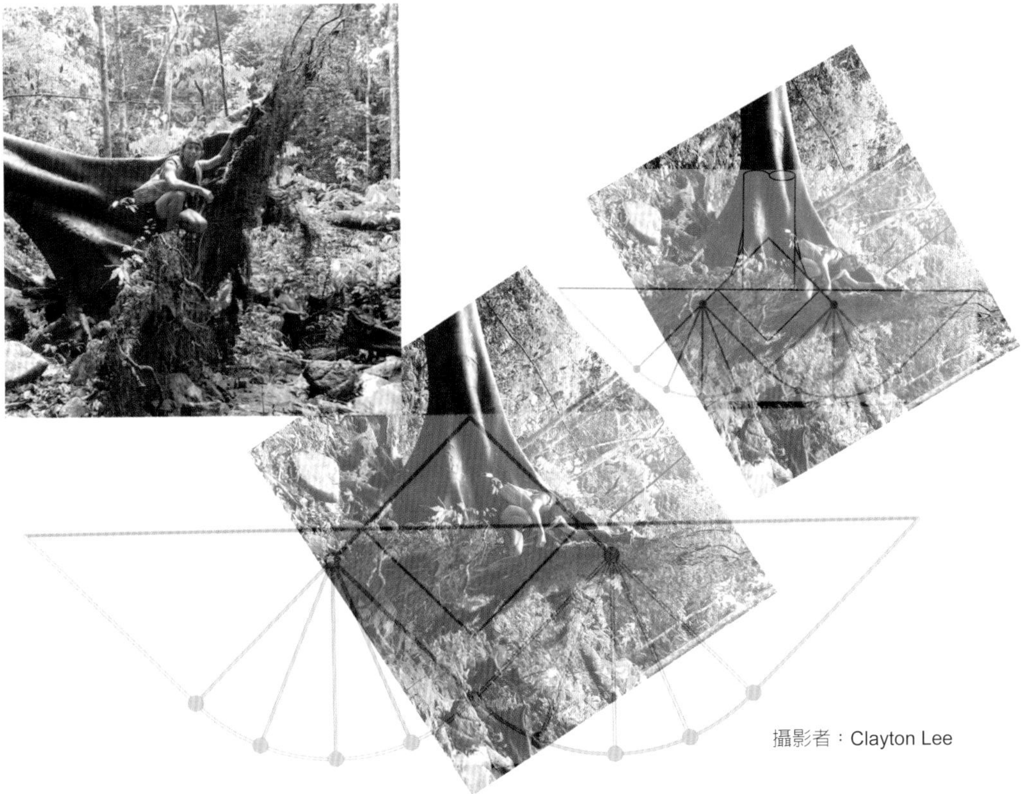

攝影者：Clayton Lee

新加坡的板根樹

樹木基盤的品質可能藉生長過程中受到的負荷來決定板根的主要形狀。新加坡的樹木養護理論家 Tee Swee Ping 展示，板根可以長得比一個成人高得多。箭頭處爲一生長中的側向支持根，試圖補償左邊板根的裂縫。

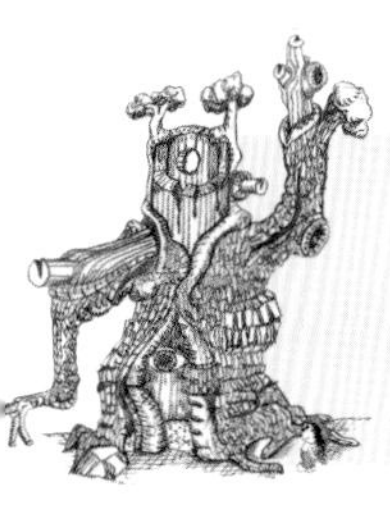

高蹺根 — 與腐朽賽跑

圖 A 顯示這是如何開始的。一顆種子在一根森林中靜靜腐朽的木材上發芽，這顆勇敢的種子必須盡快使它的根接觸到土壤，並在貪得無厭的眞菌分解這根木材前長得足夠粗壯，若它成功，就會長成一棵有趣的小樹。在 Queen Charlotte 島上的森林深處，我們驚奇地發現高達 7 米、長有「蜘蛛腳」的高蹺樹。它一開始還站不穩，就像圖 B 中史都西示範的模樣。紅樹林樹種都是蜘蛛腳結構大師。

紅樹林 — 專業支柱根

仔細觀察圖中纖細的主幹與開展的根盤，這顯示紅樹林植物並不相信它腳下的軟泥可以負荷過重。同理，雪鞋也能將其負重平均分布在軟雪上而不至於深陷。紅樹林是靠開展的根站在泥裡。

R
Rw

壓縮根之愛

傾斜的紅樹林樹木多半喜歡在壓縮側長出支持根（向地側），而非長在張力側（頂側／背地側）。它腳下的地基抗剪力不足，因此拉拔根沒有用。若這個理論爲眞，則許多紅樹林樹木就會站立如有彈性的植栽容器一般，無法將張力傳遞到地裡。然而事情並沒有這麼極端。紅樹林的張力側根系彎曲，受到突然的張力時會有如衝擊吸收器，延緩它們被拉出泥地的時間。紅樹林就像有彈性的植栽容器加上一條張力繩索般站立著。

斜出根系、板根根系、紅樹林

這張圖片比較了三種根系的應力錐設計空間：沒有板根的斜出根系，其黃色的張力三角跟其主幹半徑一樣大；板根根系；紅樹林樹木的根盤，我們還未有它的應力錐模型。

攝影者：Sascha Haller

越來越寬廣——越來越柔軟

這是前頁的放大圖。最左邊爲傾倒的斜出根系，最右邊爲板根根系，中間爲紅樹林樹木。當樹木底下的設計空間變大，作用在根部的負荷也隨之急遽降低，同時減輕了周遭土壤與紅樹林根部泥地的負載。這邊的策略很簡單：用長槓桿取代土壤的抗剪力。

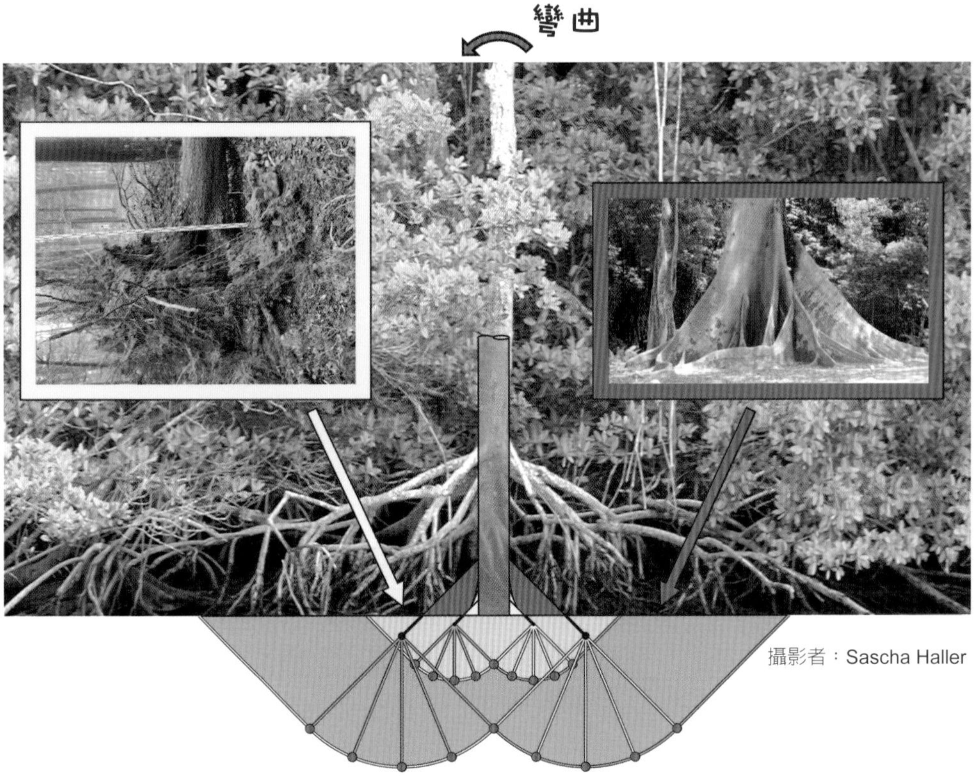

彎曲

攝影者：Sascha Haller

氣根

一開始它是最左邊細細的釣魚線。細根朝地面生長。Zimmermann[31] 展示了氣根錨固後會收縮：他將裝滿土壤的桶子放在一條氣根下，該氣根將桶子舉離地面。這代表氣根是個張力繩索系統，能應付力學負荷，且多半也能因應負荷的改變而調整自身型態與預應力，一如樹木的表面也會適應生長。

攝影者：Tee Swee Ping

絞殺榕 — 養子弒親

攝影者：Tee Swee Ping

絞殺榕在毫無防備的宿主樹木身上開始它的一生。最初的時候它會往地面生長氣根，用它的繩索環繞宿主。氣根碰到主幹會長成扁平的根區，碰到別條氣根時就融合爲連通的管道，最終形成假樹幹。像鋼箍一樣，這個假樹幹扼殺了仍在肥大生長的宿主樹。宿主樹死亡後，絞殺榕生長在它養父的腐植質上。若它沒形成夠強壯的假樹幹，則宿主倒塌時會將它拉倒、拖向死亡。

在積水層或岩石表面的薄層土壤

用錐形應力法就能看出，斜出根系的主幹若大於某個等級，其地下部的發展會受積水或岩石嚴重抑制。主幹直徑被積水水位與岩石主宰，根系則會長成水平根系，並且缺乏由地基的抗剪力提供之錨固輔助。這使它像一支衣帽架，被沉展根釘入平而軟的地面，這是最好的情況。長在岩石上的樹，至少能在壓縮側產生支柱型的根。

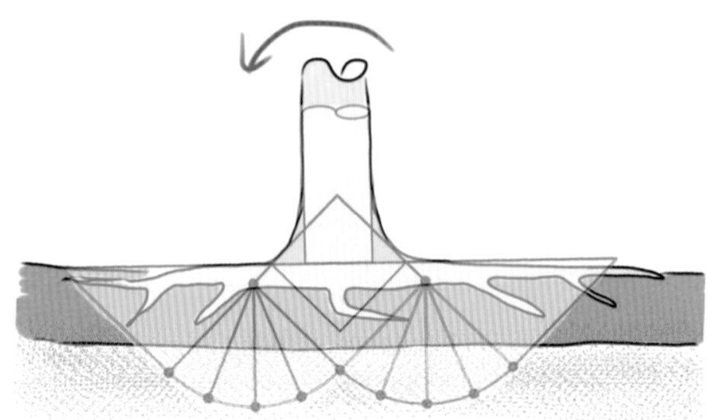

積水

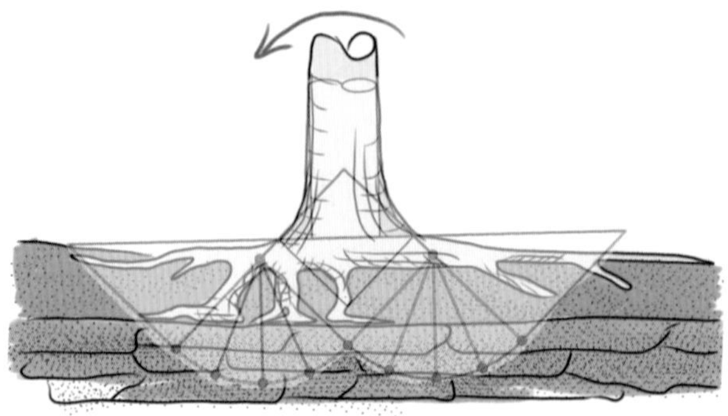

岩石

岩石表面的扁層土壤

風暴並不在乎樹木會不會因為土地過於溼潤而拒絕深入地下，也不在乎樹木會不會因為無力穿透岩層而無法深入地下。長在石頭上的樹（圖 A）長到一定大小就會倒塌，跟長在積水層上的樹一樣。此外，如果沒有空間讓樹在迎風側發展長的拉拔根（圖 B，見下頁），它會倒得更早。但如果岩石中有許多裂縫讓強壯的側根發展，這棵樹就能錨固久久，就像著名的樹獵人 Rob McBride 這張照片裡的「龍橡樹」一樣。

A

岩石表面的扁層土壤

B

C

攝影者：Rob McBride

中央沉展根之死

當中央沉展根因積水而腐朽，張力側僅剩外圍的沉展根與地面交織連結。當剩下的沉展根也被拉出，這棵可憐的樹就會溼著腳、翻倒在壓縮側的根領上，像翻倒的衣帽架。令人意外的是，此時扁平的根盤下幾乎找不到任何沉展根。在嚴重積水的地方，長長的張力繩索（拉拔根）及其周圍的土壤將會「漂浮」在泥土上，樹木風倒時就像蛇一樣被拉出地面。若下方是岩石，根系中央的沉展根也常常死亡。

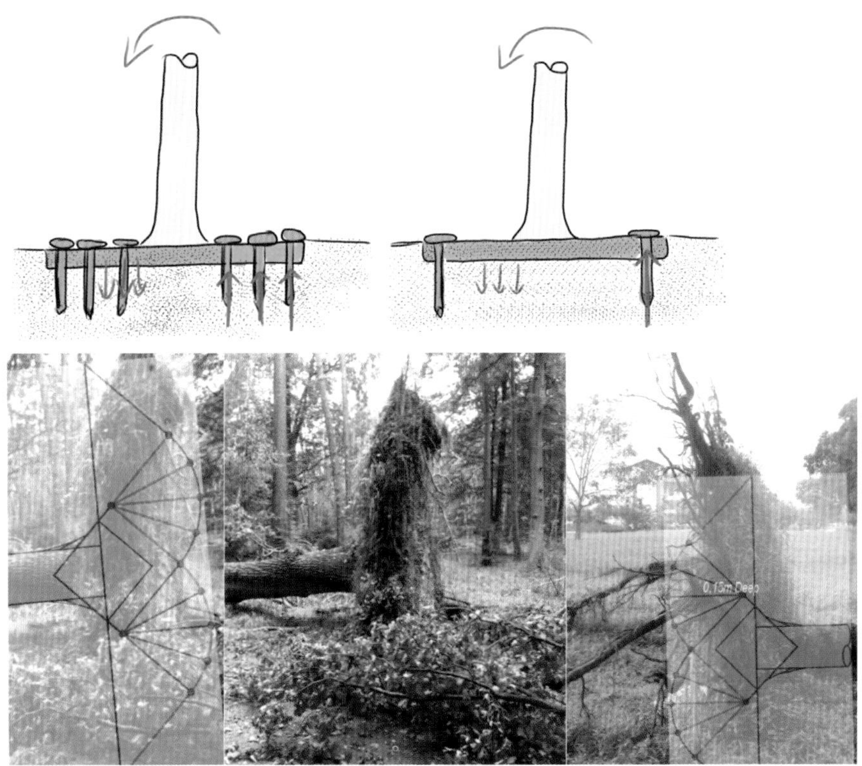

攝影者：Clayton Lee

樹木風倒特徵示意圖

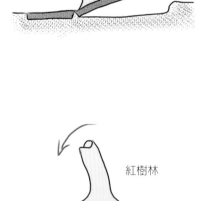

只有軸根型與斜出根型能大幅利用地基的抗剪力。水平根型與板根型像植栽容器一樣，靠自身與根盤的重量站立，最好的狀況下它們會被沉展根釘入地裡。紅樹林樹種的蜘蛛腳其槓桿臂最長，錨固力最小。這些長長的高蹺也會彎曲、斷裂，或被從泥地裡扯出來。附帶一提，蜘蛛有長腿，使牠們能將體重分散到網中的幾縷絲線上。這裡我們再次看到多樣化的一致性。

相鄰的樹 — 朋友或敵人？

兩棵斜出根型相鄰樹木的應力錐設計圖，顯示兩樹中間的壓縮力與張力彼此呈直角交叉，完美結合。如果兩棵樹最終能融合彼此的根系，它們便能藉張力與壓縮力相連、相互承擔負重，此舉將爲它們帶來莫大的好處。這個連結甚至就像巴伐利亞的手指拔河習俗般牢不可破（見下頁），每位參與者都承擔對方的負重，並以此爲基台。

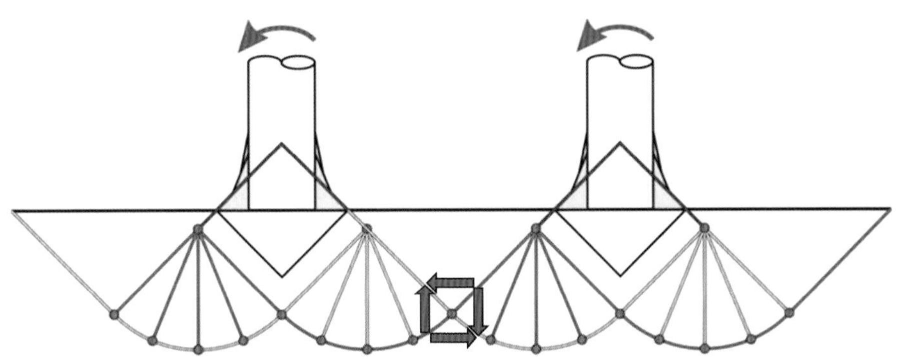

手指拔河

合作或互相破壞

但當兩個鄰接的承重者傾倒，或如果兩者間無此連結，會發生什麼事？這種情況必定只靠兩根球之間土壤的高剪力來產生相互作用。如此更有可能導致兩樹間剪力造成的裂縫。

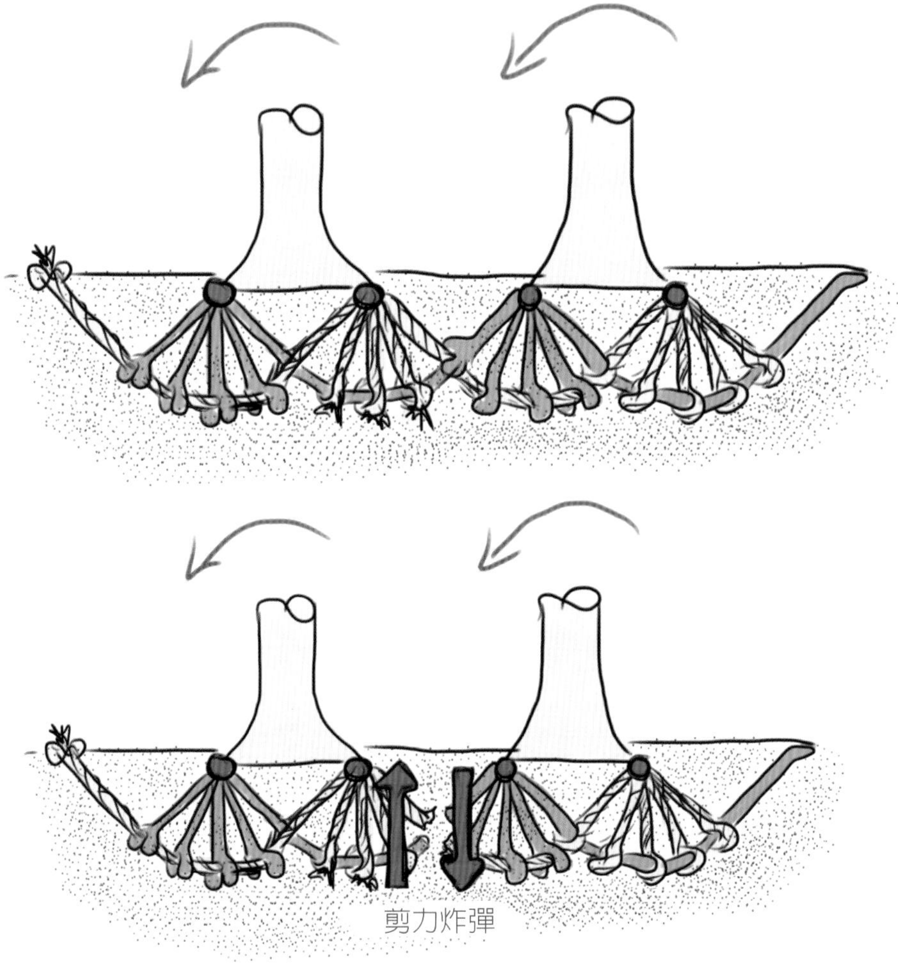

剪力炸彈

更近的空間

當兩棵鄰樹距離更近，一棵樹的中央張力錐與另一棵樹的壓縮錐會互相抵銷，力流會在圖 A 中共同的紅點相交。在這麼短的距離下，相鄰樹木根部的結合或交織就更爲重要。只要根部結合，兩個主幹就能共用同一個大的設計空間（圖 B），使樹更爲穩固，這已由我們部門的 Iwiza Tesari 博士用有限元素法演算證明。相反的，比起相距較遠的兩棵樹，當兩棵鄰樹根盤無法結合時，它們更容易因剪力引起的地面裂縫而傾倒。

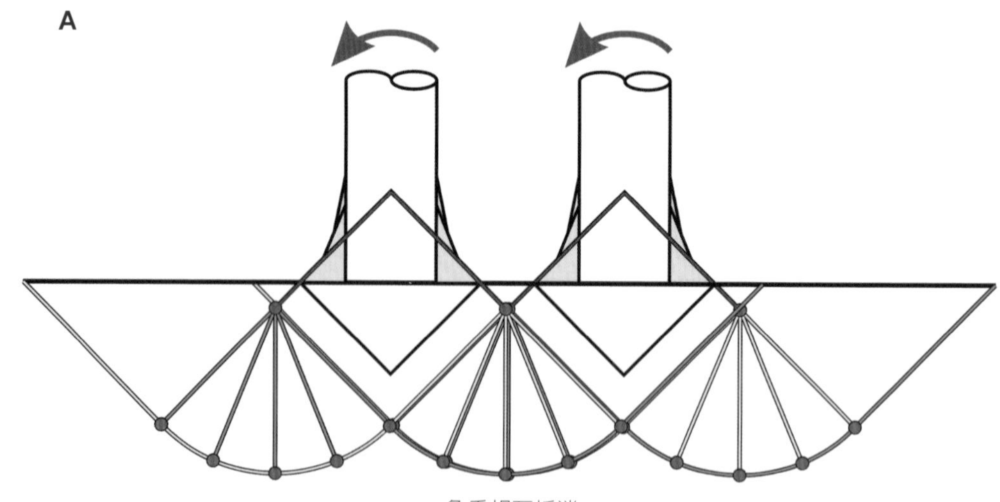

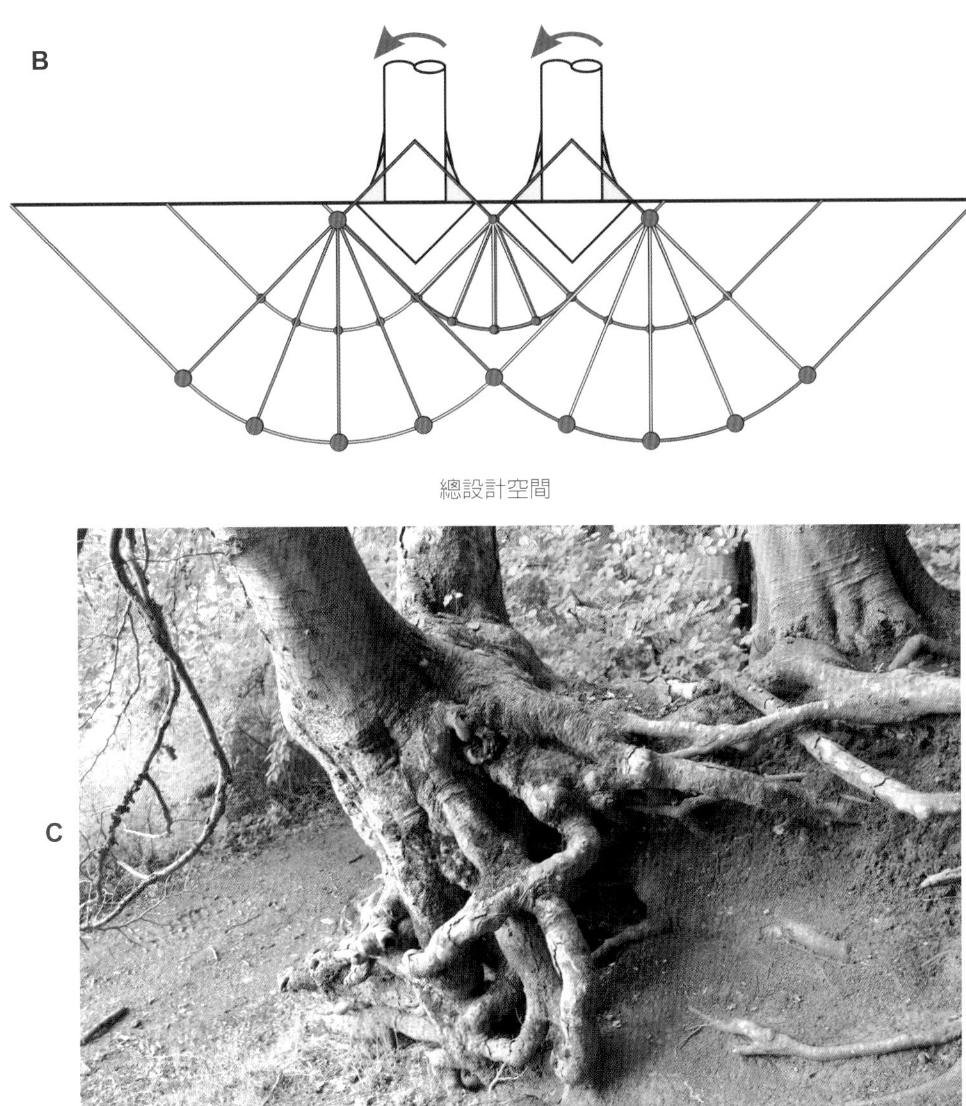

這些樹之間有穩固的連結，不然它們應該早就倒了。

軸根之間的友誼

都市中大部分土壤已被壓實，很少見到軸根，但爲了展示錐形應力法的效用，這邊用兩棵軸根型的鄰樹爲例。圖 A 中兩棵樹承受相同負荷，圖 B 中兩個軸根朝相反方向彎曲。圖 A 狀況下，張力 — 壓縮力交叉相融，而圖 B 中上方的張力繩在眞實世界等同於兩樹間的根橋。如果打破這個，任何孤立樹都會比它們更好。注意：不同的樹間距、不同的彎折方向，都會對應到不同的應力錐設計。

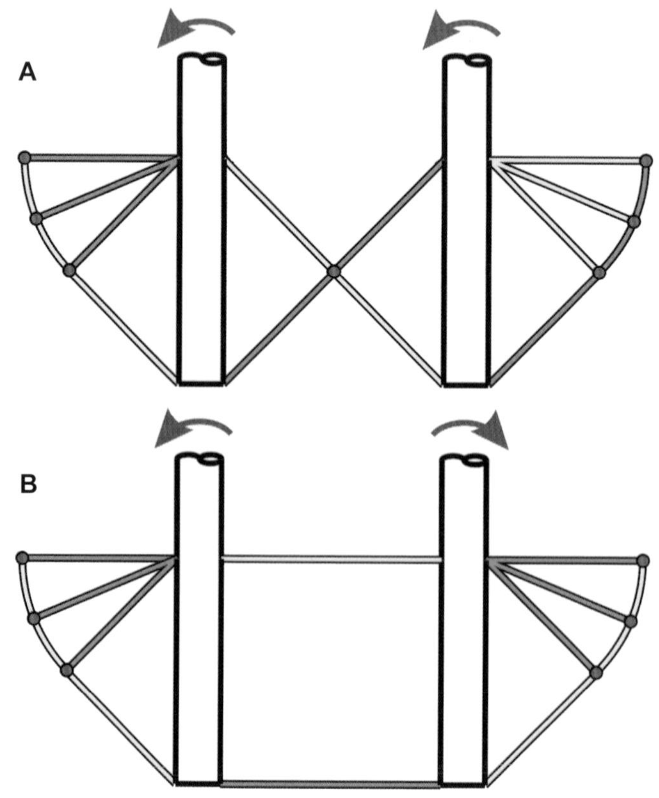

叢生樹 —— 渴望光的風險共同體

叢生樹的樹幹相觸，擋住彼此的路。由於渴望光線，它們刻意傾斜，發展單側樹冠，往外彎曲、遠離彼此，在張力側沒有空間生長維持根（retention root。拉拔根），它們只能以樹幹相接觸的另一方來當自己的錨固點與支撐台，但這只有在根部融合、維持張力的狀況下才有可能（圖 A）。當接觸點斷裂（圖 B），或出現危險枝椏裂縫（圖 C），整個系統就岌岌可危。就跟所有傾斜樹木一樣，側向沉降的徵兆會很明顯：從背地側的樹皮剝落或出現無苔蘚的斑塊，到向地側的樹皮皺褶。如果有棵樹在正中間，它的樹幹纖維必須連通到根部，自己才能存活（圖 D）。但若它被側面的樹幹牆包圍，則會死亡、斷裂並就地腐朽。若這叢樹共有兩棵以上，使用纜繩環型固定，或大幅縮短外伸的長枝條，則可延緩折損。

叢生樹常因橫向纖維累積而斷落四散。

來自地底的幫助

許多都市樹藝師可能會皺眉想著，他的樹四周根本沒有可以容納主幹四倍直徑的空間。長在積水地層的樹通常無法往下紮根主幹兩倍直徑的深度，這往往導致安全問題，但都市中圍繞在樹周圍的石頭、管線卻成為土壤中隱密的錨點，這對樹是有幫助的。樹木將負荷傳輸到這些固定物中，這些固定物則在離樹較遠處壓住地面部分。此外，每顆被樹根繞住的石頭都代表根部抓地力的下降，這些情況使我們很難正確評估樹木的穩固度，尤其在都市裡。石頭被錯位或抬舉都是根部延伸的重要訊息。然而，每棵樹的位置不同，也都會找到自己的策略。正是因為如此我們認為無法訂定放諸四海皆準的樹根折損標準。要知道樹根有無數種不同的架構，它們該適用於不同的情況。

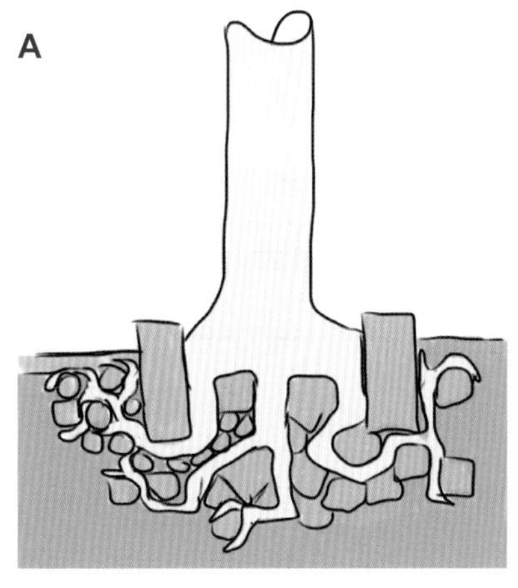

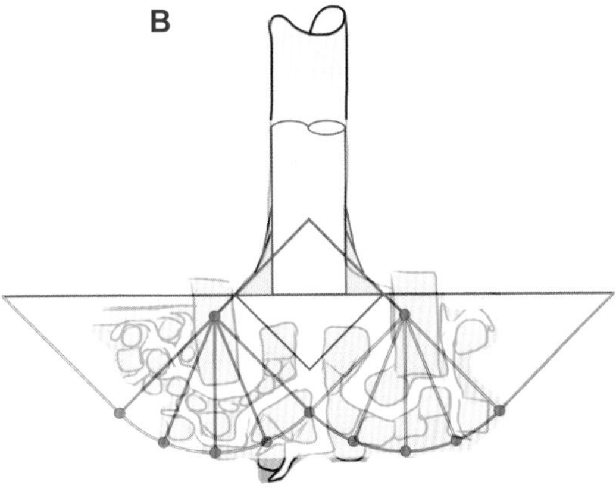

次要的應力錐是輔助錨固點

背風面的錨固岩石受到樹的壓縮力，而成為剛性支撐物，往下壓出一個穩固的應力錐（次要應力錐），以其下密實的土壤為穩固基盤。但在迎風側的岩石環境就不是個那麼好的選擇。當它被樹根往上抬時，當然也能往上形成應力錐，但其上方的土壤無法承受太大的力。迎風面的岩石能在鬆散土壤中啟動稍大的抗剪力區域，雖然不如背風側岩石有用，但總比沒有好。當樹根繞住岩石，要將它拉出所需的力就會增加，我們部門的 Roland Kappel 博士已證實這件事 [32]。

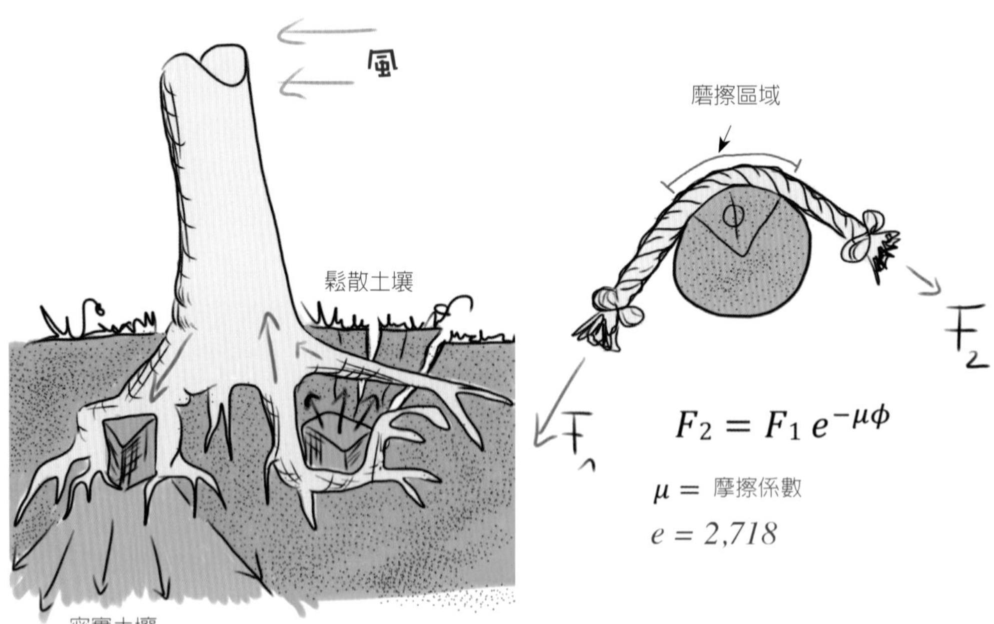

激烈競爭

這些樹木跟水溝與馬路之間沒有多少展開空間，它們只能各自想辦法，包括鑽入水溝的混凝土牆底下尋找錨固點，充分利用超窄的土壤植穴，以及在覆蓋的鋪面底下找到不錯的錨固點。評估這些樹非常不容易。板根處的增長帶紋可以輔助判斷，它們是樹木努力尋找錨固點的痕跡。

攝影者：Simon Longman

迎風面若無維持根，可能導致風倒

樹木傾倒的方向通常遠離水源，而非朝水源傾倒。

攝影者：Jürgen Braukmann

以岩石為中心

這群樹從小受訓要通力合作，否則它們會從岩石上滑落。今天，它們掛在一條條橫向穿越的繩索上，以岩石為壓縮支柱，藉此錨固自己，這些繩索是從它們小時候開始逐漸長成的。這是大自然的傑作，但就像叢生樹的例子一樣，它們也是風險共同體。不過別擔心，一條4公分粗的樹根有足以舉起兩頭大象的張力。

攝影者：Dr. Hans-Jürgen Goebelbecker

剪力殺手與抓地者

當圖 A 中的黑鸝將蚯蚓拉出地面時，這隻不幸受害者所產生的阻力僅由其身體和周圍土壤之間的摩擦力決定。樹根是錨固藝術大師，循著剪力方形的 45° 角張力線（圖 B、C）往側面或往下生長側根（圖 D），在這條「剪力殺手根」[28,29,32] 與主根之間的土壤被壓縮緊實。剪力殺手根不只是一條根，而是一條抓住一塊土壤的根。相反的，蚯蚓得到處爬，所以無法這樣做，眞不幸。

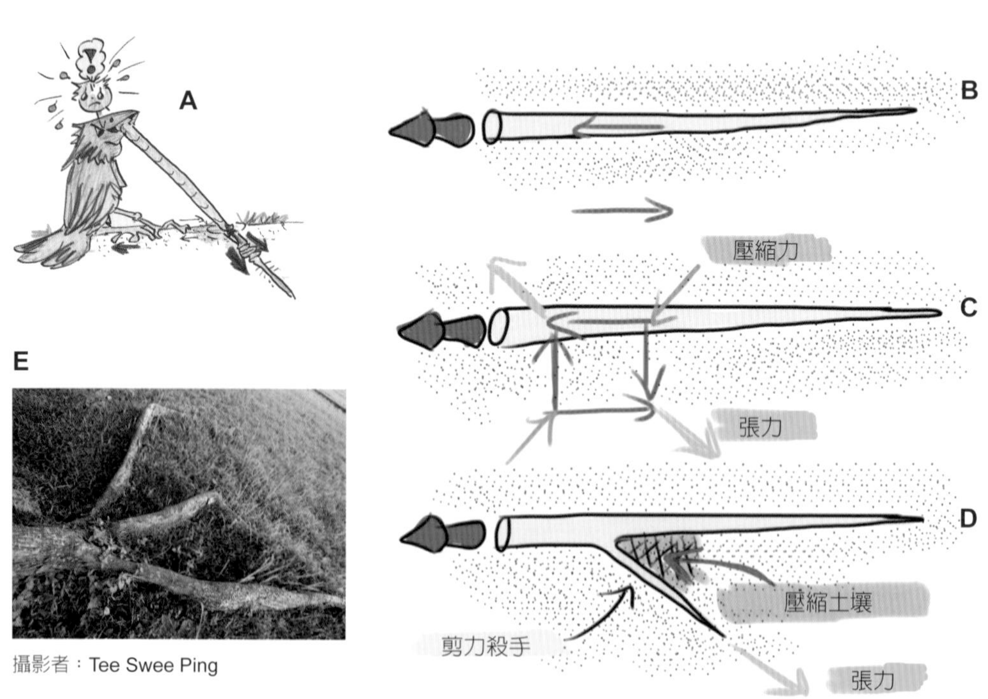

攝影者：Tee Swee Ping

側根與主根的交界，就如枝幹連結處的結構

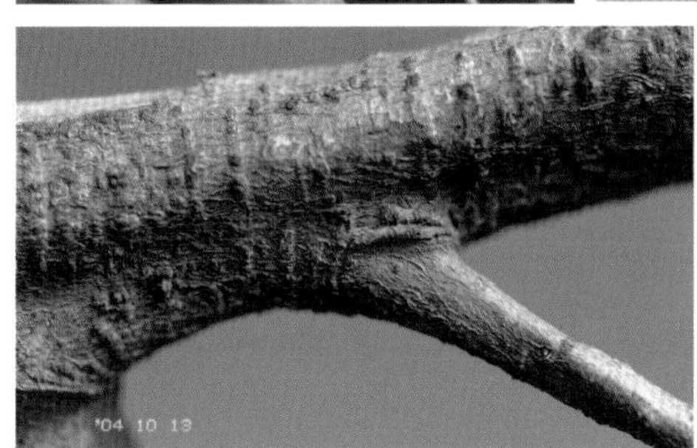

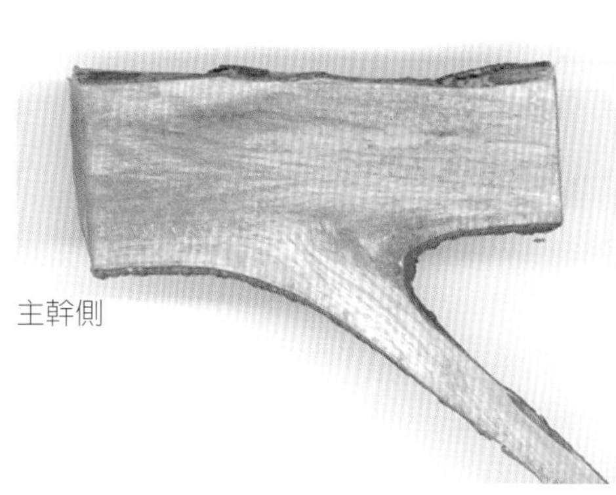

主幹側

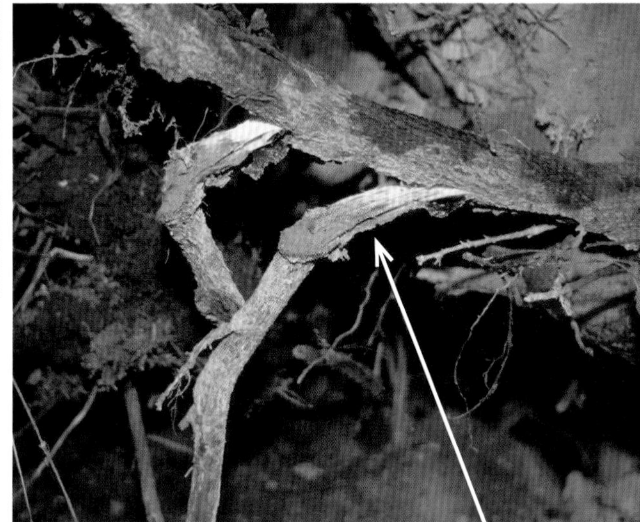

側根尾端

以力量代替空間

大自然中也有許多樹木為了獲得堅固的錨點而放棄更大的空間。圖中的樹木如一根壓縮柱，施力於其下的岩石，以石為壓縮錨點。為避免往圖中方向吹入的風造成樹木往後傾倒，樹木長出拉拔根向下延伸，可能在下方的岩石縫隙間錨定。樹根處有明顯的生長帶紋，顯示它艱辛地拉住這棵從後方被岩石緊夾住的勇敢的樹。

攝影者：Neil McLean

樹根的橫截面有其受力記錄

拉拔根在整個橫截面上的受力相同（圖 A），因此在整個面上反應生長相同厚度的年輪，於是橫截面始終保持圓形。彎曲根（圖 B）在彎曲方向的頂側和底部受到高應力，因此在這些位置的生長量較大，在中間因應力爲零，生長較緩慢。當根同時受到張力與彎曲力（圖 C），頂側的張力會相加，底側則有部分張力和壓縮力會互相抵消，因此只有頂側會生長旺盛，在極端的案例中會長成板根。

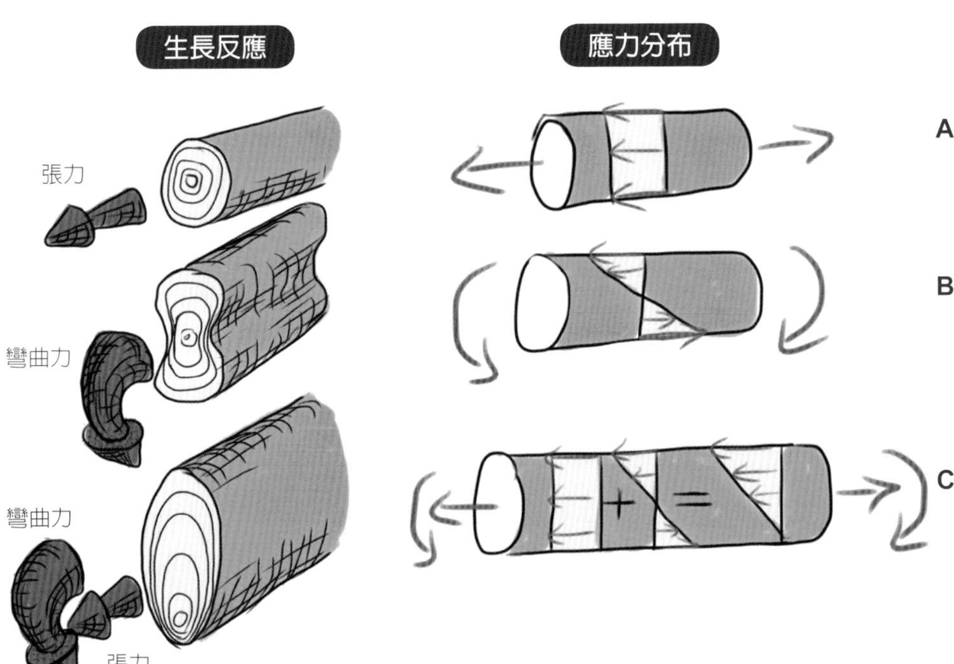

追蹤受力的變化

這個樹基曾因過度負重而有部分根領纖維產生皺褶（紅箭頭處），力流於此被導向旁邊，繞開較軟的皺褶處，因此破壞了根領的對稱受力結構。藉由計算年輪的數量可以推算出這件事情發生的時間。

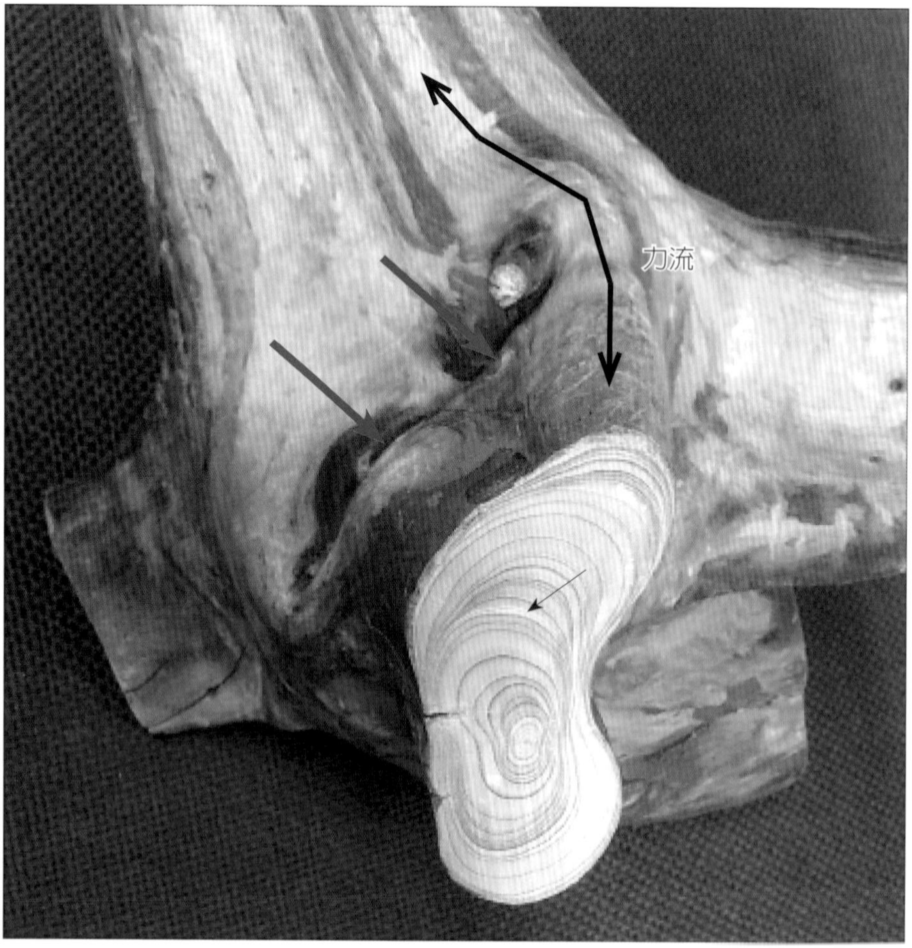

絞殺根

當植穴太小，移植時根太長塞不進去而把樹轉了一下，就產生了未來會絞殺這棵樹的根，在太小的盆器中種太久而產生內壁盤根的樹也會這樣。雨水沿主幹流下，也會吸引自己或鄰樹的根因趨水性而長過來，一開始長成蜘蛛猴狀，然後變成絞殺根，殺死樹木。

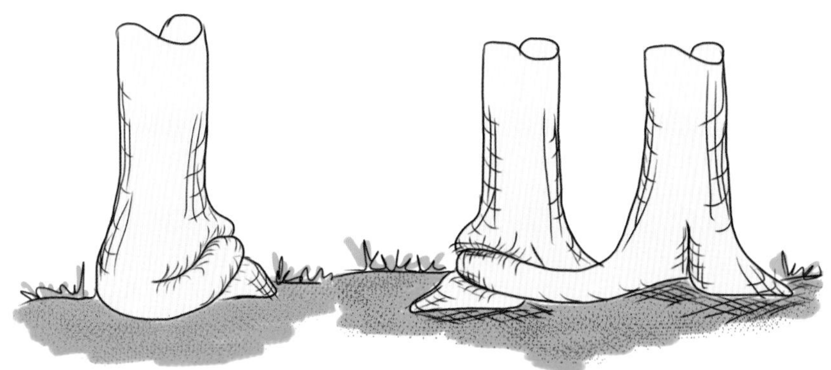

攝影者：Bernd Malchow

局部融合

局部的融合會使樹液流動方向改變，可能導致絞殺樹木。

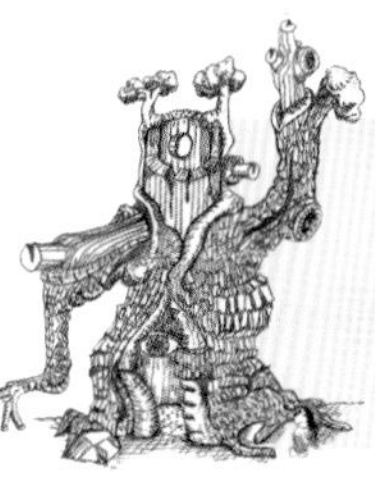

地面殘洞中的蛇形絞殺根

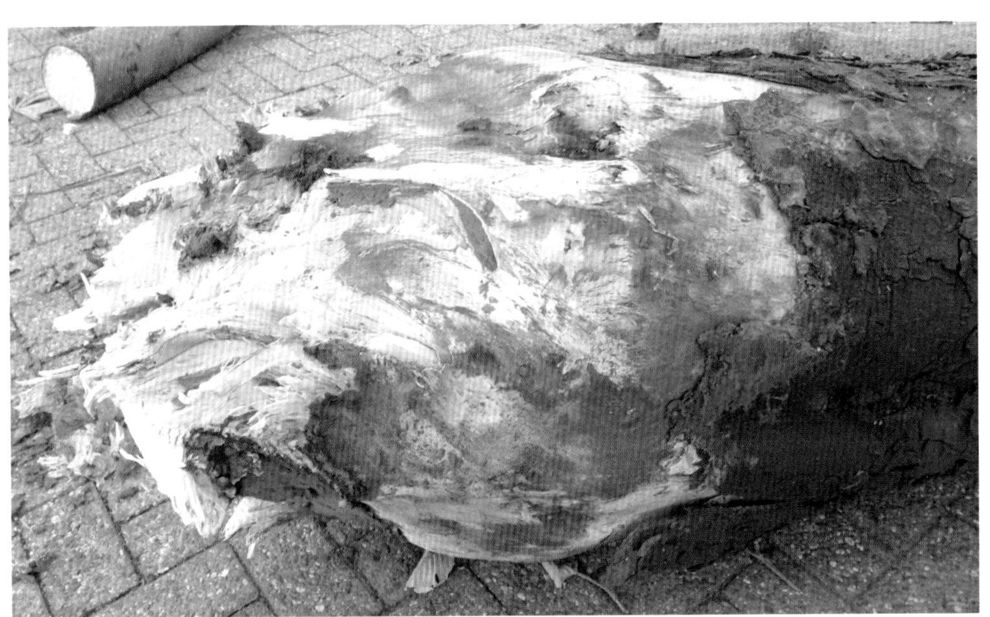

攝影者：Jürgen Braukmann

斜坡樹的應力錐

長在 45° 坡上的樹（圖 A），最多只能在壓縮錐的邊緣長出垂直支撐根，之後這根能穩定其下方出現的空洞（見下頁）。於上坡側則在張力錐的邊緣長有水平的拉拔根（圖 B）。即使多年後坡面土石流失（圖 C、D），樹仍能展示它長在一個45° 坡上，令人嘖嘖稱奇。

A

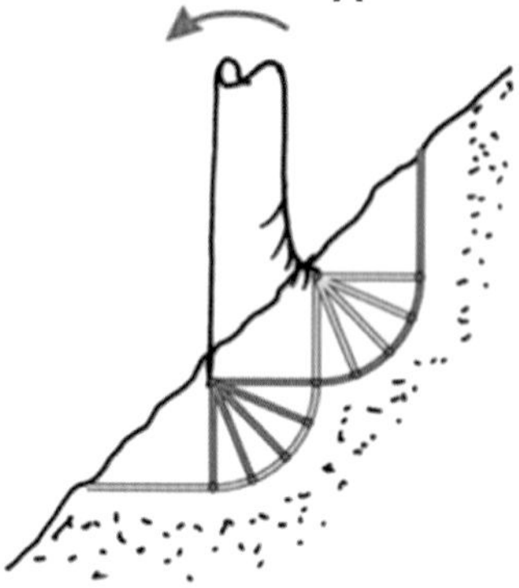

B

C

D

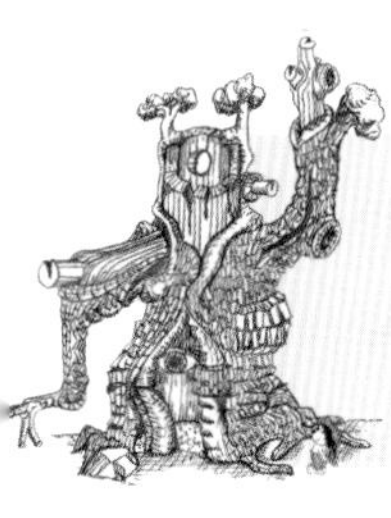

評估斜坡樹

斜坡樹（圖A）被風吹動時會使土壤鬆動，而在其根部產生空洞（圖B）。這只能靠在下坡處長出粗大、無皺褶的支持根來因應（圖C）。就算有這樣的支持根，仍要注意土壤是否裂開，上坡側的根是否有拔出或斷裂的跡象。護坡最佳選擇並非喬木，而是灌木、地被層，或被稱爲「生物鋼絲網」的常春藤。

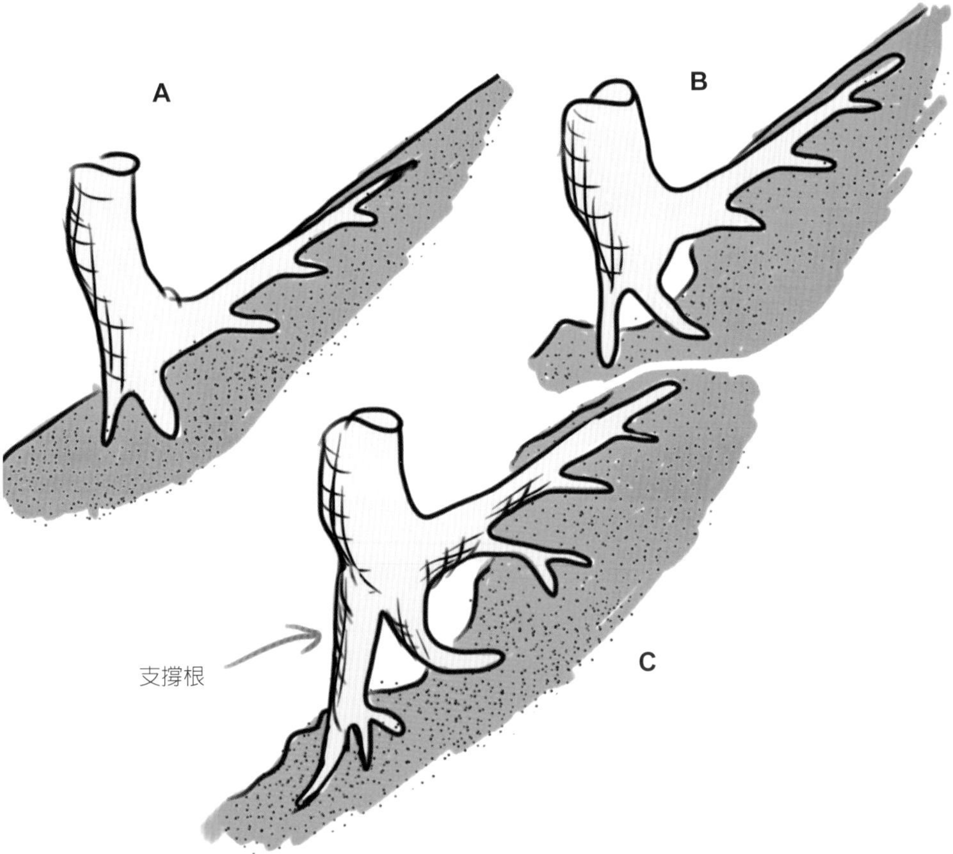

斜坡樹的故事

樹木所造成的基盤空洞已開始形成，支撐根也已明顯加粗。然而，要注意上坡側拉拔根以上的地面有無裂痕。

樹木自身造成基盤完全掏空，支撐根等同主幹的延伸，長得很成功，上坡側的拉拔根千萬不能斷。

若樹木持續掏空自身基盤，又沒長出支撐根，則其未來不妙。

From[60]

崖邊樹

錐形應力法顯示，崖邊樹必須被側向固定，被往外側彎曲時它需要拉拔根在上、壓縮根在下。我們部門的 Sascha Haller 博士依據進化式結構最佳化（SKO）計算出的結果，僅留下受力的部分，此結果可用錐形應力法來理解。

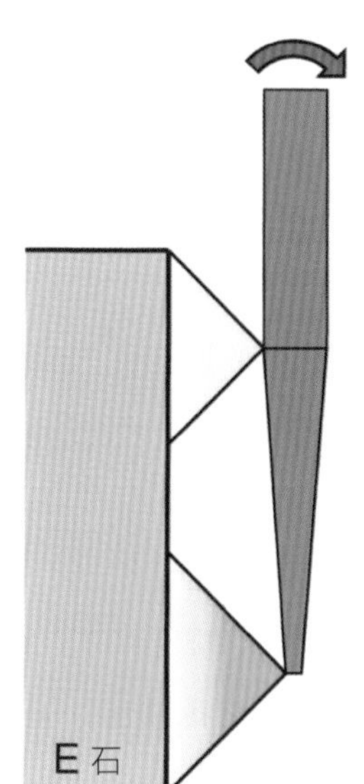

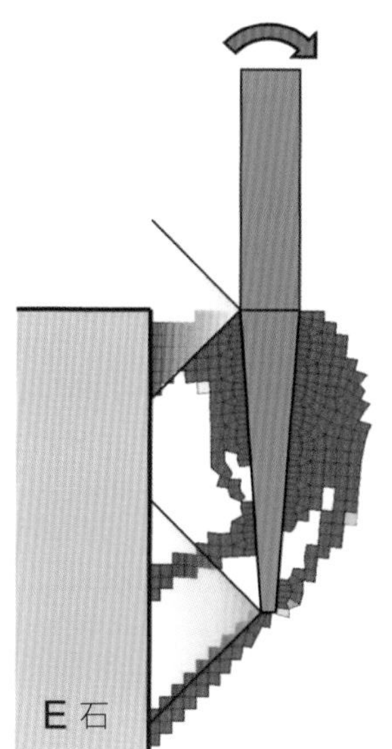

進化式結構最佳化：Sascha Haller

攝影者：Mick Boddy

與彎曲力和重力抗衡的樹根

應力錐可用於評估樹根的功用。圖 A 中的單一垂直力可理解爲樹木的重量。最佳固定法是用一條 45° 的張力繩與一根 45° 的支撐柱，兩者可在圖 B 的彎曲力錐邊緣看見，不過還加上了水平的張力繩與支撐柱。若往相反方向彎曲，則張力繩與支撐柱的位置互換。

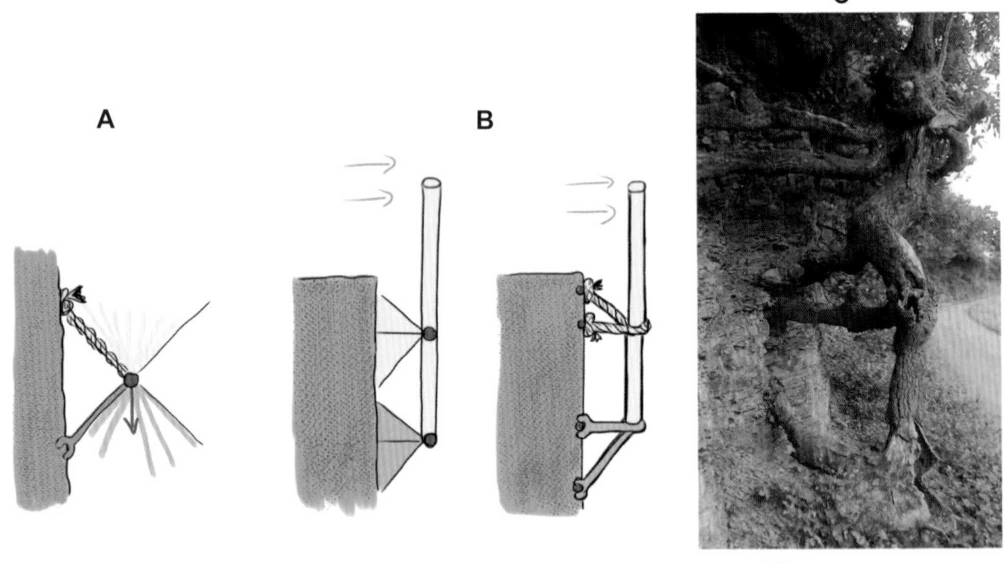

攝影者：Benjamin Olsowski

斜坡樹與崖邊樹的例子

這些樹雖缺乏空間，但可由更堅固的基盤材料來彌補。注意有無鬆動、崩解的岩石，這常是樹木倒塌的前兆。

重新導正

前頁的樹多半從小位於崖邊，而本頁的樹則是突然被迫長在崖邊。它的半邊根盤裸露在半空中，緊靠另一側的拉拔根維持不倒。幸運的是，基盤被樹木右側遠端枝條重量壓得緊實，因而能承受較大的重量。樹下陡坡的輪廓可用壓縮三角的輪廓來完美詮釋。若切斷右側的長枝，這棵樹多半會倒塌。

攝影者 : Rob McBride （Tree Hunter）

水邊樹是堤防殺手嗎？

水邊樹一旦受傷，例如被浮冰撞上，可能會產生內部腐朽，中空的樹根可能把水導入堤防的另一側（圖 A）。隨著水位在堤防內部上升，堤防靠陸地的那側會被往上抬，而上抬的土壤抗剪力會下降，可能導致堤防崩潰。此外，被風吹動的樹木會使水進入根盤下方的空隙，當樹往回彎曲時會像幫浦般將水打入堤防（圖 B）。砍掉這棵樹也沒有用，因爲貫穿堤防的根部會腐朽（圖 C）。

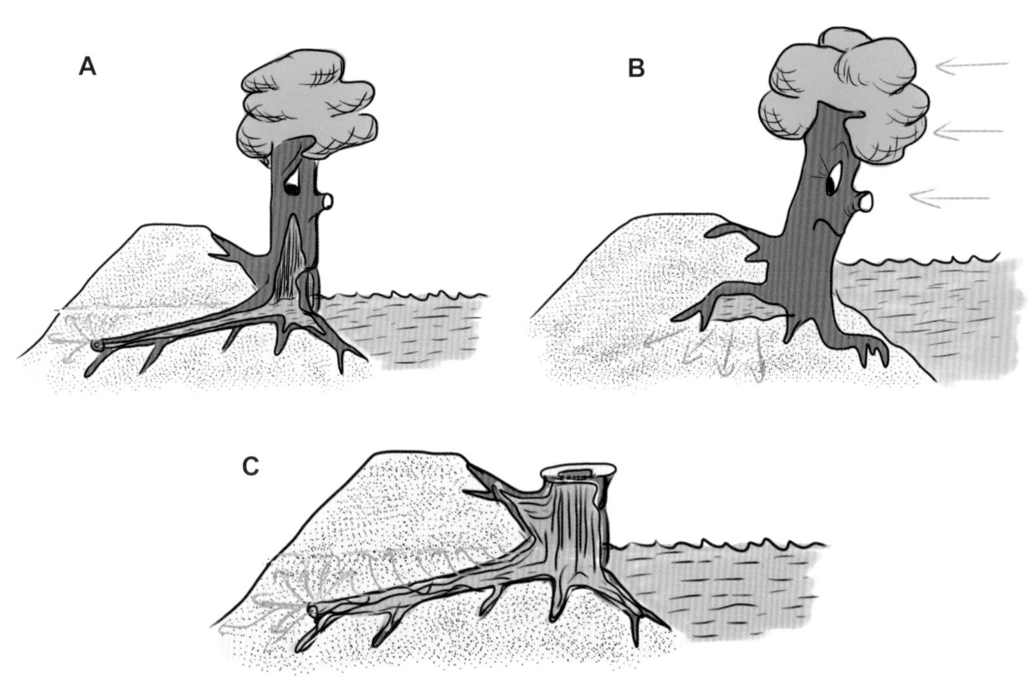

土石流失沖走的樹，也是堤防殺手嗎？

朝提防內陸側彎曲的樹，其拉拔根會將地面抬高，使土壤鬆動，容易滲水，而潮溼的土壤會使樹根的錨固力降低（圖A），這可能導致樹僅受到剪力就倒塌，留下火山口般的凹洞與上方滑移板塊中的殘留根系（圖B），可能還加上越來越嚴重的凹穴侵蝕（hole erosion，即內部侵蝕 piping），掏空滑移板塊內陸側的基部（圖C）。

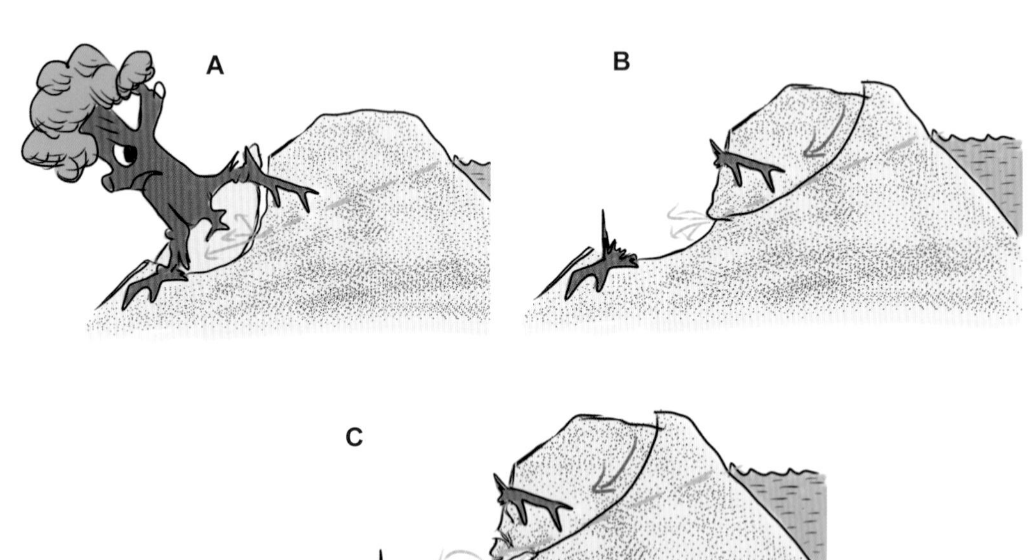

電腦模擬出的根部最佳化

先前我們用輕量最佳化方法 —— SKO（進化式結構最佳化法）來計算力學上優良的根部形狀 [33]，託錐形應力法的福，這件事情如今變得簡單許多了。

有限元素分析者：Matthias Teschner

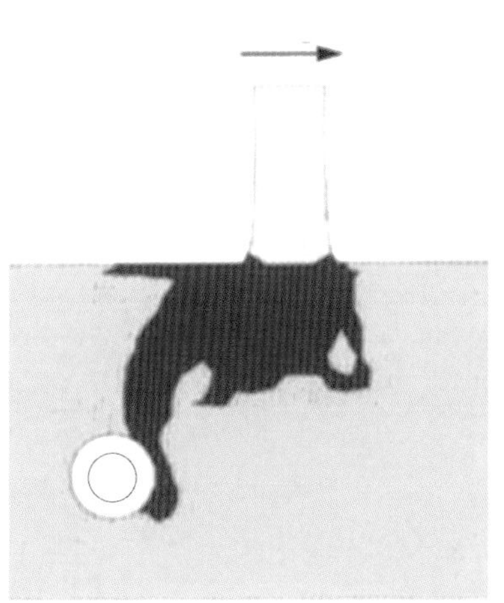

樹下的管線

當樹下有管線，該處的溫度會比周圍的土壤低，因此也較潮溼。樹根被水分吸引而生長過去，當根與管線接觸時，會產生起始摩擦力，這使管線成爲樹的錨點。因此，接觸管線的根部會在荷重得以控制的情況下妥善成長。背風面管線朝下方的地基投射一個壓縮錐，它會支撐該處管線，迎風面則將土壤抬升，管線只能靠抗彎曲力來抗衡樹根施予的力，因此受力較大。

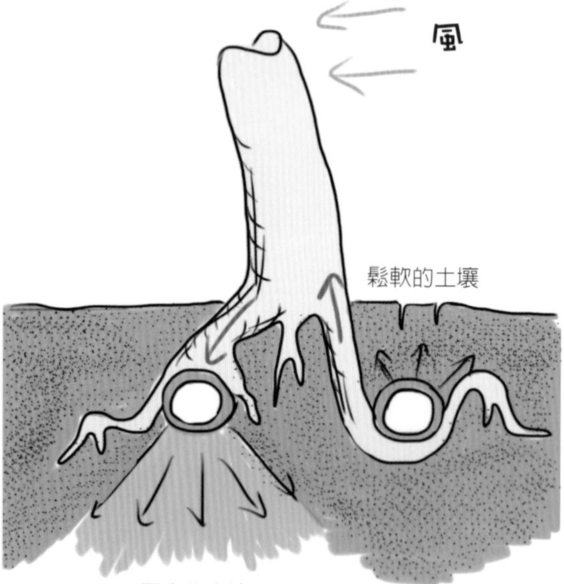

風

鬆軟的土壤

緊實的土壤

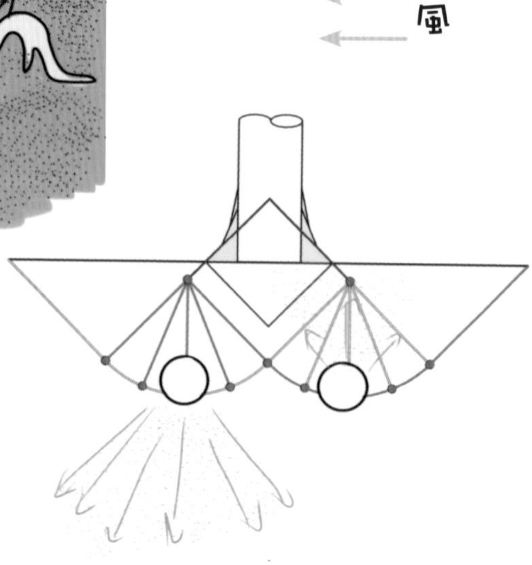

風

是套環還是支柱？

樹根與管線很難黏在一起，根必須在迎風側長成套環狀（圖 A）。上面照片中的張力樹根套環釀成瓦斯氣爆意外。在背風側，樹根會在管線上方長成緩衝墊或支撐柱的形狀，像豌豆公主那樣，將接觸處受到的應力平均分散到整個面上。

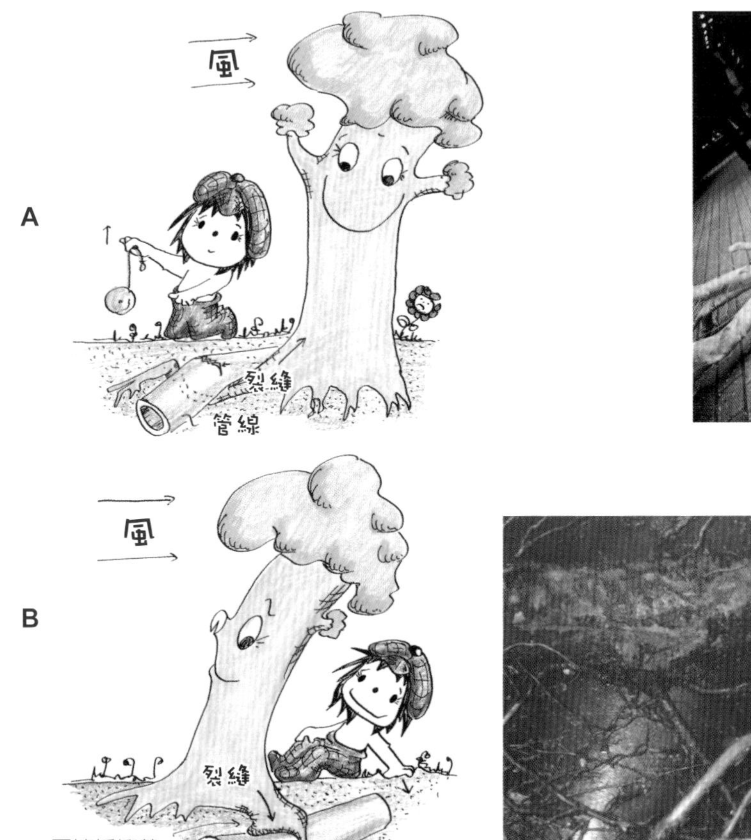

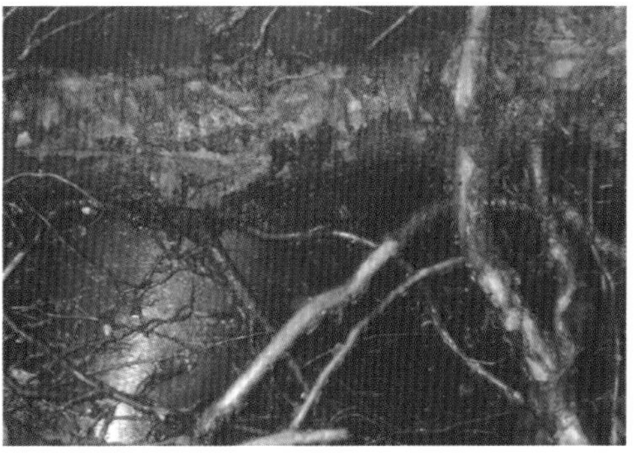

用應力錐模型來看樹根套環

管線只能承受周圍施予的壓縮力與摩擦力，換句話說就是剪力，因此張力側的樹根必須繞過管線下方才能錨定（圖 A）。即使中間隔著土壤，力仍能傳輸過去。若管線位於應力錐的設計空間之外，還是可以被樹根套環施力（圖 B）。根與樹的距離越遠或根在應力錐之外水平處越遠，受力越小（圖 C）。在大自然中，這可從離主幹越遠就越細的根部橫截面看出。

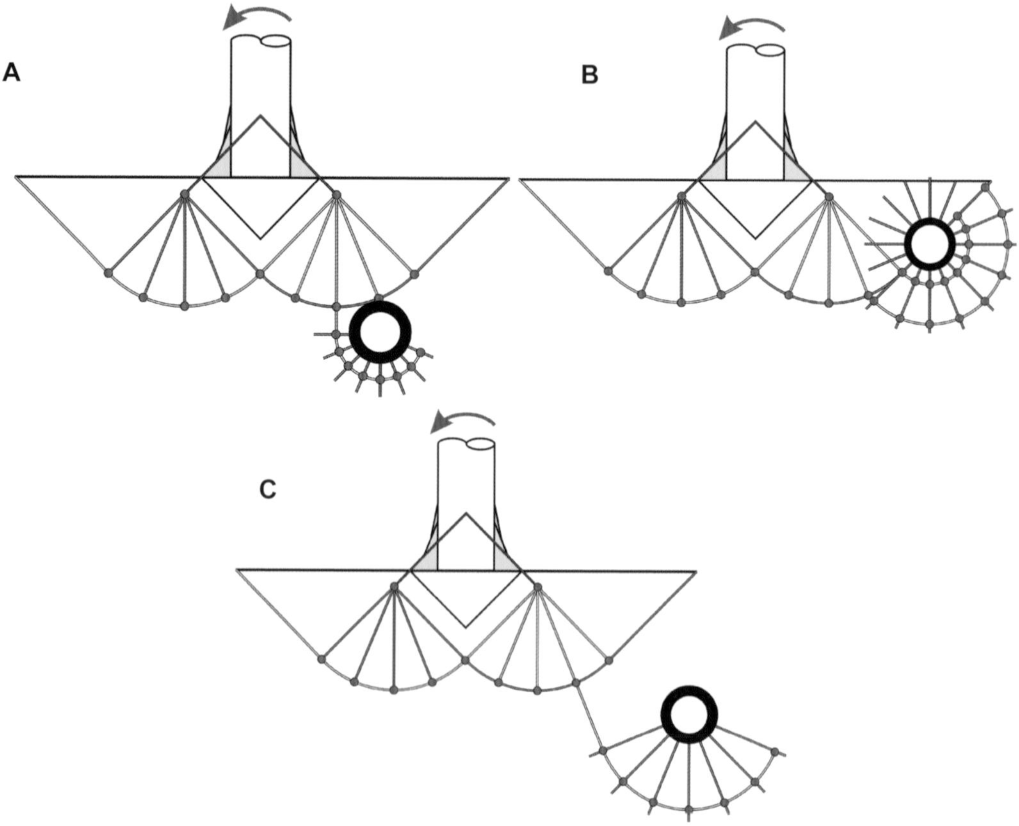

A

B

C

瓦斯氣爆意外中的樹根套環

這個套環是一棵懸鈴木的根（圖 A），它導致瓦斯氣爆，炸掉了兩棟房子。在根與管線的接觸面（圖 B），樹根套環長得較粗，以使接觸應力平均散布。這讓我們能用扁平處的年輪數目（圖 C 中以鉛筆畫出）來追蹤受力的最小年份。這棵造成氣爆的樹附近之其他樹木，也有樹根套環（圖 D，見下頁）或融合成鉗狀的樹根（圖 E）。

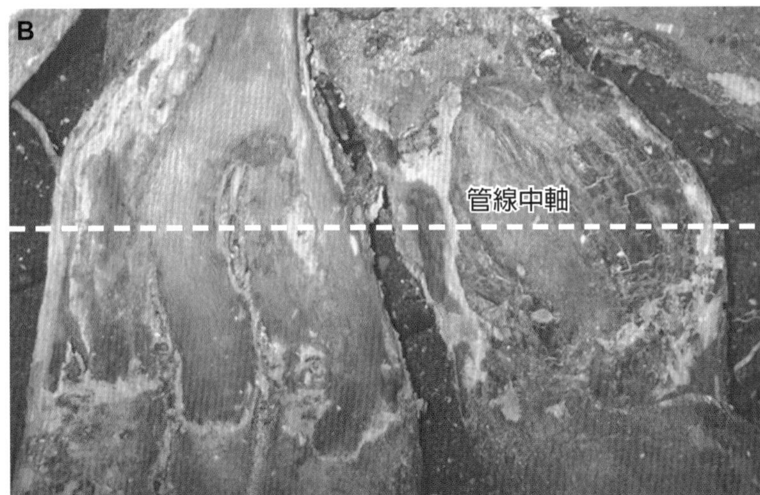

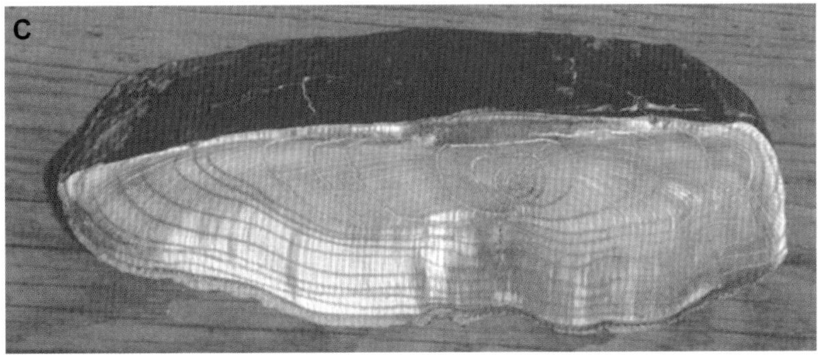

樹根套環與鉗狀樹根

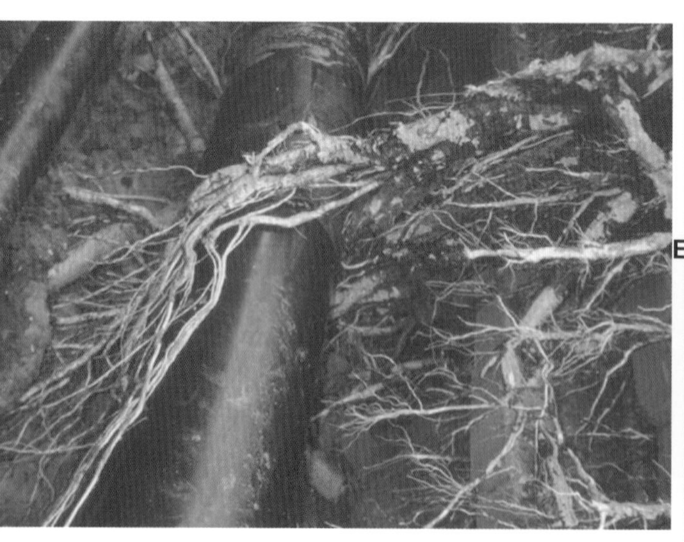

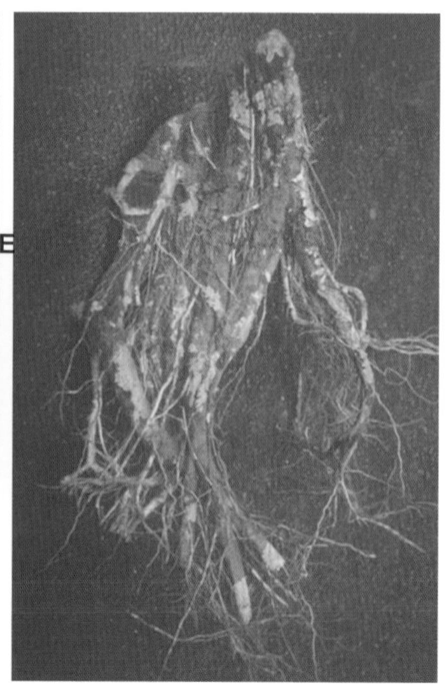

應力錐模型中的壓縮力支撐柱

（A）當管線位在壓力錐的下方，（B）一個壓縮力支撐柱會在管線上方形成。

（C）當樹根被壓靠在管線的一側，例如因爲樹木扭轉，一個側向緩衝墊就會形成。（D）當樹木在管線上方，張力套環和壓縮力支撐柱的效果「可能會」部分抵消。然而，當風順著管線的方向吹時，迎風側的套環和背風側的支撐根也是可能存在的。

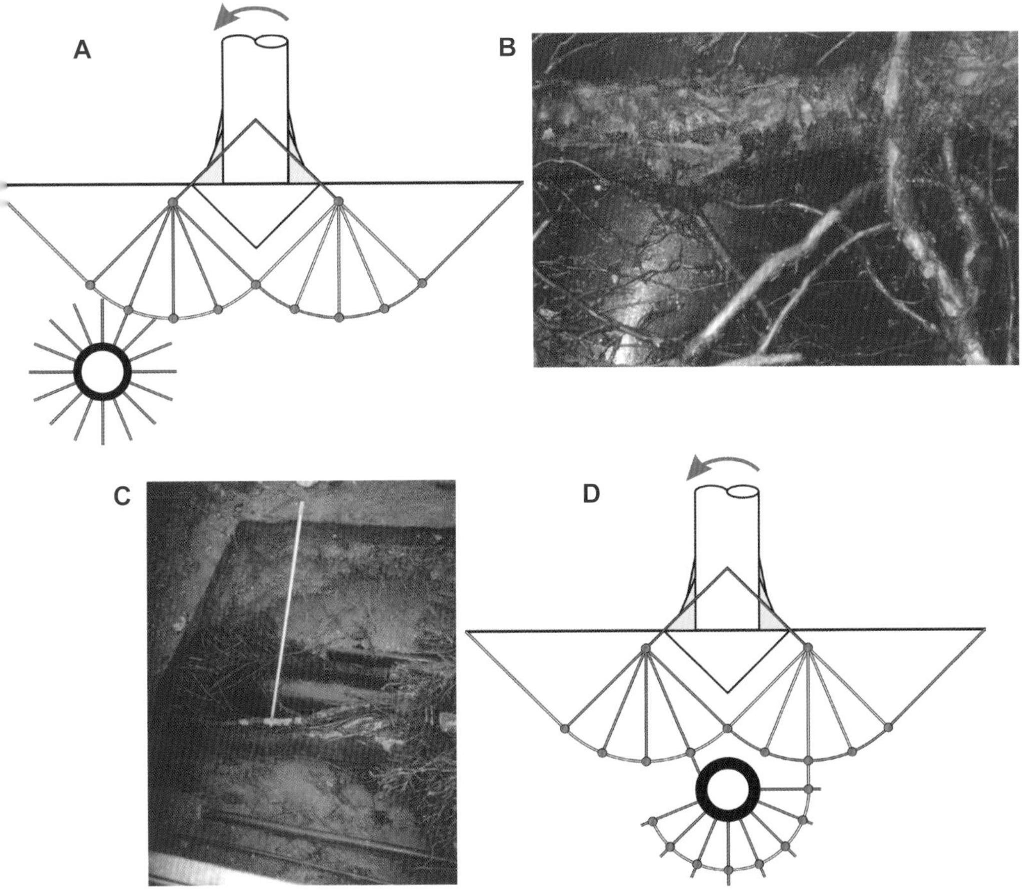

A

B

C

D

根系和水管

汙水管外壁潮溼而陰涼，很容易吸引附近的根系因趨水性而生長過來。溼黏的根冠會穿透汙水管的接合處，甚至將封膠推開，如下方的圖所示，一旦它們進入水管內部，就會長出緻密且具有超大表面積的根球構造，以便大量吸收水分。如此一來，哪天我們上完廁所要沖水時，就會發現馬桶壞了。

根系生長的力量

根系生長的力量在此顯露無遺：灌木的根將一個具彈簧機關的橡膠瓶塞且上鎖的啤酒瓶硬生生頂開。Gernot Bruder 博士進行了實驗 [34]，把活的根系固定在一個校準夾具中，兩年後，他發現橫向壓力達到 0.72MPa[35]。另一位 Bennie[35] 發現縱向根系壓力可達 0.24 ～ 1.45MPa，徑向根系壓力則可達到 0.50 ～ 0.90MPa。一張 A4 大小的根系面積，其橫向壓力可以抬起一頭大象，穿破瀝青鋪面當然也沒有問題 [2] ！

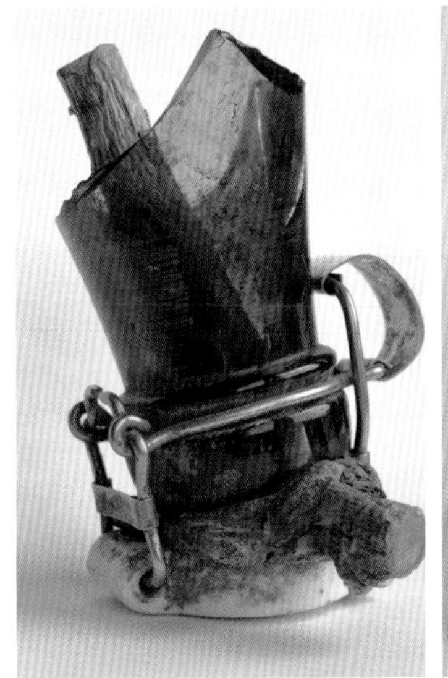

這個瓶子由 Örjan Stål 提供

石頭間根系緩衝墊的形成

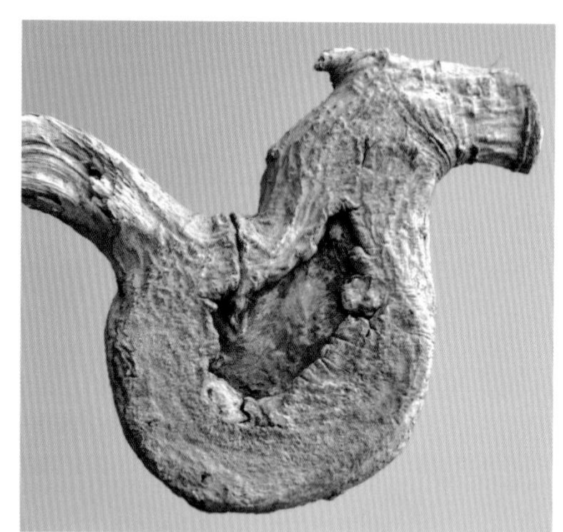

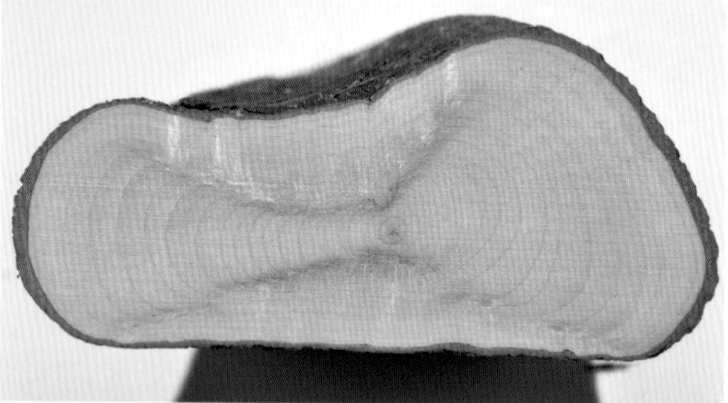

老樹：上層樹冠 & 下層樹冠

老樹的上層樹冠可能因腐朽而被風災摧毀（左圖），下方的枝條因此不再和主幹穩固整合，故應該被修短，以恢復主幹和枝條間的均勢生長。這個概念也可應用於上層樹冠死亡的樹木上，如根腐的樹木（右圖），因此年輕的樹木應該被修剪至達到交通安全需求的程度就好（結構性修剪）。

防止傾倒折損

老樹顯然不適用中空樹木的 70% 原則，因爲大部分老樹都已被大幅剪短（P.149）。我們嘗試了解老樹折損的動態，可參考左圖的紅色箭頭。這些隱而不顯的折損動態須藉修剪與機械性支撐來阻止。右圖顯示了幾個可行的處理方案：橫向的束帶是防止樹在橫切面上繼續往內彎曲，同時它仍要保持空氣流通，以維持腐朽樹洞乾燥。

以半空殼之姿順利存活的樹木

樹皮剝落代表樹木正承受著高張力，相反的，樹皮皺褶代表的是高壓縮力。這兩種徵兆是重要的樹皮語言，在評估老樹狀況時十分重要。左圖中，樹木的緩慢彎垂趨勢其實可以阻止，例如使用右圖所示的措施，將壓縮力傳到土壤，總是比傳輸張力到土壤好，因爲土壤沒有抗張力強度。

攝影者：Mick Boddy

基於極限負荷分析的樹木工程

計算可信的最大負荷通常相對容易，因此工程上已長期使用極限負荷分析。在這裡以彎折的圓柱體來解釋其基本概念。彎曲力 σ 不能超過其臨界水平 σ_C，否則圓柱體會折斷。斷裂力矩 M_F（有限負荷）可從樹幹半徑 R、材料強度和 σ_C，用這裡給的公式計算，抗彎強度（σ_C）的數據，需靠材料斷折實驗測試來取得。

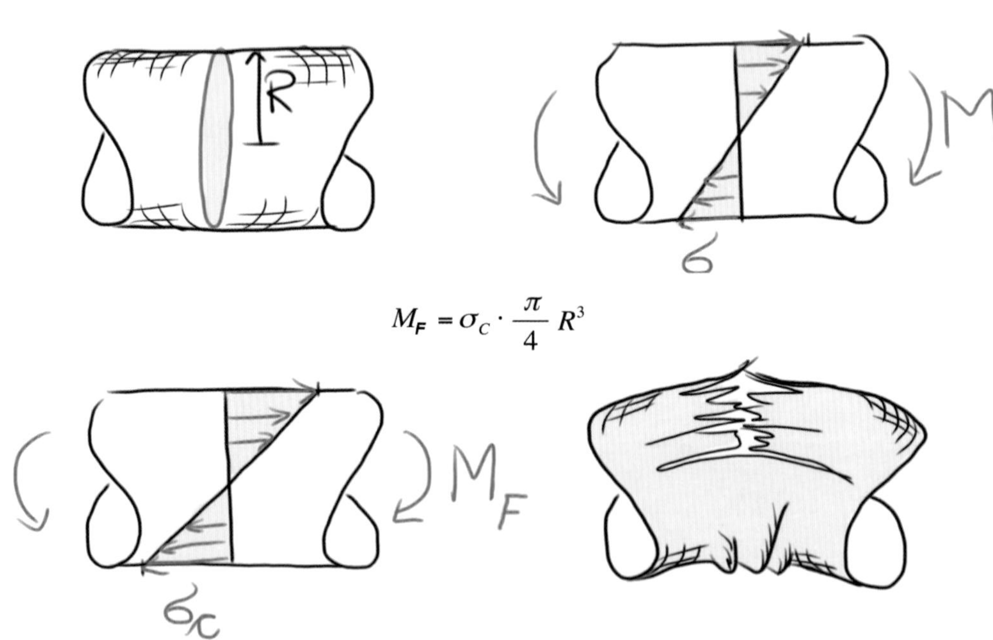

$$M_F = \sigma_C \cdot \frac{\pi}{4} R^3$$

基於極限負荷分析的樹木工程

因爲缺乏起始數據，我們無從相信獨立的風力負荷估算。然而，大於斷裂力矩 M_P 的風生彎曲力矩不會傳導到地裡。風力的負荷，大約作用在重心處，亦即高度 H_{eff} 處，作用力 M_H 會防止樹木因側向風力而「橫移」，像風帆車那樣，一對垂直的力 F_v 防止樹木傾倒砸到車輛。此外，力矩臂 l 是由立地環境決定，由我們的經驗或是風倒圖來決定力臂的長短。

通常樹木是靠土壤的抗剪力固定在地上，不過，若根系附近有強壯的固定錨點，包括管線、石頭或屋牆，這個公式就可幫助我們推估它們的最大負荷 [60]。

σ B：主幹縱軸抗彎強度

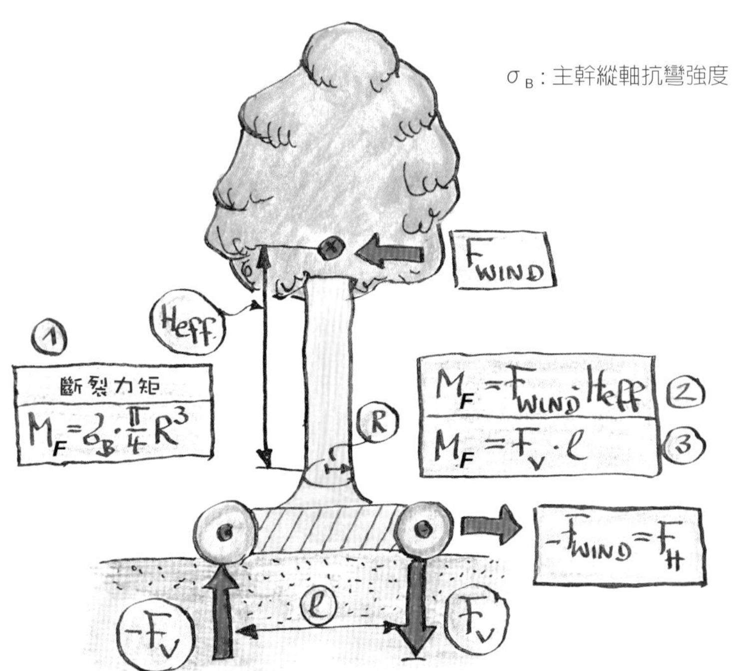

牆壁拳擊手

如果樹被種在牆壁迎風側的苗床上，往牆生長的根球或長矛般的根系會抵在牆上，接觸面會變寬，形成「拳擊手套」般的緩衝墊。這種一再發生的衝擊，常會讓牆壁遠離樹木的那一面產生龜裂，在這種案例中常可在龜裂處後面看到拳擊手套。我們將風的斷裂強度 F_{wind} 導入模型中，來估算最大負荷。F_{wind} 在這裡等於牆壁背風側承受的壓力，最糟的情況是由牆壁獨力承擔這個壓力 [60]。

迎風側的張力套環

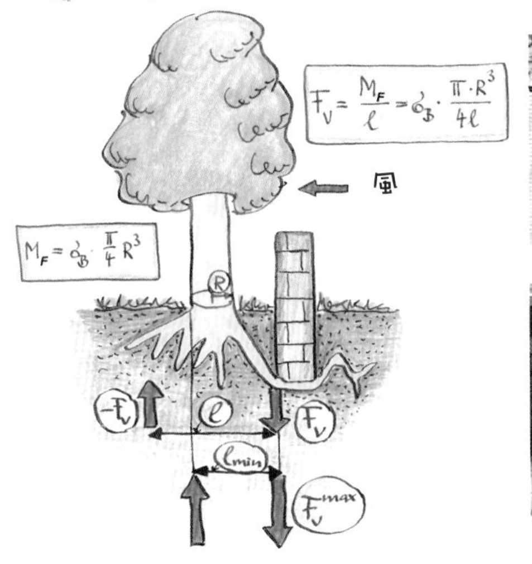

攝影者：Klaus Schröder

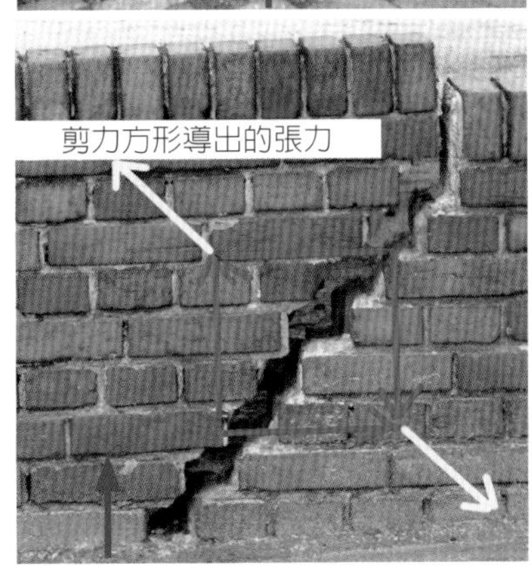

迎風側的根系，必須對抗張力 F_v，以免樹木傾倒。若迎風側的根系經過牆壁、石頭或管線下方，這些物體就會被 F_v 抬升。F_v 最大值取決於樹幹破裂力矩 M_F。假設背風側沒有根系延伸，則根系的力矩臂為 l_{min}，這會產生最大的張力 F_v^{MAX}。彎曲產生的張力會使牆壁頂側出現裂縫，而剪力方形導出的張力則會造成對角線裂縫[60]。

容器中的樹 — 越來越擁擠之都市的選擇？

若風力 Fw 與重量 G 的合力 Fr 落在容器之外，而非容器基部，則容器樹會傾倒。容器樹或許是個好選擇，因其機動性（裝飾街道）、不會影響管線或房舍、很少發生相撞意外，且不會對綠屋頂產生直接的張力。上圖中空間不夠，故容器畫得很小 [60]。

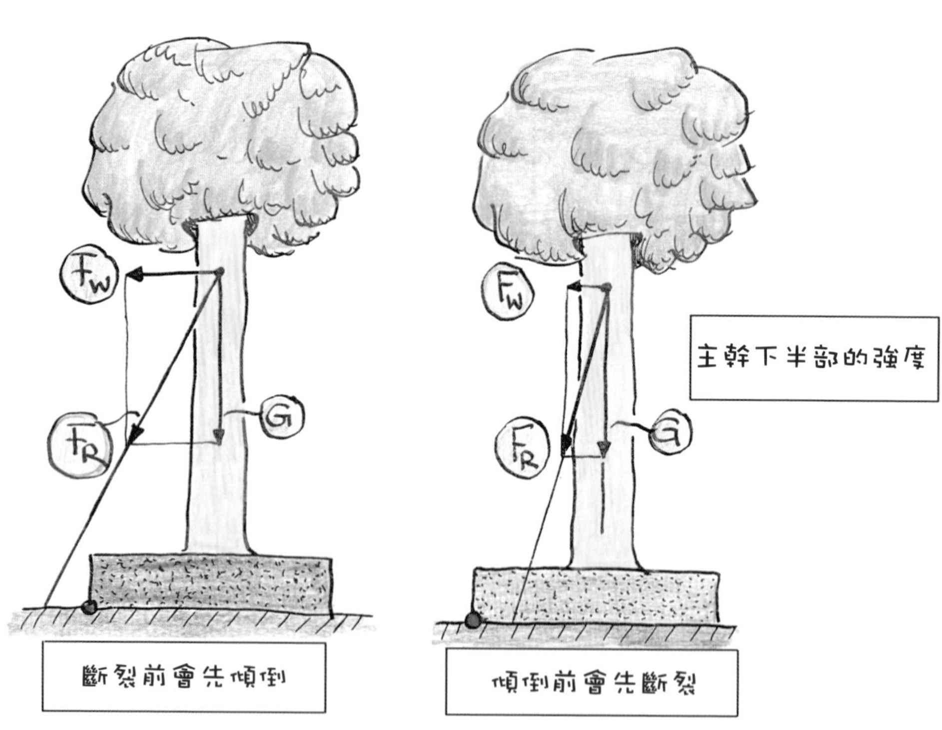

植樹容器該有多大？

如果用方形容器，給圓形容器用的公式也可應用，方形能包含圓形。公式是基於樹幹斷裂點和容器翻覆時所負荷風力是一樣大的情況。防止樹幹斷裂最簡單的方式是將長徑比降低到 H ／ D=30 左右，這可藉由留下矮枝條或是截剪等方式。

以下是幾個假設：

1. 容器不是承受風力負荷的物體。容器加土壤的重量爲 G，容器的高度爲 H_C。
2. 樹木彎曲超出容器邊緣的程度很小，可忽略不計。樹木重心在容器正中央上方。
3. 令未知的樹木重量爲 0，這個假設是爲了以防萬一 [60]。

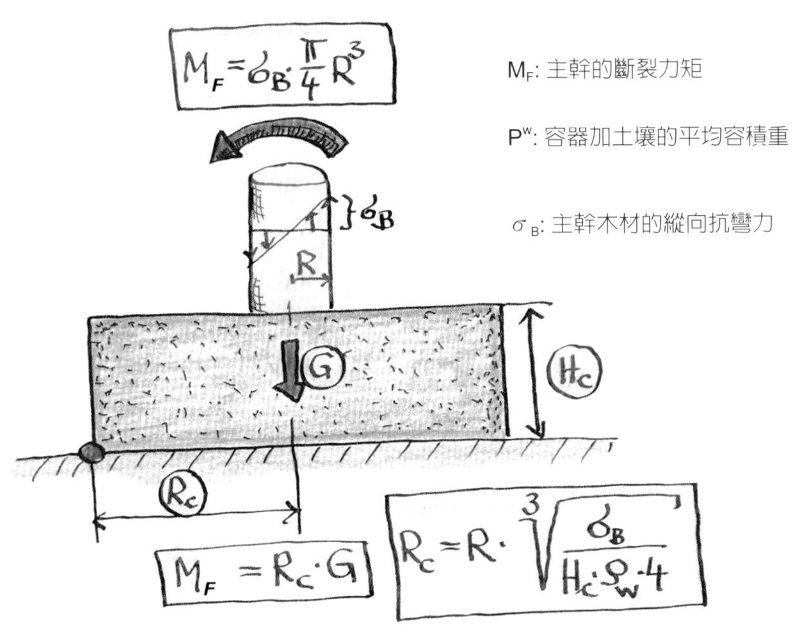

風倒圖表中的容器半徑

容器半徑 R_c 的效果比較像根盤半徑 R_w，這裡根盤半徑指的是被撕裂拔出抵抗剪力土壤的根盤。這很合理，因爲土壤的抗剪力在此沒有什麼幫助。容器高度 H_C 越高，必要的根盤越小，也就是說需要的容器半徑越小。本圖顯示的數據和算出的容器半徑只是範例，會因不同材質而異。D 是主幹基部的直徑，D = 2R。（數值計算由 Klaus Bethge 博士執行）[60]。

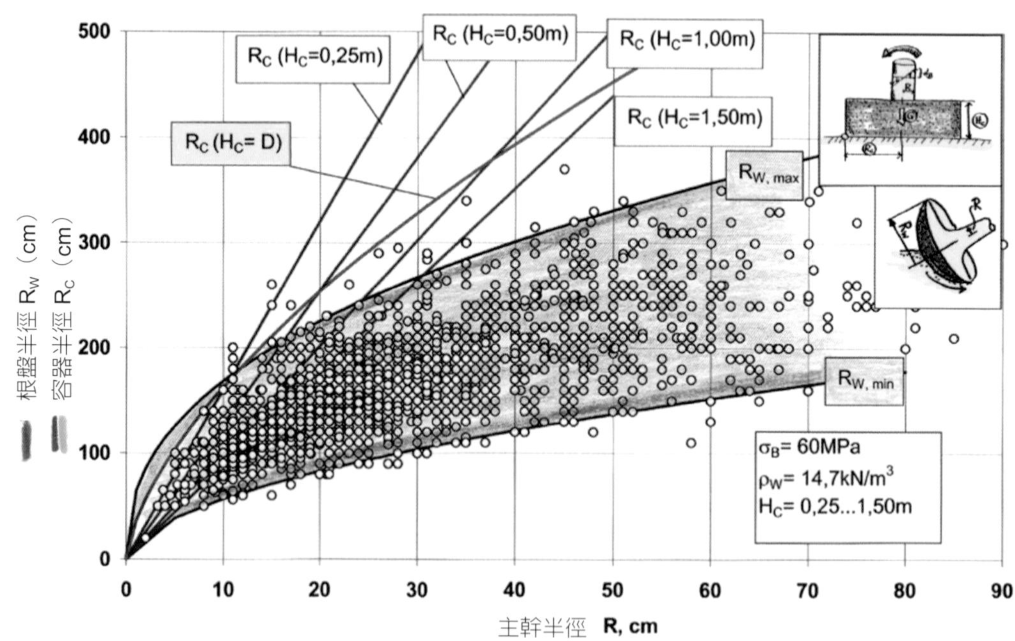

風倒現象，傾倒至容器外？

在承受風力情況下，特別是強烈乾旱期根球縮水，會發生容器未翻覆，樹卻依舊倒下的情況。因此需要某種「停止器」：外型可以是斜面，方便汽車往來；也可以是垂直面，方便行人。內裡可以加裝橫桿，當然接合處不應容易產生裂縫 [60]。

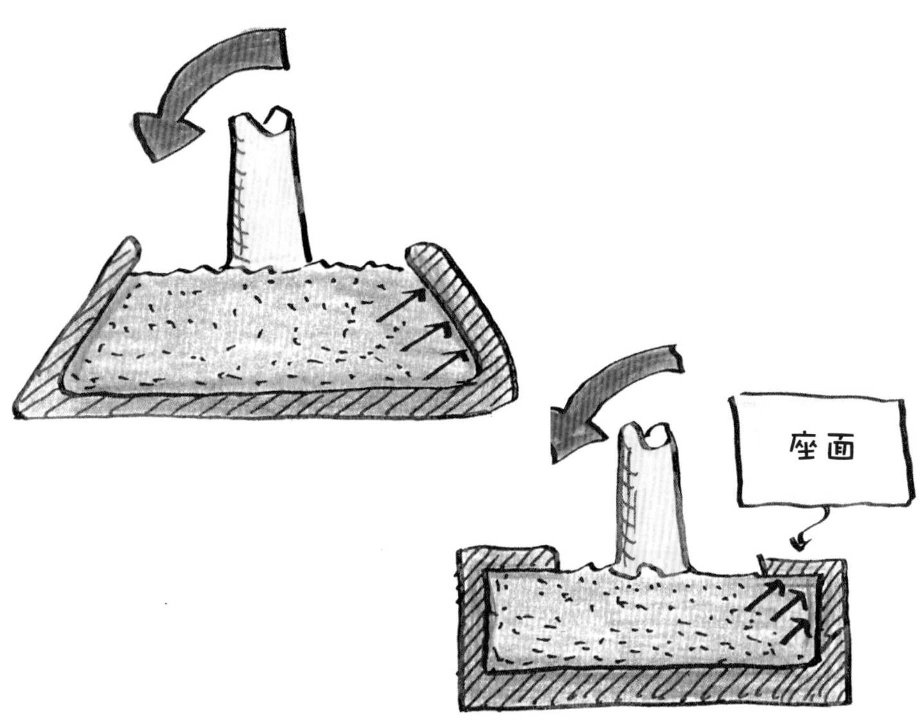

容器的公式與穩定性

在很多情況下，容器公式可用來初步估算樹木的穩定性，但必須已知根盤的確切範圍，例如在開挖工作時，或是樹立於馬路旁（根長不過去）且有一條平行於馬路的河流流過，而根盤平行於街道方向的延展範圍必須另外估算。若相鄰的樹木都差不多大小，有時我們可預估它們會同時傾倒。在每一個案例中，最後的結果都是在樹冠完整的樹達最大許可幹徑時。非常重要的是，根盤需有像容器一樣的功能，風倒時不能分解四散[60]。

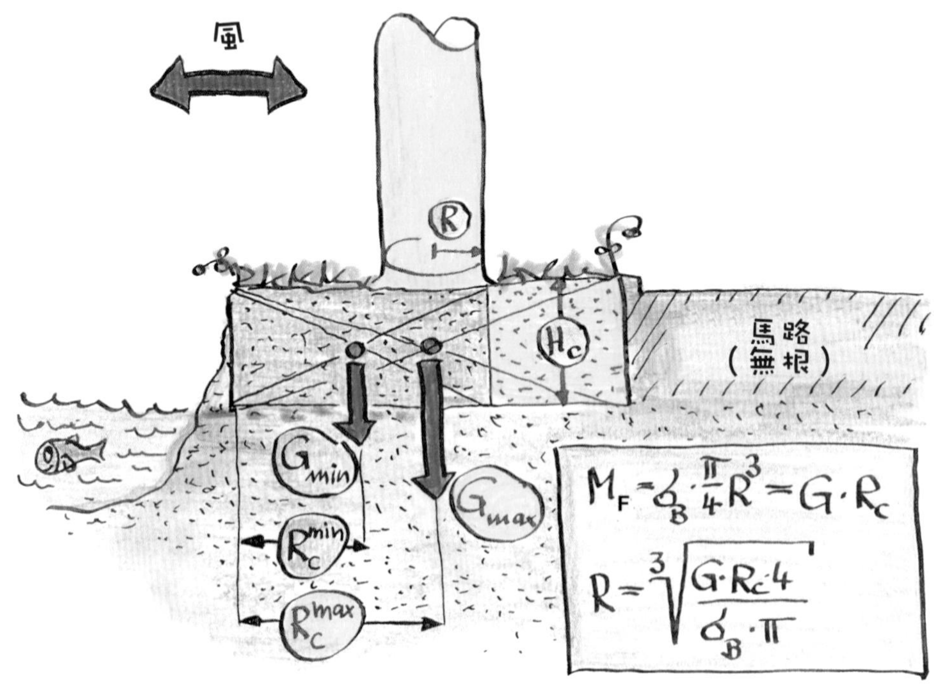

容器半徑和錐形應力法

容器公式需要容器高度數據，而錐形應力法可以直接顯示承受特別高負荷之設計空間的深度：此深度等同於樹幹基部直徑的兩倍，這和容器高度 $H_C = 4R$ 形成了有趣的比較。如我們之前所期望的，設計空間跟特別細與特別粗的樹木較不吻合，反而比較適合中等直徑的樹 [30]。

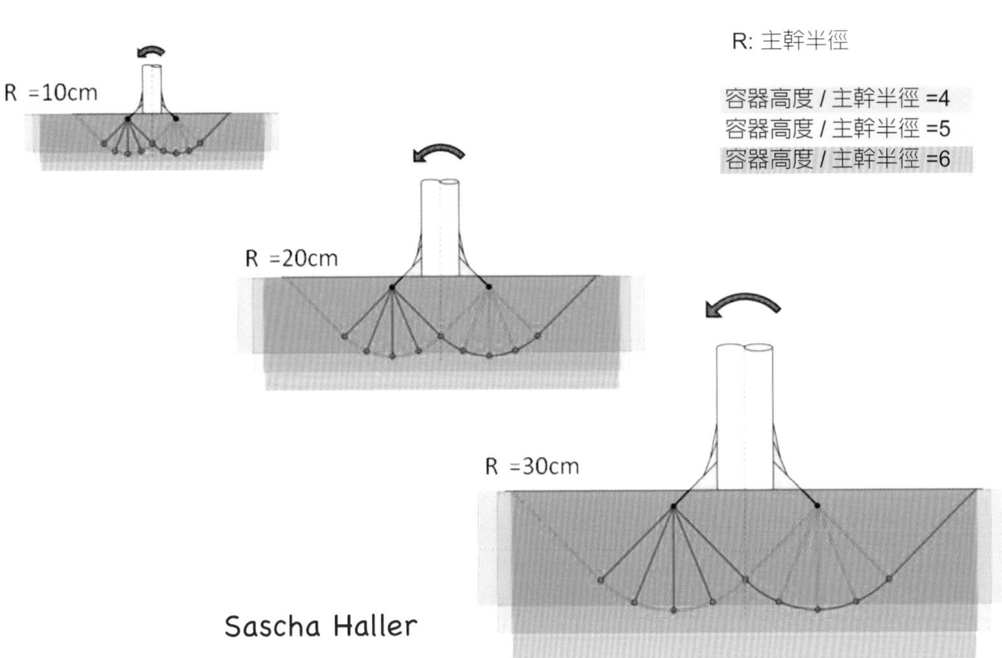

容器樹木賦予水泥叢林生機

攝影者：Tee Swee Ping

新加坡：當整個城市變成花園。這些圖顯示了暖心的、專業的樹木照護，可讓冰冷的城市變成富含生機的花園。容器爲許多植栽提供了永久且機動的「家」。它們就像是花園中的家具，而且不會阻塞水管、挖掘地基，也不會有車輛對樹造成傷害。

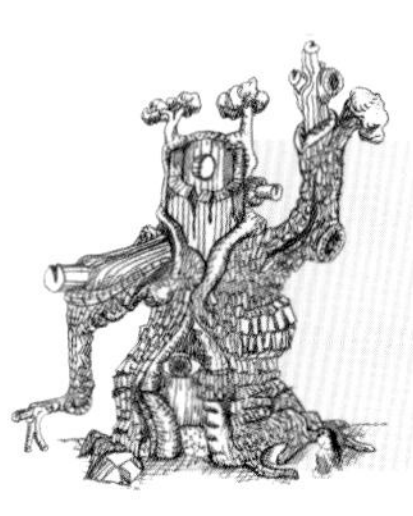

繩索負重能力提供枝條強度

如果樹冠保護繩設置的方向，可以拉斷健康的受保護枝條，那它就可以取代這個枝條的功能——雖然只有在繩索方向上靜態受力時。繩索對側面來的風沒有抗衡能力，只有這個平面外其他方向上的繩索，或是修剪枝條的動作，才能對抵抗側向風有所幫助。如果枝條壓到保護繩上，衝擊會讓枝條的承重至少變成兩倍，就算繩子沒有下垂也是一樣。枝條如果從更高的地方掉落，數倍的瞬間負重也是理所當然。枝條被風推舉而勾到繩索，也可能產生高度的瞬間負重 [36,60]。

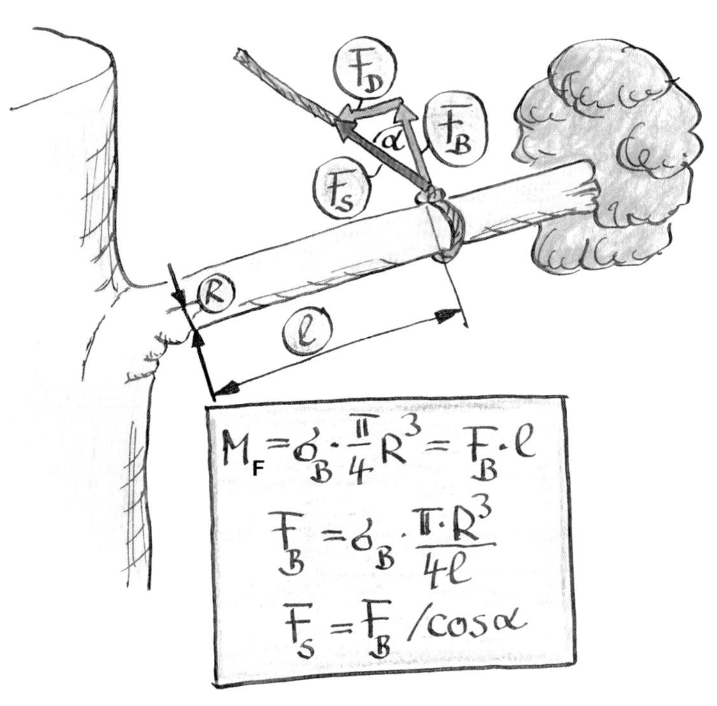

F_D
F_B
α
F_S
R
ℓ
$M_F = \sigma_B \cdot \frac{\pi}{4} R^3 = F_B \cdot \ell$
$F_B = \sigma_B \cdot \frac{\pi \cdot R^3}{4\ell}$
$F_S = F_B / \cos\alpha$

A 字形支架提供枝條強度

若 A 字形支架夠強固，將枝條頂起來時的力 F_S 可將枝條折斷，則這個支架可在此受力方向上取代枝條的功能。若進一步將超出枝條上方的支架也綁起來（見下圖），而且地面的基座有一定程度的抗張力與抗壓縮力，則這個支架也能抗衡側風與枝條上舉的力。若枝條已下垂至幾乎碰到地面，則可在其下方放置一堆土石，這往往可導出不定根（P.105）。如果分枝尚無法碰觸到土石堆或地面，則可小心地鋸出凹口，但鋸切時要給予支撐，且這個方式必須經樹木主人同意才能進行。此 V 字切口技術是由英國的 Ted Green 所建議 [60]。

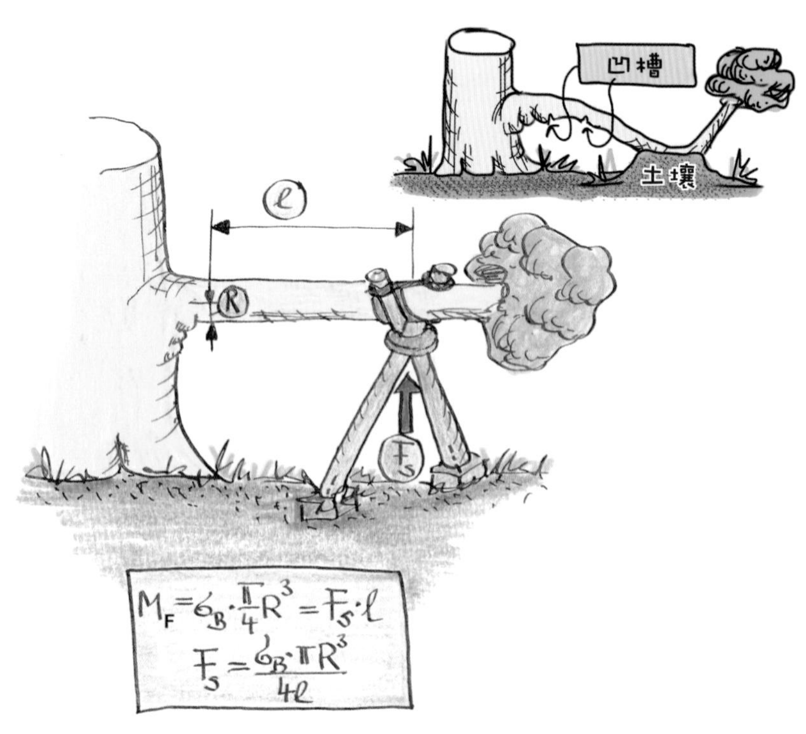

眞菌子實體的身體語言

這和力學有很大關係，畢竟眞菌說明它們已經分解了多少木材，木材的強度和硬度被減低了多少。有時候它們也顯示腐朽在樹木中分布的情形。它們經常能讓我們預見意外事故，可被稱做爲「法庭眞菌學」 — 以眞菌子實體當作法庭上的目擊證人 [3]。

眞菌子實體是孢子發射台

子實體由大量絲狀物組成，稱爲菌絲體（mycelia）。菌絲體包含絲狀的眞菌細胞，稱爲菌絲（hyphae）。一個子實體的菌絲體通常包含數種類型的菌絲，也就是所謂的菌絲系統（hyphal systems）。例如，有穩固作用、厚壁的骨骼菌絲（skeletal hyphae）、用來顯色的有色菌絲等等。這樣一來會產生從支架眞菌（bracket）到毒傘（toadstool）等許多種不同的菌蓋（bracket 指會木栓化的一年至多年生子實體，例如猴板凳、靈芝。相對的，toadstool 則是大家最熟悉的眞菌子實體形像 — 雨傘般的軟菇，一般僅數日生）。在子實體中，眞菌細胞經過有性繁殖，形成了眞菌孢子（眞菌孢子分很多種，不一定需要子實體才能產生，但子實體的重要性、獨特性，在於它是產生有性孢子的「器官」，而有性孢子才有染色體的重組與基因變異）。這些孢子極小，可輕易藉風散播。因此，子實體是眞菌用來保護孢子，並像發射台般將孢子發射至自然環境的器官，以散播到新的樹木寄主身上 [37]。

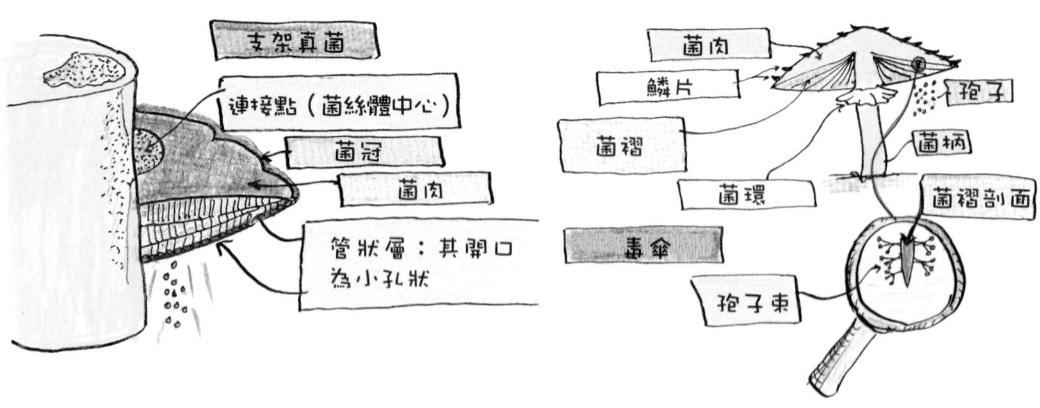

木材腐朽菌通常會產生支架或傘蓋子實體，其特徵可用於眞菌物種鑑定。

橫向的增生是關鍵

多年生子實體的身體語言告訴我們，樹木中其鄰近區域還剩多少尚未被分解的木材，若該眞菌子實體仍在橫向蓬勃成長（圖 A），代表它仍有足夠的木材可當食物，若新增生的部分漸漸縮小，代表眞菌已快要沒有木材可吃（圖 B）。當子實體縮水時，木材也幾乎分解殆盡。圖 B 中的子實體較小，只有最新增生的幾圈才算數。跟保利熊一樣，以前曾有很多食物，但現在只剩一根骨頭。

注意：圖 A 的樹也可能折損。剩餘大量木材不等於這棵樹是安全的 [3]。

依附的堡壘最後會倒塌

即使是嚴重衰弱的子實體，它與樹的連接區域不是完全沒分解，就是只分解末端處。在這些區域的木材，也可能被菌絲體大幅強化。一把獵刀可以刺進樹木的任何部位，卻刺不進子實體連附的區域。眞菌就像是一幅吞食它所掛的壁畫，掛畫的釘子及其周圍區域會一直被保存到最後 [3]。

最小扯斷力量

眞菌子實體高度 H 的定義如圖所示，垂直力 F_V 將它向下彎曲，此時木材中會有一股水平力 F_H，在距離簡化為 D 的位置起作用：當木材已大半分解、子實體衰退時，F_H 也會降低。此時，水平的槓桿臂 H 不再增加，這也會稍微抵消子實體被扯下的力量。若槓桿臂 D 變得越來越長，拉扯木材的水平作用力就會降低。眞菌所做的實在太棒了，不是嗎？保利熊示範這些力在木材中如何產生。拉繩時，保利熊的腿推擠木材。繩索距離保利熊的腿越遠，木材中的水平力就越低 [3]。

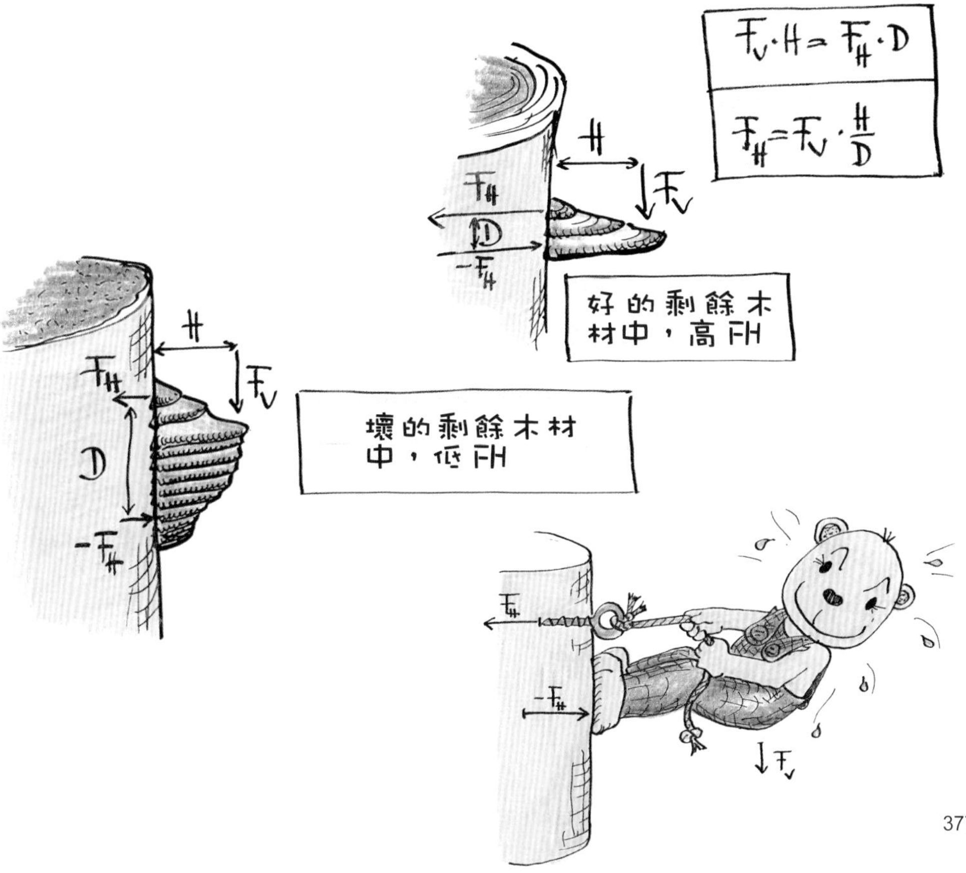

保護錨固點

事實上，存活多年的眞菌子實體所做的，和一棵老樹所做的十分相似。它會限制自己的高度（H），而老樹會從頂梢枯萎而變矮，它還會加粗其厚度（D），跟老樹一樣。眞菌子實體連接點附近的木材被分解得比較少，且會被菌絲體強化；頂梢枯萎的老樹則會保留主幹附近的根盤，成爲土壤錨點。即使瀕臨死亡，樹和眞菌有共同的策略來保障自己的安全：減少長徑比 [3]。

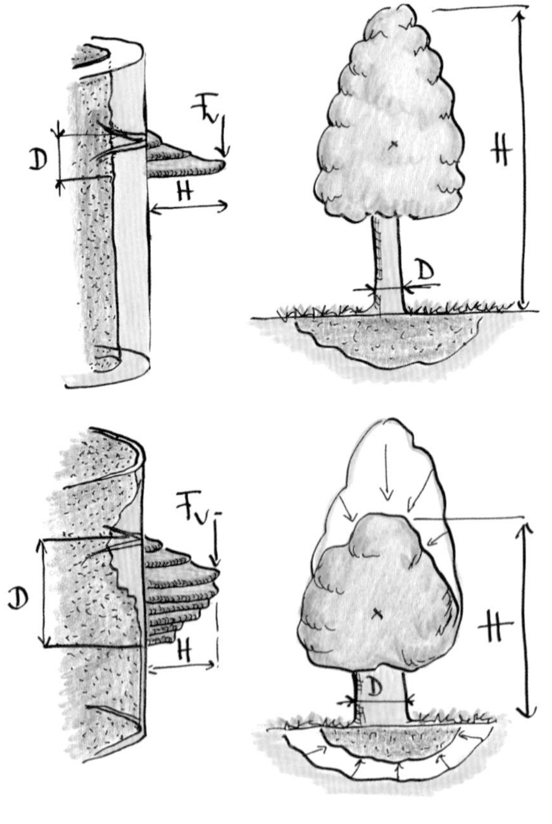

法庭真菌學

在這個案例中，眞菌子實體成爲傷害事件的證人，證明意外是可預見的。子實體的小孔總是向下，也就是說，以向地性的姿態生長。箭頭指向的子實體在斷樹意外發生前就已在樹上。它的新增生部分正在減少，但從它下方長出新的子實體，因向地性轉了90°（因爲樹幹斷落在地上後，方向改變），一直旺盛成長。這也許是因爲樹幹斷裂後，樹木的區隔化機制（compartmentalization，樹木將腐朽區隔阻絕的機制）崩潰，菌絲體得以發展並侵蝕新的木材部分。剩餘樹幹頂部的木材比底部分解得更快：這可由上方子實體新增生的部分大爲減少看出。如果你了解它們的語言，你會發現眞菌子實體是很健談的小生物 [3]。

可疑的案例

這些眞菌子實體不一定能導出「意外是事先可預見的」這個結論，因爲斷落樹幹身上的子實體並無向地性造成的轉向生長，表示意外發生前它們還沒長出來。此外，斷落樹幹上水平生長的子實體，大約和殘餘樹幹上的子實體一樣大，且距斷裂處差不多相同距離。這代表意外發生前很可能沒有可見的子實體，畢竟子實體不可能長成保利熊正在看的樹上模樣 [3]。

斷裂記錄

在這個案例中，樹上的眞菌子實體說明這棵樹曾以 α 的角度傾斜，在樹傾斜前子實體就已存在了。開始傾斜後，兩個新的子實體在後來的斷裂點之下產生，一個則長在斷裂點之上。上方的子實體現在位於斷落在地面的樹幹上，可看出它出現在斷裂之前、開始傾斜之後，這代表樹在斷裂之前就已經有腐朽的跡象了 [3]。

滾動的圓木

在意外發生後，法庭有時會想知道證據是否被移動過。這些眞菌子實體説明樹幹至少有被滾動過。上圖的子實體並非全新，但它的孔洞朝向下方（向地性）。下圖的子實體孔洞是向上的，這表示樹幹在幾週或幾個月前曾被移動過 [3]。

上下顛倒的世界

對子實體而言，正確的向地性生長是必要的。若把它們上下顛倒，像右圖的毛栓菌一樣，它們會急切地想轉回來，甚至從支架狀長成連菌柄上都帶孔的傘狀。

標準支架真菌形狀

經過向地性修正的扭曲狀

真菌封蠟

眾所皆知，樹木擅長自我修補，會自行修復傷口，畢竟遇到受傷威脅時它們無法逃跑。那當真菌子實體受傷時呢？它們也會自我修補，不過看起來比較像將傷口封住，然後由下往上將傷口合起來，像拉上拉鍊一樣，畢竟生長最活躍的孔洞層位於最下方。當子實體受損時，它會像要湮滅證據似的直接下令「關閉艙門」，先用菌絲體封住破損處。然後，小型子實體可在大子實體原有的破裂處長出，最常長在破裂子實體的最新增生處 [3]。

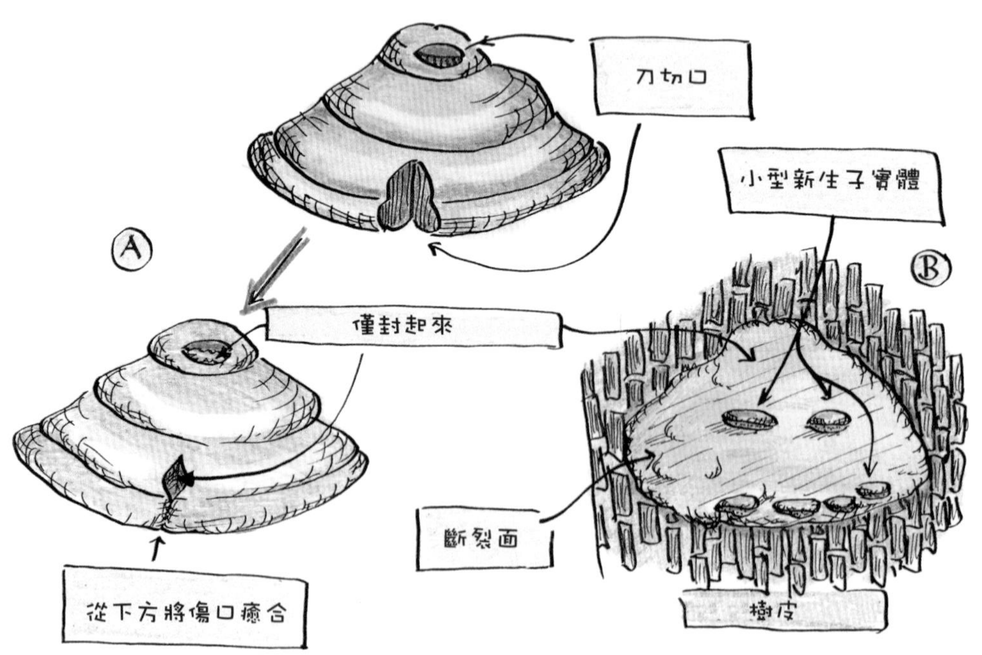

自我控制

在眞菌子實體的身體語言這章最後，讓我們當起偵探，問一些關於這張照片的問題。

1. 在殘株的哪個部分，木材的腐朽程度最高？
2. 眞菌子實體是否跟著斷落？
3. 在樹木折斷前，是否可以辨識出腐朽跡象？
4 樹木斷落部分，哪裡的腐朽程度最高？
5. 樹木斷落的部分是否被移動過？[3]

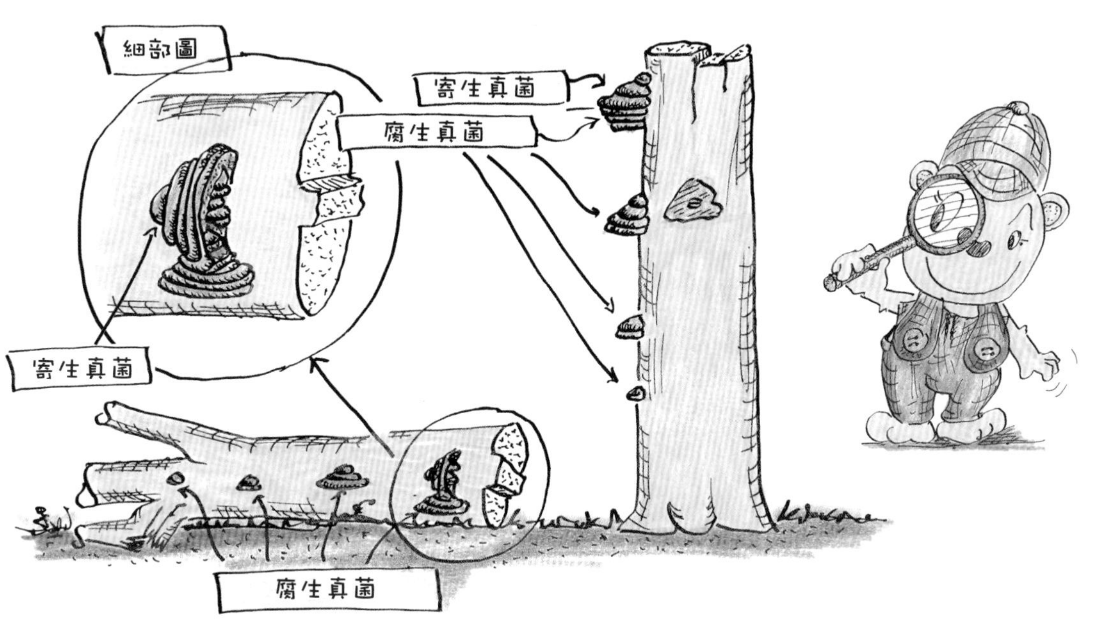

木材腐朽菌：寄生與腐生

分解木材的眞菌常可再細分成兩種類型：寄生眞菌與腐生眞菌。前者長在活樹的木材中，可損害或使樹死亡，而後者則長在死去的木材中，將之分解；它們是受歡迎的守林者，以自然的方式回收木材資源，同時讓新樹得以有空間生長。寄生眞菌殺死寄主樹木後，常會用腐生者的角色繼續以該樹維生一段時間。若環境條件適合，腐生眞菌也能在活樹主幹或冠層的死木材中生存。眞菌造成的木材腐朽會削弱該區木材的強度，並增加該主幹或側枝斷裂的危險，因此要注意：考量到道路安全，腐生眞菌也會使活樹變成危險樹木 [38]。

板根之間

當菌絲體從樹體中出來，到表面和外界空氣接觸時，這可能是子實體即將形成的訊號。板根之間的木材最薄，因此可以先在這些地方尋找子實體。若樹基到處都有子實體，代表內部腐朽已廣爲散布，需要砍掉或大幅修剪。若只在樹木一側發現子實體，可藉鑽孔來判定腐朽擴散範圍，然後才能對該樹下定論。

注意：有些種類的腐朽只分解根部，不會攻擊主幹，這代表根部也需要檢查。當一棵樹被伐除或主幹斷裂，切面或斷裂面通常會快速長出子實體，腐生於死亡的樹幹上。然而活樹上的眞菌大多爲寄生性，很可能是它們因突然與空氣接觸而長出子實體 [37]。

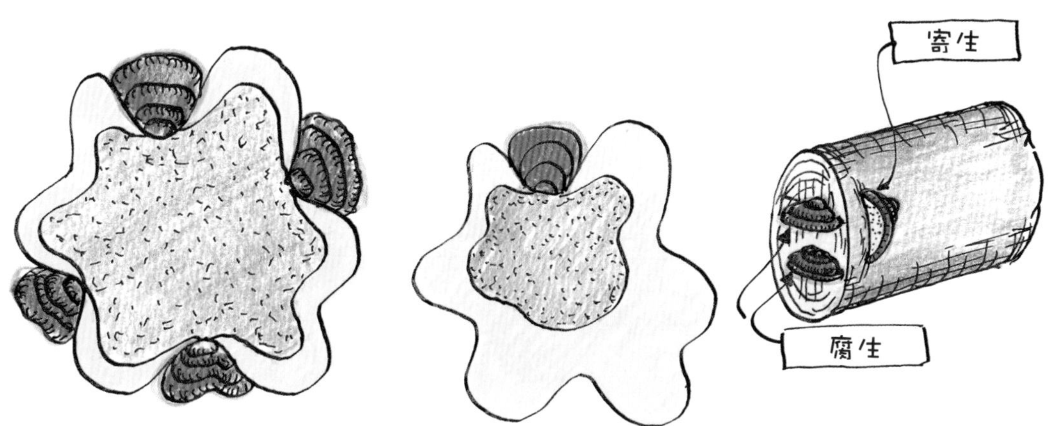

誤導的子實體和錯誤的警訊

樹中的菌絲體有時候過早接觸從裂縫或內生樹皮漏進來的空氣（左圖）。此情況下，從真菌的子實體無法看出腐朽的擴散範圍。腐朽的範圍或多或少（A、B、C），必須鑽孔以測量腐朽的擴散。

中間的圖顯示一棵有良好屏障以對付腐朽的樹，樹木花一段時間發展出 Shigo 理論中的第四道牆（阻隔區），將健康與腐朽的木材確實區隔開來。真菌無法碰到被區隔的木材，只好在傷口的開口處長出子實體並離開該宿主，原本的入口現在成了逃往新宿主的出口。舊傷口閉合時（如右圖），菌絲體被第四道牆鎖住，唯一的解決方法是在樹內長出子實體，但擴散至新宿主的機會就不大 [37]。

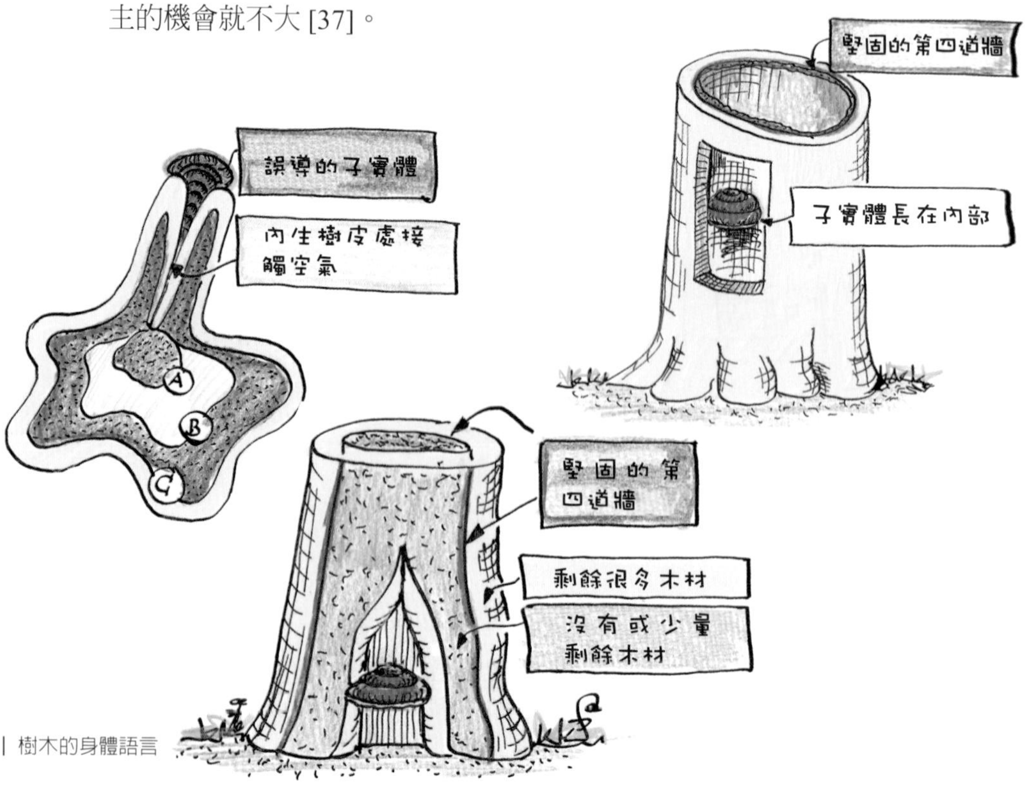

腐朽類型及分解木材的方式
生物力學上對木材腐朽的分類

木材腐朽的類型，決定了木材會軟化或是脆化（見下頁圖片）

A. 白色腐朽使木材軟化，被分解的大多是木質素（選擇性木質素降解 selective delignification）：常見的警訊包括隆起與樹皮擠壓。木質素煙囪被分解，但纖維素軟管仍在。潮溼時，腐朽的木材會感覺像海綿一樣。

B. 同步白色腐朽（simultaneous white rot），又稱同步腐朽、侵蝕腐朽（simultaneous rot,erosive rot），會使木材脆化：首先是纖維素軟管從內部被掏空、侵蝕，木材脆化並如瓷器般破裂（外觀上幾乎沒有任何症狀）。木質素多是在斷裂後才會大規模地被分解。

C. 軟腐（例：焦色柄座菌，懸鈴木上的 *Splanchnonema platani*，也會出現在死木材上）：首先纖維素軟管被分解，最後大多只剩中膠層（middle lamella）或堅硬如石的中間部分。接著會脆化破裂，表面會有像瓷器破裂般的裂紋。

D. 褐色腐朽：纖維素快速分解而脆化碎裂，剩下的木質素會化為像可可粉般的褐色木質粉末。許多褐色腐朽菌鮮少攻擊如橡樹、歐洲栗等樹液較多的樹種，就算攻擊了，所造成的傷害也極為有限。

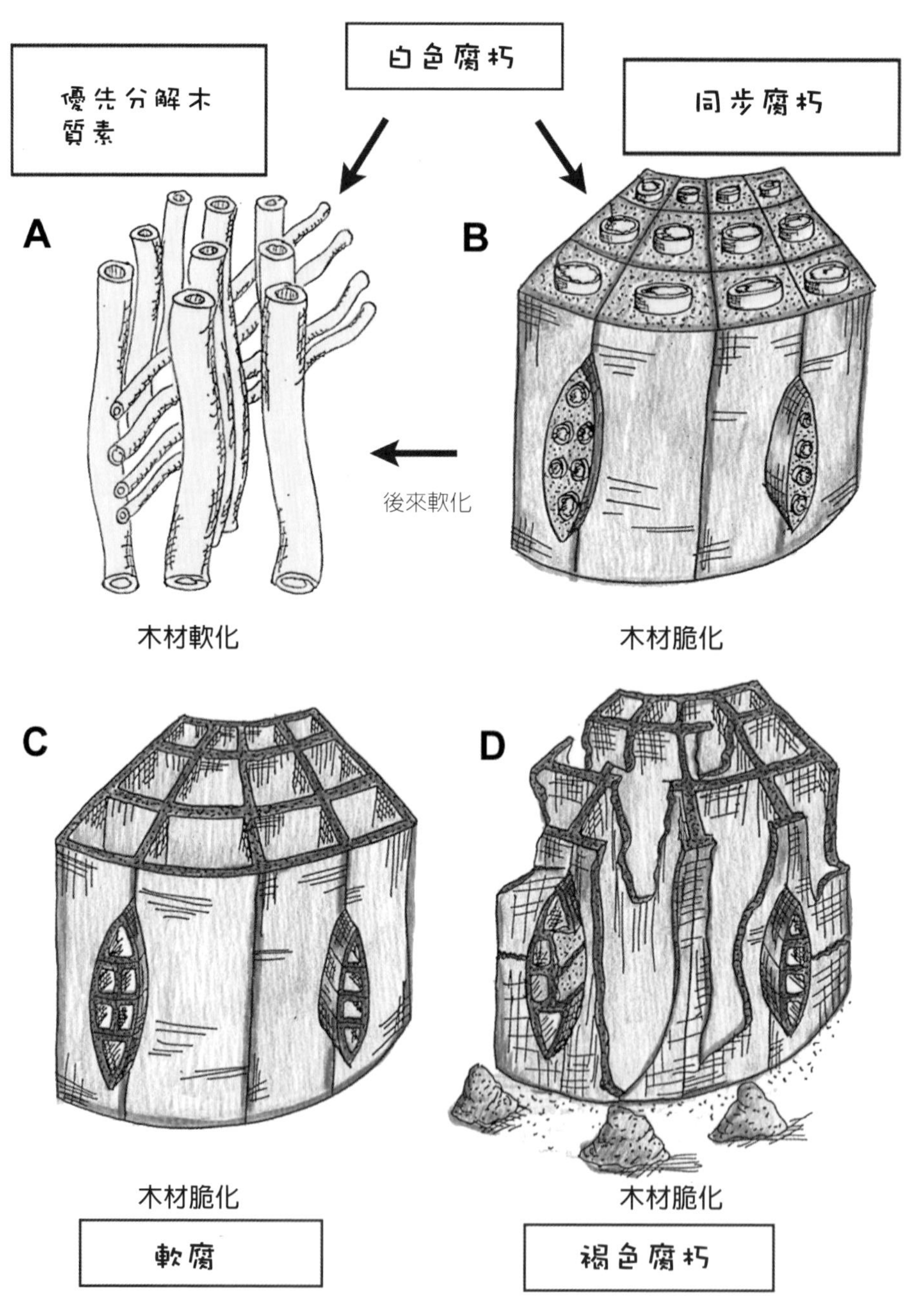
白色腐朽
優先分解木質素
同步腐朽
A
B
後來軟化
木材軟化
木材脆化
C
D
木材脆化
木材脆化
軟腐
褐色腐朽
From [37]

木材脆化與軟化

材料藉其剛性（stiffness）來抵抗形變。木材的軟化（圖 A）使剛性降低，一開始這並不會削弱其強度。強度是材料對斷裂的抵抗能力。木材的脆化（圖 B ～ D）雖然會削弱其強度，但一開始並不會使剛性降低。所有利用聲波的測量技術，在探測木材軟化上都有不錯的表現；而鑽孔類型的技術（如微鑽阻力儀、木材鑽取等）則擅於發現無修復材的木材脆化。第二代微破壞儀 Fractometer II（P.401）可探測木材軟化（彎曲斷裂之角度大）與脆化（低折損負載）的情形。

A：選擇性木質素降解 = 木材軟化（白色腐朽）

B：同步腐朽（白色腐朽）

C：軟腐

D：褐色腐朽

樹木如何將腐朽區隔

研究腐朽區隔化的 Alex Shigo 提出 CODIT 模型 [39,40,41]，認爲健康的樹有四道區隔牆 [60]：

第一道牆：在空氣或腐朽進入導管後，將導管阻塞（例如形成填充體 tylose），以阻絕腐朽的縱向擴散。

第二道牆：每圈年輪最外圍爲緻密的晚材，可延緩腐朽向內擴散。

第三道牆：木材射髓有時可高達數公分（橡樹），阻止腐朽在橫切面上的蔓延。

第四道牆：強力的化學阻隔，由強度減弱的毒性木材組成，長在傷口與受傷後沿著年輪新長的木材之間，稱爲屏障區（barrier zone），這層只有在形成層受傷時才會出現。

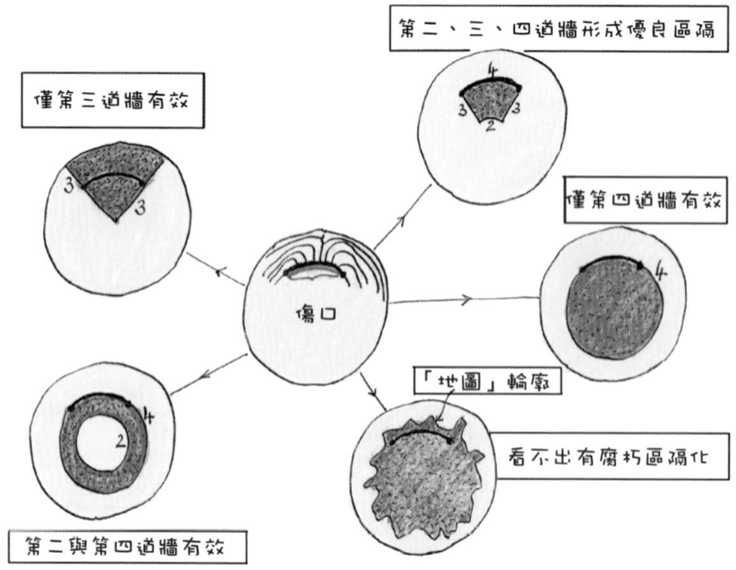

反應區抑制真菌生長

即使沒有傷口，第二與第三道區隔牆（有時也包含第一道）原本就存在於木材之中，在活木材的防禦過程中會充滿抗真菌物質，例如多酚類。這過程在空氣一進入就啓動，導致木材褐化，因此在腐朽或病斑周邊可看到褐色的木紋，這便形成了所謂的反應區，到最後，所有充滿抗菌物質的組織，包括第一～第三道牆以外的區域都成爲反應區發揮功用的一部分，因此反應區並不總是沿著射髓或年輪發展。可參考鑽孔對腐朽在樹中擴散之影響的章節（P.407）。

以溼木材取代區隔化

銀杉、楊樹等樹種的樹心潮溼，其原因是由於細菌在樹心木材生長。細菌不太會摧毀木材，但會使木材溼度上升，導致該處的氧氣含量不足以使真菌生長，這保護了樹心不被腐朽 [37,42]。

溼木材能有效抑制腐朽的擴散，保持乾燥反而不宜。若診斷出溼木材（例如生長錐鑽孔測試），要把鑽出的孔封閉。

深度檢測的工具 — 鎚子

以木材、硬橡膠或合成塑膠製成的鎚子，很早就被用於樹木診斷，但所能提供的資訊有限，然而它仍適合用於檢測鬆動的樹皮（蜜環菌）與黑楊樹的板根。檢測腐朽時，先在樹幹上外觀無腐朽跡象處敲出參考音，通常音調較高，接著再去敲懷疑內部腐朽的位置。要小心的是，內部若有環狀裂縫（ring shake cracks），聲音聽起來會空洞，但實際上並非空心。相對的，皮厚的樹木有時會檢測不出空洞音。鎚子可用於初步調查，但不應當作決策的基礎 [60]。

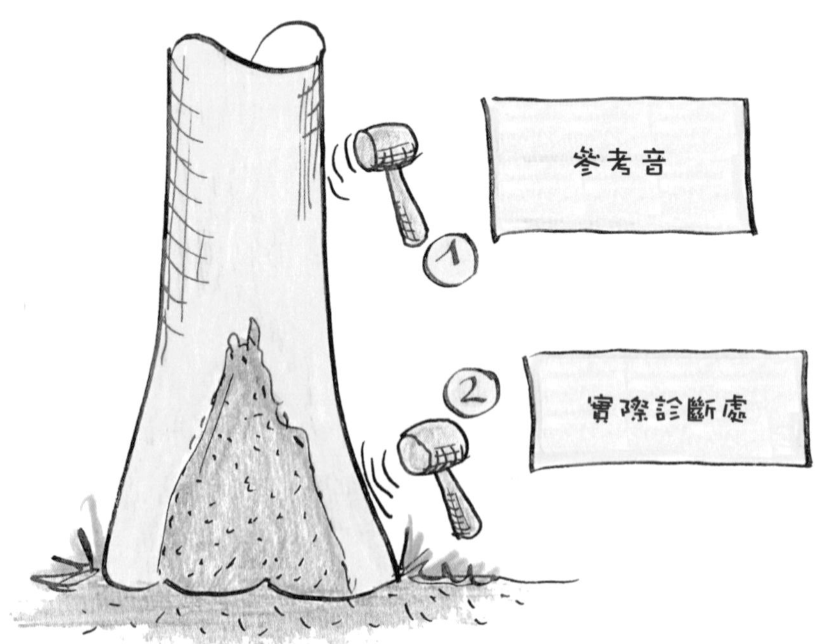

鋼製長釘

這是一項簡便且安全的工具：約一米長的不鏽鋼製長釘，附有十字狀把手，以方便從堅硬的白腐木材中拔出。可插入開放式腐朽區（圖 A），測試殘餘木材質感，或探入生長錐鑽出的洞，這樣就不用從另一側再鑽一個洞，因此這根釘不能超過 7 公厘粗，可以在每 10 公分處作個記號，有時也能拿來探測地下部的腐朽，像圖 B 那樣，在主幹附近將長釘斜斜插入地下，這招也可用於根盤未翹起的傾斜樹（圖 C），或是用於測量翹起根盤下方的空隙大小（圖 D），低阻力處即為空隙。這個工具能提供許多資訊，也容易說服外行人 [60]。

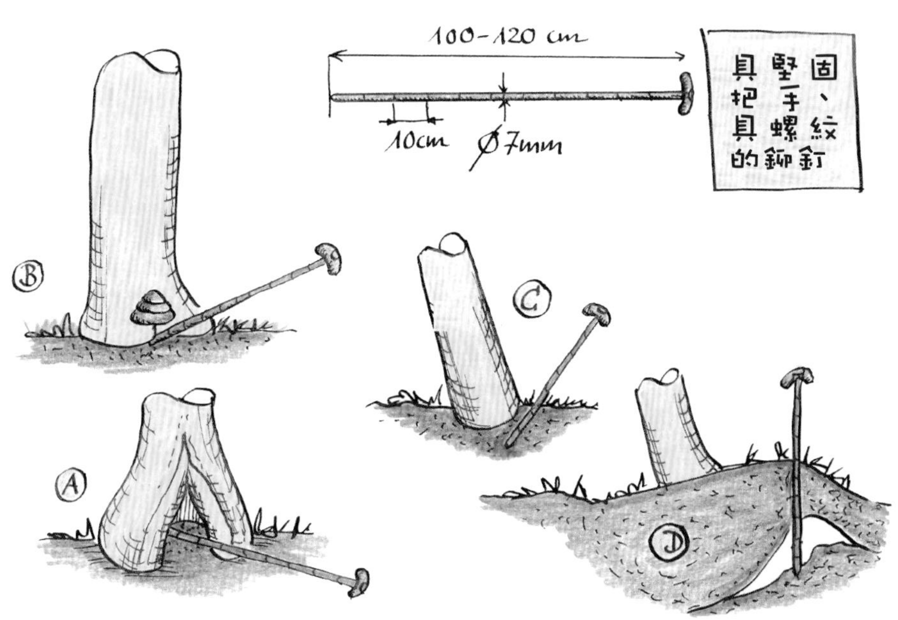

電鑽與螺旋鑽頭

直徑 4 公厘的鋼製鑽頭可用來在鋼鐵上鑽洞，拿來鑽木材時，能鑽出非常完好的木屑，但由於螺紋很深，電鑽常會被拉入木材中。使用時，先鑽 2 公分深，然後反向旋轉，另一隻手在出口下方接住掉落的木屑。長條狀、顏色偏白的木屑通常代表木材堅韌，木屑越短則代表木材越脆，而褐色腐朽極爲嚴重的木材甚至會化爲褐色粉末。鑽測優質的木材時，通常需施予壓力，但在鑽入空洞處的瞬間，電鑽會反拉。這是一項簡單而低科技的方法，仍能使用於熱帶闊葉樹身上，但無法探測出裂縫 [60]。裝在鑽頭上的耳塞可移動，用來標示深度。

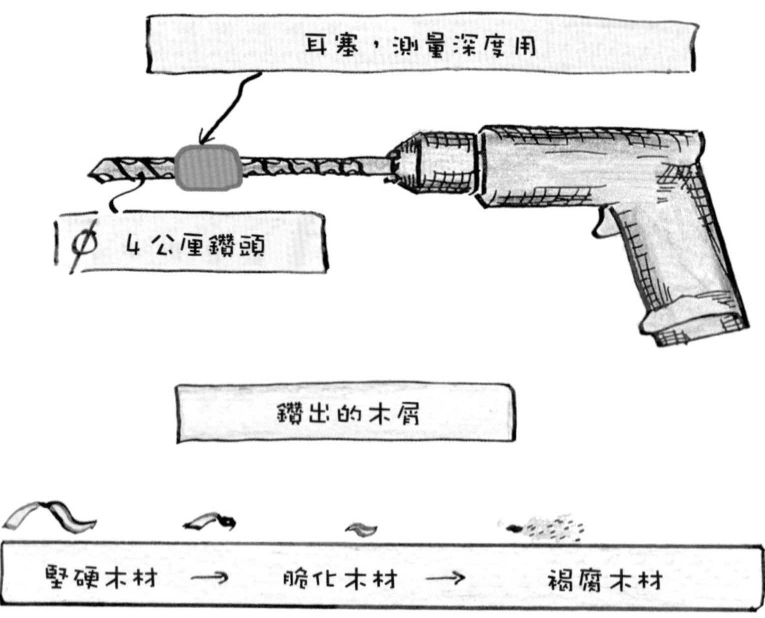

測量鑽孔阻抗力

我們只用過 IML 的儀器（Instrumenta Mechanik Labor GmbH，德國維斯洛赫）。馬達的扭矩可分爲鑽探針桿的摩擦力與針尖變寬處的切削力。須避開腐朽處、樹脂分泌處，並小心勿使鑽探針桿彎曲，以減少摩擦力雜訊，導致木材脆化的腐朽（圖 A、B）很容易測得。IML 的現代化儀器也可測量縱向的力流，這是一大優點 [60]。

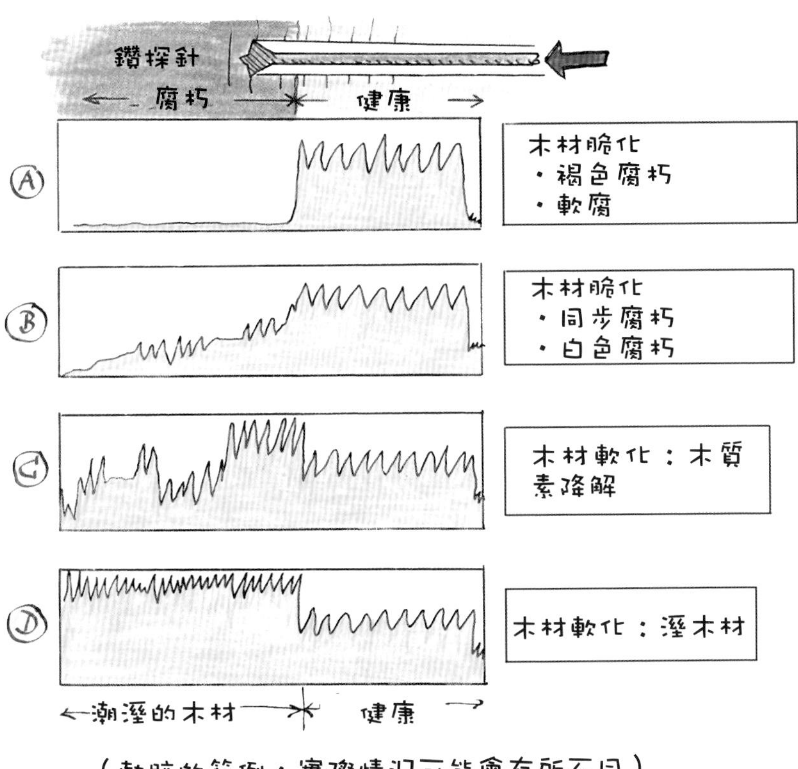

典型的鑽孔阻抗儀曲線

使木材軟化的腐朽（例如靈芝等），通常會先使鑽孔阻抗力上升（圖 C），因為木材硬度上升，之後阻抗力通常會下降，這裡最好用生長錐確認殘餘木壁厚度。溼木材的阻抗力逐步上升，不會下降。由此可見，檢測木材軟化的腐朽類型，需比檢測木材脆化（圖 A、B）更多經驗。現代儀器可測量縱向的力是一大優點（見 P.403）[60]。

軟腐

同步白色腐朽

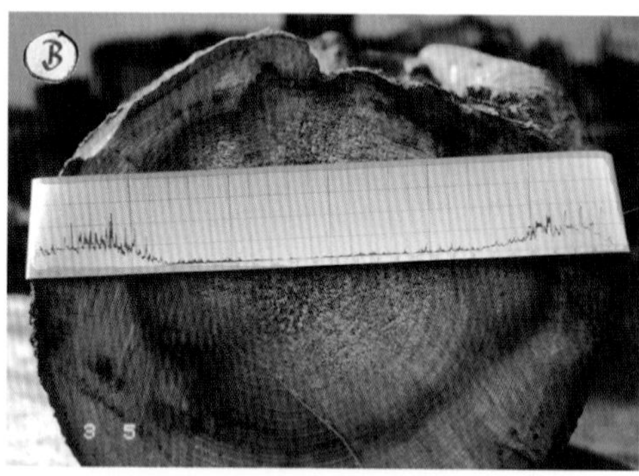

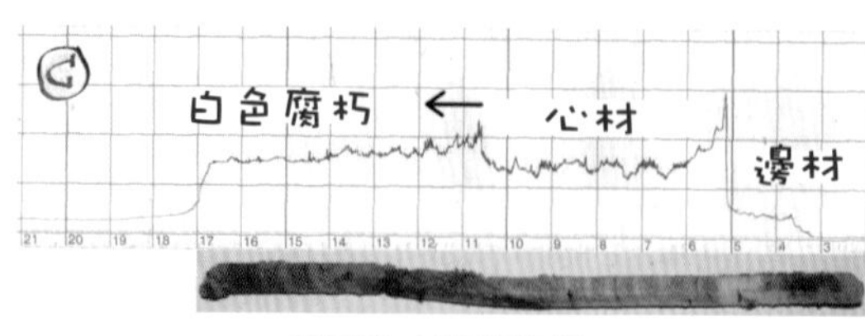

選擇性木質素降解

溼木材

生長錐與排出器

生長錐不貴且堅固，能提供許多有用資訊。這根中空的鋼管能鑽取直徑 5 公厘的樹心。取得樹心後，手拿腐朽側末端搖搖看。軟化的木材，包括溼木材的樹心，可以像橡膠棒一樣搖擺。搖晃測試是一種初步評估材料品質的方法。接著，檢視年輪與增長速率（圖 A），可從腐朽與健康木材的交界處看出腐朽區隔化的局部品質（圖 B、C）。連接上 4 公厘粗的鋼製長釘後，事先裝在生長錐口的 IML 排出器可清潔生長錐 [60]。

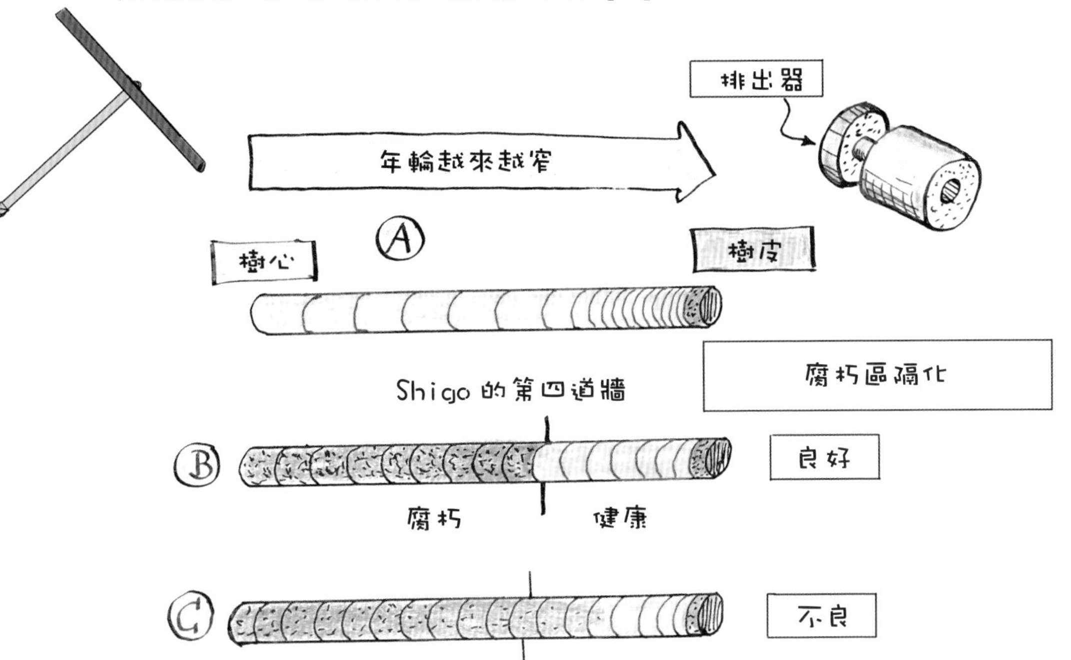

樹心搖晃測試

若樹心可搖晃不斷，代表木材依然強固。

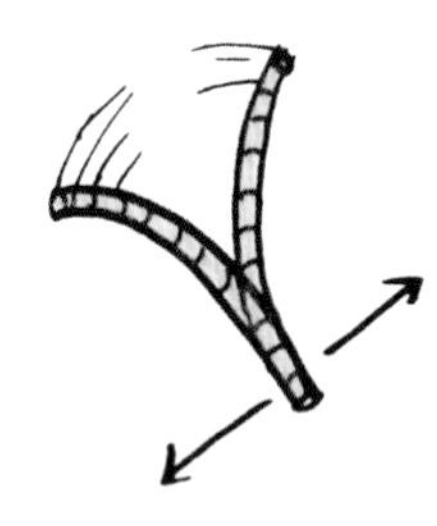

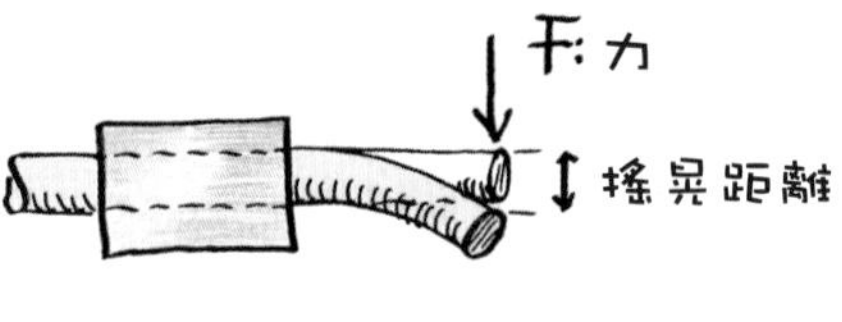

若樹心很容易斷裂，代表木材已無橫向強度。

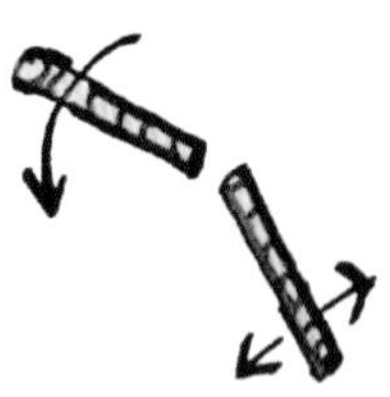

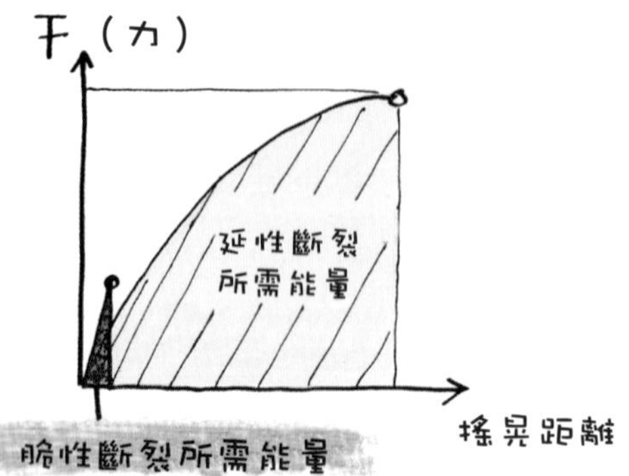

斷裂所需的能量，與左圖中曲線下方的面積相等。

第二代微破壞儀 — 可攜式強度測試儀

生長錐取出的樹心也可用在第二代微破壞儀的強度測量，這項工具會將其彎曲斷裂，藉此測得徑向的抗彎曲強度，這主要由木質部的細胞數量與大小決定，也可將樹心橫截面順著纖維方向壓碎，藉此量測順著木紋的縱向抗壓縮強度。不過在讀數一開始下降時就必須停止測試，不然已折斷的纖維會像一張紙一樣被揉成一團，導致最後的讀數過高。讀數計上的強度單位爲 MPa = N / mm^2。微破壞儀在死樹與活樹木材的測量上都可使用。一般木材的縱向抗彎曲力（勿跟徑向抗彎曲力搞混）約是縱向抗壓縮力的兩倍 [60]。

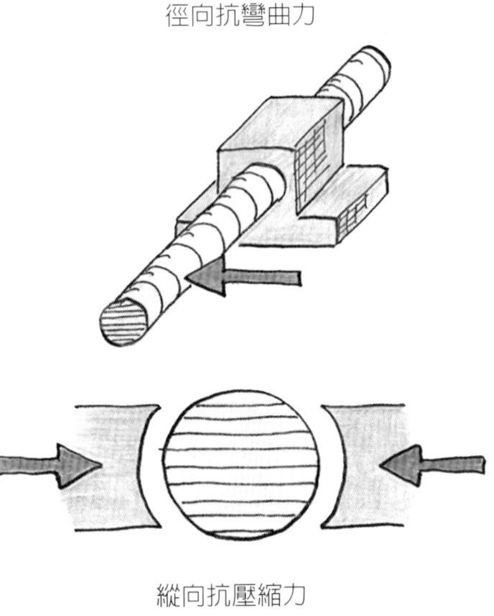

聲波測量

聲波測量，無論用一具或多具感測器，原理都是測量聲波從產生點到感測器所需的時間。根據製造商的說明，使用多具感測器的系統可計算出腐朽程度並將其幾何圖像化。聲波測量法能提供有用的資訊，但要記得以下幾點：音速在軟化的木材或密度較大的木材中會較慢。測量的是音速，而非木材的強度，因爲此測試不會破壞木材。聲波測量可找出木材軟化型的腐朽，但無法辨認早期的木材脆化，可以測得空洞，但內部裂縫只有在它們改變聲波傳遞路線時才會被偵測到。內生樹皮會使診斷失準，溼木材則會顯示爲低音速，但通常並不危險。

結論：聲波測量是初步調查的好工具，但若欲作出是否要將樹移除的決策，建議還是加上樹心鑽取，以確實分辨白色腐朽與溼木材，並偵測早期木材脆化（例如軟腐或褐腐）[60]。

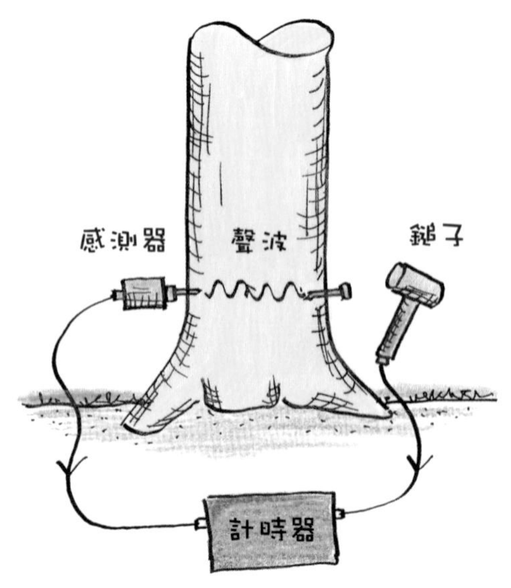

Sebastian Hunger 示範使用 IML PD400 鑽孔阻抗儀測量

此鑽孔阻抗儀記錄了探針鑽入時受到的縱向阻抗力與抗扭力。縱向摩擦力的路徑比扭力（含旋轉）路徑短得多，因此，遇到腐朽時，縱向的測量值會快速下降，這應該是因爲探針桿的摩擦力很小之緣故。測量的結果可儲存、寄 email，或用藍芽傳輸到裝在束帶上的印表機印出。

樹木基部的殘壁厚度

樹木基部根與根的交界處幹壁最薄，因此也是眞菌子實體最常出現處。這些區域必須鑽生長錐（圖 B），鑽入板根可能會嚴重誤判殘壁厚度（t）。這裡的半徑（R）是根領頂部的半徑（圖 A）。即使發現不到主幹半徑 70% 的空洞（t ／ R > 0.3），仍可以下結論說主幹（但不等同於整棵樹）的風險並不比其他未經修剪的樹木更高。記得，我們尚未檢測樹根斷裂的風險 [60]。

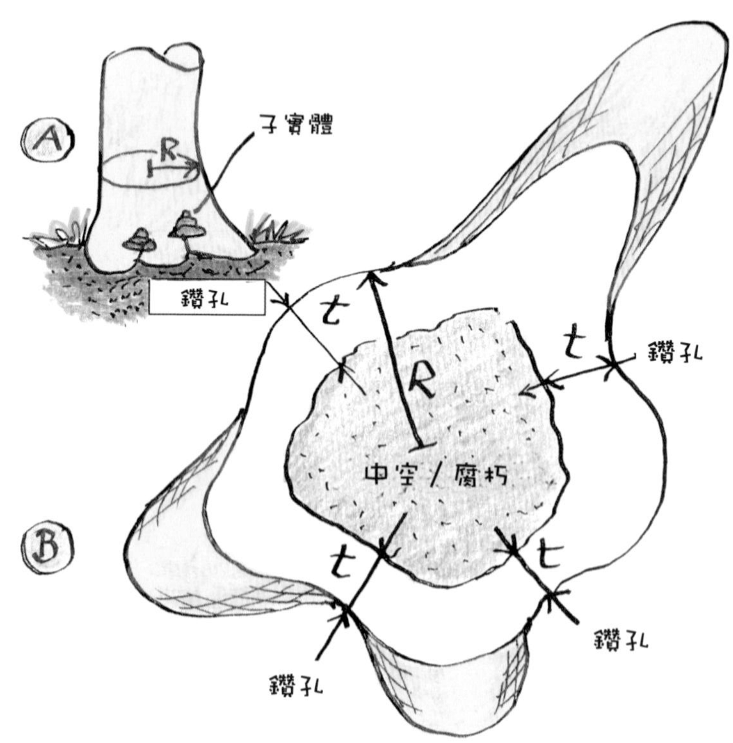

具有安全主幹的危險樹木

下圖的樹幹看似無害，僅主幹半徑的 50% 中空，但它仍可能是棵危險樹木（圖 A）。它最大的迎風側拉拔根（圖 B）具有偏心圓形的年輪，已往外呈馬蹄狀腐朽。從底側的窄年輪可看出，沉展根原爲剪力殺手，防止拉拔根被拔出，但現在它已部分或全部腐朽，因此這棵樹是危險樹木。右邊照片的樹基由許多馬蹄形的腐朽板根所構成，若樹幹是這樣分割組合而成，則其安全性不能只用 70% 原則來評估。鵝耳櫟、歐洲七葉樹、刺槐等樹種都常有此現象，見 P.135 ～ 136[60]。

被分割的樹基

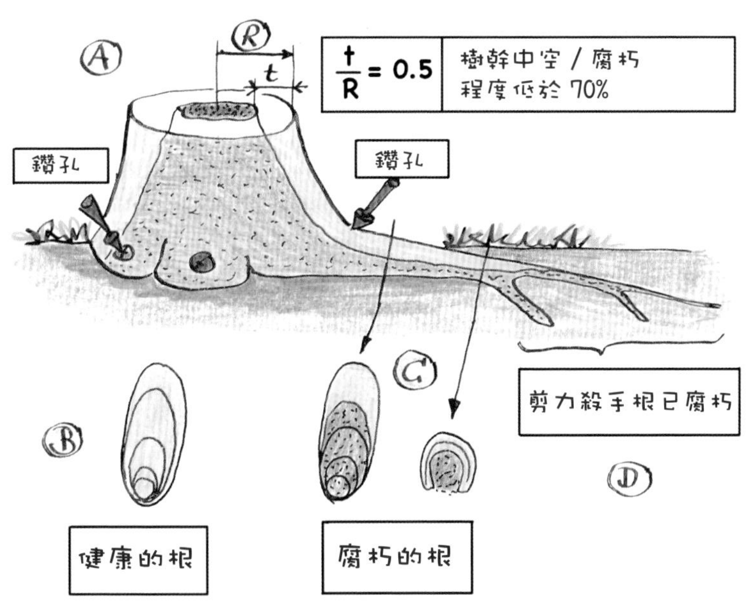

若鑽孔與聲波測量都失敗

有些腐朽菌不會進入主幹或主幹與根部的交界處，或至少在這些區域檢測不到它們，例如蜜環菌屬（*Armillaria* spp.）、厚蓋纖孔菌（*Inonotus dryadeus*）或亞灰樹花（*Meripilus giganteus*）。鑽樹心無法偵測到這些眞菌，然而，若發現眞菌子實體，則可以考慮將距離主幹 1 ～ 2 米遠處地基掘開，目視檢查。若無法這樣做，但子實體的發現又指明確實有腐朽狀況，則可將該區封閉，確保人車避開樹倒會波及之處，若要保存該樹則須將其高度大幅降低 [60]，另一個選項是將根部嚴重腐朽的樹木伐除。

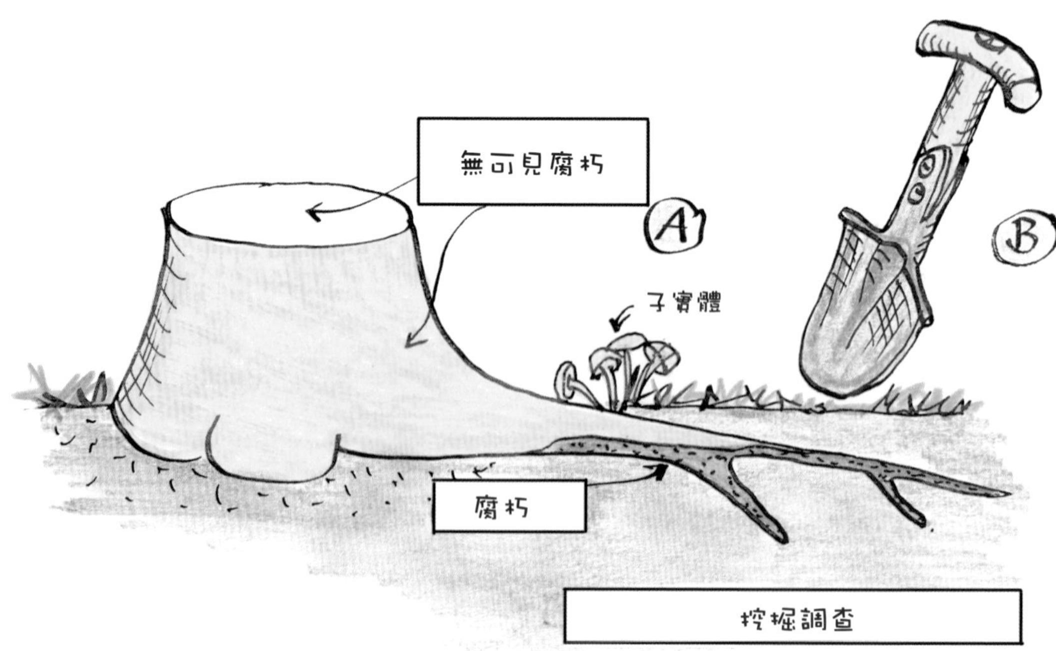

鑽孔對樹中腐朽擴散的影響

因應不同情境，有多種鑽孔技術可用於詳細研究真菌感染的樹，本頁研究探討這類侵入性的方法是否會對樹木造成嚴重傷害。

在一項對一棵黑楊樹心材腐朽的研究中（蜜環菌入侵），十多年來，每年在教學場合會用生長錐與鑽孔阻抗儀，從同一側鑽取該樹樹心數次（照片中圈起來處），右下圖箭頭處爲樹鋸開後可見的鑽孔痕跡 [44]。

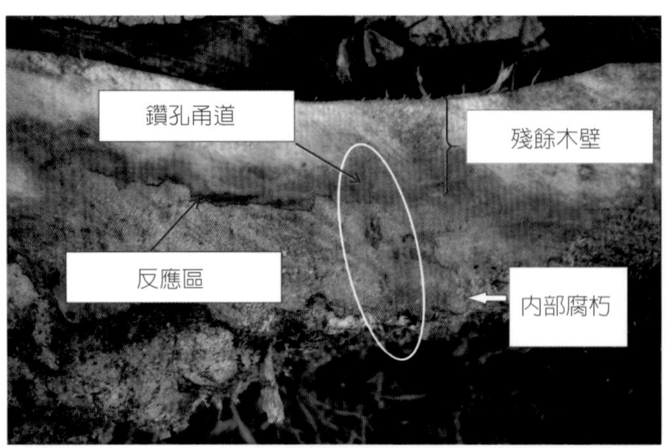

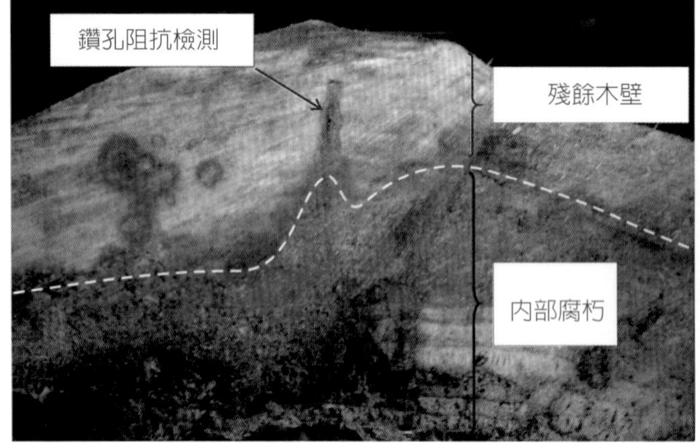

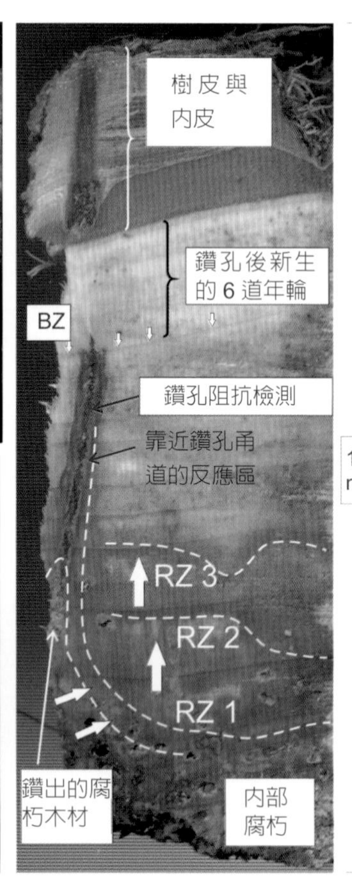

圖為樹幹橫截面中的鑽孔阻抗檢測（DRM）痕跡。左下圖：鑽孔檢測後七年的狀況。左上圖：鑽孔檢測十年後的狀況。右圖：一棵楊樹在鑽孔阻抗檢測六年後的殘餘木壁厚度。樹幹中的反應區（RZ1、2、3）趕在內部腐朽擴散之前朝樹幹外側移動。鑽孔甬道附近靠內側的反應區擴大得較多，為的是將進入甬道中的腐朽區隔化 [44]。

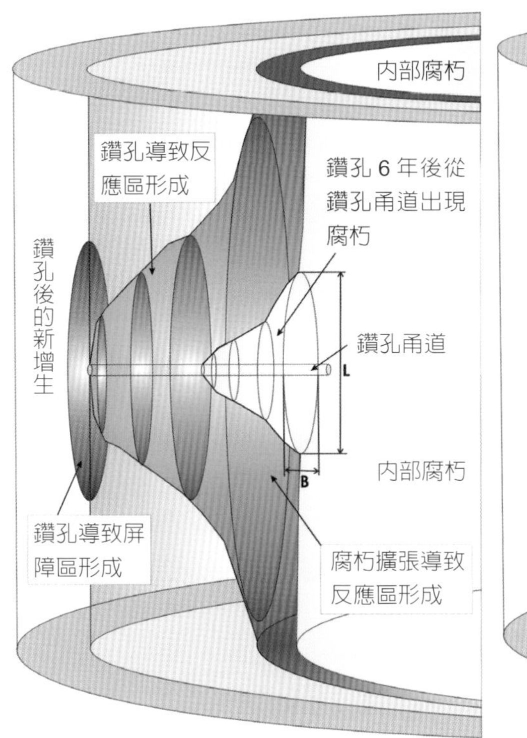

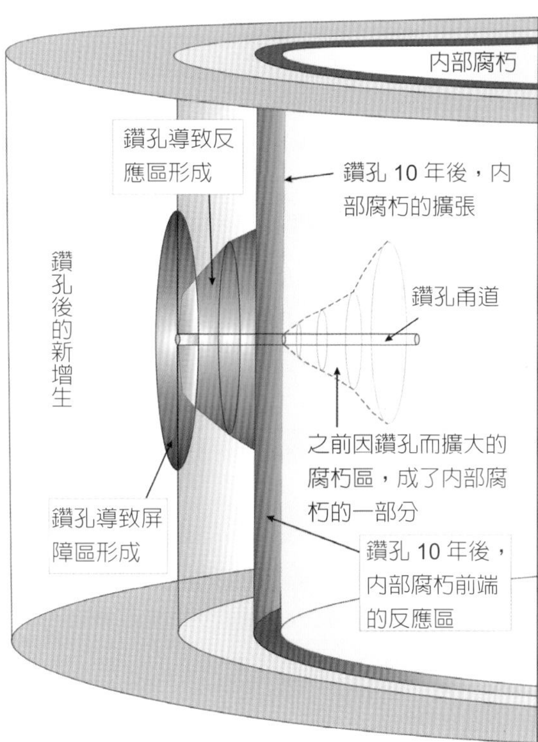

本頁爲鑽孔對樹中腐朽擴張之影響的示意圖，顯示一棵心材腐朽的黑楊樹鑽孔之後的長期後果（蜜環菌入侵）。左圖：鑽孔阻抗檢測 6 年後的狀況。柱狀的變色區是鑽孔甬道附近的反應區以及進入鑽孔甬道中的腐朽物質。這些變色區縱向往主幹中心延伸，而非橫向。右圖：鑽孔阻抗檢測 10 年後的情形。正中央擴張中的內部腐朽，已淹沒之前甬道周邊因鑽孔而擴大的腐朽區，因此幾乎完全抵銷了鑽孔造成的局部負面影響 [44]。

附錄

眞菌簡介

德國道路旁與公園裡重要的木材腐朽菌 [37]

· 根部木材腐朽菌

· 莖幹木材腐朽菌

· 分解枯木，有時寄生於傷口或衰弱樹木上的眞菌

· 分枝上的子囊菌 [45]

多年生多孔菌子實體

戶外木製遊樂器材與木材腐朽菌

戶外木製遊樂器材的腐朽程度測定

根部木材腐朽菌

會導致木材軟腐的真菌（軟腐菌）

焦色柄座菌（*Kretzschmaria deusta* 或 *Ustulina deusta*）

會導致木材褐腐的真菌（褐腐菌）

肝色牛排菌（*Fistulina hepatica*）

栗褐暗孔菌（*Phaeolus schweinitzii* 或 *Phaeolus spadiceus*）

繡球菌（*Sparassis crispa*）

會導致木材白腐的真菌（白腐菌）

蜜環菌（*Armillaria mellea*）

奧氏蜜環菌（*Armillaria ostoyae*）

翘鱗傘（*Pholiota squarrosa*）

梭柄金錢菇（*Collybia fusipes*）

大刺孢樹花（*Meripilus giganteus*）

灰樹花（*Grifola frondosa*）

白蠟多年臥孔菌（*Perenniporia fraxinea*）

樹舌靈芝（*Ganoderma applanatum* 或 *G. lipsiense*）

南方靈芝（*Ganoderma australe* 或 *G. adspersum*）

弗氏靈芝（*Ganoderma pfeifferi*）

無柄靈芝（*Ganoderma resinaceum*）

厚蓋纖孔菌（*Inonotus dryadeus*）

松根異擔子（*Heterobasidion annosum* 或 *Fomes annosus*）

根部有朽木時會出現的指標性真菌

簇生垂幕菇（*Hypholoma fasciculare*）

晶鬼傘（*Coprinellus micaceus* 或 *Coprinus micaceus*）

焦色柄座菌 *Kretzschmaria deusta* 或 *Ustulina deusta*

生活型態	可見於活著的樹木與死亡的樹木（寄生與腐生）。
腐朽類別	軟腐。
腐朽位置	莖基部、根部，少見高於基部的主幹。
常見宿主	山毛櫸、菩提樹、七葉樹、楓樹與其他闊葉樹種。
子實體	全年可見約硬幣大小、扭曲、帶節的黑殼，形似噴濺的瀝青，如同燒焦的木頭般脆，大部分會位於樹基之間（有性世代）。在春季則會形成扁平的白色、灰色、無性的子實體（無性世代）。
特　徵	不會導致樹基腫脹，以生長錐（increment core）取得的試材為乾燥、稻草色，並經常帶有黑色線條。帶有約 0.5 公厘厚的黑色線條（分界線），若生於山毛櫸上，有時會像象皮。
木材的變化	木材脆化（中膠層可持續很長一段時間）。
後　果	脆性破裂，破裂表面呈陶器狀。
詳細檢查方式	鑽阻測量、生長錐、微破壞儀、螺旋鑽（僅限嚴重腐朽的情況）、根部開挖。
注　意	在確定遭到入侵的地方，鄰近的同種樹木必須一併檢查。

主要的子實體樣貌（有性世代）　　攝影者：Mick Boddy

次要的子實體樣貌（無性世代）

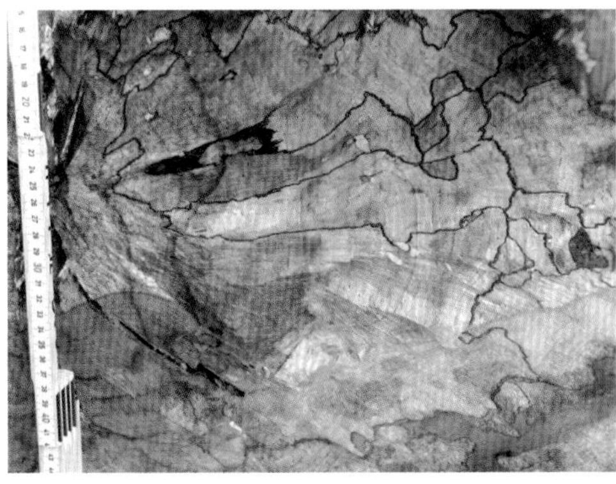

呈陶器狀的破裂表面

肝色牛排菌 *Fistulina hepatica*

生活型態	大多可見於活著的樹木（寄生），較罕見於死亡的樹木（腐生）。
腐朽類別	褐腐。
腐朽位置	莖基部，少見高於基部的主幹。
常見宿主	較老的橡樹，也可見於歐洲栗。
子實體	一年生，頂部為紅色、褐色至牛排色，受傷時流出液體，內部結構為纖維狀肉質，下方有一根一根黃色的菌管，在放大鏡下看起來會讓人聯想到通心粉 [46]，接觸後會變紅，蕈柄短而粗，孢子粉呈白色至淺棕色。8 月～ 10 月間會形成新的子實體。
特徵	最初主要是使木材變褐色（棕色橡木），然後會降低木材強度，偶爾會與灰樹花並生於同一宿主上。
木材的變化	木材在心材的部位會變脆。
後果	脆性破裂。
詳細檢查方式	鑽阻測量、生長錐、微破壞儀、螺旋鑽、根部開挖。

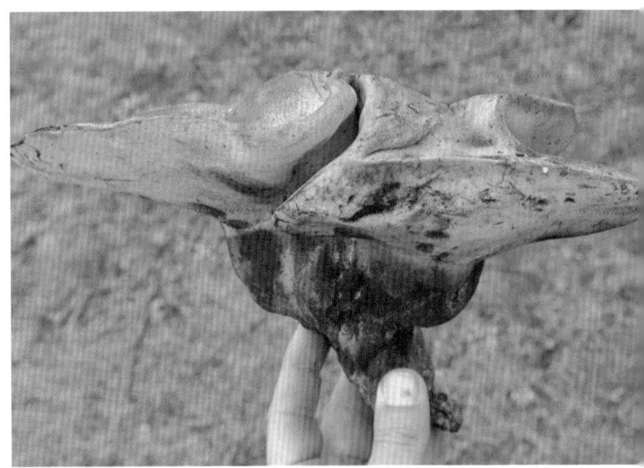

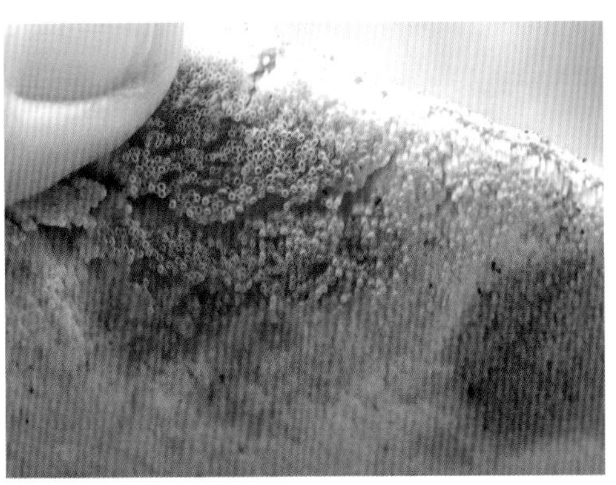

菌管

老的子實體

栗褐暗孔菌 *Phaeolus schweinitzii* 或 *Phaeolus spadiceus*

生活型態	可見於活著的樹木（寄生）與死亡的樹木（腐生）。
腐朽類別	褐腐。
腐朽位置	莖基部、根部，少見高於基部的主幹（心材）。
常見宿主	針葉樹，如：松樹、雪松、花旗松、雲杉、落葉松等，也有少數的闊葉樹，如：櫻桃。
子實體	一年生，主要是一根粗的圓莖，邊緣不規則的扁平菌蓋，其寬度可達 30 公分，頂端呈氈狀，邊緣為黃色，越往內則越偏栗色，菌蓋的菌肉先是黃色，然後呈深棕色，下部有角狀乃至於迷宮狀的孔，年輕個體下部呈黃綠色，接觸後會發黑，孢子粉呈灰黃色。新的子實體會在 6 月～ 9 月間形成；偶爾全年可見老的子實體，乾燥後極輕且易碎。
特　徵	褐腐，腐朽的木材會散發松節油的氣味，通常可見白色白堊片狀的菌絲體殘留物在棕色方塊狀木材上。
木材的變化	木材脆化。
後　果	脆性破裂。
詳細檢查方式	鑽阻測量、生長錐、微破壞儀、螺旋鑽、根部開挖。

繡球菌 *Sparassis crispa*

生活型態	可見於活著的樹木與死亡的樹木（寄生與腐生）。
腐朽類別	褐腐。
腐朽位置	莖基部、根部，部分主幹中的心材會腐朽。
常見宿主	以松樹為主的針葉樹，但也有花旗松、雪松、雲杉、冷杉、落葉松等。
子實體	一年生，呈現像天然沐浴海綿或花椰菜的軟墊形狀，寬度可達 40 公分，顏色從白色（幼期）到赭色都有，從單莖 [48] 長出的波浪型皺葉相互連接，菌肉呈白色，孢子粉呈淡黃色。新的子實體會在 8 月～ 11 月間形成。
特徵	通常子實體中可見針葉、木材和土壤。
木材的變化	木材脆化。
後　果	脆性破裂，偶有分離式剪力開裂。
詳細檢查方式	鑽阻測量、生長錐、微破壞儀、螺旋鑽、根部開挖。

蜜環菌 *Armillaria mellea*

生活型態	可見於活著的樹木與死亡的樹木（寄生與腐生）。
腐朽類別	白腐（優先進行木質素分解），心材腐朽或邊材腐朽（破壞樹木的形成層）。
腐朽位置	莖基部、根部，偶爾也會在主幹內生長。
常見宿主	闊葉樹、針葉樹。
子實體	一年生，蜜黃色、棕色或橄欖綠色，成簇生長，幼年期具有半球型的菌蓋，成熟後會變得扁平，菌蓋下方有白色菌褶，孢子粉亦為白色，蕈柄為褐色，頂部有白色皺領，其邊緣則為蜜色。新的子實體會在 9 月～ 11 月間形成。
特　徵	黑色「靴帶」菌絲索（菌索）、白色菌絲會以扇形在樹皮下延伸，木材常有細細的黑色線條（分界線）。
木材的變化	通常一開始木材會變色（黃色到棕色）、軟化，接著強度降低。
後　果	主要為根的延性斷裂或被風吹倒，較少有因心材腐朽造成的主幹倒塌。有時會破壞樹木的形成層。
詳細檢查方式	用木槌測試樹皮鬆散處（因為此菌會破壞形成層），生長錐和微破壞儀（向下鑽），螺旋鑽僅用於嚴重腐朽的樹木。鑽孔阻抗儀用於嚴重腐朽，或更常用於根部腐朽的情況。根部開挖（一併尋找靴帶菌絲）。被此種真菌入侵的樹木可能地上部的木材無腐朽跡象卻仍倒塌。
注　意	在確定遭到入侵的地方，必須一併檢查鄰近的同種樹木。

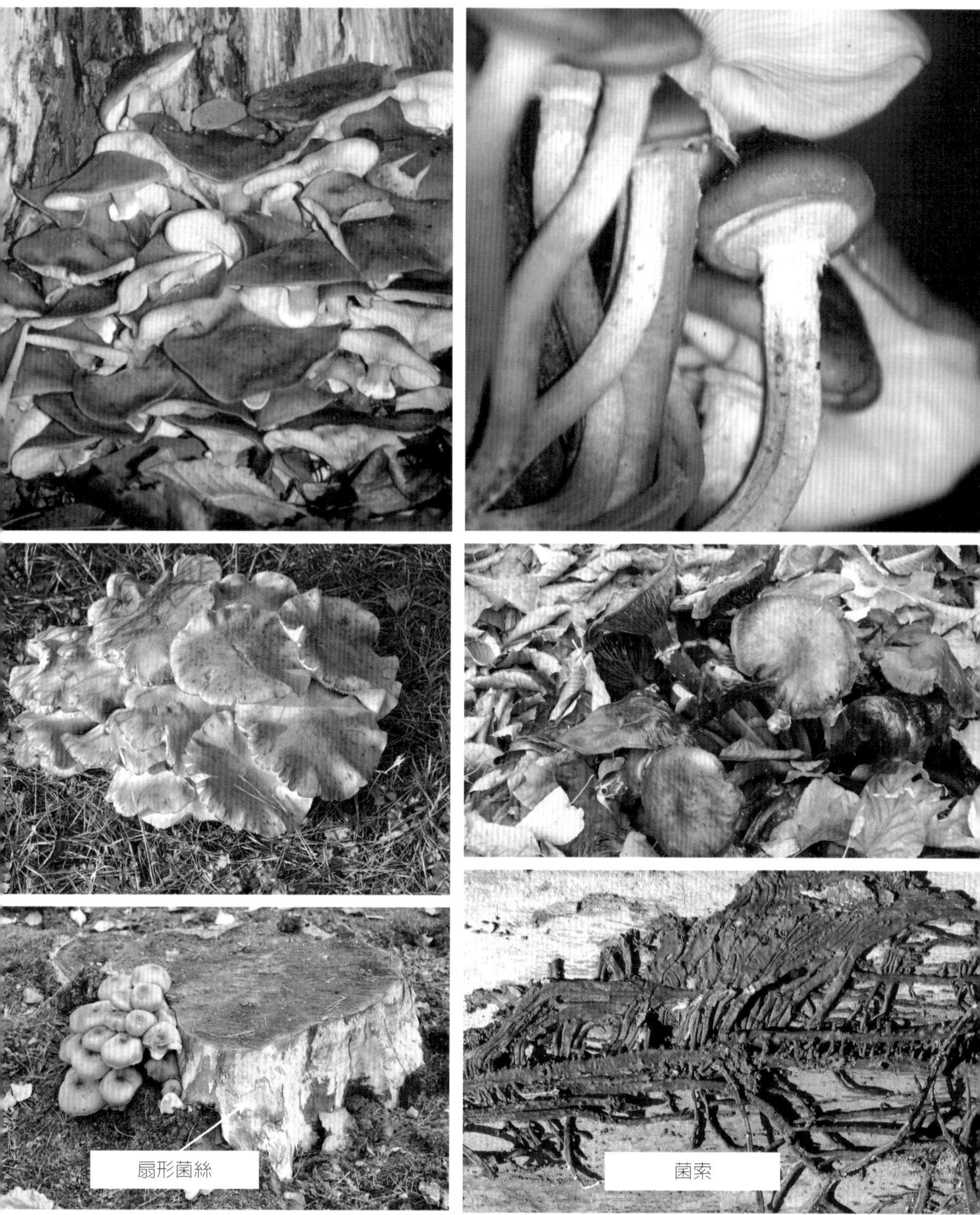
扇形菌絲
菌索

奧氏蜜環菌（黑色蜜環菌）*Armillaria ostoyae*

生活型態	可見於活著的樹木與死亡的樹木（寄生與腐生）。
腐朽類別	心材白腐（優先進行木質素分解）或破壞樹木的形成層（邊材腐朽）。
腐朽位置	莖基部、根部，偶爾也會在主幹內生長。
常見宿主	偏好針葉樹，但闊葉樹也會感染。
子實體	一年生，形似蜜環菌，但菌蓋為紅棕色，其上有在雨中不太穩定的黑色鱗片，菌蓋下有白色的菌褶，孢子粉亦為白色，蕈柄有白色項圈狀的環，其邊緣則為深褐色的寬鱗片。常與翹鱗傘混淆，但後者蕈柄具鱗，菌褶為橄欖色到棕色，孢子粉為棕色。新的子實體會在 9 月～ 11 月間形成。
特　徵	黑色「靴帶」菌絲索（菌索）、白色菌絲會以扇形在樹皮下延伸，木材常有細細的黑色線條（分界線）。
木材的變化	木材會軟化，後來其強度會降低。
後　果	主要為根的延性斷裂或被風吹倒，較少有因心材腐朽造成的主幹倒塌。有時會破壞樹木的形成層。
詳細檢查方式	用木槌測試樹皮鬆散處（因為此菌會破壞形成層），生長錐和微破壞儀（向下鑽），螺旋鑽僅用於嚴重腐朽的樹木。鑽孔阻抗儀用於嚴重腐朽，或更常用於根部腐朽的情況。根部開挖（一併尋找靴帶菌絲）。被此種真菌入侵的樹木可能地上部的木材無腐朽跡象卻仍倒塌。
注　意	在確定遭到入侵的地方，必須一併檢查鄰近的同種樹木。

菌索

翹鱗傘（膨毛鱗傘）*Pholiota squarrosa*

生活型態	大多可見於活著的樹木（寄生），較罕見於死亡的樹木（腐生）。
腐朽類別	白腐，優先進行木質素分解（選擇性木質素降解）。
腐朽位置	莖基部、根部，較少見於主幹。
常見宿主	常見於闊葉樹，但也可見於針葉樹。
子實體	一年生，形似奧氏蜜環菌，但在球型或尖型的稻草色菌蓋與菌柄上有較大的、棕色的突出鱗片，且鱗片只在蓬鬆的菌環下方，而不在上方，菌蓋下的菌褶一開始是亮橄欖色，後來會變成沙色到鏽棕色，孢子粉亦為鏽棕色。新的子實體會在 9 月～ 11 月間形成。
木材的變化	一般來說，木材會軟化，但若是在洋槐屬樹種的木材分解初期，最初的木材脆化主要是由次生壁的直木纖維開始分解（射髓的骨架尚未被分解，導管仍在並出現脆性斷裂），但木材會沿橫向軟化。在分解作用後期，木材軟化。
後　果	延性斷裂、根系斷裂、根莖與主幹基部空洞化；雖然射髓與導管的骨架仍完好無損，但也可能會出現脆性斷裂、被風吹倒等現象。
詳細檢查方式	生長錐、微破壞儀，在嚴重腐朽的情況下才使用螺旋鑽或鑽阻測量，根部開挖。
注　意	翹鱗傘好發於刺槐並導致深度基部腐朽。建議：斜向往下鑽或開挖檢查。可能與金毛鱗傘混淆，但後者有金色、黏性的菌蓋，無突出鱗片，且大多出現在莖部高處。

梭柄金錢菇 *Collybia fusipes*

生活型態	可見於活著的樹木與死亡的樹木（寄生與腐生）。
腐朽類別	白腐，優先進行木質素分解（選擇性木質素降解）。
腐朽位置	根部、根莖、板根，少見於莖基部。
常見宿主	夏櫟，尤其是紅櫟（*Quercus rubra*），亦好發於英國櫟，較少見於山毛櫸，偶見於其他闊葉樹種。
子實體	為具紡錘狀柄的傘菌。一年生，常於樹的莖基部或沿著粗壯的根部叢生。幼年的菌蓋為肉質色到淡紅色，通常出現紅棕色斑點，菌柄基部為紡錘形，菌柄多為肉質，長，紅色至淡紅棕色，中間膨大。菌柄沒有「皺領」，堅韌，帶有縱向的凹槽，基部為暗色到黑色，成熟的老菌通常全株為黑色，孢子粉為白色。有時會與蜜環菌混淆，但蜜環菌的菌柄有皺領。新的子實體會在 5 月～ 10 月間形成。
特　徵	由於會先使主根系下方腐朽，在大量入侵狀況下，可能會使頂冠枯死、板根部分腫脹或形成不定根。
木材的變化	木材軟化。
後　果	多會造成根系延性斷裂或被風吹倒。
詳細檢查方式	生長錐、微破壞儀，在嚴重腐朽的情況下才使用螺旋鑽或鑽阻測量，被此種真菌入侵的樹木可能會倒塌，而倒塌時卻觀測不到地面上木材有任何腐朽的跡象。
注　意	乾旱似乎會使紅櫟根系特別容易腐朽 [49]。在確定遭到入侵的地方，必須一併檢查附近的同種樹木。

大刺孢樹花 *Meripilus giganteus*

生活型態	可見於活著的樹木與死亡的樹木（寄生與腐生）。
腐朽類別	白腐（同步腐朽），部分軟腐（譬如在山毛櫸上）。
腐朽位置	莖基部下方，根部。
常見宿主	山毛櫸、紫葉山毛櫸，也會發生在橡樹、楊樹和其他闊葉樹種上，但少見於針葉樹。
子實體	一年生，寬度可達40公分，黃色至深紅棕色，排列緊密，重疊群聚，主要是在板根與板根之間，菌蓋下方有奶油色的菌管，接觸後二十分鐘會變成黑色（成熟後也會變成黑色），孢子粉為白色，可能會與灰樹花混淆，不過灰樹花在碰觸後不會變黑，單一菌蓋寬度僅達8公分。新的子實體會在8月～10月間形成。
特　徵	此種真菌造成的腐朽很難以常規的診斷設備測量，因為它很少進入主幹；大多數情況下，只會看到主幹的木材變色，但底部的粗壯根系早已被破壞殆盡，有時候也會破壞沉展根。
木材的變化	起初木材會脆化，接著根部的木材會軟化，主幹的心材會變色。
後　果	主要根系會脆性斷裂、腐朽的沉展根初期會斷裂，被風吹倒。
詳細檢查方式	生長錐與微破壞儀也要在遠離主幹的根部使用。在結構根下方進行根部開挖。被此種真菌入侵的樹木可能會倒塌，而倒塌時卻觀測不到地面上木材有任何腐朽的跡象。
注　意	在確定遭到入侵的地方，必須一併檢查鄰近的同種樹木。

老菌

灰樹花（舞茸）*Grifola frondosa*

生活型態	大多可見於活著的樹木（寄生），較罕見於死亡的樹木（腐生）。
腐朽類別	白腐（優先進行木質素分解），囊狀白色腐朽。
腐朽位置	莖基部、根部。
常見宿主	較年老的橡木，也會生長在歐洲栗樹上。
子實體	與大刺孢樹花類似，一年生，菌蓋灰棕色至紫色，叢生。菌蓋小型，直徑可達 8 公分。菌肉白色，菌蓋底側有白色菌孔，延伸至菌柄，孢子粉呈白色。新的子實體會在 8 月～ 11 月間形成。
特　徵	偶爾會與肝色牛排菌生長在同樣的宿主身上。
木材的變化	木材軟化。
後　果	最常見為根部的延性斷裂，主幹基部心材腐朽（較少見），被風吹倒。
詳細檢查方式	生長錐與微破壞儀可用在板根與深根端，根部開挖。被此種真菌入侵的樹木可能會倒塌，而倒塌時卻觀測不到地面上木材有任何腐朽的跡象。
注　意	在確定遭到入侵的地方，必須一併檢查鄰近的同種樹木。

囊狀白色腐朽

白蠟多年臥孔菌 *Perenniporia fraxinea*

生活型態	大多可見於活著的樹木（寄生），較罕見於死亡的樹木（腐生）。
腐朽類別	白腐（優先進行木質素分解）。
腐朽位置	根部、根莖、板根、主幹基部，有時也會發生在主幹較高的位置，如修剪或嫁接部位造成的傷口。
常見宿主	闊葉樹，如：刺槐、楊樹、白蠟樹、核桃、山毛櫸、橡樹、榆樹、柳樹、懸鈴木、七葉樹、蘋果樹。
子實體	多年生的支架真菌，寬度可達 10 ～ 30 公分，菌蓋頂部多節，顏色由紅褐色到黑棕色，有薄而結實的外殼（常因藻類生長而呈綠色）。新鮮多節的增生邊緣為黃色到白色，菌肉與菌管為棕色。年輕的菌蓋底側密布白色至黃色的細孔，接觸後會變成棕色再變成淺棕色，通常帶有紫羅蘭色的微光。年老的子實體通常帶有刺鼻的腐朽氣味。新的子實體與年老的子實體會在 5 月～ 6 月間增生，而孢子則在 9 月時形成，孢子粉為白色。
特　徵	菌株與菌株間形狀差異極大，但大多都是平的，長得像狗糞在板根之間，上面還覆蓋著藻類與苔蘚。主幹基部的部分會有樹皮皺褶（鋸齒狀的樹皮），部分形成不定根和不定芽（如：刺槐）。
木材的變化	通常木材會軟化，但在刺槐上則木材會先脆化（細胞壁被逐步分解）。
後　果	根部、板根或莖基部的延性斷裂。樹幹會被掏空、被風吹倒（發生在刺槐上時，在腐朽初期也可能會產生脆性斷裂）。
詳細檢查方式	生長錐與微破壞儀，鑽阻測量與螺旋鑽用於腐朽嚴重的情況，根部開挖。

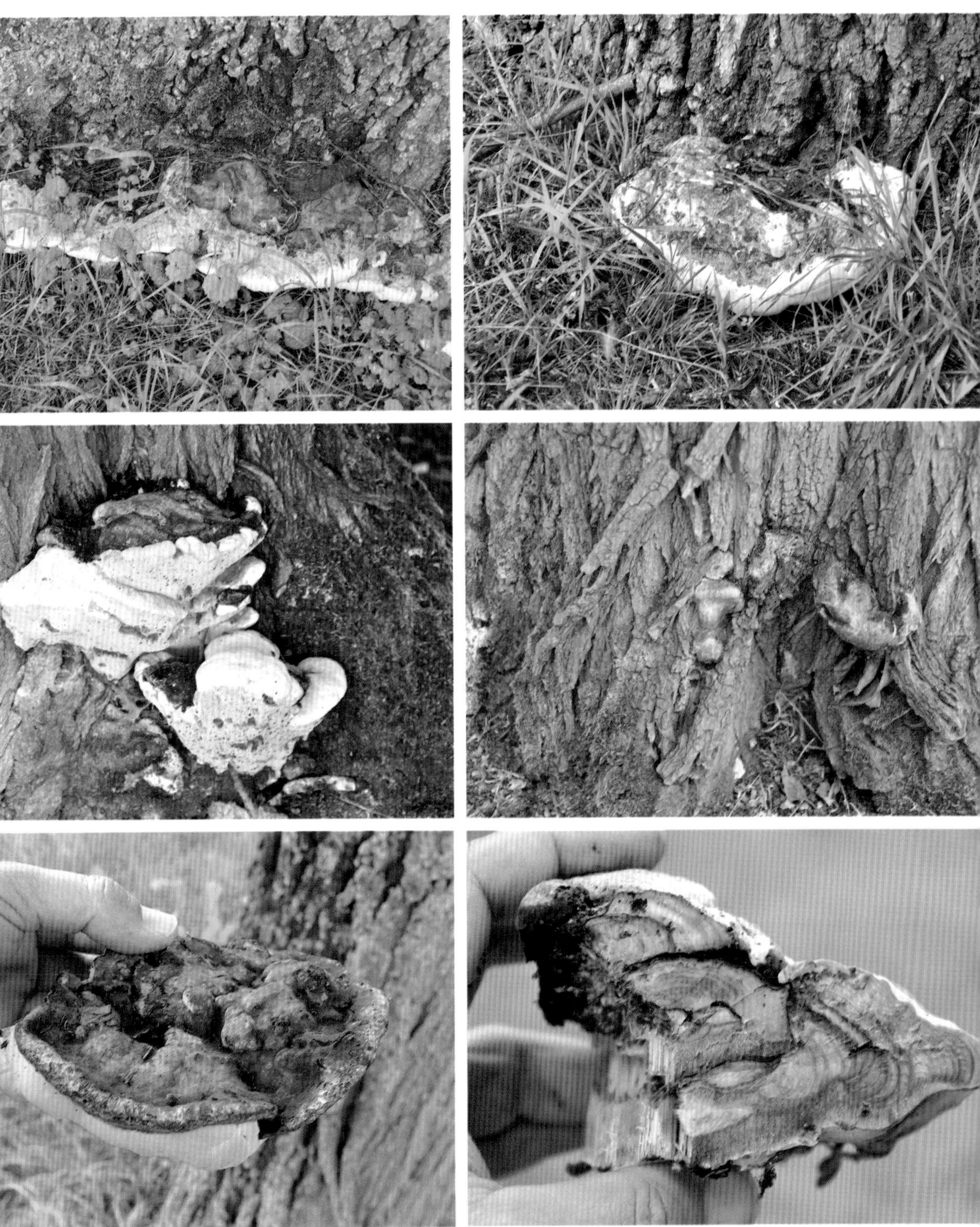

樹舌靈芝（老牛肝）*Ganoderma applanatum* 或 *G. lipsiense*

生活型態	可見於活著的樹木與死亡的樹木（寄生與腐生）。
腐朽類別	白腐（優先進行木質素分解）。
腐朽位置	莖基部、根部，少見高於基部的主幹。
常見宿主	闊葉樹種，極少見於針葉樹種。
子實體	多年生，菌蓋寬度可達 30 公分，具狹窄的白色邊緣。上方先是棕色後為褐黑色，有著堅韌的外殼和不平整的頂部。下方呈白色，扁平具細孔。新鮮的菌蓋底側可以拿來畫圖。有時候下方會有瘤（蟲癭瘤或乳頭癭）。菌肉呈木栓狀，暗棕色且具白色菌絲條紋，孢子粉呈棕色。
特　徵	樹舌靈芝與南方靈芝的不同之處在於其菌蓋下方為扁平狀，增生部分的邊界較窄，菌肉為褐色，其間有白色的「脈」。每年長出封閉的環帶（菌髓層，也就是新生菌管層間的菌肉），樹舌靈芝的環帶則為開放的（管狀層沒有分開，但菌髓仍可能交錯其中）。子實體的年齡與管狀層相對應 [50,51]。
木材的變化	木材軟化。
後　果	延性斷裂，在根部斷裂後被風吹倒。
詳細檢查方式	生長錐與微破壞儀，嚴重腐朽時測量鑽孔阻力，聲速測量，嚴重腐朽時使用螺旋鑽，根部開挖。

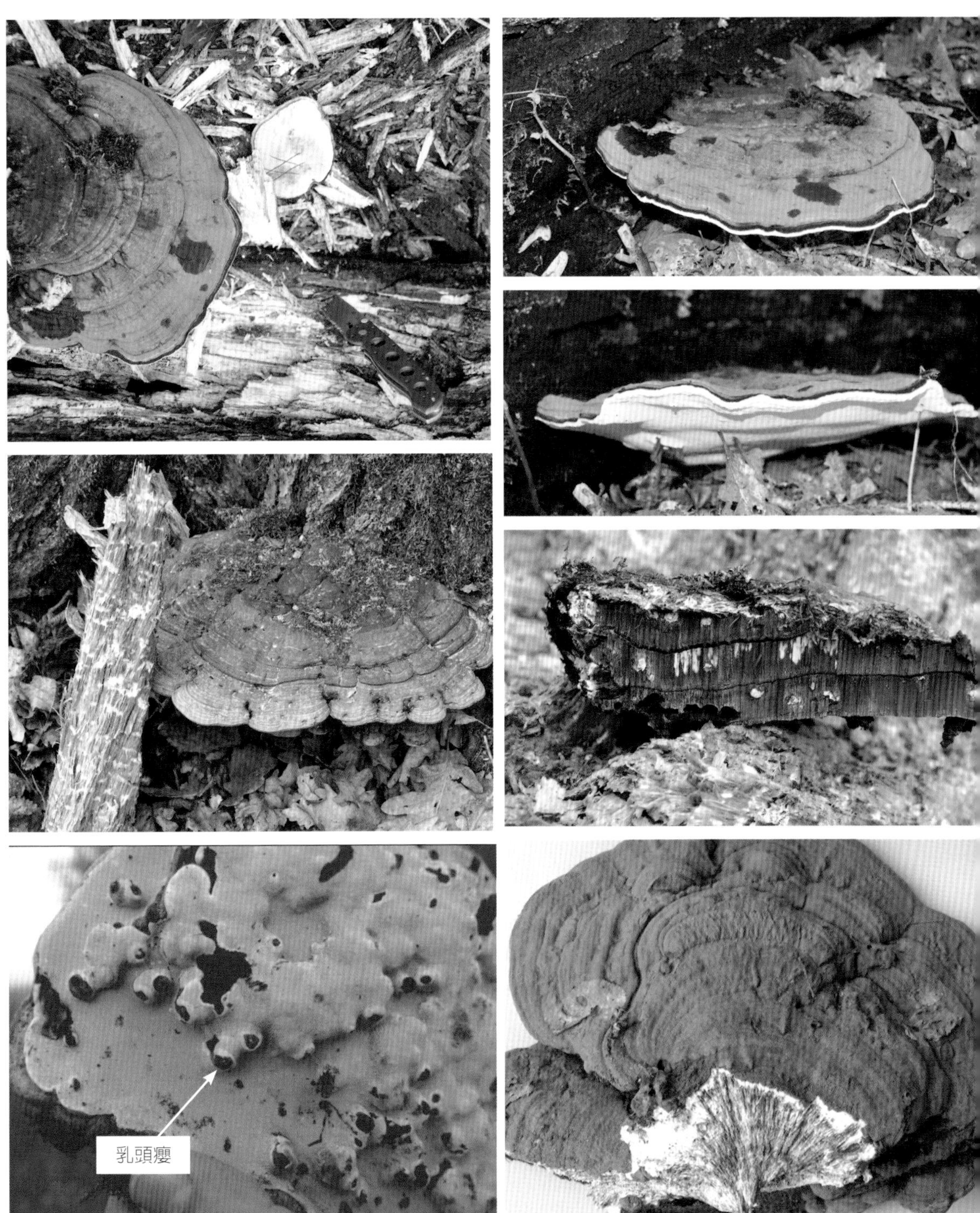
乳頭癭

南方靈芝（猴板凳）*Ganoderma australe* 或 *G. adspersum*

生活型態	可見於活著的樹木與死亡的樹木（寄生與腐生）。
腐朽類別	白腐（優先進行木質素分解）。
腐朽位置	莖基部、根部，少見高於基部的主幹。
常見宿主	闊葉樹種，極少見於針葉樹種。
子實體	多年生，與樹舌靈芝類似，但其增長邊緣較寬，白色、多節，且其多節的弧形菌蓋下方通常密布白色菌孔。新鮮的菌蓋底側可以拿來畫圖。菌肉為褐色，孢子粉亦為褐色。
特　徵	菌蓋底側呈弧形，多節，增長邊緣突出，菌肉無白色菌絲條紋，年增長邊緣為開放的環帶（獨立的菌管層不被菌肉，也就是菌髓分開，但菌髓仍可能呈楔形插入菌管層中），上述是區分樹舌靈芝與南方靈芝的主要特徵。在營養不良情況下，其狹窄的邊緣會使其看起來與樹舌靈芝極為形似。
木材的變化	木材軟化。
後　果	延性斷裂，在根部斷裂後被風吹倒。
詳細檢查方式	生長錐與微破壞儀，鑽阻測量與螺旋鑽用於腐朽嚴重的情況，聲速測量，根部開挖。

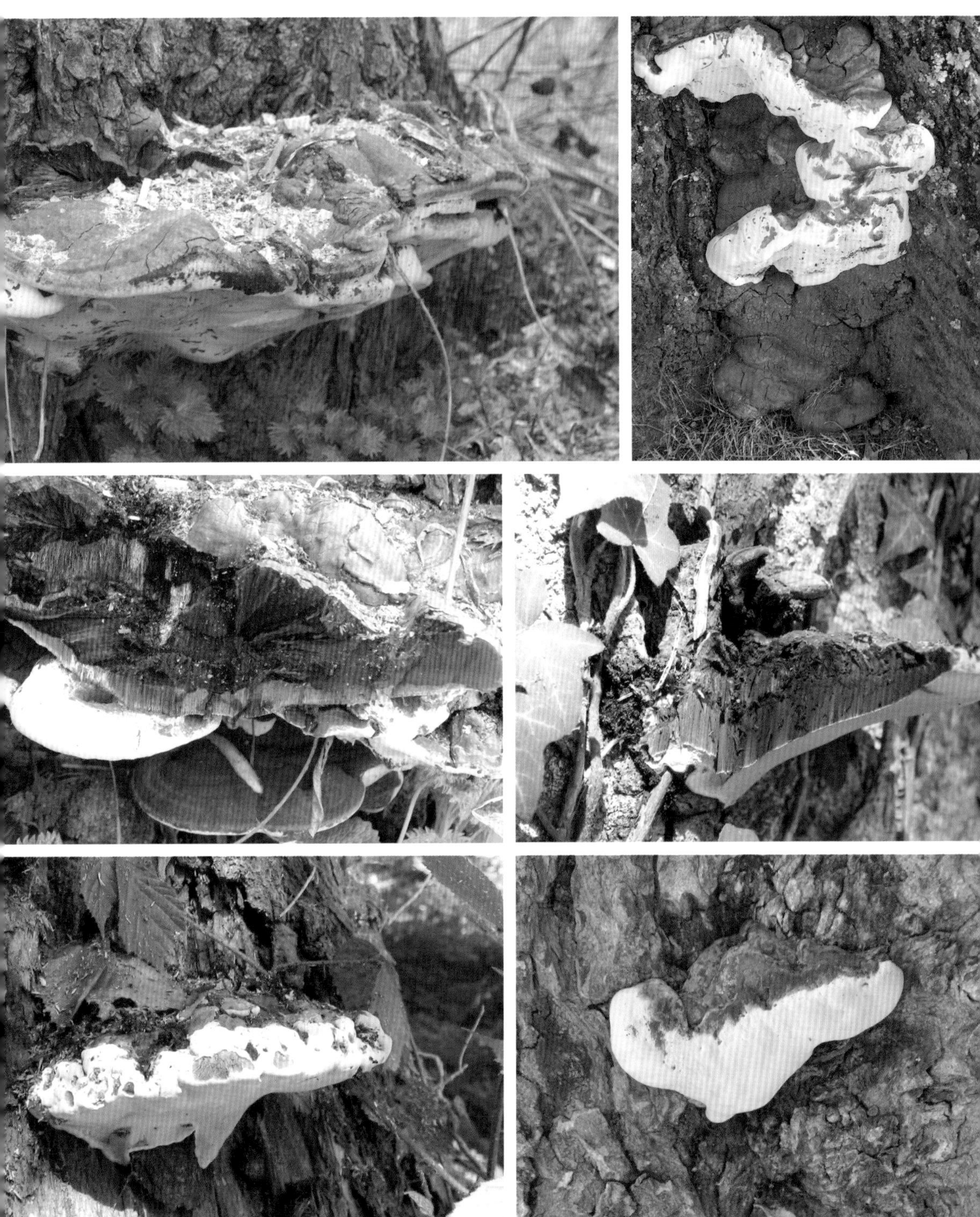

弗氏靈芝（蜜蠟多孔菌）*Ganoderma pfeifferi*

生活型態	可見於活著的樹木與死亡的樹木（寄生與腐生）。
腐朽類別	白腐（優先進行木質素分解）。
腐朽位置	莖基部、根部，少見高於基部的主幹。
常見宿主	闊葉樹種，尤其是山毛櫸，也經常在橡樹上發現。
子實體	多年生，菌蓋寬度可達 30 公分，多節，銅紫紅色到紅棕色，有乾燥、無光澤的蠟質表面，明亮的黃色蠟層通常有小型裂縫，寬闊白橙色的生長邊緣，菌肉呈肉桂色到紅褐色，下方有細孔，孢子粉為棕色。
特　徵	乍看之下，子實體的顏色就像是一個受熱而變色的老舊銅鍋。
木材的變化	木材軟化。
後　果	延性斷裂，在根部斷裂後被風吹倒。
詳細檢查方式	生長錐與微破壞儀，嚴重腐朽時使用螺旋鑽，嚴重腐朽會降低鑽阻測量結果，聲速測量，根部開挖。

※ 可能會與無柄靈芝混淆，但無柄靈芝子實體為一年生，且含有「樹液」，在排出不久後會固化成「樹脂」。[52]

黃色的痂

無柄靈芝 *Ganoderma resinaceum*

生活型態	可見於活著的樹木（寄生）與死亡的樹木（腐生）。
腐朽類別	白腐（優先進行木質素分解）。
腐朽位置	莖基部、根部，少見高於基部的主幹。
常見宿主	闊葉樹種，尤其是橡樹。
子實體	一年生，菌蓋寬度可達 35 公分，銅紅紫色或紅棕色，有波浪般的皺褶，有乾燥、無光澤的蠟質表面，明亮的黃色蠟層通常有小型裂縫，外殼下方呈淡黃色，有突出的白色到橘色生長邊緣，菌肉呈肉桂色至紅褐色，下方有細孔，孢子粉為棕色。
特　徵	菌蓋上方有亮黃色蠟質層，部分會裂開且容易脫落。菌蓋重量相對輕，偶具短柄，含有「樹液」，在排出不久後會固化成「樹脂」。[52]
木材的變化	木材軟化。
後　果	延性斷裂，在根部斷裂後被風吹倒。
詳細檢查方式	生長錐與微破壞儀，嚴重腐朽時使用螺旋鑽，與測量鑽孔阻力，聲速測量，根部開挖。

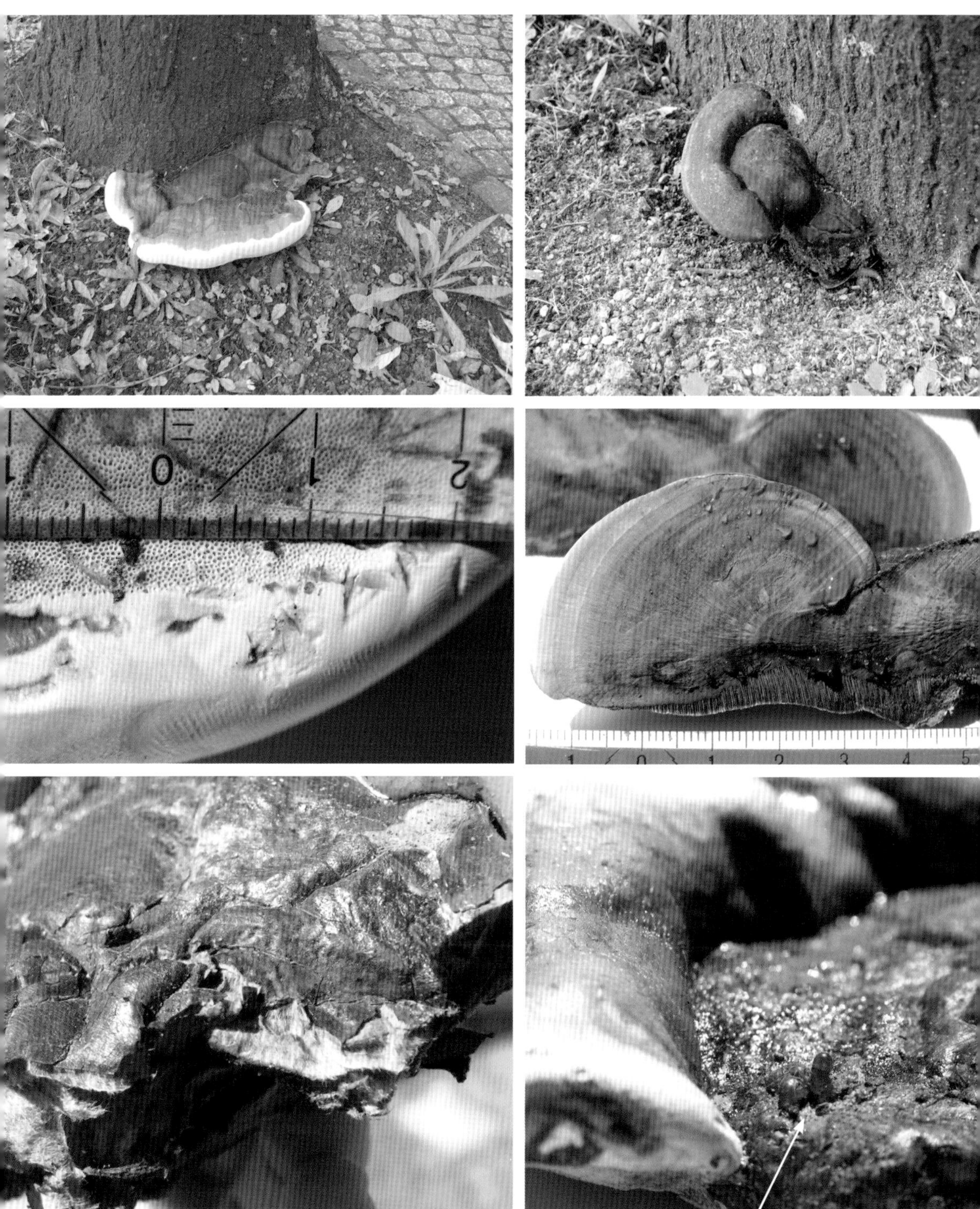

樹脂滴

厚蓋纖孔菌 *Inonotus dryadeus*

生活型態	大多可見於活著的樹木（寄生），較罕見於死亡的樹木（腐生）。
腐朽類別	白腐（優先進行木質素分解）。
腐朽位置	少見於莖基部、板根、根部。
常見宿主	橡樹，少見於其他樹種。
子實體	一年生，在我們的經驗中，其寬度可達 90 公分，呈塊狀或墊狀，最初是白色、黃色到赭色，上部有褐色斑點，接著上部會變得光禿禿的，有一個薄薄的、會變成棕色的外殼；菌肉呈鐵鏽色，堅韌，下部的細孔先是閃亮亮的銀色，後來變成黃色。孢子粉為淡黃色。新的子實體在 7 月～ 8 月間形成。
特　徵	並非每年都有新的子實體形成。大部分情況下，只有板根下方會被分解掉（參照 P.136），前一年的子實體出現時常為黑色菌蓋或塊狀物。
木材的變化	木材軟化。
後　果	延性斷裂，在根部斷裂後被風吹倒。
詳細檢查方式	生長錐與微破壞儀，腐朽狀況嚴重時用螺旋鑽和鑽阻測量，根部開挖，應特別檢查板根與結構根下方。被此種真菌入侵的樹木可能會倒塌，而倒塌時卻觀測不到地面上木材有任何腐朽跡象。
注　意	在確定遭到入侵的地方，必須一併檢查鄰近的同種樹木。

松根異擔子 *Heterobasidion annosum* 或 *Fomes annosus*

生活型態	可見於活著的樹木與死亡的樹木（寄生與腐生）。
腐朽類別	白腐（優先進行木質素分解），也會破壞根部的形成層。
腐朽位置	根部、莖基部，偶爾也會在主幹內生長。
常見宿主	針葉樹種，特別是雲杉和松樹，偶爾也有闊葉樹種。
子實體	多年生，菌蓋或外殼寬 5 ～ 10 公分，不規則形，表面多節，先是紅棕色、後黑棕色，邊緣呈白色，菌肉成米色，質地堅韌，下部白色、有細孔，菌蓋大多僅鬆散地附著在基質上。孢子粉為白色。
特　徵	莖基部經常會膨脹成瓶底狀並流出樹脂，被入侵的木材多呈黃褐色，部分會呈紅色（「紅腐」）。
木材的變化	木材軟化（纖維束軟化），主幹腐朽空洞。
後　果	延性斷裂，被風吹倒。很少導致主幹斷裂，但偶見根砧木斷裂。
詳細檢查方式	生長錐與微破壞儀，腐朽狀況嚴重時用螺旋鑽和鑽阻測量，聲速測量，根部開挖。
注　意	在確定遭到入侵的地方，必須一併檢查鄰近的同種樹木。

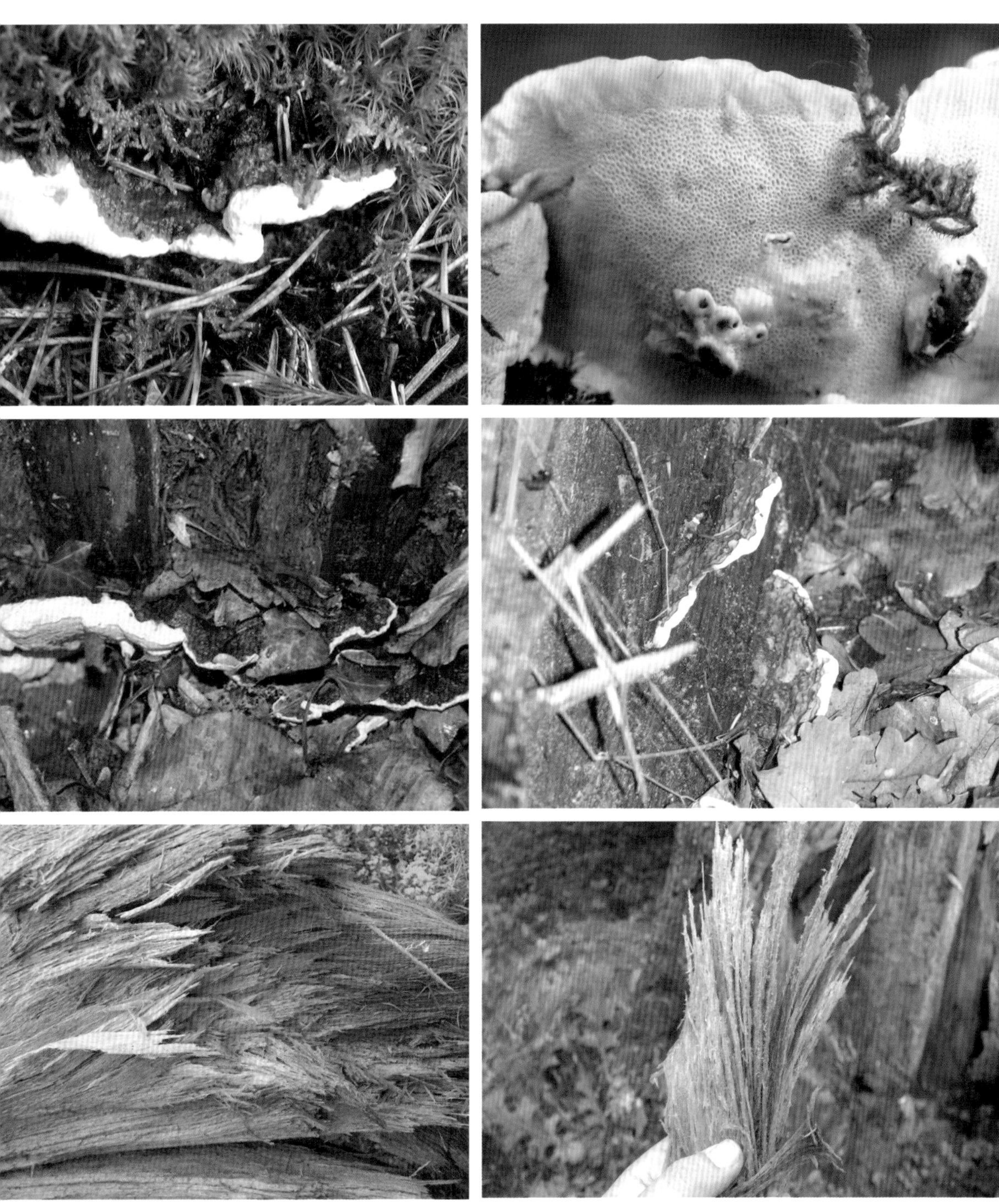

白腐的木材

柔軟、彎曲的纖維

根部有朽木時會出現的指標性真菌

樹上或樹周圍出現的腐生真菌子實體越多，代表死木材或死根的量越多，這徵兆會使人們開始注意該棵樹所可能產生的安全問題。最常見的是小型至中型的黃色傘狀真菌子實體，主要是簇生垂幕菇和晶鬼傘這兩種，下面會介紹這兩個例子。

簇生垂幕菇 *Hypholoma fasciculare*

子實體 一年生，多為簇生，呈硫磺黃色。菌蓋下方有濃密的菌褶，最初為黃綠色，後來則為橄欖綠色。菌肉和柄呈淡黃色，具一段領環（但無膜質菌環）。孢子粉為棕色。新的子實體在 5 月～ 11 月間形成。會引起白腐。

晶鬼傘 *Coprinellus micaceus* 或 *Coprinus micaceus*

子實體　一年生，有著鐘型的小型黃褐色菌蓋，多為簇生，有著閃亮的白點和雲母狀的薄片，菌褶由白色轉黑棕色，菌柄為白色。孢子粉為黑褐色，子實體非常脆弱且壽命極短，會自體分解。新的子實體在 5 月～ 11 月間形成。會引起白腐。

開始自體分解

莖幹木材腐朽菌

會導致木材軟腐的真菌

子囊菌：會在樹枝上引起木材腐朽（參照子囊菌對樹枝造成的影響章節，見P.498），少見於樹上較高處：例如焦色柄座菌（見P.412）。

會導致木材褐腐的真菌

硫磺菌（*Laetiporus sulphureus*）

櫟迷孔菌（*Daedalea quercina*）

松生擬層孔菌（*Fomitopsis pinicola*）

樺擬層孔菌（*Piptoporus betulinus*）

會導致木材白腐的真菌

木蹄層孔菌（*Fomes fomentarius*）

堅實木層孔菌（*Phellinus robustus* 或 *Fomitiporia robusta*）

火木層孔菌（*Phellinus igniarius*）

蘋果木層孔菌（*Phellinus tuberculosus* 或 *Phellinus pomaceus*）

松木層孔菌（*Phellinus pini*）

寬鱗多孔菌（*Polyporus squamosus*）

粗毛纖孔菌（*Inonotus hispidus*）

薄皮纖孔菌（*Inonotus cuticularis*）

白樺茸（*Inonotus obliquus*）

糙皮側耳（*Pleurotus ostreatus*）

楊樹鱗傘（*Pholiota populnea*）

金毛鱗傘（*Pholiota aurivella*）

分解枯木，有時寄生於傷口或衰弱樹木上的眞菌

粗糙擬迷孔菌（*Daedaleopsis confragosa*）

三色擬迷孔菌（*Daedaleopsis tricolor*）

煙管菌（*Bjerkandera adusta*）

雲芝（*Trametes versicolor*）

毛栓菌與樺褶孔菌（*Trametes hirsuta* and *Lenzites betulinus*）

偏腫栓菌（*Trametes gibbosa*）

裂褶菌（*Schizophyllum commune*）

毛韌革菌（*Stereum hirsutum*）

硫磺菌 *Laetiporus sulphureus*

生活型態	大多可見於活著的樹木（寄生），較罕見於死亡的樹木（腐生）。
腐朽類別	褐腐，尤其是心材部位（心腐）。
腐朽位置	主幹、根基部，少見於根部。
常見宿主	橡樹、刺槐與其他闊葉樹種，尤其是那些心材帶有顏色的樹種，少見於針葉樹種。
子實體	一年生，呈扇形，10～40 公分寬的黃色菌蓋重疊成簇生長，之後轉為褐色，有尿味，接著外型轉為似白色乳酪，底面最初呈硫磺黃色，菌孔細小，孢子粉為白色，幼年時有芳香氣味，但成熟後有尿味。新的子實體會在 5 月～ 9 月間形成。
特　徵	乳白色的菌絲充滿褐色木質方塊之間的空隙，或者沿著鋸口的早材生長。
木材的變化	木材脆化，最終化為粉末。
後　果	脆性斷裂。
詳細檢查方式	鑽阻測量，生長錐與微破壞儀，螺旋鑽。

在這個階段會散發出尿液的味道

櫟迷孔菌 *Daedalea quercina*

生活型態	可見於活著的樹木與死亡的樹木（寄生與腐生）。
腐朽類別	褐腐。
腐朽位置	主幹、樹枝。
常見宿主	橡樹，較少見於歐洲栗。
子實體	多年生，呈支架狀，寬度可達 30 公分，呈均勻的米色或淺灰褐色，下方有粗糙的迷宮狀菌褶，菌褶約 1 公厘寬、彼此間隔約 1 ～ 2 公厘，偶爾會在菌蓋邊緣形成菌孔，孢子粉呈白色。
特　徵	強烈的木材分解作用，尤其是在心材區域，也會出現於原木或木料上。
木材的變化	木材脆化。
後　果	脆性斷裂。
詳細檢查方式	鑽阻測量，生長錐與微破壞儀，螺旋鑽。

松生擬層孔菌 *Fomitopsis pinicola*

生活型態	可見於活著的樹木與死亡的樹木（寄生與腐生）。
腐朽類別	褐腐。
腐朽位置	主幹、樹枝。
常見宿主	較偏好生長在針葉樹種上；但像是山毛櫸、樺樹等闊葉樹種也會被入侵。
子實體	多年生，最初為米黃色塊狀，後長成菌蓋，寬度可達 30 公分，菌蓋有顏色的區域，最初是暗紅色，邊緣黃白色，隨著時間會慢慢變得像是老的、灰頁岩狀的木蹄層孔菌，但仍有著狹窄的紅色邊緣。菌肉為亮奶油色，菌蓋下部為白色到赭色，可見細密的菌孔，孢子粉為白色。
特　徵	菌蓋被加熱後，外殼會融化並黏成一團，這點與經常在同一宿主（山毛櫸、樺樹）上出現的木蹄層孔菌大相逕庭。
木材的變化	木材脆化。
後　果	脆性破裂。
詳細檢查方式	鑽阻測量，生長錐與微破壞儀，螺旋鑽。

樺擬層孔菌 *Piptoporus betulinus*

生活型態	可見於活著的樹木與死亡的樹木（寄生與腐生）。
腐朽類別	褐腐。
腐朽位置	主幹、樹枝。
常見宿主	樺樹。
子實體	一年生，頂部最初是純白色，然後會變成灰棕色到肉桂色；一開始是像白熾燈狀的塊狀，接著會變成像腎臟或燈罩的形狀，下部為白色，密布菌孔，菌肉為純白色。孢子粉為白色。新的子實體會在 8 月～ 10 月間形成。
特　徵	在大多數情況下，一年四季裡都可以發現老的子實體，通常也會發現白色的菌絲裂片在褐腐的木材當中。
木材的變化	木材脆化，腐朽的木材不一定是深棕色，也有淺棕色的。
後　果	脆性破裂。
詳細檢查方式	鑽阻測量，生長錐與微破壞儀，螺旋鑽。
注　意	子實體通常是在木材或主幹等遭入侵的區域死亡後產生，此時主幹斷裂的風險已經相當高了。

木蹄層孔菌 *Fomes fomentarius*

生活型態	可見於活著的樹木與死亡的樹木（寄生與腐生）。
腐朽類別	白腐（同步腐朽）。
腐朽位置	主幹、樹枝。
常見宿主	闊葉樹種，尤其是山毛櫸、楊樹、樺樹。
子實體	多年生，菌蓋寬度可達 10 ～ 50 公分，最初為米色或褐色、質地呈堅韌的橡膠狀，後來會轉為瓦灰色並長出生長溝，菌肉像麂皮，堅韌如橡膠，附著點的地方內部有軟木狀旋鈕（菌絲體核心），孢子粉為白色，底部有乳白色至灰棕色菌孔，可以在幼年期的子實體上面寫字。
特　徵	在被此種真菌入侵的木材上多會發現白色到米色的大型片狀菌絲。
木材的變化	白腐的木材部分有黑色的分界線；木材會先脆化，然後軟化，特別是橫向軟化。
後　果	脆性斷裂，多是發生在子實體所在主幹上部。
詳細檢查方式	生長錐與微破壞儀，嚴重腐朽時則用鑽阻測量與螺旋鑽。
注　意	常與松生擬層孔菌一起生長在同樣的宿主（山毛櫸、樺樹）上。

菌絲體核心
片狀菌絲

堅實木層孔菌 *Phellinus robustus* 或 *Fomitiporia robusta*

生活型態	大多可見於活著的樹木（寄生），較罕見於死亡的樹木（腐生）。
腐朽類別	白腐（同步腐朽）。
腐朽位置	主幹、樹枝。
常見宿主	橡樹、歐洲栗，偶爾也會生長在刺槐上。
子實體	多年生，寬度可達 8 ～ 30 公分，質地非常堅硬，最初呈塊狀、後長為菌蓋，裂開的菌蓋頂部為黃棕色或灰色，通常被綠色的藻類所覆蓋著，成熟後會因生長增量而產生同心溝，通常有著顯著的橫向和縱向裂縫，突出的棕色底面有細小菌孔，在春季常為明亮的鏽棕色，孢子粉為白色，子實體的年齡與導管層數相符合 [46, 50, 51, 52]。
特　徵	主幹上，在子實體上方與下方可見壞死的樹皮形成的凹溝，也常見啄木鳥打的洞。樹皮凹溝兩側會因樹的強化增長而越顯突起，這些突起處可以找到遭到擠壓而形成的皺褶。
木材的變化	木材脆化。
後　果	脆性斷裂，主幹經常會在子實體所在區域附近斷裂。
詳細檢查方式	生長錐與微破壞儀，嚴重腐朽的時候則用螺旋鑽。
注　意	也會導致「潰腐」（canker rot），尤其是在紅櫟樹上。

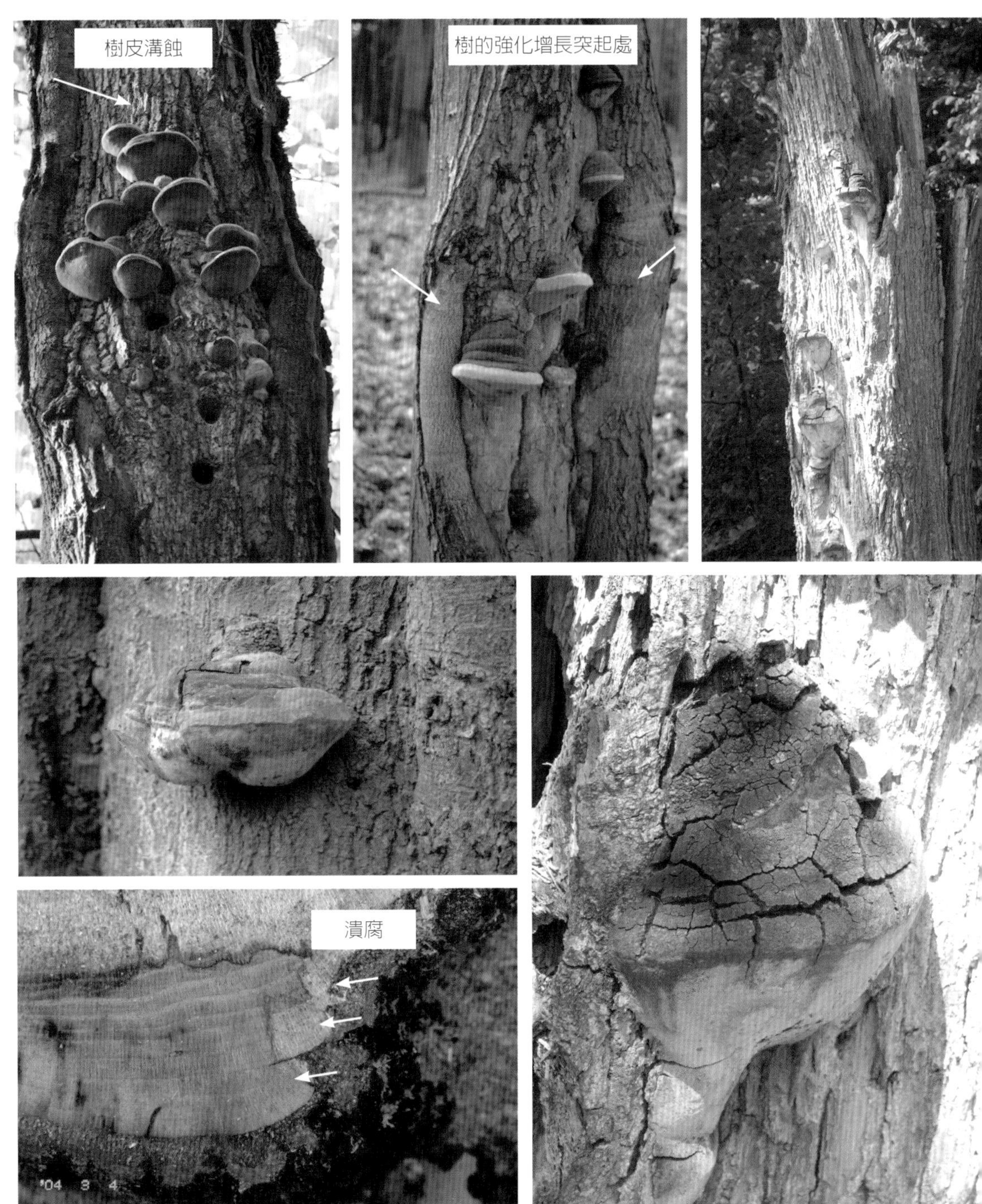
樹皮溝蝕
樹的強化增長突起處
潰腐
'04 3 4

火木層孔菌 *Phellinus igniarius*

生活型態	大多可見於活著的樹木（寄生），較罕見於死亡的樹木（腐生）。
腐朽類別	白腐（同步腐朽）。
腐朽位置	主幹、樹枝。
常見宿主	楊樹、樺樹、柳樹以及其他闊葉樹種。
子實體	多年生，寬度可達 8 ～ 25 公分，最初呈塊狀、後長為菌蓋，菌蓋頂端常伴有裂縫，質地堅硬，最初為褐色，後為灰色，有時會被綠色的藻類所覆蓋，亮褐色、突出的生長邊緣會逐漸轉為灰色，肉質部為褐色，質地堅韌如木材，菌蓋下方為褐色，有細小菌孔，孢子粉微奶油色到白色，可能會被誤認為木蹄層孔菌，但木蹄層孔菌有著類似麂皮的菌肉，且附著點有著軟木狀的旋鈕（菌絲體核心）。
特　徵	樹皮經常壞死，有時候啄木鳥也會在子實體附近區域打洞。雖然外觀形似堅實木層孔菌，但由於其年增長環帶為開放的 [50]，所以不像堅實木層孔菌那樣可以由子實體來判斷其年齡。
木材的變化	木材脆化（木材會在後期軟化）。
後　果	脆性斷裂。
詳細檢查方式	嚴重腐朽時使用鑽阻測量，生長錐與微破壞儀，嚴重腐朽時使用螺旋鑽。

蘋果木層孔菌 *Phellinus tuberculosus* 或 *Phellinus pomaceus*

生活型態	可見於活著的樹木與死亡的樹木（寄生與腐生）。
腐朽類別	白腐（同步腐朽）。
腐朽位置	主幹、樹枝。
常見宿主	尤其是果樹，如：李樹、櫻桃、桃樹、蘋果、還有黑刺李、紫丁香、榛樹。
子實體	多年生，寬度可達 5 ～ 15 公分，堅硬的菌蓋經常層層生長在主幹上；樹枝下方則常有其外殼，其上方為褐色至灰色，常有裂縫且為綠色的藻類所覆蓋，生長邊緣為褐灰色，菌肉質部為鏽褐色，下方為黃褐色，有細小菌孔，孢子粉為白色。在子實體上方與下方可見壞死樹皮形成的凹溝，這一點與堅實木層孔菌一致。
特　徵	可以藉由菌髓層（與管層分離的菌肉層）[50,51] 數量判斷出該株真菌的大致年齡，見子實體縱切面。
木材的變化	木材脆化（木材會在後期軟化）。
後　果	脆性斷裂。
詳細檢查方式	嚴重腐朽時使用鑽阻測量，生長錐與微破壞儀，嚴重腐朽時使用螺旋鑽。

樹皮溝蝕
縱切面

松木層孔菌 *Phellinus pini*

生活型態	大多可見於活著的樹木（寄生），較罕見於死亡的樹木（腐生）。
腐朽類別	白腐（優先進行木質素分解）、囊狀白色腐朽、環腐。
腐朽位置	主幹、樹枝、心腐。
常見宿主	好發於北歐與東歐針葉樹種，主要是松樹，但較少見於雲杉、落葉松、冷杉、花旗松。
子實體	多年生，菌蓋狀，有時候會覆有硬殼，寬度可達 5 ～ 15 公分，大多是生長在斷枝或死去的樹枝下方。菌蓋上有同心凹溝，堅韌如毛氈，最初為紅褐色，之後變成暗褐色到黑色（在這種情況下，常有細小裂縫），菌蓋邊緣相對較為銳利。經常因被藻類與地衣覆蓋而呈綠色。菌肉呈鏽褐色，如木材般堅硬，菌管排列不規則。菌蓋下方的菌孔層呈黃褐色到灰褐色。孢子粉為灰黃色至棕色。
特　徵	死去的樹枝是真菌入侵的入口，也是其離開的出口。常有不同階段的子實體生長，樹皮壞死與樹脂流出通常都會發生在殘枝附近，常有啄木鳥打出的洞，腐朽會從中心以「斑狀」蔓延在主幹橫截面上，因此無法判斷主幹的殘壁厚度。
木材的變化	木材會先變成紅色，再轉為黃褐色，木材軟化，木材上有透鏡狀的洞，有些會被纖維素所填滿。
後　果	環腐，主幹會被「斑狀」掏空，可能會因主幹斷裂而傾倒，根莖與根部偶爾也可能會腐朽，最終導致樹木死亡。
詳細檢查方式	針對此種真菌，只有生長錐才能提供較為確切的結果，不過這僅能檢測局部 [53]。
注　意	當發現明顯衰弱的子實體時，主幹的橫截面非常有可能已經岌岌可危了。在確定遭到入侵的地方，必須一併檢查鄰近的同種樹木。

攝影者：N. Klöhn
攝影者：N. Klöhn
'05 4 29
腐朽

寬鱗多孔菌 *Polyporus squamosus*

生活型態	可見於活著的樹木與死亡的樹木（寄生與腐生）。
腐朽類別	白腐，優先進行木質素分解（選擇性木質素降解）。
腐朽位置	主幹、粗樹枝。
常見宿主	闊葉樹種，尤其是山毛櫸、懸鈴木、萊姆和七葉樹。
子實體	一年生，扇狀，寬度可達 50 公分，菌柄側生，其基部為褐色，菌蓋表面為赭色，具環狀排列的暗褐色鱗片，像大黃（一種蓼科植物）的葉子一樣成綑並排且互相堆疊，菌蓋下方有灰黃色、網狀的菌孔，孢子粉為白色。新的子實體會在 9 月～ 10 月間形成。
特　徵	老舊的子實體經常全年存活。
木材的變化	木材軟化，白腐的木材部分會帶有黑色、細的分界線。
後　果	主幹會形成空洞，延性斷裂。
詳細檢查方式	生長錐與微破壞儀，嚴重腐朽時使用螺旋鑽，嚴重腐朽時測量鑽孔阻力，聲速測量。

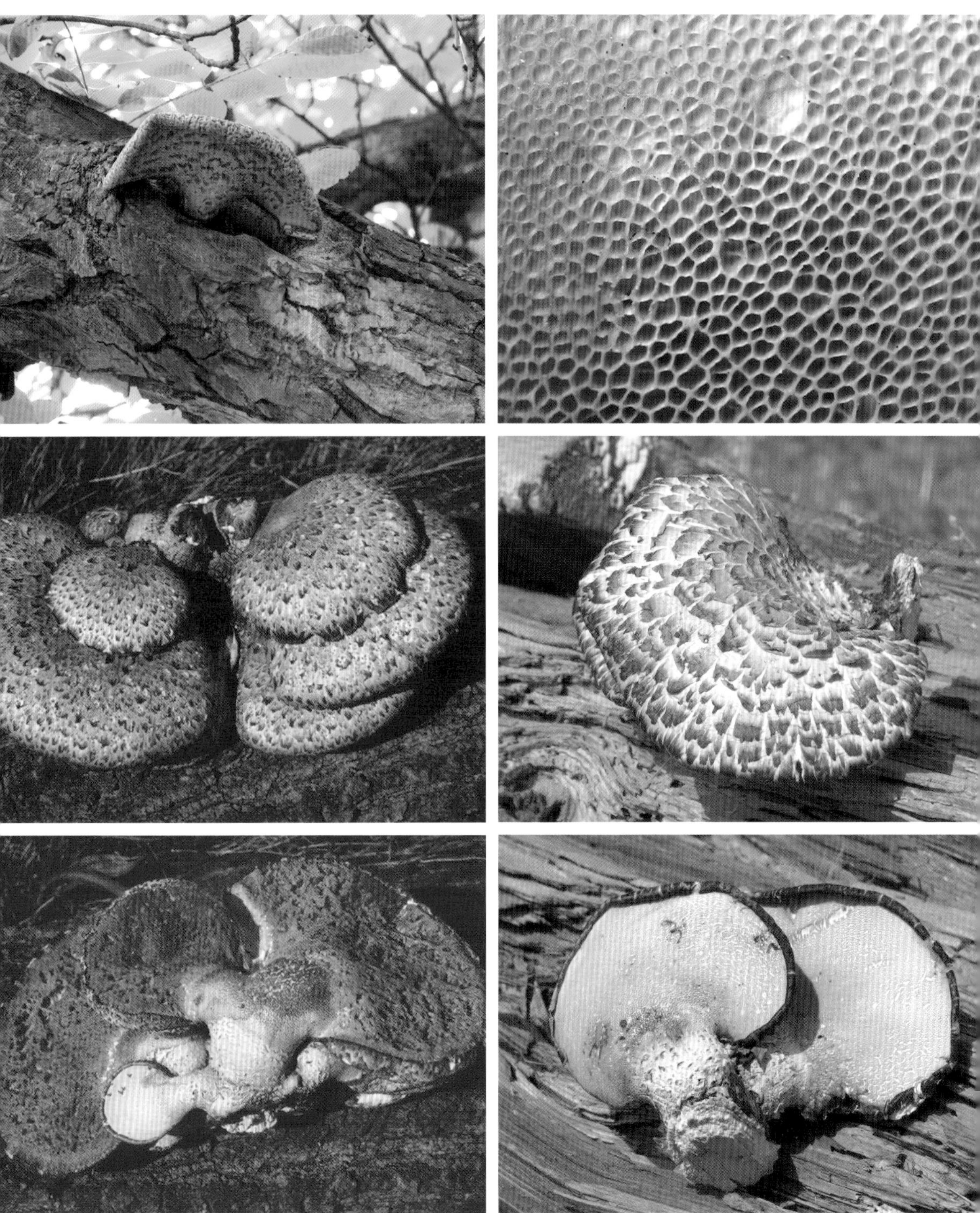

粗毛纖孔菌 *Inonotus hispidus*

生活型態	大多可見於活著的樹木（寄生），較罕見於死亡的樹木（腐生）。
腐朽類別	白腐（同步腐朽），也會造成軟腐。
腐朽位置	主幹、粗樹枝。
常見宿主	闊葉樹種，尤其是白蠟樹、蘋果樹，也會生長於懸鈴木、胡桃木上。
子實體	一年生，菌蓋寬度可達 35 公分，菌蓋頂端像毛氈般長滿纖毛，最初富含水分且柔軟，赭色到紅棕色，接著會變得又乾又脆，顏色也會轉為黑色。黃色的生長邊緣。下方有閃亮的灰色菌孔，常帶有水滴，孢子粉為黃棕色，老舊的黑色子實體經常長時間附著在樹木上，或是在樹下發現其黑色碎片，即使是在冬天亦然。新的子實體會在 6 月～ 10 月間形成。
特　徵	樹皮壞死，子實體上下方樹皮會有溝蝕，老舊的、易碎的子實體內部會維持紅棕色。
木材的變化	木材脆化。
後　果	脆性斷裂。
詳細檢查方式	生長錐與微破壞儀，嚴重腐朽時測量鑽孔阻力，嚴重腐朽時使用螺旋鑽。
注　意	當此種真菌的子實體在路邊或公園裡的樹木上被發現時，鄰近的樹木上往往也可以發現此種真菌的子實體。

薄皮纖孔菌 *Inonotus cuticularis*

生活型態	大多可見於活著的樹木（寄生），較罕見於死亡的樹木（腐生）。
腐朽類別	白腐（同步腐朽），Kariheinz Weber 博士透過顯微鏡發現在山毛櫸上也有軟腐的情況發生（2013 年）。
腐朽位置	主幹、莖基部。
常見宿主	闊葉樹種，尤其是山毛櫸、楓樹。
子實體	一年生，菌蓋厚度 1 ～ 2 公分，會像是屋瓦那樣重疊生長，菌蓋頂部成紅棕色，像毛氈般的毛絨絨外表，黃色的生長邊緣，下方的菌孔呈亮銀色、淡黃色到橄欖綠不等，孢子粉呈鏽棕色，老舊的子實體為黑色，有時會被誤認為粗毛纖孔菌，但粗毛纖孔菌有較大的菌蓋支架，且菌肉也較厚。新的子實體會在 8 月～ 9 月間形成。
特　徵	與粗毛纖孔菌相異的另一個特徵為其長、棕色、厚壁的菌絲，且子實層有鉤（錨狀剛毛），但這只能透過顯微鏡才能看到。
木材的變化	木材脆化，但橫向木材仍保持柔軟，因木材的髓線骨架、縱向的薄壁組織與導管仍會維持完好無損的狀態很長一段時間。
後　果	脆性斷裂，主幹或根砧木可能被掏空。
詳細檢查方式	生長錐與微破壞儀，腐朽嚴重的時候使用鑽阻測量與／或螺旋鑽。

白樺茸 *Inonotus obliquus*

生活型態	可見於活著的樹木與死亡的樹木（寄生與腐生）。
腐朽類別	白腐（同步腐朽）。
腐朽位置	主幹。
常見宿主	白樺，少見於楓樹、山毛櫸、赤楊、榆樹。
子實體	子實體有兩種型態，第一種型態中，次要的子實體型態呈黑色，多年生，形似塊狀木炭（像是樹瘤一樣，會逐年漸漸變大）；在宿主死亡後，主要的子實體型態是在樹皮下產生帶有硬殼、棕色的多孔子實體。孢子粉為棕色。
特　徵	樹皮壞死，黑色附著物的上下方會有樹皮溝蝕的狀況，附著物的下方經常會有啄木鳥打洞，次要的子實體型態不會產生孢子。
木材的變化	木材脆化。
後　果	脆性斷裂。
詳細檢查方式	生長錐與微破壞儀，腐朽嚴重的時候使用鑽阻測量或螺旋鑽。

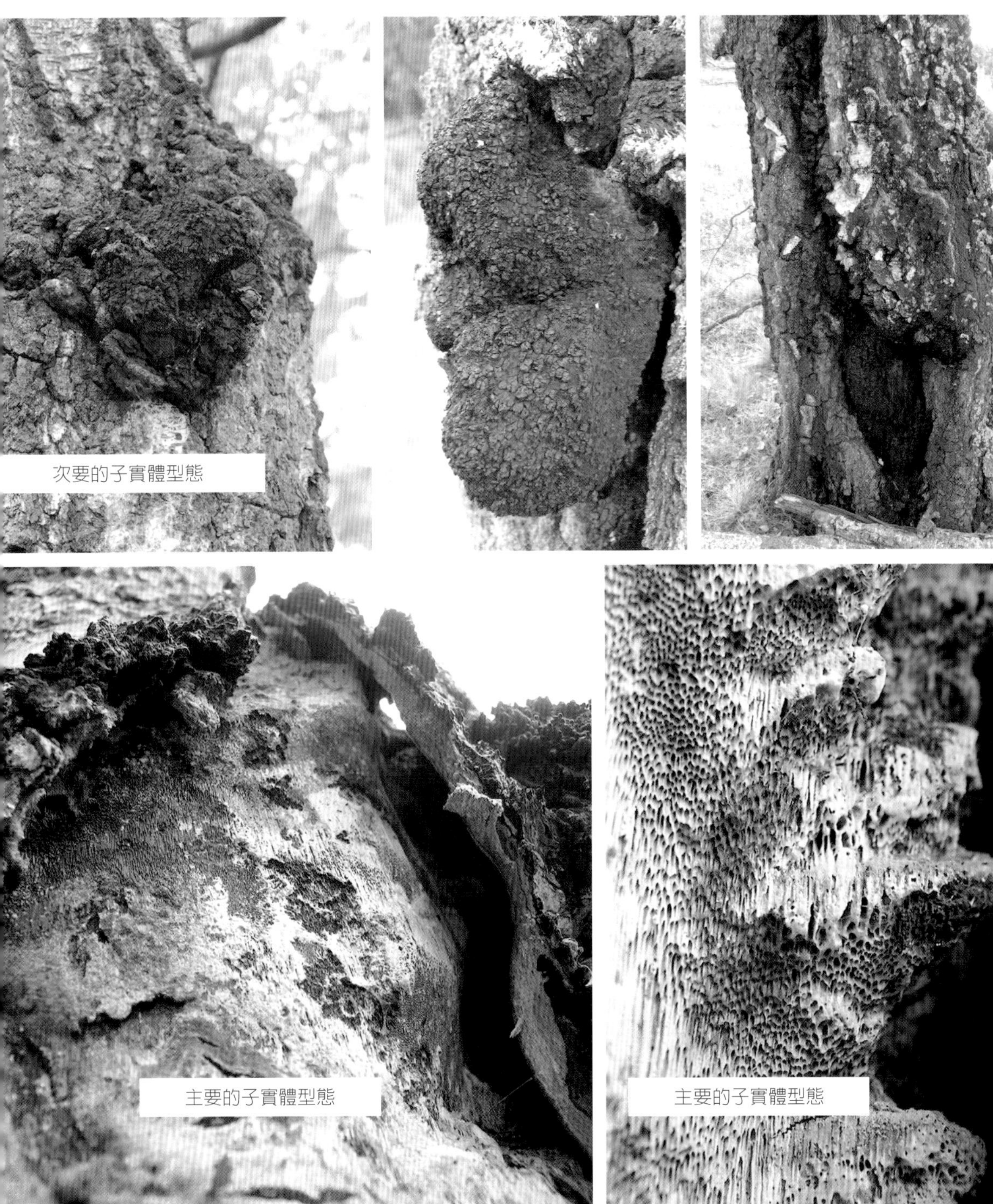
次要的子實體型態
主要的子實體型態
主要的子實體型態

糙皮側耳（秀珍菇）*Pleurotus ostreatus*

生活型態	可見於活著的樹木與死亡的樹木（寄生與腐生）。
腐朽類別	白腐（同步腐朽）。
腐朽位置	主幹、粗樹枝。
常見宿主	闊葉樹種，少見於針葉樹種。
子實體	一年生，貝殼狀，計入側柄的話，寬度可達 20 公分，頂部為奶油色或是藍灰色到橄欖綠色，下方白色到奶油色的菌褶延伸到側柄，孢子粉為白色到紫羅蘭色。新的子實體會在 10 月～ 12 月間形成。
特　徵	子實體可以承受低溫及霜害（冬菇）。
木材的變化	木材脆化。
後　果	脆性斷裂。
詳細檢查方式	生長錐與微破壞儀，腐朽嚴重時使用鑽阻測量或螺旋鑽。

楊樹鱗傘 *Pholiota populnea*

生活型態	可見於活著的樹木（寄生），亦可見於新死的樹木（腐生）。
腐朽類別	白腐（斷裂的型式與同步腐朽一致）。
腐朽位置	主幹、粗樹枝。
常見宿主	楊樹，極少見於其他闊葉樹種。
子實體	一年生，菌蓋與菌柄為奶油色、米色到亮褐色，菌蓋上（尤其是邊緣）和蕈柄有白色或亮米色毛絨狀鱗片。蕈柄有腫脹的基部與破破爛爛的環狀毛，菌褶最初為白色或米色，然後變成褐色。孢子粉為褐色。新的子實體會在 9 月～ 11 月間形成。
特　徵	幾乎只在單一的特定宿主上生長，宿主大多都是活著或是剛倒下的楊樹。
木材的變化	在心材區域的木材脆化。
後　果	脆性斷裂。
詳細檢查方式	例如：生長錐和微破壞儀。

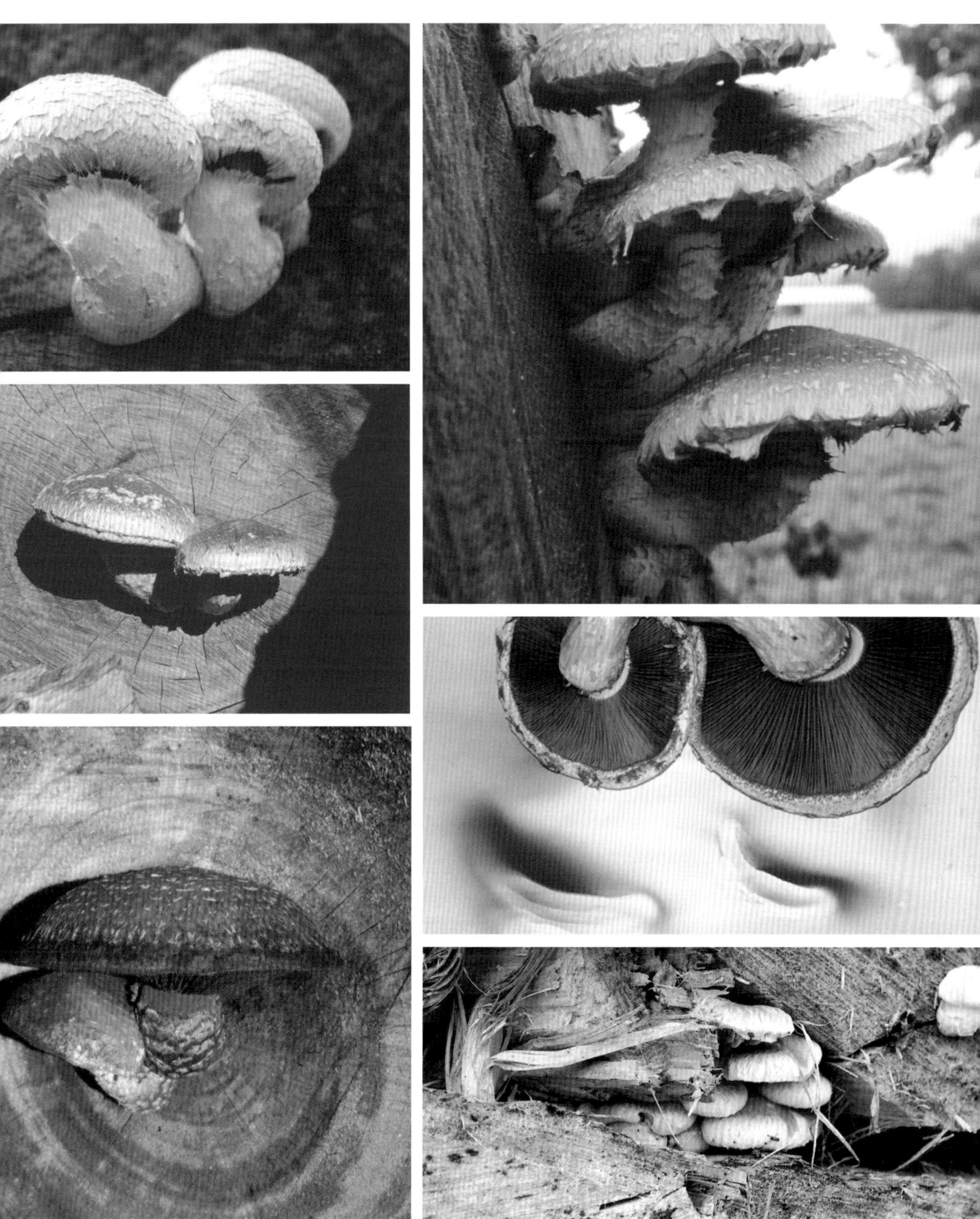

金毛鱗傘 *Pholiota aurivella*

生活型態	可見於活著的樹木與死亡的樹木（寄生與腐生）。
腐朽類別	白腐（同步腐朽），在部分山毛櫸上也有囊狀白色腐朽的狀況。
腐朽位置	主幹、樹枝。
常見宿主	闊葉樹，多數為山毛櫸、柳樹、樺樹，較少見於楓樹、蘋果樹、白蠟樹、橡樹、楊樹、萊姆、千金榆、七葉樹、核桃樹，較少但亦可見於針葉樹種，如：白冷杉、雲杉。
子實體	一年生，多為簇生，金色的菌蓋（直徑 4 ～ 16 公分）上方有為期短暫的暗褐色鱗片，但並不突出。下方有黃色（年幼）到鏽褐色（年老）菌褶。菌蓋表面黏滑，菌柄則否。中心菌柄為黃色，部分帶有鱗片，有為期短暫的、破破爛爛的環狀毛，孢子粉為褐色。新的子實體會在 9 月～ 11 月間形成，但在少數情況下也會在五月形成。
特　徵	子實體經常在樹冠層頂部出現。
木材的變化	木材變色，木材脆化，主幹被掏空，接著是木材軟化。
後　果	主幹或樹枝脆性斷裂。
詳細檢查方式	生長錐與微破壞儀，腐朽嚴重時使用鑽阻測量或螺旋鑽。

分解枯木，有時寄生於傷口或衰弱樹木上的眞菌

活樹身上的傷口，比方說像是樹枝折斷、修剪造成的大面積傷口、或被汽車撞傷，這些傷口使邊材或心材暴露，或造成局部木材死亡。而分解枯木的眞菌，也就是腐生性生物，會在這些地方生長，導致木材腐朽、降低木材的強度，受到影響的主幹或樹枝斷裂風險會增加。下面將討論一些在德國路旁或公園裡樹木上的腐生眞菌，其中有些也有少量的寄生行爲。

粗糙擬迷孔菌 *Daedaleopsis confragosa*

生活型態	可見於死亡的樹木上（腐生），少見於活著的樹木上（寄生於樹枝）。
腐朽類別	白腐（同步腐朽）。
腐朽位置	嚴重受損的主幹、樹枝、枯木。
常見宿主	柳樹、櫻桃樹、樺樹、赤楊、山毛櫸以及其他闊葉樹種。
子實體	一年生，全年可見，半圓形菌蓋寬度可達 15 公分，常有同心的區域，最初為白色，後會變成鏽色到暗褐色，菌孔呈迷宮狀，灰色孔洞，被觸摸後變成紅色，孢子粉為白色。新的子實體會在秋季形成。
特　徵	與三色擬迷孔菌（*Daedaleopsis Tricolor*）的區隔：後者的菌孔呈層褶狀
木材的變化	最初木材會脆化，接著會軟化。
後　果	脆性斷裂。
詳細檢查方式	例如：生長錐和微破壞儀。

三色擬迷孔菌 *Daedaleopsis tricolor*

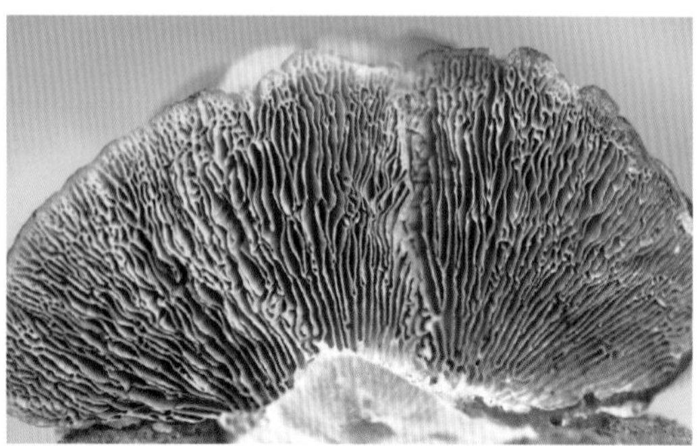

生活型態	可見於死亡的樹木上（腐生），少見於活著的樹木上（寄生）。
腐朽類別	白腐（同步腐朽）。
腐朽位置	嚴重受損的主幹、枯木。
常見宿主	闊葉樹種，尤其是甜櫻桃樹，但也可見於樺樹、楊樹、榛樹上。
子實體	一年生，但子實體全年可見，與粗糙擬迷孔菌形似，但菌蓋較小，寬度僅 9 公分。頂部為紅褐色，有時具白灰色的邊緣與其他顏色明顯的區域。下方的菌孔為純粹的層狀，孢子粉為白色。新的子實體會在秋季形成。
木材的變化	最初是木材脆化，接著木材會軟化。
後　果	脆性斷裂。
詳細檢查方式	例如：生長錐和微破壞儀。

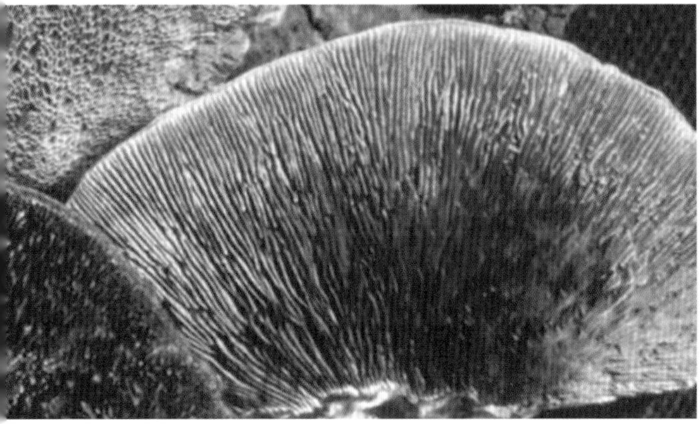

煙管菌 *Bjerkandera adusta*

生活型態	大多可見於死亡的樹木上（腐生），少見於活著的樹木上（寄生）。
腐朽類別	白腐（同步腐朽）。
腐朽位置	受損的主幹或樹枝區域、枯木。
常見宿主	闊葉樹種，尤其是山毛櫸和角樹，較少見於針葉樹種。
子實體	一年生，小型菌蓋四散分布，上方為褐灰色，寬度可達 6 公分，白色的邊緣在被觸碰後會變為紅色。下方有細小的煙灰色孔洞，在被觸碰後會變成黑色。孢子粉為白色。新的子實體會在夏末到秋季形成。
木材的變化	木材脆化。
後　果	脆性斷裂。
詳細檢查方式	例如：生長錐和微破壞儀。

雲芝 *Trametes versicolor*

生活型態	大多可見於死亡的樹木上（腐生），偶見寄生於主幹或樹枝的傷口上。
腐朽類別	白腐（同步腐朽）。
常見宿主	主要是闊葉樹種，尤其是山毛櫸、樺樹、柳樹和橡樹，較少但仍可見於針葉樹種，如：銀杉、雲杉。
子實體	一年生，子實體經常全年可見。菌蓋很薄，半圓形，約1～4公厘厚，有4～8公分寬，在毛絨絨的頂部表面有不同顏色（其種名意為「雜色」）的同心環。顏色區域有絲質光澤（短毛）或暗色（長毛），顏色有赭色、淺棕色到深棕色、紅色、橄欖綠、灰色、藍色到黑色不等。有著白色到米色的狹窄生長邊緣，菌蓋下方的菌孔非常細小，僅每公厘 3 ～ 5 個，肉眼難以辨識，白色的菌肉質地堅韌。孢子粉為白色。新的子實體會在秋季到春季間形成。
木材的變化	木材脆化，而後木材會軟化。
後　果	脆性斷裂 [38]。
詳細檢查方式	嚴重腐朽時使用鑽阻測量，生長錐與微破壞儀。

毛栓菌 *Trametes hirsuta*

生活型態	大多可見於死亡的樹木上（腐生），偶見寄生於主幹或樹枝的傷口上。
腐朽位置	白腐（同步腐朽）。
常見宿主	主要是闊葉樹種，尤其是山毛櫸、樺樹、白蠟樹和橡樹，較少但仍可見於針葉樹種。
子實體	一年生，但子實體大多全年可見。菌蓋半圓形，主要生長在基質的側面，約 3 ～ 10 公分寬，約 0.5 ～ 1 公分厚。年幼的子實體為白色到淺灰色，其生長邊緣為淺棕色，頂部有硬毛，粗糙的毛氈同心環繞著附著點排列。年老的子實體底部有細小的白色菌孔（每公厘約有 2 ～ 4 個），頂部大多有綠色的硬毛（被藻類所覆蓋），有非常細的棕色生長邊緣（也可能沒有），菌肉和孢子粉為白色。新的子實體會在夏末到秋季間形成。
木材的變化	木材脆化，而後木材會軟化。
後　果	脆性斷裂。
詳細檢查方式	例如：生長錐和微破壞儀。
注　意	此種真菌通常生長在太陽晒得到且相對乾燥的地方，經常與裂褶菌群居在同一宿主上。較老的子實體看起來與樺褶孔菌極為相似，但是這種真菌菌蓋下方有菌褶，此為二者最明顯的差異之處。

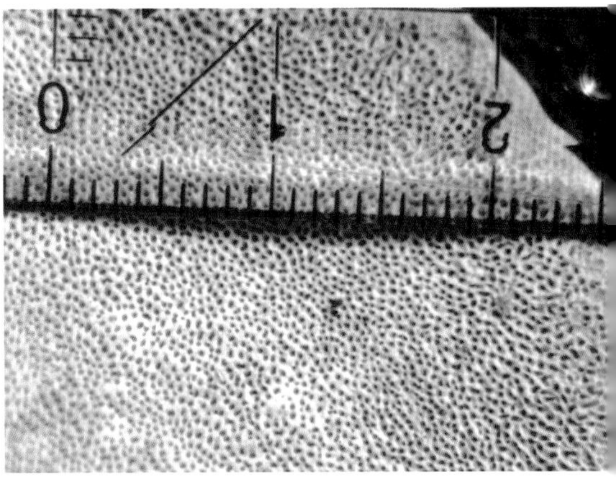

• 可能會與樺褶孔菌 *Lenzites betulinus* 混淆

偏腫栓菌 *Trametes gibbosa*

生活型態	大多可見於死亡的樹木上（腐生），較少但仍可見其傷痍寄生於主幹或樹枝的傷口上。
腐朽類別	白腐（同步腐朽）。
常見宿主	主要是闊葉樹種，如：山毛櫸、柳樹、樺樹、楊樹等，較少但仍可見於針葉樹種，如：雲杉。
子實體	一到二年生，但子實體大多全年可見。菌蓋半圓形，5～20 公分寬，附著在基質側面。通常可從附著點看出，子實體實際上更厚，菌蓋頂部常為拱形。頂部是白色的，並覆有蓬鬆的細毛。較老的子實體大多會是綠色的，這是由於藻類覆蓋的緣故（有時會呈現出明顯的分界線），且有細氈狀的毛覆蓋著。菌蓋下方有白色的菌孔（寬可達 1 公厘，長度可達 5 公厘），其特徵為由內而外呈放射狀延伸排列，有時甚至會形成迷宮狀菌褶般的結構。菌肉與孢子粉為白色。新的子實體會在夏末到秋季間形成。
特　徵	較老的子實體由於被綠色藻類所覆蓋，所以看起來很像樺褶孔菌，但此種真菌在其下方大多只有菌褶而已。
木材的變化	木材脆化，而後木材會軟化。
後　果	脆性斷裂。
詳細檢查方式	例如：生長錐和微破壞儀。

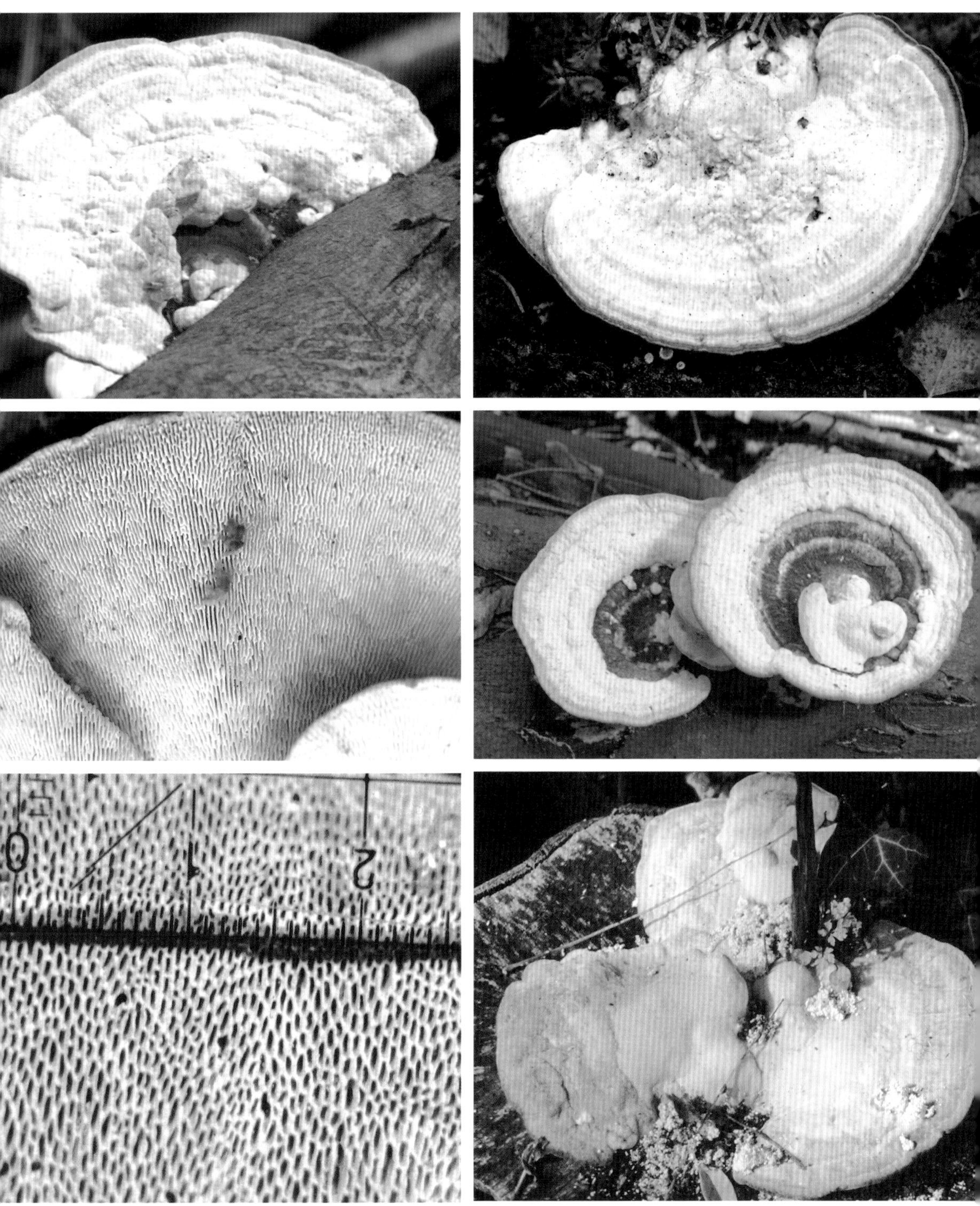

裂褶菌 *Schizophyllum commune*

生活型態	大多可見於死亡的樹木上（腐生），偶見寄生於主幹或樹枝的傷口上。
腐朽類別	白腐（同步腐朽）[55]。
常見宿主	主要是闊葉樹種，如：山毛櫸、萊姆、橡樹等，較少但仍可見於針葉樹種，如：雲杉和松樹。
子實體	全年可見，大多附著在木頭的一側，有著扇形或貝殼狀的外觀，約 1 ～ 5 公分寬，其質地堅韌如皮革，頂部覆蓋有淺灰色毛氈，底部的菌褶以扇形分布，縱向分裂，顏色呈粉紅色到淺棕色，孢子粉為粉紅色或赭色。
特　徵	菌蓋下方縱向分裂的「半片葉」（縱向裂開的菌褶）在乾旱時會向外捲起（吸溼運動），以保護菌褶間的產孢結構不會過於乾燥。常見於會被太陽晒傷的山毛櫸表面。建築材（Structural timbers）也會被此種真菌入侵。在闊葉樹種上，通常會與毛栓菌生長在同一宿主上；在針葉樹種上，則通常會與深褐褶菌（*Gloeophyllum sepiarium*）生長在同一宿主上。
木材的變化	木材脆化。
後　果	脆性斷裂。
詳細檢查方式	例如：生長錐和微破壞儀。

空氣溼度高
乾枯

毛韌革菌 *Stereum hirsutum*

生活型態	大多可見於死亡的樹木上（腐生），偶見寄生於傷口或虛弱的樹，長在垂死的樹枝或樹木上。
腐朽類別	白腐（同步腐朽）。
常見宿主	主要是闊葉樹種，尤其是山毛櫸、樺樹、橡樹和赤楊，少見於雲杉或松樹上。
子實體	一年到多年生，全年可見，由多個寬度約 1 ～ 4 公分的單一菌蓋連結在一起，偏好與相鄰的菌蓋生長在一起，呈層狀或殼狀直接覆於基質上，或是一部分呈層狀，頂端反捲如小型菌蓋（cap rims），雖然薄但質地如皮革般堅韌，菌蓋表面具毛，有同心環帶，黃色或棕色，年老乾燥後會轉為灰棕色。下方光滑無菌孔。適潤時呈黃色到橙色，乾燥時呈赭色。孢子粉為白色。
特　徵	當子實體表面被切割或刮傷時並不會變色，這一點有別於其他相似的真菌，如：皺韌革菌（*Stereum rugosum*）、血痕韌革菌（*Stereum sanguinolentum*）或煙色韌革菌（*Stereum gausapatum*）。菌蓋上方有蓬鬆的毛覆蓋，這一點也有別於外觀相似的絨毛韌革菌（*Stereum subtomentosum*），後者有著天鵝絨般的絨毛所覆蓋。
木材的變化	木材脆化，而後木材會軟化。
後　果	脆性斷裂 [38]。
詳細檢查方式	例如：生長錐和微破壞儀。

分枝上的子囊菌

造成軟腐的子囊菌與真菌 [45]

懸鈴木的「馬薩里亞病」

Splanchnonema platani（Ces.）Barr（主要的子實體型態）

Macrodiplodiopsis desmazieresii（Mont.）Petrak（次要的子實體型態）

平滑炭皮菌 *Biscogniauxia nummularia*（Bull.: Fr.）O. Kuntze，或 *Hypoxylon nummularium*（Bull.: Fr.）

小孢聚生炭團菌 *Hypoxylon cohaerens*（Pers.: Fr.）Fr.,

或 *Annulohypoxylon cohaerens*（Pers.）Y.M. Ju, J.D. Rogers & H.M. Hsieh.

Asterosporium asterospermum（Pers.: Fr.）S.J. Hughes.

懸鈴木的「馬薩里亞病」

生活型態	可見於活著的樹木與死亡的樹木（寄生與腐生）。
腐朽類別	軟腐。
腐朽位置	樹冠、樹枝。
常見宿主	懸鈴木屬。
子實體	全年可見，在樹枝的基部會有煤灰狀的覆蓋物，次要的子實體型態會先出現，呈小型的黑色球體嵌入基質中（柄子器 pycnidiae，0.4～0.7 公厘），內含深褐色孢子（分生孢子），具有黏滑的鞘。其後，主要的子實體型態出現，為煤灰狀覆蓋物中的小型嵌入黑色球體（子囊殼，約 0.6～1.2 公厘），在顯微鏡觀察下可看到小型菌管中帶有深褐色的孢子（子囊孢子），且也有黏滑的黏液鞘。
特　徵	病原體會殺死樹皮和樹枝的細胞組織（壞死），較小的樹枝會整枝死亡，較粗的樹枝仍會從樹枝基部開始被感染，但大多只在其頂部。受感染後的樹枝頂部樹皮會先呈灰紫色到鮮紅色，褪色的頂部與未被入侵的底部會有明顯的分界線，骯髒的煤灰斑點（孢子、子實體）隨後會在樹皮上形成條紋，最後樹皮的碎片會脫落。
木材的變化	木材褪色、脆化。
後　果	脆性斷裂，樹枝脫落的速度極快！
詳細檢查方式	生長錐與微破壞儀，在樹枝頂部嚴重腐朽的時候使用鑽阻測量。
注　意	已遭感染的樹枝有讓真菌擴散的風險，應該盡速將這些樹枝從樹冠除去。

注意：

較粗的樹枝（主要是「獅尾枝」）遭到入侵後，該樹枝很快就會面臨巨大的斷裂風險。在某些情況下，樹枝遭到入侵與樹枝斷裂之間甚至只有兩到三個月的時間。在確定遭到入侵的地方，鄰近的同種樹木必須一併檢查。

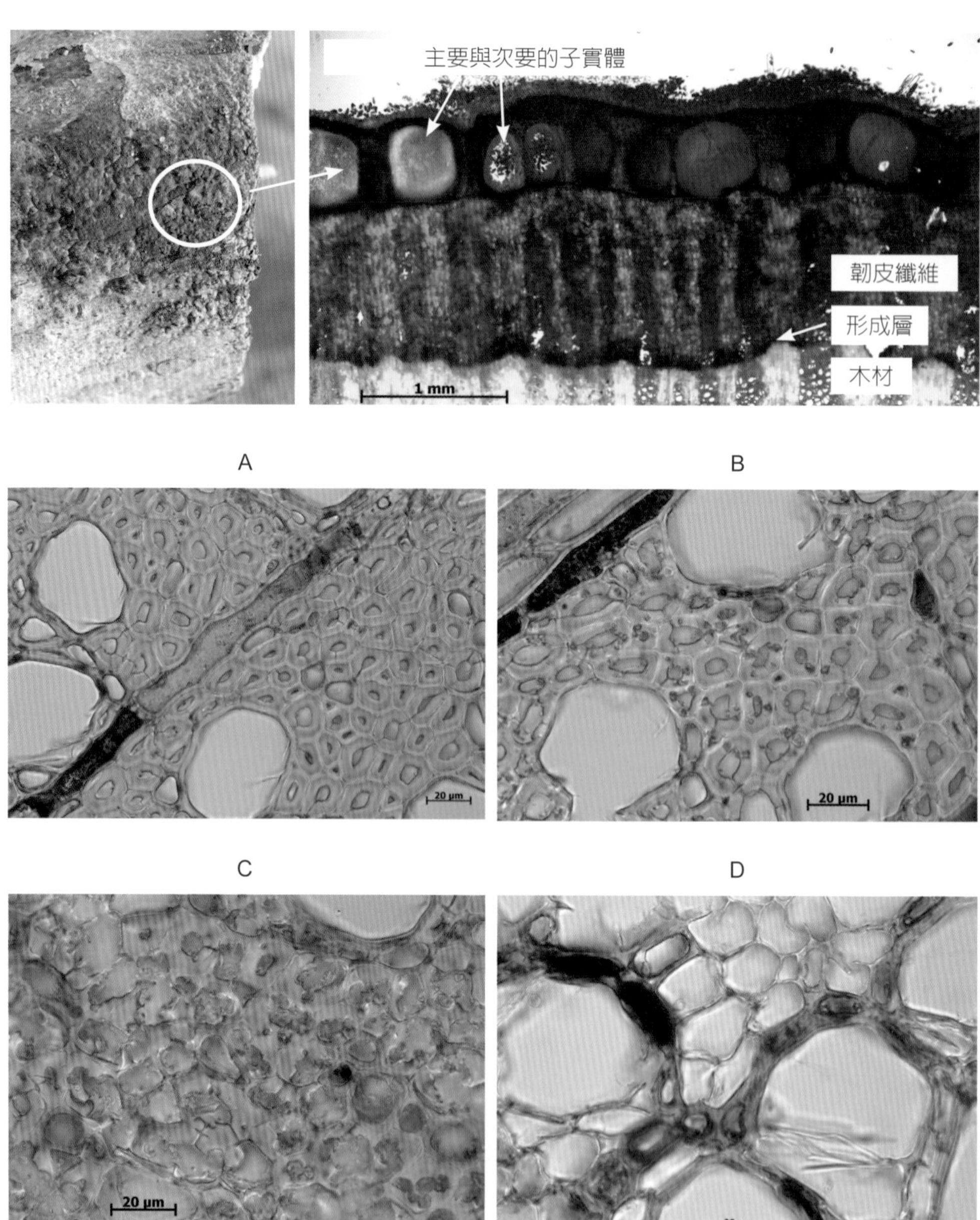

驗證由馬薩里亞病引起的軟腐病。（A）至（D）：木材橫截面顯示木材被分解的程度不斷提高，最後僅留下木材細胞的中膠層（D）。

馬薩里亞病所引起的樹枝斷裂力學

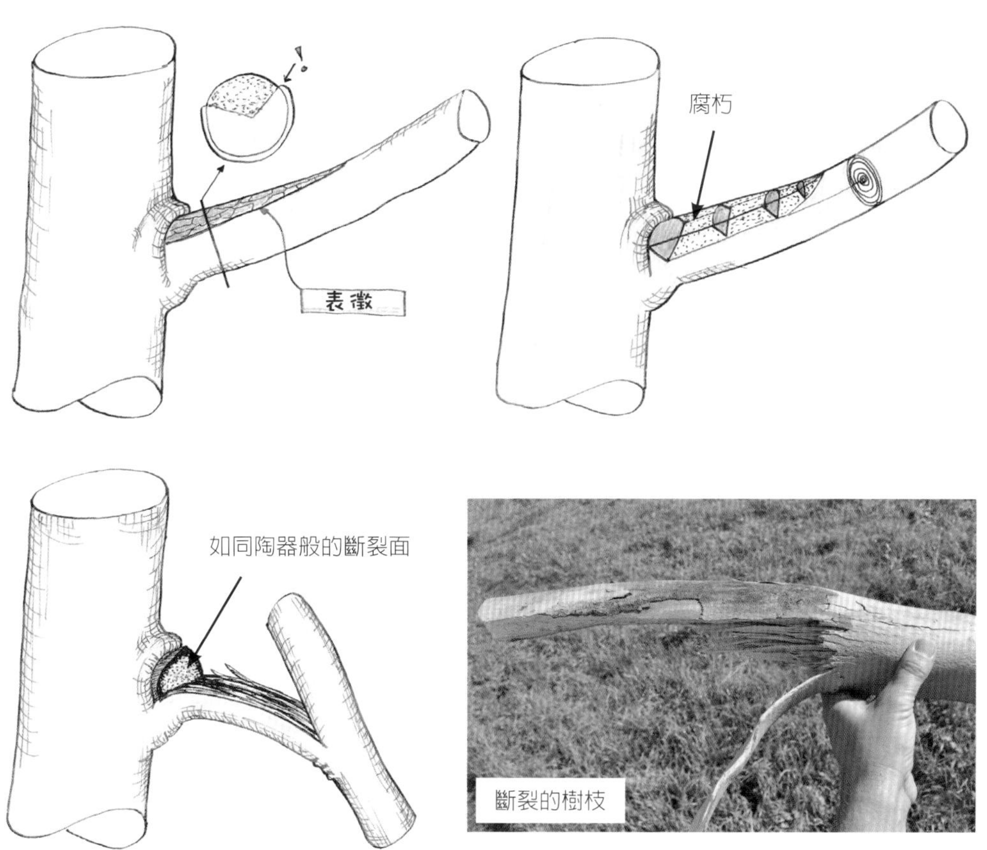

馬薩里亞病會殺死形成層，並導致樹枝的上部死亡，對於有脫落領環的細長樹枝影響更大。脆化的上側會受到軟腐形成橫向裂紋而與未受分解的木材縱向裂開，最後產生縱向裂紋，健康的下半側樹枝也就隨之脫落。第一個橫向斷裂的表面硬得就像是陶瓷一般，這就是軟腐！ [60]

平滑炭皮菌 *Biscogniauxia nummularia,Hypoxylon nummularium*

生活型態	可見於活著的樹木與死亡的樹木（寄生與腐生）。
腐朽類別	軟腐。
腐朽位置	樹冠、樹枝，少見於主幹。
常見宿主	山毛櫸。
子實體	全年可見，如木炭般的扁平黑色子座斑點，不規則圓形，從盤狀到軟墊狀不等，會穿透死去的樹皮，經常生長在一起形成一塊較大的區域（約有數平方公分），基質表面覆蓋有許多疣狀點（放大鏡下可以看出這些點是單個子實體的孔口）。
特　徵	真菌會殺死樹皮和樹枝的細胞組織（壞死），細小的樹枝則會被完全殺死，較強壯的樹枝仍會從樹枝基部開始被感染，但大多只在其頂部。在樹枝頂部的樹皮首先會轉為灰紫色到亮紅色，在變色的頂部和未受影響的底部之間大多數會有模糊的側分界線（有時會呈帶狀或脊狀）。樹皮剝落後會出現黑色的斑點（子實體），最後樹皮會開裂或剝落。
木材的變化	木材變色，木材脆化。
後　果	脆性斷裂，樹枝脫落。
詳細檢查方式	生長錐與微破壞儀，腐朽嚴重時使用鑽阻測量。

注意：

受到乾旱逆境的山毛櫸所表現出的徵狀。樹皮的壞死或腐朽可能會有部分從樹枝轉移到主幹部位，以條紋或帶狀的方式向下擴散。在被子實體（樹皮上黑色的斑點）所覆蓋的、壞死的小型樹枝（枝徑約 1 ～ 2 公分）下方，通常可以發現較粗壯的樹枝也受到了影響。

平滑炭皮菌可能與非寄主專一性的地中海雙座盤殼菌（*Biscogniauxia mediterranea*）混淆。可以從孢子長度來區分：孢子長度 17 ～ 24 微米的是地中海雙座盤殼菌，而平滑炭皮菌孢子長度則僅有 11 ～ 14 微米。

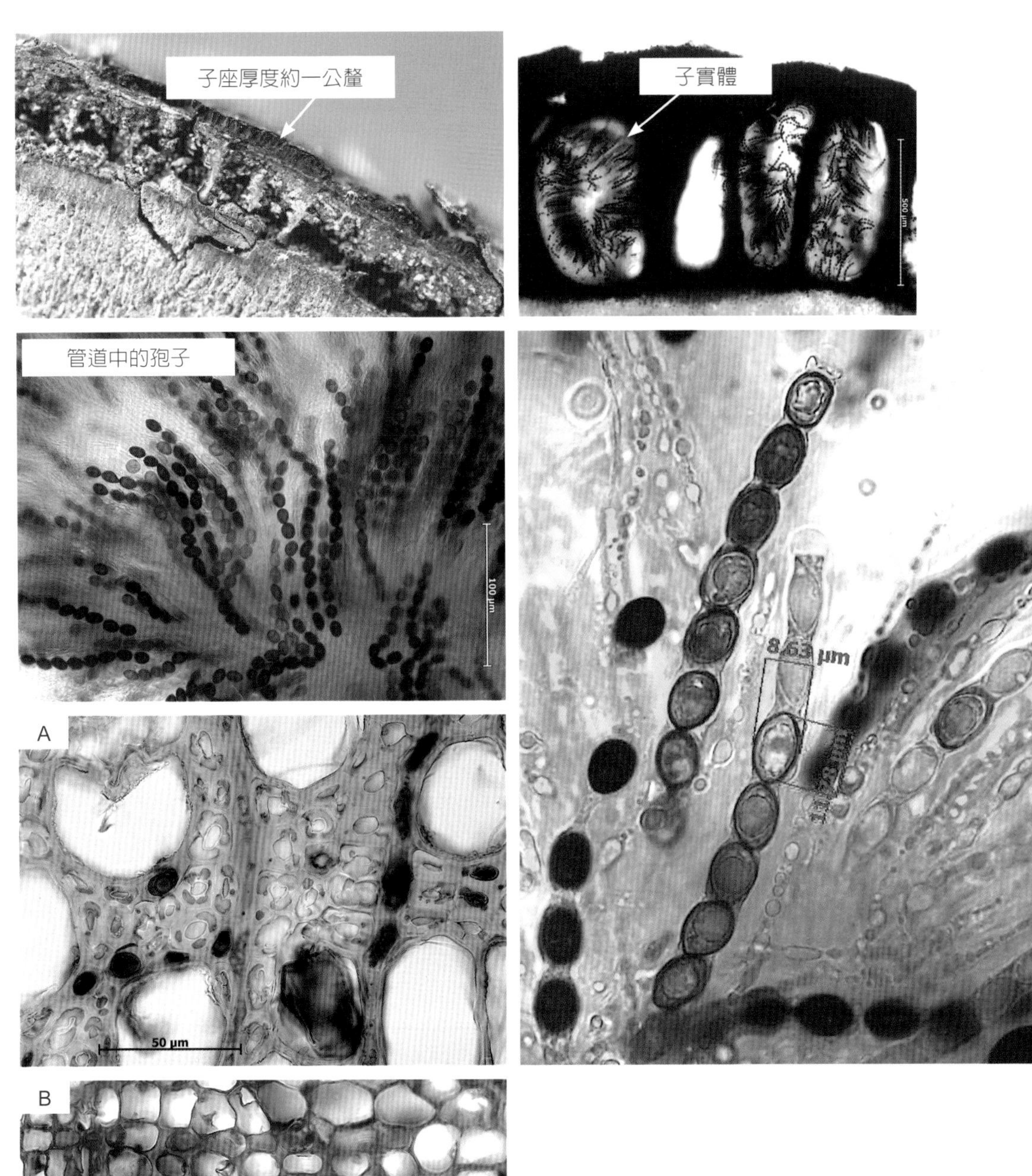

管道（子囊）中包含著孢子。
由A階段到B階段可以看出軟
腐導致被分解的木材增加了。

小孢聚生炭團菌 *Hypoxylon cohaerens*

生活型態	大多可見於死亡的樹木上（腐生），較少但仍可見於還活著的、虛弱的樹木上。（虛弱寄生）
腐朽類別	軟腐。
腐朽位置	樹冠、樹枝、主幹。
常見宿主	山毛櫸。
子實體	全年可見，顏色為褐色到黑色，形狀由略扁平到莓果般的半球體子座，約 2 ～ 5 公厘寬，擁擠地生長在樹皮壞死的區域裡。用放大鏡在表面看到的小點就是單個子實體的孔洞。
特　徵	樹枝斷落的樣子與 *Biscogniauxia nummularia*（炭皮菌屬）一致。
木材的變化	木材脆化。
後　果	脆性斷裂，樹枝斷落。
詳細檢查方式	生長錐與微破壞儀，腐朽嚴重時使用鑽阻測量。
注　意	可能會被誤認為莓型炭團菌（*Hypoxylon fragiforme*），然而莓型炭團菌子座約 4 ～ 10 公厘，幼時呈肉桂色到亮紅色，後呈棕色至黑色。

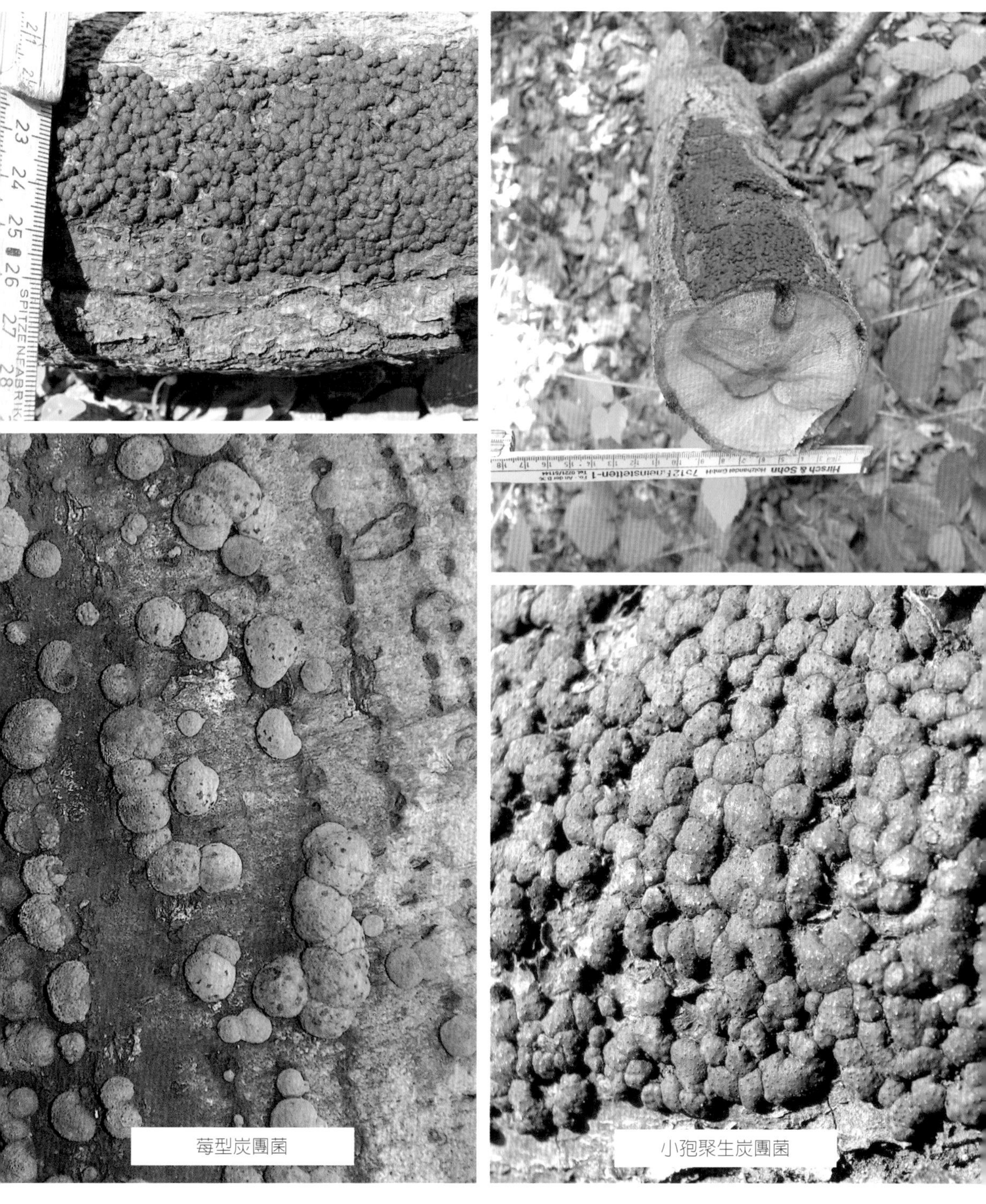

莓型炭團菌

小孢聚生炭團菌

Asterosporium asterospermum

生活型態	此種真菌大多以「枝棲真菌」（branch inhabiting fungus）情況生長在死木材上（腐生），但也有較少見的個別情況會生長在虛弱的樹木和樹枝上（虛弱寄生）。
腐朽類別	軟腐
腐朽位置	樹冠、樹枝、死去的樹木。
常見宿主	山毛櫸。
子實體	全年可見，樹枝頂部的樹皮會被許多小型黑色斑點（約 1 ～ 4 公厘大的分生孢子盤）所覆蓋並轉變成煤灰色。黑色的分生孢子盤會刺穿樹皮，當中含有大量的深褐色「星形」四肢分生孢子（在顯微鏡下，從一端到另一端約 40 ～ 50 微米）。
特　徵	仍翠綠的樹枝會如同被平滑炭皮菌入侵般斷落，尤其是發生在山毛櫸被乾旱、根腐或根部受損嚴重削弱的時候。
木材的變化	木材脆化。
後　果	脆性斷裂，樹枝斷落。
詳細檢查方式	生長錐與微破壞儀，腐朽嚴重的時候使用鑽阻測量。
注　意	所謂的「枝棲真菌」相對而言較容易在死去的山毛櫸樹枝上被發現。

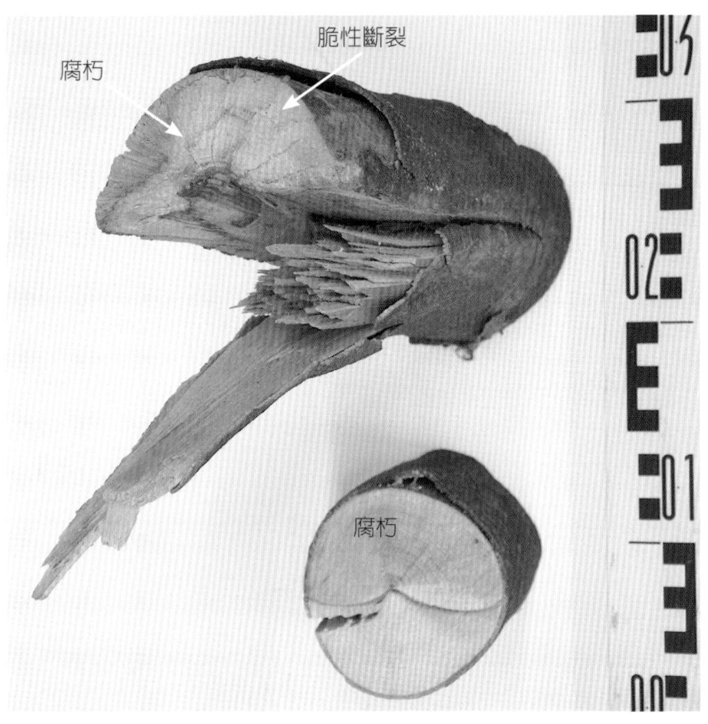

黑色的分生孢子盤

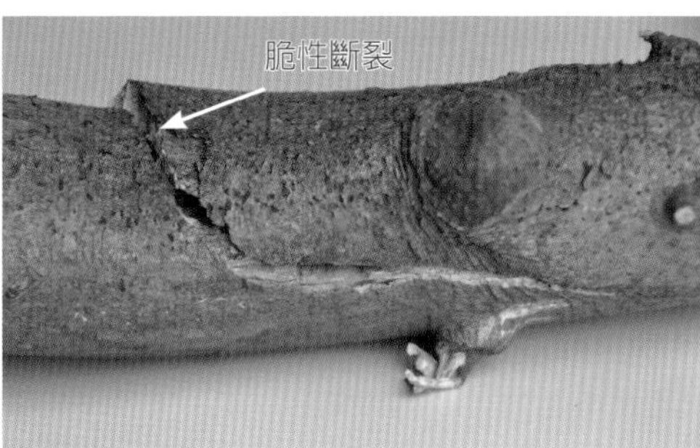

星形分生孢子

多年生多孔菌子實體

有些具有多年生子實體的眞菌種類可以從其縱截面的管層數量來判定其子實體年齡，但也只有部分眞菌適用這種判斷方式。通常來說，我們只能大略估計子實體的年齡，有些時候則是根本無法判斷 [50,51]。

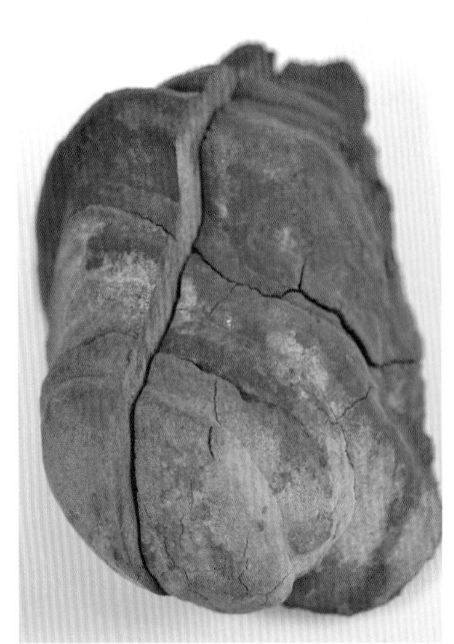

如上圖所示，堅實木層孔菌的子實體有著封閉性的年增長環帶 [46,50,51,52]，因此可以藉此判定其子實體年齡。子實體的縱切面顯示十四個菌髓中間層分隔出十五個菌管層，也就是說這株子實體年齡爲十五。從外面可以看到的凸起生長邊緣無益於判定子實體年齡，因爲前一年的菌蓋邊緣經常會被新生的生長邊緣所覆蓋。

樹舌靈芝也有封閉的年增長環帶。在每年的生長階段之後，菌管層會被一層菌髓密封住 [50,51]。上圖的子實體菌髓中間層（右圖縱切面箭頭所指處）分隔了兩層菌管，意即其年齡爲兩歲。下圖的子實體年齡：九歲，因爲有九個菌管層被八個菌髓層分隔開。

南方靈芝的年增長環帶是開放性的，也就是說前一年的菌管層會被下一年新的菌管層蓋過，而沒有菌髓會將其分隔開來。然而，在大多數情況下，仍有可能確定其子實體年齡[50]，被楔形菌髓從菌蓋菌髓斜面插入而分隔開的菌管層數量即是子實體的年齡。兩個菌髓的插入（右邊箭頭所指處）分隔開了三個菌管層，也就是說，該子實體年齡爲三歲。有時菌髓插入後會變成菌髓帶，繼而散布到整個菌管層（左上小圖中的箭頭所指處）。

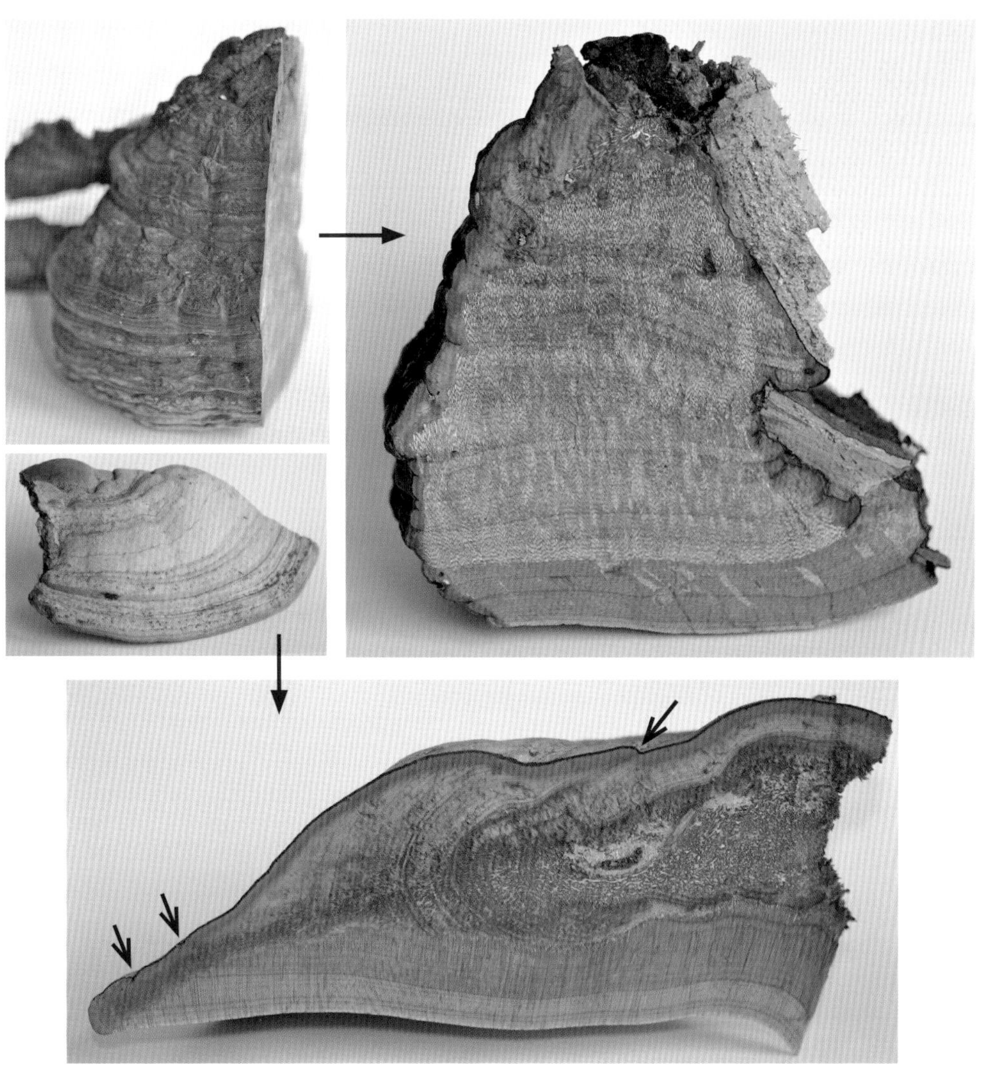

圖中為木蹄層孔菌子實體的縱剖面圖。由於其年增長環帶為開放性，所以無法由此得知其年齡。上圖：嚴重衰退的子實體。下圖：生長旺盛的子實體。充其量只能粗略估計該子實體的年齡。平均而言（並非年年如此），木蹄層孔菌的子實體一年當中會有兩個成長期 [50, 51, 56, 57]，其生長凸起大多都會在菌蓋外殼上留下明顯的缺口（下圖箭頭所指處）。因此我們可以大略推斷上圖的子實體年齡約八歲，而下圖的子實體年齡約僅有兩歲。

木製遊樂器材與眞菌分解木材

木製的遊樂器材要面對風吹日晒雨淋，這些木材特別容易會被眞菌和昆蟲所分解。大多數情況下，在受到侵擾的木材附近，從昆蟲的出入口與其掉落的木粉、木屑（觀察掉落的方向）就能觀察到昆蟲侵擾的跡象。

另一方面，大多數情況下，木製遊樂器材很難從外表觀察到其中被眞菌入侵。木樑或柱子可能在沒有任何外在可見表象的情況下從內部開始腐朽，也就是說，即使進行聲速測量也無濟於事。通常只有隨著腐朽的程度加深，直到遠遠超過了木材本身穩定性的臨界點下限，才有可能在木材的表面觀察到眞菌的子實體（重要的警訊）。

戶外木製遊樂器材與木材腐朽菌

造成褐腐的真菌

深褐褶菌（*Gloeophyllum sepiarium*）

冷杉黏褶菌（*Gloeophyllum abietinum*）

密黏褶菌（*Gloeophyllum trabeum*）

豹皮香菇（*Lentinus lepideus*）

臥孔菌／薄孔菌屬（Poria / *Antrodia* spp.）

耳狀樁菇（*Paxillus panuoides*）

櫟迷孔菌（*Daedalea quercina*）

松生擬層孔菌（*Fomitopsis pinicola*）

造成白腐的真菌

雲芝（*Trametes versicolor*）

毛栓菌（*Trametes hirsuta*）

偏腫栓菌（*Trametes gibbosa*）

裂褶菌（*Schizophyllum commune*）

毛韌革菌（*Stereum hirsutum*）

松根異擔子（*Heterobasidion annosum*）

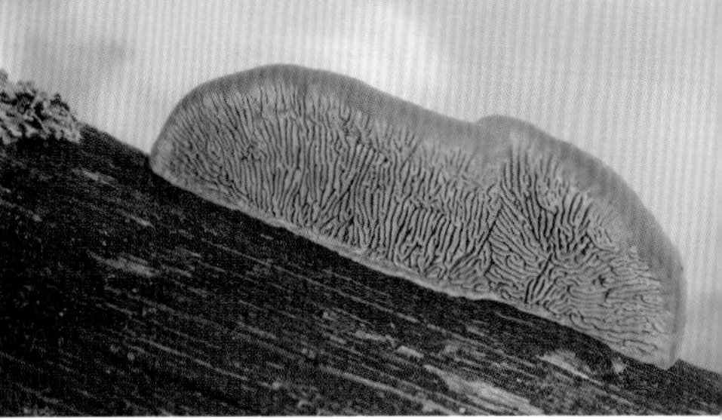

深褐褶菌（如圖）、冷杉黏褶菌還有比較少見的密黏褶菌都是喜愛溫暖的物種，它們的頂部看起來都很類似，是相較於其他眞菌更爲頻繁分解戶外木製遊樂器材和木製建築木材的眞菌。已知這些黏褶菌屬的眞菌會引起針葉樹木材從內部開始腐朽。即使是用防腐劑處理過的木材，在被這些眞菌感染後仍會產生褐腐、使木材脆化，但木材的外表仍會維持完好無損很長一段時間。

深褐褶菌 *Gloeophyllum sepiarium*

| 子實體 | 菌蓋底側每公分約有二十片菌褶（十四到二十四片）。菌褶有部分呈迷宮狀，年幼時為白色、淺黃色或橘色，後來會轉為鏽棕色，年老時則呈深棕色。新鮮的生長邊緣為亮橘色、蛋黃色或淡白色到亮紅色。頂部覆蓋著毛氈，年幼時為紅棕色到黃褐色，年老時為鏽棕色到深棕色。

冷杉黏褶菌 *Gloeophyllum abietinum*

| 子實體 | 菌蓋底側每公分約有十片菌褶（八到十三片）。菌褶也有部分呈迷宮狀，灰色到淺棕色。新鮮的生長邊緣為灰色到淺棕色。頂部覆蓋著毛氈，年幼時呈鏽棕色到淺棕色，成熟後頂部覆蓋的毛氈會脫落，顏色則為鏽棕色、深棕色到黑色。

密黏褶菌 *Gloeophyllum trabeum*

| 子實體 | 菌蓋底側每公分約有二十到四十片菌褶，多為長圓形細孔（每公厘有二到四個），但也有迷宮狀的，顏色為淺棕色到肉桂色。新鮮的生長邊緣顏色亦為淺棕色到肉桂色。頂部覆蓋著毛氈，呈淺棕色到肉桂色。

下列為上述三種共有的特徵：

| 腐朽類別 | 褐腐、內部腐朽。

| 常見宿主 | 主要是針葉樹種（密黏褶菌偶爾也會生長在闊葉樹種上）。

| 木材的變化 | 木材脆化、立方腐朽（cubical decay）。

| 後　果 | 脆性斷裂。

| 詳細檢查方式 | 鑽阻測量、生長錐與微破壞儀、螺旋鑽。

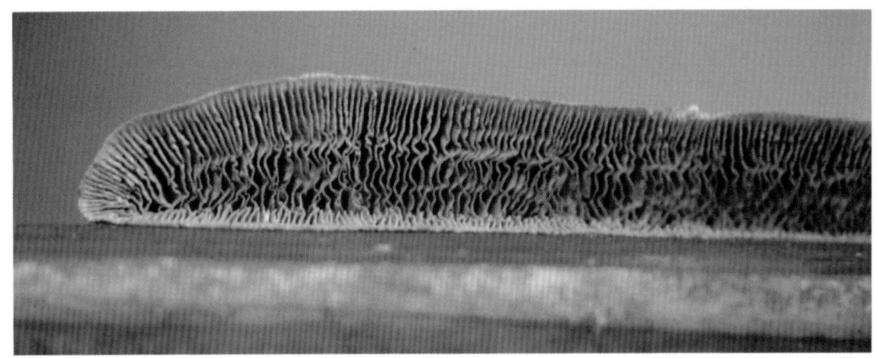

深褐褶菌

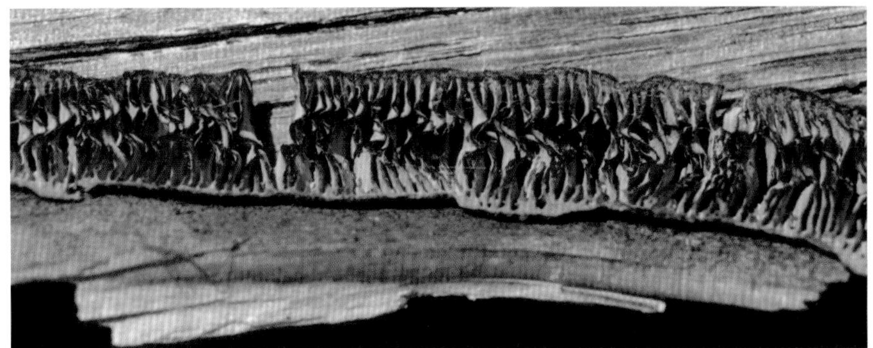

冷杉黏褶菌

密黏褶菌

用以分辨的特徵：

深褐褶菌（每公分約有二十片菌褶）與冷杉黏褶菌（每公分約有十片菌褶）在德國極為常見，而喜歡溫暖的密黏褶菌（每公分約有二十到四十片菌褶）則相對少見許多。

豹皮香菇 *Lentinus lepideus*

腐朽類別	褐腐、內部腐朽。
常見宿主	主要是針葉樹種，如：落葉松、雲杉、松樹，但偶爾也會生長在橡木上（如鐵路的枕木）。
子實體	一年生，傘狀，菌蓋直徑約 5 ～ 15 公分，菌蓋頂部在亮色或米色的基部之上具有深棕色鱗片，下面則有大塊鋸齒狀的菌褶，中央的柄常有深色的鱗片，基部則大多為深棕色到黑色。子實體堅韌如皮革，但乾燥時會變得堅硬且不易腐朽。孢子粉為白色。新的子實體會在 5 月～ 10 月間形成。
木材的變化	木材脆化、立方腐朽。
後　果	脆性斷裂。
詳細檢查方式	例如：鑽阻測量、生長錐與微破壞儀、螺旋鑽。

臥孔菌／薄孔菌屬 *Poria*/*Antrodia* spp.

許多白色臥孔菌／薄孔菌屬的眞菌外觀皆極爲相似，都主要對針葉材造成嚴重的褐腐，少數則對落葉材造成傷害 [58]。

腐朽類別	褐腐。
子實體	菌管層和菌孔層為白色，分別位於基質上，像是皮膚或是裝飾品。最初是白色，年老時會呈黃色或灰色，有部分會形成表面菌絲體和白色的菌絲束。
木材的變化	木材脆化、立方腐朽。
後　果	脆性斷裂。
詳細檢查方式	例如：鑽阻測量。

樣本：Antrodia serialis.

耳狀椿菇 *Paxillus panuoides*

腐朽類別	褐腐。
常見宿主	主要是針葉材，極少見於落葉材。
子實體	菌蓋呈貝殼形或扇形，具有殘根狀的菌柄，也可能在無菌柄的情況下直接生長在附著點上，顏色呈淡黃色到棕色。約 3 ～ 10 公分寬，菌蓋下方有密集但間隔開來的黃褐色菌褶，菌蓋邊緣向內彎曲，有部分會轉為棕色，高度分岔的菌絲 [58]。新的子實體會在夏季到秋季間形成。
木材的變化	木材變色（黃色、橘色到暗紅色）、木材脆化。
後　果	脆性斷裂。
詳細檢查方式	例如：鑽阻測量。

分析木製遊樂器材的腐朽狀況

在我們這一行，鑽阻測量是檢測和記錄木製遊樂器材內部腐朽的一種特別好的方法。

對木製遊樂器材使用鑽阻測量時需要注意的事情：

1. 選擇腐朽可能發生的點以進行測量

· 基線處（土壤與空氣的交界處）

· 銜接處（螺絲、支撐處、接合點）

· 裂縫處，如：變色處、十字樑頂部

· 木材區域（潮溼或空氣流通不良處）、陰暗處

· 在出現警訊處，如：發現眞菌子實體處、曾因子實體斷裂處、木材變色處、可見的缺陷處、樑柱中空部位（聲音測試或敲擊測試）。注意：敲擊測試並非每次都能發現腐朽部位，也不完全可靠。

2. 正確地測量：

· 進行鑽阻測量的點不是在裂縫處，而是要在裂縫的旁邊（另外也要記住，在眞菌造成內部腐朽位置附近的木材仍有很長一段時間能免於被破壞）。

· 進行鑽阻測量時，鑽頭可能會陷入裂縫中，顯示出較低的阻力或甚至沒有阻力，這可能會導致測量結果被錯誤解讀（補救方法：在同一水平處再進行一次測量，但需偏移九十度）。

· 應避免枝幹或與枝幹接合的區域，因爲與沒有枝幹的區域不同，這些區域往往會有比較高的鑽阻測量結果，這可能會導致測量結果被錯誤解讀。

· 盡可能垂直於木材的紋理進行鑽阻測量，也就是要垂直於木纖維和年輪（以提供最大解析度）。

木製遊樂器材：翹翹板的橫樑與柱子內部已經腐朽。真菌的入侵導致內部腐朽，乾燥的裂縫中斷了木材防腐法的連續性，使真菌孢子得以接近未受保護的心材（箭頭處：裂縫貫穿了木材防腐處）。右上：在翹翹板橫樑上進行鑽阻測量，結果顯示內部已有腐朽。

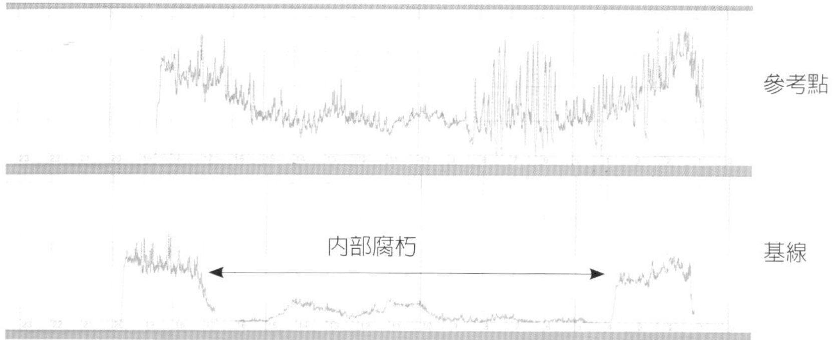

在以落葉松木搭建的戶外小屋柱子上進行鑽阻測量，該建築物已存在六年。柱子在基部區域的木材經過加壓防腐處理，並置於樹皮覆蓋層中。做爲對照組在參考點所進行的鑽阻測量結果表示該處木材基本完好，而基線處的鑽孔則顯示該區域有大面積的內部腐朽。

在與地面永久接觸的木材（如：柱子）中的特殊發現（也適用於還活著的樹木主幹基部的雷擊溝槽和表面損傷）

軟木樁（柵欄）發生由深褐褶菌引起的褐腐病。

地面與空氣接觸的區域：基線（2）有著明顯的內部腐朽，幾乎沒有鑽孔阻力。（1）太乾，而（3）太溼，木材無法被有效分解。

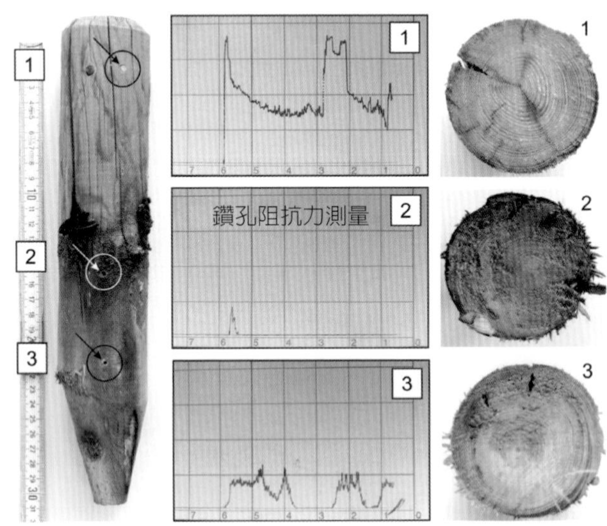

基線（地面）處的木材特別容易被分解。畢竟，這個區域有著分解木材所需要的最佳氧氣與水分條件。此外，在基線處或略高於基線處的木材由於富含養分與礦物質，真菌引起軟腐、褐腐或白腐 [59] 就會更明顯地增加木材分解速度。經過風吹日晒，柱子位於地面上方的木材會再度變得乾燥。因此，含有溶解了養分與礦物質的液體便會從柱子地面下方潮溼的部分向上移動。在基線上，水分蒸發會導致養分與礦物質在此處集中。木柱的這種「燈蕊效應」實際上確保了這種由下而上（潮溼地面）的養分與礦物質輸送不會中斷。

VTA 流程圖

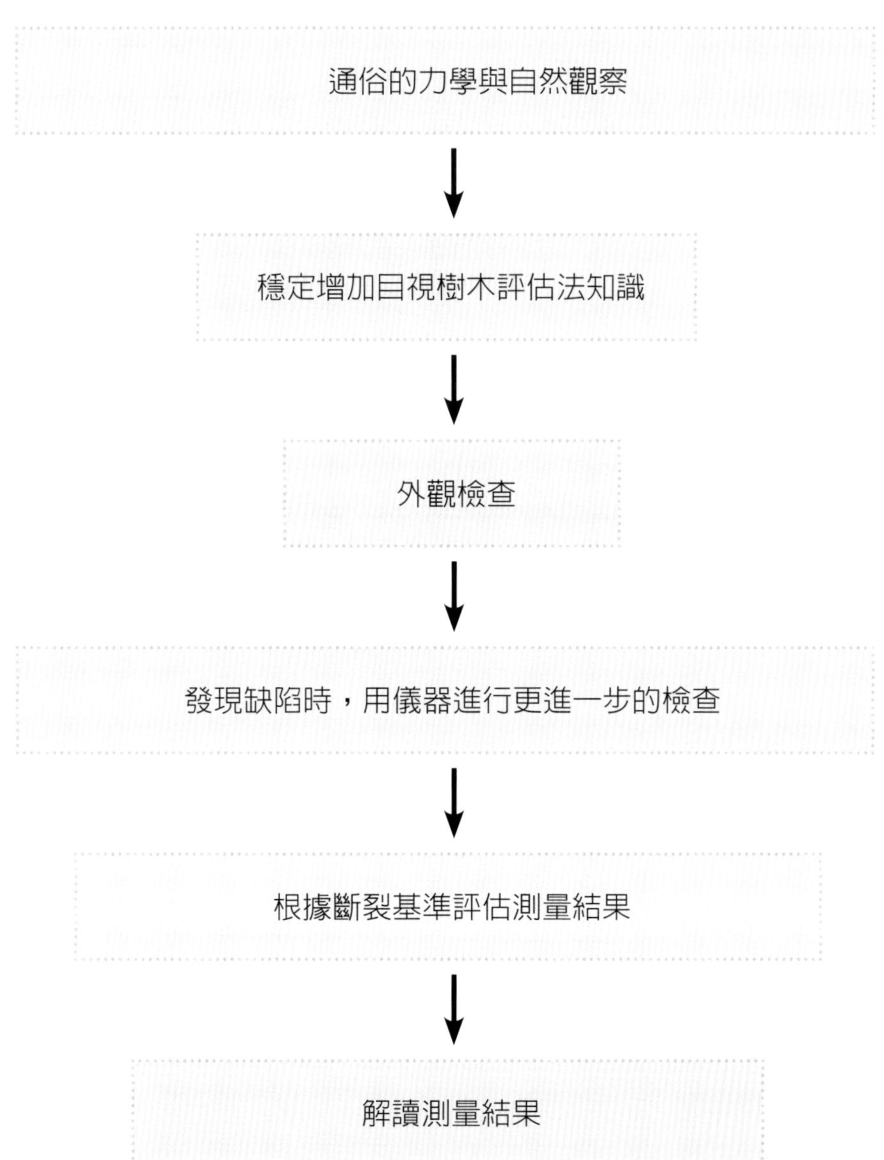

通俗的力學與自然觀察
穩定增加目視樹木評估法知識
外觀檢查
發現缺陷時，用儀器進行更進一步的檢查
根據斷裂基準評估測量結果
解讀測量結果

目視樹木評估法在法律上的接受度

本書中沒有任何一個章節是與法律有關的，因爲新的法院裁決如雨後春筍般與日俱增。下列參考文獻（德語）反映了當前的技術水準與其發展。最近的一個重量級例子是「武索」（Wussow，二〇一四年，第十四版），事故責任法的標準參考，將目視樹木評估法認定爲檢查樹木的一種方式……「符合確保公共安全的法律要求」。

Hötzel, H. J. (2004) Verkehrssicherungspflicht für Bäume – Zehn Jahre Rechtsprechung zum Visual Tree Assessment, VersR, 1234

Gebhard, H. (2009) Haftung und Strafbarkeit der Baumbesitzer und Bediensteten bei der Verkehrssicherungspflicht für Bäume, 62-63 und 72-73, Eigenverlag

Wittek, O. (2009) Rechtsprechung bestätigt VTA, Baumkontrolleure dürfen auch kleinere Pilzfruchtkörper nicht übersehen, AFZ - Der Wald 16, 877

Wittek, O. (2012) Verkehrssicherungspflicht für Straßen- und Waldbäume: VTA in der deutschen und internationalen Rechtsprechung und Normgebung, AUR, 208

Wussow, W. (2014) Unfallhaftpflichtrecht, 16. Auflage, Seite 4, Carl Heymanns Verlag Köln

最後一段話

有時我們會以為自己已全然掌握樹木的外部形狀、它們的肢體語言及所發出的訊號，我們眞是太天眞了。

如今我們知道，隨著對樹木的理解日漸深入，這個學習的過程將永遠沒有結束的一天，而思維工具更使該學習過程能夠更上層樓。

然而，我們認為本書是我們對樹木診斷和樹木生物力學現有知識的總和，也是二十五年來對樹木研究中所取得的重大發現的總和，其中包括了自然觀察與通俗力學，這些研究在很大程度上擺脫了數學並超越了課堂所能學習到的知識。任何願意學習的人都能理解這種方法，這點從我們讀者的「生物多樣性」可見一斑。

基於「孤木難撐」的自然原則，即使是健康的樹木也會在不利條件下成為輕量結構的犧牲者，即使有了這本書所總結的一切知識，這點仍然不會改變，也無法改變。就像關於官能解剖學的書也無法防止我們的骨骼在超出負荷的體育活動中斷裂，不過這倒是又一次對輕量結構的貢獻。

沒有絕對安全的樹，也沒有絕對安全的骨骼，但是愛與友誼的本質就是要與他人的不完美和平共處……直到死亡將我們分開。

參考文獻

[1] Troll, W. (1959) Allgemeine Botanik. Ein Lehrbuch auf vergleichend - biologischer Grundlage, 3. Auflage, Ferdinand Enke Verlag, Stuttgart

[2] Mattheck, C. (1999) Stupsi explains the tree. A hedgehog teaches the body language of trees, 3rd enlarged edition, Forschungszentrum Karlsruhe GmbH

[3] Mattheck, C. (2002) Tree mechanics. Explained with sensitive words by Pauli the bear, 1st edition, Forschungszentrum Karlsruhe GmbH

[4] Mattheck, C. (2011) Thinking Tools after Nature, 1st edition, Karlsruhe Institute of Technology

[5] Gordon, J. E. (2003) Structures: Or why things don' t fall down (first published 1978), 2nd edition, Da Capo Press

[6] Mattheck, C., Weber, K., Götz, K. (2000) Wie die Rotbuche radiale Zugbelastungen bewältigt, AFJZ, 171: 10-14, J. D. Sauerländer' s Verlag, Frankfurt am Main

[7] Götz, K. (2000) Die innere Optimierung der Bäume als Vorbild für technische Faserverbunde – eine lokale Approximation, Dissertation am Institut für Zuverlässigkeit und Schadenskunde, Universität Karlsruhe

[8] Lavers, G. M. (1983) The Strength Properties of Timber, Department of the Environment, Building Research Establishment, 3rd Edition, HMSO, London

[9] Forest Products Laboratory (1999) Wood Handbook – Wood as an Engineering Material, General Technical Report FPL-GTR-113, Madison, WI, U.S. Department of Agriculture, Forest Service

[10] Zipse, A. (1997) Untersuchungen zur lastgesteuerten Festigkeitsverteilung in Bäumen, Dissertation, Forschungszentrum Karlsruhe, Wissenschaftliche Berichte, FZKA 5878

[11] Albrecht, W. (1995) Untersuchung der Spannungssteuerung radialer Festigkeitsverteilung in Bäumen, Dissertation an der Fakultät für Maschinenbau, Universität Karlsruhe (TH)

[12] Tesari, I. (2000) Untersuchungen zu lastgesteuerten Festigkeitsverteilungen und Wachstumsspannungen in Bäumen, Dissertation, Forschungszentrum Karlsruhe, Wissenschaftliche Berichte, FZKA 6405

[13] Metzger, K. (1893) Der Wind als maßgeblicher Faktor für das Wachstum der Bäume, Mündener Forstliche Hefte, Springer-Verlag, Berlin

[14] Mattheck, C., Huber-Betzer, K., Keilen, K. (1990) Die Kerbspannungen am Astloch als Stimulanz der Wundheilung bei Bäumen, AFJZ 161: 47-53

[15] Heywood, R. B. (1969) Photoelasticity for Designers, Pergamon Press Ltd., Oxford

[16] Mattheck, C., Bethge, K., Schäfer, J. (1993) Safety Factors in Trees, J. theor. Biol. 165, 185-189

[17] Currey, J. (1984) The Mechanical Adaptation of Bones, Princeton University Press

[18] Mattheck, C., Bethge, K., Erb, D. (1993) Failure criteria for trees, Arboricultural Journal, Vol. 17, 201-209

[19] Mattheck, C., Bethge, K., West, P. W. (1994) Breakage of hollow tree stems, Trees – Structure and Function 9: 47-50, Springer-Verlag

[20] Mattheck, C., Bethge, K., Tesari, I. (2006) Shear effects on failure of hollow trees, Trees – Structure and Function 20: 329-333, Springer-Verlag

[21] Shigo, A. L. (1989) A New Tree Biology. Shigo and Trees Associates, Durham, New Hampshire, USA, 2nd Edition, in Deutsch (1990) Die Neue Baumbiologie, Thalacker Verlag Braunschweig

[22] Mattheck. C. (1998) Design in Nature: Learning from Trees, Springer Verlag, Berlin

[23] Dietrich, F. (1995) Wie der grüne Baum tangentiale Zugbelastungen bewältigt, Dissertation, Wissenschaftliche Berichte, FZKA 5685, Forschungszentrum Karlsruhe

[24] Weber, K., Mattheck, C. (2005) Die Körpersprache der Astanbindung, bi GaLaBau 10+11/05, 24-27

[25] Shigo, A. L. (1985) How tree branches are attached to trunks, Can. J. Bot., 63: 1391-1401

[26] Mattheck, C. (2004) The Face of Failure in Nature and Engineering, 1st edition, Forschungszentrum Karlsruhe GmbH

[27] Weber, K., Mattheck, C., Bethge, K., Haller, S. (2013) Failure of Branches due to Lateral Grain, Poster, Karlsruhe Institute of Technology

[28] Müller, P. (2005) Biomechanische Beschreibung der Baumwurzel und ihre Verankerung im Erdreich, Dissertation an der Fakultät für Maschinenbau, Universität Karlsruhe (TH)

[29] Weber, K., Mattheck, C. (2005) Die Doppelnatur der Wurzelplatte, AFJZ, 176: 77-85

[30] Haller, S. (2013) Gestaltfindung, Untersuchungen zur Kraftkegelmethode, Dissertation am Karlsruher Institut für Technologie, Schriftenreihe des Instituts für Angewandte Materialien, Band 27, KIT-Scientific Publishing

[31] Zimmermann, M., Wardrop, A., Tomlinson, B. (1968) Tension wood in the arial roots of Ficus benjamina L., Wood Sci Tech 2, 95-104

[32] Kappel, R. (2007) Zugseile in der Natur, Dissertation, Forschungszentrum Karlsruhe GmbH, Wissenschaftliche Berichte FZKA 7313

[33] Teschner, M. (1995) Einfluß der Bodenfestigkeit auf die biomechanische Optimalgestalt von Haltewurzeln bei Bäumen, Dissertation an der Fakultät für Maschinenbau, Universität Karlsruhe (TH)

[34] Bruder, G. (1998) Finite-Elemente Simulation und Festigkeitsanalysen von Wurzelverankerungen, Dissertation, Wissenschaftliche Berichte FZKA 6206

[35] Bennie, A. T. P. (1996) Growth and Mechanical Impedance, in Plant Roots – The Hidden Half, New York

[36] Mattheck, C., Bethge, K. (2000) Simple Mathematical Approaches of Tree Biomechanics, Arboricultural Journal, Vol. 24, 307-326

[37] Weber, K., Mattheck, C. (2003) Manual of Wood Decays in Trees. 1st edition, Arboricultural Association, Ampfield House, Ampfield, Romsey, Hampshire

[38] Weber, K., Mattheck, C. (2002) Wenn saprophytische Pilze für lebende Bäume gefährlich werden, Baumzeitung 12, 36. Jahr, H. 8248, 345-358, Minden, sowie in www.arboristik.de (2004)

[39] Shigo, A. L., Marx, H. G. (1977) Compartmentalization of decay in trees, USDA For. Serv., Agric. Inf. Bull. 405

[40] Shigo, A. L. (1979) Tree Decay, an Expanded Concept, USDA For. Serv., Agric. Inf. Bull. 419

[41] Shigo, A. L. (1984) Compartmentalization: A conceptual framework for understanding how trees grow and defend themselves, Ann. Rev. Phytopathol. 22: 189-214

[42] Weber, K., Mattheck C. (2002) Der Nasskern als Abschottungsersatz. Wie sich eine Schwarzpappel erfolgreich gegen Pilzbefall zur Wehr setzt, AFZ - Der Wald 14, 752-754

[43] Archer, R. R. (1987) Growth stresses and strains in trees, Springer Verlag, Berlin

[44] Weber, K., Mattheck, C. (2006) The effects of excessive drilling diagnosis on decay propagation in trees, Trees – Structure and Function 20: 224-228, Springer-Verlag

[45] Weber, K., Mattheck, C. (2009) Angriff der Schlauchpilze, Ascomyceten auf dem Vormarsch? AFZ - Der Wald 16, 866-869

[46] Jahn, H. (1979) Pilze die an Holz wachsen, 1. Auflage, Busse-Verlag, Herford, und 2. neubearb. und erw. Auflage (1990): Pilze an Bäumen, Patzer-Verlag, Berlin, Hannover

[47] Butin, H. (1989) Krankheiten der Wald- und Parkbäume, Diagnose-Biologie-Bekämpfung, 2. Auflage, 3. Auflage (1996), Thieme Verlag Stuttgart

[48] Schlechte, G. (1986) Holzbewohnende Pilze, Jahn & Ernst-Verlag, Hamburg

[49] Metzler, B., Halsdorf, M., Franke, D. (2010) Befallsbedingungen für Wurzelfäule bei Roteiche, AFZ-Der Wald, 65. Jahrg., 3, 26-28

[50] Nuss, I. (1986) Zur Ökologie der Porlinge II. Entwicklungsmorphologie der Fruchtkörper und ihre Beeinflussung durch klimatische und andere Faktoren, Bibliotheca Mycologica, Band 105, J. Cramer, Berlin, Stuttgart

[51] Weber, K., Mattheck. C. (2010) Röhrenschicht-Analyse. Altersbestimmung und Körpersprache mehrjähriger Pilzfruchtkörper, www.arboristik.de

[52] Breitenbach, J., Kränzlin, F. (1986) Pilze der Schweiz, Band 2 Nichtblätterpilze, Verlag Mykologia, Luzern

[53] Weber, K., Klöhn, N. A., Mattheck, C. (2006) Bedeutender Stammfäuleerreger - Der Kiefern-Feuerschwamm (Phellinus pini) tritt massenhaft insbesondere östlich der Elbe in Berlin und Brandenburg auf, bi GaLaBau Nr. 8+9, 108-111

[54] Schwarze, F. W. M. R., Engels, J., Mattheck, C. (2000) Fungal Strategies of Wood Decay in Trees, 1st edition, Springer Verlag, Berlin

[55] Erwin, Takemoto, S., Hwang, W.-J., Takeuchi, M., Itoh, T., Imamura, Y. (2008) Anatomical characterization of decayed wood in standing light red meranti and identification of the fungi isolated from the decayed area, Journal of Wood Science, Volume 54, Number 3: 233-241

[56] Kreisel, H. (1979) Die phytopathogenen Großpilze Deutschlands, Cramer, Vaduz

[57] Krieglsteiner, G. J. (Hrsg.) (2000) Die Großpilze Baden-Württembergs. Band 1, Ulmer Verlag, Stuttgart

[58] Huckfeldt, T., Schmidt, O. (2006) Hausfäule- und Bauholzpilze, Diagnose und Sanierung, Verlag Rudolf Müller, Köln

[59] Weber, K. (1996) Untersuchungen über den Einfluss von Mineralsalzen auf den Holzabbau durch Moder-, Braun- und Weißfäulepilze, Dissertation, Universität Karlsruhe (TH)

[60] Mattheck, C. (2007) Updated Field Guide for Visual Tree Assessment, 1st edition, Forschungszentrum Karlsruhe GmbH

各界對本書的評價

更勝百科全書。

在過去的數十年裡，世界上沒人像克勞斯·馬泰克（Claus Mattheck）與其同事一樣，對樹木的生物力學及其在樹木的生物危害診斷和治療潛力中得出的新原理有著如此重大的影響。他最先出版的這本「百科全書」，讓你想到了這門知識在很大程度上的完整呈現，也許還是用是一種更簡潔的敘述。然而，當讀者在書中發現全新的見解時，他們會感到非常高興，這些見解不僅在樹木生物學方面很有趣，而且還會對實際的樹木護理甚至司法判決產生影響。誰能想到，從力學上來說，拙劣的嫁接就等於一根枝幹生長得太過旺盛，以至於不能再與主幹結合在一起？又或者，有些形式的纖維折疊會隨著厚度的增加而變得越來越危險？只要細心閱讀，這本書會帶給你很多驚喜。

另一個讀者會欣賞這本書的特點在於其可理解性，僅需透過思維工具或是與自然做比較，無需使用受到公式約束的通用生物力學。這與現代林業科學的奠基人之一，威廉·利奧波德·菲爾（Wilhelm Leopold Pfeil，1783年～1859年）所提出的原則一致：「詢問樹木其生長方式」。這本百科全書將成爲有關樹木力學和樹木診斷的標準參考書。即使是在這本書剛出版的現在，我也敢大膽預測，這本書將會如同克勞斯·馬泰克的作品一樣，在世界各國廣爲流傳。

齊格飛·芬克（Siegfried Fink）教授
阿爾伯特－路德維希－弗萊堡大學
森林植物學系

樹木生物力學與思維工具

沒有複雜公式、不需要計算的樹木生物力學百科全書？這怎麼可能？馬泰克向我們展示了他的思維工具。

大型工程公司的運算菁英所使用的力學運作方法與樹木專家所使用的如出一轍，這一點並不令人意外。對此的解釋是，馬泰克的思維工具本質上是放諸四海皆準的。它們能在沒有任何公式的情況下，從機械和生物力學的角度來考慮樹木是有生命的組成部分，同樣地，也可以從無生命的機器組成部分來思考。即使是一個對公式一竅不通的樹木專家也能將這些工具用得得心應手。這樣的思維工具特別適合樹木，由於缺少或只有模糊的風荷載、材料特性等相關數據，而且我們無從得知樹木在地面下的生長方式，因此在樹木進行定量計算時，無論如何總會出現問題。

大範圍使用這本百科全書當中的思維工具，我們就能不再仰賴經驗，而是根據力學的科學基礎來對樹木進行養護。

希望樹木生物力學的這種飛躍性發展，能與工程學中的思維工具一樣，被全世界所接受並廣為流傳。

迪特瑪．格羅斯（Dietmar Gross）教授
達姆施塔特工業大學
固體力學系

「你會在馬泰克的作品中找到答案。」

知曉目視樹木評估法歷史的人已經能看出，就如同在一個模型概念中，持續對自然的觀察能夠使得複雜的事情變得簡單和透明。這次，尤其是城市中的樹木檢查員和林業工作者能夠從中獲益匪淺，因爲他們現在能夠自行對大多數的樹木進行評估，從而減少了委託專家對樹木提出意見所需支付的費用。

此外，萬一有了損害，法院如今也有了這樣一個工具來協助他們進行相關的判斷。他們已經接受了這個新的工具。在武索經典的《事故責任法》（Unfallhaftpflichtrecht）的最新版本中就明確引用了目視樹木評估法做爲檢查樹木的一種方法。將這個思維工具應用在樹木幾何學上，到對材料（也就是纖維的走向）和相關的力學破壞機制，幾乎無所不包，這是馬泰克與同事在力學基礎的樹木安全方面窮極畢生所達成的成就。爲了樹木的利益，也爲了生活在樹下人們的安全，我希望這本書能成爲樹木生物力學和樹木診斷學歷史的一部分，從而滿足那句話：「你會在馬泰克的作品中找到答案。」

奧利佛・卡夫（Oliver Kraft）教授
卡爾斯魯爾理工學院
應用材料學院

作者簡介

克勞斯．馬泰克（Claus Mattheck）

克勞斯．馬泰克在 1947 年出生於德國的德累斯頓，在 1971 年～ 1973 年間攻讀理論物理學並獲得博士學位，1985 年在卡爾斯魯爾理工學院獲得講授破壞分析的資格，並以教授的身分講授生物力學。多年來，他擔任卡爾斯魯爾研究中心（現在的卡爾斯魯爾理工學院）材料研究所二所生物力學系的主任，也是斷裂行為、木材腐朽和疲勞所引起的機械零件斷裂的專業顧問。

曾獲得的獎項有：1991 年工業研究基金會科學獎、1992 年卡爾．西奧多．沃格爾（Karl Theodor Vogel）基金會技術作家文學獎、1993 年歐洲生物材料學會喬治．溫特（George Winter）獎、國際樹木栽培學會（英格蘭、愛爾蘭分會）名譽會員為了開發 1997 年目視樹木評估法，由戈特利布．戴姆勒（Gottlieb Daimler）和卡爾．賓士（Karl Benz）基金會所捐贈的 1998 年柏林勃蘭登堡科學研究院的科學獎、1998 年國際喬木業協會查德威克（Chadwick）獎、1999 年亨利．福特（Henry Ford）歐洲環境保護獎（環境技術）、1999 年英格（Inge）和沃納．格勒（WernerGrüter）科學寫作獎。2002 年獲得英國樹木學會的年度獎、2003 年獲得日本城市樹木診斷協會的名譽會員、2003 年在奧斯納布魯克獲得德國聯邦環境基金會的德國環境獎、2008 年獲得日本城市樹木診斷協會的名譽顧問。

他喜歡健行、大口徑武器、射箭、彈弓力學、狗和樹木的靈魂……

作者簡介

克勞斯・貝思（Klaus Bethge）

1958 年出生於德國路德維希港，曾在卡爾斯魯爾大學攻讀機械工程專業博士學位。1988 年在斷裂力學專業獲得博士學位。自 1989 年以來，在卡爾斯魯爾理工學院的生物材料學系應用材料研究所擔任科學主任。自 1994 年以來，被正式任命並獲得生物力學顧問資格。

卡爾海因茲・韋伯（Karlheinz Weber）

1962 年生於埃特林根，1992 年獲得生物學學士學位，自 1996 年在卡爾斯魯爾大學進行關於軟腐、褐腐和白腐真菌的木材分解研究並獲得博士學位。自 1998 年以來，他開始擔任木材破壞的真菌學專家顧問，從 1997 年開始，更是卡爾斯魯爾研究所生物力學系應用材料研究所的科學主任。他的專業工作集中於木材解剖結構和分解木材真菌的結構分析。他也是真菌分解樹木木材方面的專家顧問。

譯者簡介

陳雅得

台灣大學外文系學士、森林所碩士。上山下溪多年，只為與大樹們相遇。現職園藝與樹木工作者，從研究天然林轉為探索讓人與樹和諧共存的種種可能性。
本書肇始於一群求知若渴的樹木從業人員與學生組成的讀書會。感謝方婕寧、張采依、張展榮、曹伯翔、陳又嘉、陳彥廷、陳雋彥、陳嘉興、曾鉛順、黃郁晴、楊淳婷、劉宇祥、盧昕宏、賴允慧、藍梁文的召集與參與。

楊豐懋（附錄部分）

靜宜大學英國語言學系畢業，曾任出版社編輯，現為兼職譯者，譯有《網路連鎖效應》、《貓咪的腦部訓練》、《狗狗美容百科》等書籍。

索引

國家圖書館出版品預行編目 (CIP) 資料

樹木的身體語言 / 克勞斯．馬泰克、克勞斯．貝思、
卡爾海因茲．韋伯作 ; 陳雅得 , 楊豐懋譯
-- 初版 . -- 台中市 : 晨星 , 2021.01
面；　公分 . --（自然公園 ; 084）
譯自 : The body language of trees
ISBN 978-986-5529-79-6（精裝）

1. 樹木 2. 樹木病蟲害

436.1111　　109016163

自然公園 084

樹木的身體語言

The Body Language of Trees

作者	克勞斯．馬泰克（Claus Mattheck）、克勞斯．貝思（Klaus Bethge）、卡爾海因茲．韋伯（Karlheinz Weber）
譯者	陳雅得、楊豐懋
繪圖	克勞斯．馬泰克
主編	徐惠雅
執行主編	許裕苗
版型設計	許裕偉
創辦人	陳銘民
發行所	晨星出版有限公司 407 台中市西屯區工業 30 路 1 號 1 樓 TEL：04-23595820　FAX：04-23550581 行政院新聞局局版台業字第 2500 號
法律顧問	陳思成律師
初版	西元 2021 年 01 月 06 日
總經銷	知己圖書股份有限公司 106 台北市大安區辛亥路一段 30 號 9 樓 TEL：02-23672044 / 23672047　FAX：02-23635741 407 台中市西屯區工業 30 路 1 號 1 樓 TEL：04-23595819　FAX：04-23595493 E-mail：service@morningstar.com.tw 網路書店 http://www.morningstar.com.tw
讀者服務專線	02-23672044/23672047
郵政劃撥	15060393（知己圖書股份有限公司）
印刷	上好印刷股份有限公司

定價 990 元

ISBN 978-986-5529-79-6